云安全联盟丛书

零信任安全从入门到精通

陈本峰　贾良钰　魏小强　董雁超　编著

電子工業出版社
Publishing House of Electronics Industry
北京 · BEIJING

内 容 简 介

"零信任"（Zero Trust），这一安全行业内的热词正在迅速从"营销"概念向务实转变，从安全范式向落地实践过渡，并在逐渐验证面对新安全威胁时其有效性和前瞻性。本书首先介绍零信任的起源、概念，其次介绍零信任的关键技术及框架，接着列举部分零信任的实践应用，最后对零信任进行总结和展望。另外，本书还对零信任的一些行业应用案例进行梳理，以期对计划实施零信任的企业单位及安全从业人员提供一些参考和启发。

安全行业没有"银弹"，零信任也不例外。零信任仍然在不断发展和完善之中，还有很多需要改进的地方，如在落地过程中还存在诸多挑战有待解决。在选择零信任过程中，还需理智对待。零信任是一种战略，实施零信任将是一个漫长的旅程，有待读者和我们一起在未来的零信任之路上，共同探索，共同思考，共同成长。

本书适合信息安全从业人员阅读，特别适合对零信任感兴趣或希望对零信任有较深入了解的人员阅读和参考。

图书在版编目（CIP）数据

零信任安全从入门到精通 / 陈本峰等编著. —北京：电子工业出版社，2024.1
（云安全联盟丛书）
ISBN 978-7-121-47116-2

Ⅰ. ①零…　Ⅱ. ①陈…　Ⅲ. ①计算机网络－网络安全　Ⅳ. ①TP393.08

中国国家版本馆 CIP 数据核字（2023）第 255508 号

责任编辑：李树林　　文字编辑：底　波
印　　刷：天津千鹤文化传播有限公司
装　　订：天津千鹤文化传播有限公司
出版发行：电子工业出版社
　　　　　北京市海淀区万寿路 173 信箱　邮编：100036
开　　本：787×1092　1/16　印张：25　字数：640 千字
版　　次：2024 年 1 月第 1 版
印　　次：2024 年 1 月第 1 次印刷
定　　价：138.00 元

凡所购买电子工业出版社图书有缺损问题，请向购买书店调换。若书店售缺，请与本社发行部联系，联系及邮购电话：（010）88254888，88258888。

质量投诉请发邮件至 zlts@phei.com.cn，盗版侵权举报请发邮件至 dbqq@phei.com.cn。

本书咨询和投稿联系方式：（010）88254463，lisl@phei.com.cn。

“云安全联盟丛书”概述

云安全联盟大中华区（以下简称“联盟”）是著名国际产业组织云安全联盟（CSA）的四大区之一，于 2016 年在中国香港注册，是在中国公安部注册备案的境外非政府组织。自成立以来，联盟致力于云计算和下一代数字技术安全领域的理论研究、标准制定和最佳实践的输出。

联盟受电子工业出版社邀请，组织编写“云安全联盟丛书”。丛书的编写坚持理论与实践并重的原则，既保证理论知识的准确严谨，又注重实践方案的价值落地。丛书编委会成员由国内外具有丰富产业实践经验的专家组成，负责把前沿领域的理论知识与实践技能通过产教融合，以丛书的形式呈现给读者，内容涵盖云安全、大数据安全、物联网安全、零信任安全、5G 安全、人工智能安全和区块链安全等新兴技术领域。本丛书既可作为高等院校和社会相关培训的教材或教学参考书，也可作为业界的专业读物。

“云安全联盟丛书”编委会

本书编委会及致谢

感谢云安全联盟（CSA）大中华区的大力支持，尤其是云安全联盟（CSA）大中华区主席李雨航的悉心指导和帮助，以及 CSA 大中华区常务副秘书长许木娣女士的大力协作。

编委会主任

陈本峰　贾良钰　魏小强　董雁超

编委会专家组

第 1 章　魏小强　王　蕾

第 2 章　黄　超　蔡东赟　许木娣

第 3 章　王　鑫　杨　猛　陈　曦　董雁超　许木娣

第 4 章　赵　刚　孟　涛　申　晨　尚红林　单美晨

第 5 章　于继万　任　亮　王贵宗　李春鹏　张　威

第 6 章　冀　托　祁圣权　于　乐　崔泷跃

第 7 章　张　彬　任　亮　秦益飞　王　鹏

第 8 章　何国锋　赵　锐　柴瑶琳　王锦华　司　玄

第 9 章　穆域博　柴瑶琳　毕立波

第 10 章 姚　凯　刘洪森　夏　营　王　蕾

第 11 章及附录　杨志刚　刘　苏　杨玉欢

编委会助理

赵晨曦　叶小倩　张文娟

本书的部分内容来自 CSA 大中华区零信任/SDP 工作组专家们过去 3 年编写和翻译的白皮书：

（1）《软件定义边界（SDP）标准规范 1.0》；

（2）《软件定义边界（SDP）标准规范 2.0》；

（3）《软件定义边界（SDP）架构指南》；

（4）《软件定义边界（SDP）帮助企业安全迁移上云 IaaS》；

（5）《软件定义边界（SDP）作为分布式拒绝服务（DDoS）攻击的防御机制》；

（6）《软件定义边界（SDP）实现等保 2.0 合规技术指南白皮书》；

（7）《软件定义边界（SDP）与零信任网络》；

（8）《零信任架构》；

（9）《谷歌 BeyondCorp 系列论文合集》。

在此，特别感谢 CSA 大中华区零信任/SDP 工作组专家们的辛勤付出，他们是本书的幕后英雄，这些专家按姓氏笔画排列如下：

于新宇　马红杰　马韶华　王永霞　王安宇
方　伟　邓　辉　卢　艺　刘　鹏　刘德林
闫龙川　孙　刚　李　钠　杨　洋　杨正权
杨喜龙　吴　涛　余　强　余晓光　汪云林
沈传宝　张大海　张全伟　张泽洲　陈俊杰
陈智雨　周　杰　郑大义　赵　锐　袁初成
莫展鹏　高铁峰　高健凯　鹿淑煜　程长高
靳明星　潘盛合　薛永刚　魏琳琳

序 一

零信任不是一种产品，而是一种战略，旨在防止数据泄露和阻止其他类型网络攻击。当前的网络和安全设计模型是有缺陷的，其中内置了一个有缺陷的信任模型，因此才会有信任与不信任的系统区分。数据泄露和成功入侵都因黑客有效利用了这种有缺陷的信任模型，并把这部分作为他们攻击计划的组成部分。信任是一种人类情感，却被毫无理由地植入数字系统中。这就是为什么我们必须（在数字系统中）摆脱“信任”这个词。因为我们将人类社会的一些东西放入数字世界中是不起作用的。

“零信任”想法诞生于我早年的工作经历。21世纪初，我正在安装防火墙，而防火墙有信任和非信任的体系。它的工作原理是，如果一个数据包从不受信任的网络移动到另一个受信任的网络，它就需要被防火墙规则校验；但是如果一个数据包从一个受信任的网络移动到另一个不受信任的网络，它就不需要被任何防火墙规则校验。我发现这是错误的，因为这意味着，如果攻击者进入我们的网络，他们就可以轻松获取数据并将其发送到外部网络。当我试图提出增加“站”的约束规则时，遇到了麻烦，人们会说系统不是这样工作的，信任模型也不是这样工作的。我意识到防火墙中每个接口的信任级别、网络中每个系统的信任等级最终都需要为零，所以需要消除数字系统中“信任”的概念。“零信任”这个术语因此诞生。

如果你踏上零信任之旅，那么你需要一个框架。正如你要去旅行，首先需要一张地图一样。零信任之旅的地图被称为“零信任五步法”模型，即定义保护面、定义业务流、部署零信任环境、创建零信任策略，以及持续监控和维护环境。因此，如果你想要部署零信任，则首先需要了解你的保护面，然后从内向外设计，而不是从外向内设计。我们通常都从外向内设计网络（安全），那是行不通的。从内向外设计很重要。如果你使用“零信任五步法”模型，你就会成功；否则，你就不会成功。其实就是这么简单。

云安全联盟（CSA）在零信任领域发挥着重要的作用。CSA 促进了组织机构间的对话交流，并向未曾接触零信任的组织机构宣传零信任理念。此外，CSA 在帮助人们更好地理解零信任理念方面做了许多出色的工作。这本书是 CSA 大中华区零信任/SDP 工作组为实现这个目标所做的又一项伟大工作。2022 年 11 月，由 CSA 大中华区组织的第三届国际零信任峰会暨首届西塞论坛在浙江湖州西塞科学谷成功举办，我很高兴地看到，零信任在中国和世界各地的影响力越来越大。事实上，零信任的应用和普及已经是一场全球的运动。

这对我来说是一个惊喜，它给了我很大的信心。随着时间的推移，我们将能够对各种各样的环境进行大规模的零信任部署，通过共同努力，将使世界变得越来越安全。

零信任发明人、云安全联盟（CSA）安全顾问
约翰·金德维格（John Kindervag）

序　二

零信任代表新一代的网络安全防护理念，零信任思想的起源可以追溯到 1994 年由 Jericho Forum 提出的“去边界化”网络安全概念，而“零信任”这个词则是由国际知名 IT 技术和市场咨询公司 Forrester 原首席分析师 John Kindervag 于 2010 年首次提出的。零信任思想摒弃了“信任但验证”的传统方法，将“从不信任、始终验证”（Never Trust，Always Verify）作为其指导方针，默认不信任企业网络内外的任何人、设备和系统，基于身份认证和授权重新构建访问控制的信任基础，从而确保身份可信、设备可信、应用可信和链路可信。零信任正在快速地发展，全球越来越多的组织都在拥抱零信任。2021 年，工业和信息化部发布的《网络安全产业高质量发展三年行动计划（2021－2023 年）》提出要发展创新安全技术，加快开展零信任框架等安全体系研发。2021 年，美国第 14028 号总统行政令要求在整个政府范围内启动零信任框架迁移，借此帮助美国实现增强对网络攻击活动的现代化防御能力。2022 年美国白宫发布编号为 M-22-09 的零信任战略，要求联邦政府能在未来两年内逐步采用零信任安全架构，以抵御现有威胁并增强整个联邦层面的网络防御能力。

产业界将零信任在各组织与业务场景中落地，需要大批拥有零信任专业知识的安全从业人员，本书是一本从信息安全基础知识开始，使安全从业人员迅速掌握零信任专业知识的教科书和参考书，也是云安全联盟（CSA）的零信任专家认证（CZTP）课程的官方教材。CSA 是业界领先的零信任倡导者和实践者，率先提出了零信任解决方案软件定义边界（SDP），CSA 大中华区的专家为 SDP 的发展做出了积极贡献，并在此基础上，通过 CZTP 课程和本书全面阐释了零信任的理念、架构、技术、应用场景等，希望本书的读者不仅能顺利通过 CZTP 考试，也能把所学的专业知识用于工作实践。

云安全联盟（CSA）大中华区主席兼研究院院长
李雨航（Yale Li）

专 家 点 评

随着数字经济的高速发展，云上云下数据的即时访问需求，使传统的安全边界不断瓦解、风险极速扩大，企业亟须构建以“终端”为核心的零信任安全体系。本书全面地讲解了零信任理念、架构、技术和应用场景，深入浅出、专业性和可读性兼顾，可帮助信息安全从业人员迅速掌握零信任专业知识，提升企业数字安全免疫力。

——腾讯安全副总裁　杨光夫

《零信任安全从入门到精通》系统并深入浅出地介绍了零信任安全的概念、原则和实施方法，为读者构建了一个全面的知识框架。

——中国电子科技集团公司首席科学家 吴巍

《零信任安全从入门到精通》不仅对零信任安全理论进行了深入阐述，而且通过实用案例和最佳实践，向读者展示了如何将其应用于现实世界，为希望在日益复杂的网络安全环境中保持安全的个人和企业提供了一份宝贵的指南和参考资料。

——上海交通大学讲席教授、IEEE Fellow、日本工程院外籍院士　李颉

近几年我们在各级各行业的攻防实践和对抗演练中，基于零信任架构的安全风险成为业内重点的研究方向，尤其是与业务逻辑相结合的安全场景，推进了我们在零信任领域针对企业级甚至国家级安全防御体系的深度思考。该书从零信任框架、安全架构、场景实践等多维度系统化地解析了零信任战略与传统边界安全的演进关系，帮助信息网络安全从业人员有序思考如何借助零信任安全框架，建立可持续的风险免疫体系，围绕业务系统与数据资产保护，探索和实现智能化的主动防御机制。

——安恒信息高级副总裁兼首席安全运营官 袁明坤

该书系统地介绍了零信任新安全范式的历史成因、发展现状及未来展望，尤其对零信任安全技术架构的三个细分方向（SDP、IAM、MSG）做了系统全面的讲解。该书的另一大亮点在于，它不仅关注零信任安全的理论体系，还结合了众多的实践案例，让读者有了更广阔的视野和思路，同时更加直观地理解零信任安全的应用场景与实现效果。该书既适合信息网络安全领域的专业人士阅读，也适合企业管理者、IT 从业者以及爱好者参考。

——启明星辰副总裁、首席技术战略专家　郭春梅

零信任安全核心在于保护数字资产，为数据安全治理和数据要素市场的开拓提供了一种可控动态信任的安全理念和思路。该书列举了适用的行业应用场景和众多行业的零信任安全架构落地案例，如政企行业、金融行业、运营商行业、能源行业、制造业、医疗行业、互联网行业等。无论是工程人员，还是科研工作者阅读该书，都会有所收获。

——西安电子科技大学教授　孙建国

零信任战略正在重构网络空间的安全基石，零信任并非不信任，“持续验证、永不信任”是为了更好的信任。该书是零信任安全领域的权威之作，系统介绍了零信任的起源、概念、技术与实践，是学习零信任、应用零信任不可多得的指南。

——白山云合伙人兼产品副总裁　苗辉

期待已久的国内零信任专著出版了，《零信任安全从入门到精通》一书凝结了国内零信任大咖们的精髓，CSA 大中华区零信任工作组的编著团队从业经验丰富，在该书中得以深刻体现。该书从零信任的历史沿革出发，涉及详尽的理论知识，由浅入深阐述了零信任的技术原理，更难得的是从实践角度给出了各行各业的零信任落地场景和案例。这是目前为止，国内最好、最完整的零信任著作之一。

——派拉软件 CEO　谭翔

当谈及零信任安全时，该本无疑将成为读者的首选。从基础概念到实践应用，从安全策略到技术实施，《零信任安全从入门到精通》将全方位、多角度地揭示零信任安全的奥秘。无论作为初学者还是专业人士，都能在该书中找到所需的答案。让我们一起走进零信任安全的世界，探索如何更好地保护我们的数字生活。

——深信服产业研究院院长　鲍旭华

该书诞生于零信任安全架构被广泛认可和采用的最佳时机，是由 CSA 组织牵头、聚合了网络安全行业内众多零信任安全专家精铸而成的。其内容涵盖了零信任的演进、基本概述、应用场景、技术架构、细化分支、落地案例、行业规范及总结展望，是零信任安全框架的百科全书。

——桂林电子科技大学教授　丁勇

该书为您提供了全面的零信任安全知识，从基础概念到实践操作，涵盖了最新的技术和趋势。阅读该书，您将能够深入了解零信任安全的核心原理和应用场景，掌握实现零信任安全的关键技术，为您的组织提供更加可靠的网络安全保障。无论您是初学者还是专业人士，该书都是您不可或缺的指南。

——CSA 大中华区专家组成员　李程

前　言

纵观历史，安全是一个不断演化的范式。零信任安全就是数字化时代下的产物，企业或机构通过零信任理念框架来建立数字化时代下的数据安全与共享体系，让数据更好地发挥出生产要素的价值。

安全范式的演化往往是和生产力的演化相辅相成的。生产力的发展促进了安全范式的变革，而更先进的安全范式同时也保障了生产力的进一步发展。无论是网络空间还是物理空间都时刻按照这个演化规律运行。石器时代，人类为了抵御暴雨、猛兽的侵扰，依靠山洞或大树搭建庇护场所，后来逐渐演变成房子。进入人类文明时代，人们开始修建栅栏围墙，后来逐渐演变成城墙、城堡与护城河。资料表明，中国的长城总长超过 10000 千米，欧洲历史上建设的城堡也超过 10000 个。因此，长城和城堡可以说是人类历史上耗时最长、规模最庞大的安全项目。然而，到了今天，长城或城堡已经变成了一个历史文化景点，不再是安全防御工事。为什么它们的作用会发生变化呢？答案很简单：时代变了，安全模式也要跟着变！首先，攻击武器升级了，城墙和城堡显然抵挡不住飞机、坦克和导弹等新型武器。其次，随着人口数量的增加及人口流动越来越频繁，修城墙这件事情变得越来越难以操作了。因为人口数量剧增，城内空间饱和，只能拆墙扩建，导致成本巨增；人口流动规模越来越大，城门的关卡哨站逐渐成为商业贸易的瓶颈。因此，我们看到在人类社会生产力不断进步的同时，安全范式也在不断更新迭代。

类似于物理空间安全，网络空间安全的演化方向也必然是朝着数字化生产力不断进步的方向前进。数据是数字化时代的核心生产要素，数据只有在流通中才能产生更高的价值，才能赋予机器更高的智能。零信任安全的出现就是为了让数据更安全、更高效地流通，实现“数据在哪里安全就到哪里”的终极目标。

早期的计算机不联网，只要通过杀毒软件保障自己的计算机不中毒，计算机上的数据就是安全的，这类似早年人类的房子，只要保障自己家庭的安全就可以了；后来进入信息化时代并产生了网络，企业有一定数量的计算机和服务器可以通过网络连接在一起，但黑客也可以通过网络发起攻击，因此需要通过防火墙来建立一个物理边界，通常称为“内网”，它类似城墙及城堡，可以保障一定规模人数的安全；当前进入以云计算、大数据、人工智能（AI）、物联网（IoT）等新兴技术代表的数字化时代，数据量爆炸式增长，数据存储走向多样化、分布式，分散在 IaaS、SaaS 等不同的云上。再加上新型冠状病毒疫情催生了大规模的远程办公，导致企业或机构已经很难用一个明确的物理边界来把所有数据

“围起来”。因此，每个企业或机构的未来发展趋势必然是“数据无处不在”。尽管企业的业务系统大部分都有账号保护或虚拟专用网络（VPN）隧道保护，但是黑客的攻击手段也在利用新技术（如大数据、AI）不断演进。例如，国外有一个网站 HaveIBeenPwned 收集了暗网中共享的用户账号和密码数据库，网站显示账号和密码样本数已经累积到 117 亿，而且还在不断累积更新中，加上越来越丰富的社会工程学攻击手段，基于账号和密码的保护已经变得越来越容易被突破了。

除了企业上云、远程办公的行业趋势，还需要我们关注的趋势是由开源软件的崛起而导致的软件供应链漏洞攻击。国外安全公司 Sonatype 发布的最新研究报告表明，2021 年与 2020 年相比，软件供应链的攻击数量暴增了 650%。2021 年最有名的软件供应链安全事件当属开源软件 Log4j 漏洞。根据以色列安全公司 CheckPoint 安全实验室的报告，在 Log4j 漏洞被发现的 24～74 小时内，利用该漏洞进行攻击的数量呈现爆发式的增长。Log4j 的漏洞之所以会造成这么大的影响，主要是因为其在开源社区的广泛接受度，数以万计的开源软件都引用了 Log4j 的代码库，而这些开源软件可能又被其他成千上万个商业软件或开源软件引用，这样一层嵌套引用一层，形成了一条长长的软件供应链，也形成了直接依赖关系或间接依赖关系。谷歌（Google）的官方博客上展示了 Log4j 的嵌套层级数量的统计，我们可以看到，最常见的 Log4j 引用情况是被嵌套了 5 层，最深超过 10 层。如此多层的嵌套直接带来一个严峻的软件供应链安全问题，一旦供应链中的某个模块出了 0day 漏洞，就会导致整个软件被攻陷。更严峻的是，由于软件之间对某个特定版本的依赖关系非常复杂，导致这些被依赖嵌套的问题模块还不容易被升级修复。

许多传统网络安全方法都是基于特征的概念，即安全工具寻找已知的不良行为“特征”，但根据定义，0day 威胁并没有已知特征。基于零信任思想，实际的数据和功能无论何时被实例化，安全控制都将无处不在，并且会正确地趋向于更接近它们。因此，基于零信任思想可以较好地解决开源软件模式带来的软件供应链漏洞攻击问题。

综上所述，在数字化时代的大背景下，安全基础设施将从传统的杀毒、防火墙转向零信任安全理念和技术架构，从而保障让安全无处不在，数据到哪里安全就应该到哪里。同时，零信任概念和技术还在不断演化中，未来的网络空间会逐渐演化出更强大的、一体化的安全体系。

基于以上考虑，学习、理解并实践零信任安全是今天数字化时代每个行业从业者的必备功课。由 2020 年中央提出的“新基建”政策以及 2022 年国务院发布的《“十四五”数字经济发展规划》可知，我们已经进入数字化时代，未来各行各业都会与数字化有关。同时，网络安全和信息化是一体之两翼，驱动之双轮。安全是发展的前提，发展是安全的保障。因此，我们在做好数字化系统建设的同时要做好数字安全的建设。理解零信任安全的理念以及相关技术有助于每个从业者在数字化建设的一开始就把安全考虑融合进去，实现“内生安全”，而不是“先建设后安全”。这样无论从时间、成本及安全性考虑，都是更优的路线，有助于我们更好地进行数字化建设。本书编写的目的之一就是希望帮助行业每位从业者更好地实现这个目标。

需要指出的是，零信任并不是万能的。首先，零信任只是目前一个被时代广泛采纳的主流理念框架，网络空间仍然存在零信任覆盖不到的问题，整体的安全方案需要在零信任之外做补充。其次，零信任本身也在不断演化中，虽然从 2010 年由 Forrester 原首席分析师 John Kindervag 提出“零信任”这个概念以来已经经历了 10 多年，但我们可以看到，每隔一段时间会有对零信任技术架构的补充和改进。2014 年，云安全联盟（CSA）提出了零信任《软件定义边界（SDP）标准规范 1.0》标准，在业界引起了广泛的关注和采用，成为全球零信任标志性的技术架构之一。2022 年，《软件定义边界（SDP）标准规范 2.0》发布。《软件定义边界（SDP）标准规范 2.0》汲取了过去的 8 年间行业最前沿的实践和技术创新，对《软件定义边界（SDP）标准规范 1.0》做了比较大的补充和改进。相信零信任的相关技术创新还会不断继续，但是只有我们学好、用好现在的技术，才能在目前的基础上做出更多的创新。尤其是我国现在已经进入一个数字经济的快车道，急需在数字安全技术方面能够领先于全球。本书编写的另一个目的是希望大家能够多实践零信任，在实践中总结经验，力求创新。

综上所述，本书的编写的目的是希望帮助数字化建设的相关从业者能够由浅入深、全面地了解零信任的理念及相关技术架构，以帮助他们做好数字安全保障，更高效、更安全地进行数字化建设。同时，也希望通过详细介绍零信任的应用场景、实施部署过程、行业评估标准及具体的行业实践案例，帮助 IT 行业从业者能够更快、更低成本地部署零信任，促进广泛的零信任实践应用不仅能改善数字经济的安全态势，还能促进整个行业的数字安全的技术创新。正是基于这样的考虑，本书内容可分为 4 个部分，共 11 章，按照“入门→精通→实践→展望”的顺序排列。

第 1 部分：基本概念，共 2 章。

- 第 1 章　为什么是零信任，首先，对网络安全的历史演进进行简单回顾；其次，结合经典的网络安全历史事件，分析传统安全防御体系所面临的挑战；最后，提出关于零信任可能成为未来新安全范式的思考。
- 第 2 章　零信任概述，包括零信任基本概念、各个国家对零信任的关注情况、零信任的抽象架构，以及零信任的典型访问场景简介。

第 2 部分：技术详解，共 3 章。

- 第 3 章　身份管理与访问控制（IAM），详细介绍零信任的基础身份组件、现状、基本概念、身份管理、身份认证、访问控制、审计风险，以及未来的发展趋势。
- 第 4 章　软件定义边界（SDP），详细介绍零信任的第二大基础组件、软件定义边界、基本概念、技术架构和通信协议、部署模型，以及与传统安全产品的关系、应用实践、典型应用场景，如远程接入、企业上云保护、防止拒绝服务攻击、合规要求等。

- 第5章　微隔离（MSG），介绍网络微隔离的基本概念、微隔离的价值、技术路线和趋势，以及部署和实施场景及最佳实践。

第3部分：应用实践，共5章。

- 第6章　零信任应用场景，重点介绍零信任安全的应用场景。
- 第7章　零信任的战略规划与实施，介绍零信任的战略规划方法、意义以及行动计划。
- 第8章　零信任落地部署模式——SASE，介绍安全访问服务边缘（Secure Access Service，SASE）。
- 第9章　零信任行业评估标准，从合规的角度出发，介绍行业评估标准及零信任成熟度模型。
- 第10章　零信任实践案例，介绍行业的典型成功案例，解决方案和效果分析。

第4部分：总结展望，共1章。

- 第11章　零信任总结与展望，对零信任进行总结并对未来进行展望。

本书凝聚了编委会所有专家的工作成果。再次感谢编委会以及审校组所有专家成员的辛勤付出！此外，在本书编写过程中，西塞数字安全研究院的智库专家及电子工业出版社的编辑老师们给予了许多宝贵的意见和建议，大家无私奉献和兢兢业业的精神让这本书精益求精！希望我们共同努力可以为读者提供有价值的帮助，以及对行业发展做出一点点贡献。

陈本峰
云安全联盟（CSA）大中华 Fellow、零信任工作组组长
西塞数字安全研究院院长

目　录

第 1 章 为什么是零信任

“零信任”已经成为网络安全行业的一个“营销”词汇，以至于安全圈人人言必谈“零信任”。最常见的说法，如“从不信任，始终验证（Never Trust，Always Verify）”等，有各种解读。那么，到底什么是零信任？零信任思想因何而来？什么是零信任的本质？为了更好地回答这些问题，不妨，让我们简单回顾一下网络安全演进的历史。

“以史为镜，可以知兴替。”事物发展无论好坏，都能给我们有益的启示。零信任并非“无源之水，无本之木”。追溯零信任的思想，其实在安全发展历史上一直存在。

中国古代兵书《六韬》（又称为《太公六韬》或《太公兵法》）中的“阴符”和“阴书”，据说是由西周的开国功臣太公望（又名吕尚或姜子牙，公元前 1128—公元前 1016）所著。书中以周文王和周武王与太公望问答的形式阐述军事理论，其中《龙韬·阴符》篇和《龙韬·阴书》篇，讲述了君主如何在战争中与在外的将领进行保密通信，这算是我国网络安全思想的起源，其目的就是最小化风险，这是“零信任”的最核心的思想。

公元前 1 世纪时的恺撒（Caesar）密码被公认为密码安全历史上的里程碑。恺撒密码是公元前 1 世纪在高卢战争时被使用的，它将英文字母向前移动 k 位，从而生成字母替代的密表。如 $k=5$，则密文字母与明文对应关系如表 1-1 所示。k 就是最早的文字密钥。通过恺撒密码可实现对信息传输的加密。

表 1-1 恺撒密码明密文对应表

明　文	A	B	C	D	E	F	G	H	I	J	K	L	M
密　文	F	G	H	I	J	K	L	M	N	O	P	Q	R
明　文	N	O	P	Q	R	S	T	U	V	W	X	Y	Z
密　文	S	T	U	V	W	X	Y	Z	A	B	C	D	E

在第二次世界大战中，美国海军陆战队挑选了 29 名纳瓦霍人，即纳瓦霍密码说话者，他们根据复杂的、不成文的纳瓦霍语言创造了一套密码。该密码主要使用单词联想，将纳瓦霍语单词分配给关键短语和军事战术。这个系统使密码说话人能够在 20 秒内翻译出 3 行英文，而不是像现有破译密码机那样通常需要至少 30 分钟。这些密码通译员参加

了太平洋战场上的主要海军陆战队行动，使美国海军陆战队在整个战争中获得了关键优势。例如，在长达近 1 个月的硫磺岛战役中，6 名海军陆战队的纳瓦霍密码交谈员成功地传送了 800 多条信息，没有出现任何错误。美国海军陆战队称如果没有使用纳瓦霍密码，海军陆战队永远无法攻克硫磺岛。在战争结束时，纳瓦霍密码仍然没有被破解。

从以上几个简单的例子中可以看出，从古至今，网络安全的思想在人类发展的历史中起到非常重要的作用，“零信任”思想一直贯穿其中，即减少信任，提高警惕，最小化风险。

1.1 网络安全不断演进

计算机技术从 20 世纪 40 年代走到今天，已经历经 80 余年的光景，互联网技术从美国国防部的阿帕（ARPA）网、国际互联网、移动互联网，再到今天的万物互联，也已经经历了近 60 年的光景。随着时代的变迁，技术在不断的发展，与此同时，安全问题也在持续演进。从计算机技术和互联网技术诞生的那一天起，黑与白、善与恶的攻防和交锋从来就没有停止过。为了更好地理解“零信任”，让我们简单回顾一下网络安全发展的重要历史阶段。

1.1.1 网络安全的定义

网络安全一直在演进之中，列举两个比较具有代表性的定义。

美国国家标准与技术研究院（National Institute of Standards and Technology，NIST）对网络安全（Cyber Security）的定义：防止计算机、电子通信系统、电子通信服务、有线通信和电子通信，包括其中的信息受到损害、保护和恢复，以确保其可用性、完整性、认证性、机密性和不可抵赖性。

知名咨询公司 Gartner 对网络安全的定义：网络安全是一个企业为保护其网络资产而采用的人员、政策、流程和技术的组合。网络安全被优化到企业领导人定义的水平，平衡所需的资源与可用性/可管理性和抵消的风险量。网络安全的子集包括信息技术（Information Technology，IT）安全、物联网（Internet of Things，IoT）安全、信息安全和运营技术（Operational Technology，OT）安全。

许多物种并行进化，每个物种都寻求竞争优势，网络安全也不例外。随着网络攻击变得更加动态和多样化，网络安全正在不断发展以满足不同的需求。零信任正是在网络安全发展中不断孕育出来的一个新的范式，因此我们不能割裂地来看零信任。

1.1.2 网络安全经典事件回顾

网络安全的历史严格意义来说始于 1972 年的阿帕网（ARPANET）研究项目，这是互联网的前身。

以下列举一些人类历史发展过程中的典例安全事件，帮助读者了解网络安全发展的历史路径。

（1）1971 年 3 月 16 日，爬行者（爬虫）病毒的出现。研究人员鲍勃·托马斯（Bob Thomas）编写了一个名为爬行者（Creeper）的计算机程序，可以在 ARPANET 中“移动”，无论走到哪里都会留下痕迹。上面写着：“我是爬行者，如果可以的话，抓住我”。电子邮件的发明者雷·汤姆林森（Ray Tomlinson）编写了“收割者”程序，该程序追逐并删除了爬行者。爬行者不仅是防病毒软件的第一个例子，而且也是第一个自我复制程序，使其成为有史以来第一个计算机蠕虫。

（2）1983 年 9 月 20 日，美国首个网络安全专利诞生。随着计算机开始发展，世界各地的发明家和技术专家都急于创造历史，为新的计算机系统申请专利。1983 年 9 月，麻省理工学院被授予“加密通信系统和方法”的美国专利，这是美国第一个网络安全专利。该专利介绍了 RSA（Rivest-Shamir-Adleman）算法，它是最早的公钥密码系统之一，而密码学是现代网络安全的基石。

（3）1993 年 6 月 9 日，第一次 DEF CON 会议召开。DEF CON 是世界上最受欢迎的网络安全技术会议之一。1993 年 6 月，由 Jeff Moss 发起，在美国拉斯维加斯开幕，大约有 100 人。现如今，每年至少来自世界各地的 20 000 多名网络安全专业人士参加了该会议。

（4）1995 年 2 月，安全套接字层（SSL）2.0 的诞生。安全套接字层（Security Socket Layer，SSL）协议使人们能够安全地做一些简单的事情，如在网上购买物品，这就是安全协议。在美国国家超级计算应用中心发布第一个网络浏览器后不久，网景公司开始开发 SSL 协议。1995 年 2 月，网景公司发布了 SSL 2.0。

（5）2003 年 10 月 1 日，“匿名者”黑客组织诞生。匿名者是第一个知名的黑客组织。该组织没有领导者，代表了许多在线和离线社区用户。他们一起作为一个无政府的、数字化的全球大脑而存在。该组织戴着盖伊·福克斯的面具，以分布式拒绝服务（Distributed Denial of Service，DDoS）攻击的方式攻击了科学教会的网站，从而获得了全球的关注。匿名者继续与许多重要的事件联系在一起，其主要目的是保护公民的隐私。

（6）2010 年，伊朗核设施遭“震网”病毒攻击。2010 年伊朗政府宣布，大约 3 万个网络终端感染“震网”病毒，该病毒攻击目标直指核设施。分析人士在猜测病毒研发者具有国家背景的同时，更认为这预示着网络战已发展到以破坏硬件为目的的新阶段。伊朗政府指责美国和以色列是“震网”的幕后主使。整个攻击过程如同科幻电影：由于被病毒感染，监控录像被篡改。监控人员看到的是正常画面，而实际上离心机在失控情况下不断加速而最终损毁。位于伊朗纳坦兹的约 8000 台离心机中有 1000 台在 2009 年底和 2010 年初被换掉。

（7）2017 年，全球暴发勒索病毒 WannaCry。2017 年 5 月 12 日，勒索病毒 WannaCry 借助高危漏洞“永恒之蓝”（EternalBlue）在世界范围内暴发，一天内感染了 23 万台计算机。据报道，包括美国、英国、中国、俄罗斯、西班牙、意大利、越南等国家均遭受大规模攻击。

（8）2020 年，SolarWinds 遭到供应链攻击。2020 年，美国 SolarWinds 遭到供应链攻击。这是过去十年最重大的网络安全事件。SolarWinds 是一家国际 IT 管理软件供应商，其 Orion 软件更新服务器上存在一个被感染的更新程序，这导致美国多家企业及政府单位网络受到感染。

（9）2021 年，美国 Colonial Pipeline 遭黑客攻击。美国最大的燃油、燃气管道运营商 Colonial Pipeline 于 2021 年 5 月 7 日遭“恶意勒索病毒”攻击导致系统瘫痪，控制系统被迫全面暂停，中断了美国东岸 45%的燃油运补。

（10）2022 年，俄罗斯和乌克兰发生网络冲突，双方的网络攻击事件不断升级，其造成的影响正在不断蔓延至全球。可预测，该事件将影响全球网络安全的走向。

1.1.3 我国网络安全发展阶段回顾

我国网络安全建设起步晚于美国，但是发展迅猛。下面介绍我国网络安全发展的关键历史节点。

（1）1986 年，启蒙阶段。1986 年，由缪道期先生牵头的中国计算机学会计算机安全专业委员会正式开始活动。1987 年，第一个专门安全机构——国家信息中心信息安全处成立，从一个侧面反映中国的计算机安全事业的起步。

（2）1994 年，开始阶段。1994 年，公安部颁布了《中华人民共和国计算机信息系统安全保护条例》，这是我国第一部计算机安全方面的法规，较全面地从法规角度阐述了关于计算机信息系统安全相关的概念、内涵、管理、监督、责任。

（3）1999 年，逐渐走向正轨阶段。1999 年，国家信息化工作领导小组成立（现为中央网信办）。2001 年，国务院信息化工作办公室成立的专门小组以负责网络与信息安全相关事宜的协调、管理与规划，是国家信息安全走向正轨的重要里程碑。

（4）2014 年，快速发展阶段。2014 年 11 月 19 日，中国举办了规模最大、层次最高的互联网大会——第一届世界互联网大会，全球众多互联网知名人士出席了大会，标志着我国网络安全发展按下快进键。

（5）2016 年，依法治网时代来临。2016 年 11 月 7 日，《中华人民共和国网络安全法》由中华人民共和国第十二届全国人民代表大会常务委员会第二十四次会议审议通过，自 2017 年 6 月 1 日起施行。该法的颁布和实施，在我国的网络安全历史上有划时代的意义。

（6）2021 年，《中华人民共和国数据安全法》与《中华人民共和国个人信息保护法》颁布。2021 年 6 月 10 日，第十三届全国人民代表大会常务委员会第二十九次会议通过《中华人民共和国数据安全法》，自 2021 年 9 月 1 日起施行。2021 年 8 月 20 日，第十三届全国

人大常委会第三十次会议表决通过了《中华人民共和国个人信息保护法》，将于 2021 年 11 月 1 日起施行。

1.2　传统安全防御体系面临挑战

网络安全已正式进入大安全时代。新冠疫情倒逼人类数字化转型加速，网络攻击面急剧扩大，网络攻击手法不断翻新，物联网设备无处不在，传统安全防御体系基于边界保护中心的防御思想正在被新威胁蚕食和摧毁。

1.2.1　远程办公导致网络安全风险急剧增加

全球新冠疫情大流行迫使大多数组织将其员工转移到远程工作。许多调查表明，在后疫情时期，很大一部分员工将继续远程工作。在家工作带来了新的网络安全风险，是网络安全领域最受关注的新趋势之一。家庭办公室通常比集中式办公室受到的保护更少，集中式办公室往往具有由 IT 安全团队运行得更安全的防火墙、路由器和访问管理。而对于远程办公或分布式办公的员工，则传统的安全策略可能不像以往那样严格，网络犯罪分子会调整他们的策略加以利用。另外，自带设备办公已经成为一种趋势，进一步加剧了安全风险。

1.2.2　物联网设备越来越多

据思科预测，全球物联网（IoT）设备的数量在 2023 年将达到 293 亿台。物联网设备几乎没有任何内置的安全性，这使它们成为黑客的攻击目标。大多数物联网设备都是互联的，若其中任何一个设备被黑客入侵，则会损害多个设备的安全性。

对物联网设备的黑客攻击、破坏和入侵正变得越来越频繁。例如，对美国石油管道系统（Colonial Pipeline）的网络攻击，是对物联网（IoT）智能基础设施发起网络攻击的典型事例。从本质上讲，任何与互联网连接的设备都容易被黑客攻击和滥用。在物联网时代，这意味着恶意行为者有可能利用数十亿连接设备的漏洞来访问机密数据，传播恶意软件或勒索软件，将设备同化为僵尸网络，关闭公用事业和其他基础设施，造成重大损失。

1.2.3　传统安全防御体系的安全盲点

（1）企业应用正在逐步云化。应用程序不再只是托管在数据中心了。今天，一个组织的应用程序组合可能包括在内部、云或边缘计算环境中运行的网络和软件即服务（Software as a Service，SaaS）应用程序或三者的组合。一个应用程序的构成比以往任何时候都更加动态。不仅一个应用程序可以在多个环境中运行，而且微服务允许 IT 团队在不同的环境中同时运行某些应用程序。

（2）远程工作将继续存在。现在，员工正在从远程工作地点和家庭办公室的网络边缘访问这些应用程序。这将导致网络和应用环境极其复杂。传统安全防御体系是基于边界保护中心的思想而设计的，主要是保护企业内容网络。

（3）面对的安全威胁越来越复杂。随着应用程序和用户无处不在，传统的“可信”安全边界已经完全解体，检测整个网络的威胁越来越难。针对大量 SaaS 应用，对于传统安全防御体系而言，出现大量的安全盲点，看不见网络，更谈不上进行有效的安全防御了。

1.3　零信任安全是网络安全的新选择

零信任既不是技术也不是产品，而是一种安全理念和长期战略。零信任的思想是应对未来网络安全威胁的一种新安全范式。零信任的真正目的是减少网络安全风险。

零信任基于身份认证和授权重新构建访问控制的信任基础，从而确保身份可信、设备可信、应用可信和链路可信。它是一个全面的安全模型，它涵盖了网络安全、应用安全、数据安全等各个方面，致力于构建一个以身份为中心的策略模型以实现动态的访问控制。

1.3.1　数字化正在改变安全

我们正在进入数字化时代。软件正在“吞噬”这个世界，万物均在互联。软件可以定义一切。数字化转型使得企业网络高度异构（如移动、物联网、公有/混合云和 SaaS 应用等开始融合），业务和 IT 的运营模式正在发生根本性变革。企业越来越多的关键型和生产级应用正在逐步转移到云端。

数字化正在改变网络安全。现代企业以用户、应用和数据为中心，依赖于底层网络安全基础设施的保护在某种程度上已变为一个补充。越来越多的用户、应用和数据已经超越了企业固有的边界的限制，离开了数据中心，迁移到了云端。以边界保护数据中心的传统网络安全模式正不断被黑客渗透，频繁发生的网络安全事件一次次证明传统网络安全防御体系的不足。随着数字化不断对边、管、云的颠覆和重造，网络攻击面正在爆炸式扩大，大安全时代已经来临。

1.3.2　零信任是新的安全范式

零信任架构重新评估和审视了传统的边界安全架构，并给出 3 个基本思路：应该假设网络自始至终充满外部和内部威胁，不能仅凭网络位置来评估信任；默认情况下不应该信任网络内部或外部的任何人、设备、系统，需要基于认证和授权重构访问控制的信任基础；访问控制策略应该是动态的，应基于设备和用户的多源环境数据计算得来。

零信任对访问控制进行了安全范式上的改变，引导网络安全架构从“网络中心化”走向“身份中心化”。从技术方案层面来看，零信任安全架构是借助现代身份管理技术实现对人、设备和系统的全面、动态、智能的访问控制。

许多人误解了零信任的概念，以为零信任就是没有信任。其实，零信任是让信任边界

最小化，减少网络攻击的爆炸边界。打个比方，旅客乘飞机出行，在机场经过层层安检，最后到达机场的登机口，这个区域就是最小的信任区，也就是零信任的边界。所以，零信任是把安全风险最小化的一种安全范式。零信任并不是安全的“银弹”。

1.3.3 零信任的商业模式

零信任作为一种新安全理念，已经成为全球网络安全的关键技术和大趋势。目前，海外市场参与者众多，实现路径各有差异。既有谷歌、微软等率先在企业内部实践零信任并推出完整解决方案的业界巨头，也有“以身份为中心的零信任方案”的 Duo、OKTA、Centrify、Ping Identity，还有偏重于网络实施方式的零信任方案的 Cisco、Akamai、Symantec、VMware、F5 等。海外零信任市场的商业模式较为成熟，安全即服务（Security as a Service，SECaaS）为主流交付模式。

国内零信任市场刚刚兴起，包括互联网巨头及传统安全厂商，以及网络安全新锐等厂商均结合自身业务推出零信任产品和解决方案。从目前进入该领域的厂商来看，主要有身份管理与访问控制（Identity and Access Management，IAM）厂商、软件定义边界（Software Defined Perimeter，SDP）厂商、微隔离（Micro Segmentation，MSG）厂商 3 个方向。当然，真正的零信任远不止于此，零信任还在发展之中。

据 Gartner 预测，2022 年将有 80%面向生态合作伙伴的新数字业务应用采用零信任网络访问。2023 年将有 60%的企业从远程访问虚拟专用网络（Virtual Private Network，VPN）向零信任网络架构转型。

随着国内“攻防演练”的常态化推进及更多企业的参与，减少暴露面及核心资产隐藏的需求，正在推动零信任架构成为“攻防演练”应对工具的选择。同时，零信任安全也引起国家相关部门和业界的重视。众多安全厂商均结合自身业务推出零信任解决方案，并已逐步在多个场景实践落地。从交付模式来看，考虑国内信息化发展水平及对安全的重视程度，短期内仍以解决方案为主，长期有望向 SECaaS 模式转变。

1.4 本章小结

本章简单回顾了网络安全发展的历史，列举了一些网络安全里程碑事件，并试图洞察网络安全发展的规律，探究零信任思想的真正内涵，以及对未来安全走向的思考。

在过去的十年中，网络犯罪分子正在进行大肆破坏，传统安全防御经常被网络攻击者绕过。面对日益猖獗的网络攻击，传统安全防御手段面临的压力越来越大，尽管安全工具越来越多，但是，其效果却很有限。与此形成对比的是，用户在安全方面的投入正在增加，其网络安全运营人员疲于奔命，安全威胁的泛滥之势并未被遏制。

随着技术的快速发展，网络犯罪分子也在不断进步。他们正在不断创新攻击方法来渗透他们的目标，如物联网、5G、云计算、生物技术黑客、深层伪造等，将成为网络威胁的前沿。随着数字时代到来，网络犯罪分子更加容易发起网络攻击，更难以被发现。

未来十年，在新一代变革性技术的推动下，网络安全格局可能发生重大变化。金融、经济、地缘政治和个人利益将处于网络安全风险的风口浪尖。如何确保我们共同的数字未来，值得每个安全从业人员进行思考。

面向 21 世纪，网络安全公司应当着眼于未来，要敏捷动态适应可能面临的挑战。网络犯罪并没有任何放缓的迹象。历史往往会重演，只是选择不同的方式而已。但通过分析过去和现在的事件，至少我们可以捕捉未来的愿景。

网络安全已经步入一个新的时代，网络安全的理想目标将是最小化风险，不断增强网络弹性，而增强网络弹性，最好的方法是未雨绸缪，主动防御。正如富兰克林曾经说过："一盎司的预防胜过一磅的治疗。"

面对新的威胁，需要新的思考。你准备好了吗？

第 2 章 零信任概述

第 1 章介绍了零信任是网络安全发展的必然趋势，是网络安全乃至数据安全发展的新选择。本章主要介绍零信任的起源和发展历程，零信任相关的基本概念和当前零信任的几个主要分支、国内外零信任发展的现状、国内外主要的零信任安全架构，以及零信任安全架构的主要应用场景。

2.1 零信任的发展现状

零信任安全架构作为一种新型的安全理念和架构，它的出现不是偶然的，是随着云计算、物联网及移动办公等新技术新应用的兴起，网络安全和数据安全的必然选择。谷歌的 BeyondCorp 项目从 2011 年到 2017 年将零信任理念落地，用于自身的办公安全框架，是零信任安全的最佳实践。在零信任架构从理念到实践的过程中，国内外也产生了众多的零信任安全相关的组织和相应的标准及技术规范。

2.1.1 零信任概念的提出

零信任思想的历史可以追溯到 2004 年成立的耶利哥论坛（Jericho Forum），其重点研究方向之一就是探讨无边界趋势下的网络安全架构和解决方案。“零信任”（Zero Trust）术语最早是由当时 Forrester 分析师 John Kindervag 于 2010 年提出的。他非常敏锐地发现传统的边界安全理念下信任被滥用，存在非常多的安全问题。在边界安全理念中网络位置决定了信任程度。在安全区域边界外的用户默认是不可信的（不安全的），边界外用户想要接入边界内的网络需要通过防火墙等安全机制；安全区域内的用户默认都是可信的（安全的），对边界内用户的操作不再做过多的监测。但是这就在每个安全区域内部存在过度信任的问题。

随着云计算、物联网及移动办公等新技术新应用的兴起，企业的业务架构和网络环境也随之发生了重大的变化，这给传统边界安全理念带来了新的挑战。例如，云计算技术的普及，带来了物理安全边界模糊的挑战；远程办公、多方协同办公等成为常态，带来了访问需求复杂性变高和内部资源暴露面扩大的风险；各种设备、各种人员接入，带来了设备、人员的管理难度和不可控安全因素增加的风险；高级威胁攻击带来了边界安全防护机制被突破的风险。这些都对传统的边界安全理念和防护手段提出了挑战，急需更好的安全防护理念和解决思路。传统边界安全理念先天能力存在不足，新技术新应用又带来了全新的安全挑战，在这样的背景下，"从不信任，始终验证"逐步成为零信任的核心思想。

2.1.2 零信任的早期践行者

谷歌是一家重视网络安全的全球性互联网公司，在对一些网络安全事件分析后，谷歌发现公司内网的安全防护薄弱而内部威胁却与日俱增，便开始尝试用新的安全思想和架构来重构公司的网络安全体系，搭建一个适用于云时代并便于员工接入的安全的企业网络。谷歌从2011年起在公司内部发起了代号为"BeyondCorp"的安全项目，并在2014年12月后，陆续发表了6篇与BeyondCorp相关的论文，全面介绍了BeyondCorp的架构和谷歌的实施情况。

谷歌最初将BeyondCorp项目的目标设定为"让所有员工在不被信任的网络中，不用通过接入VPN就能顺利工作"。BeyondCorp项目抛弃了对企业内网授予默认的信任，提出了一个全新的安全方案，取代了传统的基于边界安全的做法。在这种全新的无特权（默认信任）网络访问模式下，访问只依赖于设备和用户凭证等安全状态，以及访问的上下文环境情况，而与用户所处的网络位置无关。无论用户是在公司内网、家里、酒店还是咖啡厅的公共网络，所有对企业资源的访问都要基于设备状态和用户凭证等进行认证、授权和加密。这种新模式可以针对不同的企业资源进行细粒度的访问控制，所有谷歌员工都可以从任何网络成功发起访问，无须通过传统的VPN连接进入特权网络，除了可能存在延迟差异，对企业资源的本地和远程访问用户体验基本一致。

从2011年启动到2017年结束，BeyondCorp项目对谷歌企业网络的零信任迁移历时6年，完成了大部分的企业应用的系统改造。作为业界最为著名的零信任实践案例，BeyondCorp项目的安全理念已经融入大部分谷歌员工的日常工作中，尤其在新冠疫情出现后，谷歌已有超过10万名员工使用相同的基础设施远程办公。谷歌的案例让很多人理解到零信任的实施并非只是安全团队的工作，而需要企业领导和所有员工的理解和支持。值得注意的是，谷歌的BeyondCorp是一个安全项目，并不是谷歌推出的零信任产品。BeyondCorp项目的很多实践经验与谷歌内部的技术栈、业务特性和工作流程强相关，所以它并不一定适用于其他机构。目前谷歌已经着手将BeyondCorp项目的核心安全能力抽象成商业化的产品对外提供服务。2021年，谷歌云宣布推出BeyondCorp Enterprise，这是一个由该公司DDoS攻击保护服务的零信任平台，该平台取代了BeyondCorp Remote Access（2020年4月推向市场），是谷歌在零信任商业产品领域的首次尝试。

2.1.3 零信任相关技术发展概述

业界对于零信任的技术路线一般总结为"SIM"。其中，"S"代表的软件定义边界（Software Defined Perimeter，SDP），由云安全联盟（CSA）提出，旨在使应用程序所有者

能够在需要时部署安全边界，以便将服务与不安全的网络隔离开来，更加关注南北向流量的安全。“I”代表的现代身份管理与访问控制（Indentity and Access Management，IAM），通过建立和维护一套全面的数字身份，并提供有效、安全的 IT 资源访问的业务流程和管理手段，更加关注南北向流量。“M”代表的微隔离（Micro Segmentation，MSG），由 Gartner 提出，更加关注东西向流量的安全，能够在逻辑上将数据中心划分为不同的安全段，直到各个工作负载级别，然后为每个独特的段定义安全控制和所提供的服务，可以在数据中心内部部署灵活的安全策略。

随着业界对零信任的理解、研究和实践的不断深入，零信任相关的技术也在不断演进，并将跟更多的技术、应用深度结合，如零信任和广域网络访问的结合、零信任与边缘计算的结合、零信任与云原生的结合、零信任与操作系统/办公协同应用的结合等。

2.1.4 零信任产业联盟介绍

2013 年，云安全联盟（CSA）成立软件定义边界（SDP）工作组，该工作组在 2014 年 4 月发布了《软件定义边界（SDP）标准规范 1.0》（简称《SDP 1.0》）。随着 SDP 作为零信任理念的主流落地技术架构逐渐被广泛接受，SDP 工作组于 2022 年 4 月发布了《软件定义边界（SDP）标准规范 2.0》（简称《SDP 2.0》）。

2019 年 3 月，云安全联盟大中华区（CSA GCR）召开 SDP 工作组启动会，SDP 工作组正式成立。2021 年，SDP 工作组升级为零信任工作组，截至 2021 年 6 月，行业专家已经超过百人，工作组成员单位已有 50 余家业内顶尖企业和机构。

2019 年 4 月，谷歌牵头发起零信任联盟——BeyondCorp Alliance，旨在推出一系列的产品和服务促进业界更容易接受零信任理念并落地应用。目前联盟成员包括 Citrix、CrowdStrike、Jamf、Lookout、Palo Alto Networks、Symantec（Broadcom 的一个部门）、VMware 等。

2020 年 6 月，在中国产业互联网发展联盟的指导下，腾讯联合零信任领域多家权威机构发起成立业界首个以标准为纽带的零信任产业联盟——零信任产业标准工作组，覆盖产、学、研、用四大领域。截至 2021 年 6 月，工作组成员单位已超过 40 余家。

2021 年 4 月，在中国电子信息产业集团有限公司的指导下，由中国信息安全研究院有限公司和奇安信科技集团股份有限公司牵头发起的零信任联盟正式成立。目前，该联盟首批参与单位已有近 50 家。

2.1.5 零信任相关技术标准化进展

1. 国际标准

国际上最早涉及零信任相关的标准可追溯到 2014 年，云安全联盟（CSA）的 SDP 工作组发布了《软件定义边界（SDP）标准规范 1.0》，该标准描述了 SDP 协议架构、工作流、协议实现、SDP 应用等内容。SDP 的安全理念和零信任的安全理念完全一致：①无论用户和服务器资源在什么位置，都要确保所有的资源访问都是安全的；②记录和检查所有流量；③对所有授权实施需要知道（Need-to-Know）原则。《软件定义边界（SDP）标准规范 1.0》的发布在业界引发强烈反响，在美国硅谷和以色列涌现了一批创业公司，行业发展如火如荼，甚至出现了一批上市公司。2019 年，由 CSA 大中华区 SDP 工作组组织专家将《软件定义边界（SDP）标准规范 1.0》翻译为中文。由于《软件定义边界（SDP）标准规范 1.0》出台时间较早，零信任理念和相关技术在快速演进，虽然该规范为确保联网的安全性提供了坚实的架构和概念基础，但仍有一些尚未触及，如 SDP 访问授权策略和非个人实体保护几个方面。2022 年，《软件定义边界（SDP）标准规范 2.0》在前一版本的基础上进行补充、说明和扩展。经过近年来零信任行业的快速发展以及 SDP 技术架构被市场的普遍接受，《软件定义边界（SDP）标准规范 2.0》相对《软件定义边界（SDP）标准规范 1.0》做了不少的改进，其中包括在架构、流程图、SDP 协议、单包授权（Single Packet Authorization，SPA）协议格式，以及对于物联网（IoT）的支持等多个方面。

2019 年 9 月，在瑞士日内瓦举办的国际电信联盟电信标准分局（ITU-T）安全研究组（SG17）全体会议上，由腾讯、国家互联网应急中心（CNCERT）和中国移动通信集团设计院有限公司（简称中国移动设计院）主导的“服务访问过程持续保护指南”国际标准成功立项。该标准提供有关持续身份安全、访问控制和安全防护管理的标准化指导，成为三大国际标准组织中首个零信任安全相关的技术标准，对推动零信任安全技术在全球范围规模商用的进程，加快零信任技术和服务快速发展与普及具有重要深远的意义。

2019 年 9 月，美国国家标准与技术研究院（NIST）发布了 *Zero Trust Architecture*（《零信任架构》）草案；2020 年 2 月，NIST 对《零信任架构》的草案进行了修订；8 月 11 日，《零信任架构》标准正式发布。该标准介绍零信任的基本概念、体系架构的逻辑组件、部署场景、零信任与现有联邦指导意见［如风险管理框架（RMF）、NIST 隐私框架、联邦身份、凭证和访问管理（Identity Credential and Access Management，ICAM）、可信互联网连接（TIC）、国家网络安全保护系统（NCPS）、持续诊断和缓解（CDM）计划、智能云和联邦数据策略］的可能交互等内容。

2021 年 2 月，美国国防信息系统局（DISA）发布了《国防部零信任参考结构》，该参考架构首先介绍其目的、背景、方法等内容，其次讨论零信任的核心概念及原则，并提供了零信任支柱的一些详细要求。

2. 国内标准

2019 年 7 月，腾讯联合 CNCERT、中国移动设计院、奇虎科技、天融信等产学研机构，发起国内首个零信任标准——《零信任安全技术参考框架》（CCSA）立项，率先推进国内的零信任标准研制工作，该标准主要解决零信任网络安全技术的标准化、规范化等问题，帮助用户基于标准化的方式来评估其安全态势，重构网络与安全应用。

2020 年 8 月，奇安信科技集团股份有限公司（简称奇安信）牵头在全国信息安全技术

标准化委员（TC260）申请的《信息安全技术 零信任参考体系架构》标准在鉴别与授权工作组（WG4）立项，成为首个零信任国家标准。该标准主要致力于提出可信的零信任架构，从概念模型开始，确定零信任原则和技术框架，包括零信任架构的体系、组件和基本工作流程等内容。

2021 年 5 月，产业互联网发展联盟发布了《零信任系统通用技术要求》（T/IDAC 002—2021）、《零信任系统服务接口规范 用户认证接口》（T/IDAC 003—2021）两项联盟标准。该标准定义了零信任产品的功能、性能指标，以及涉及用户身份认证的接口规范。同年，中国信息通信研究院牵头推进《零信任能力成熟度》《基于云计算的安全信任体系 第 2 部分：零信任安全解决方案能力要求》等相关标准工作。

2021 年 6 月 30 日，由中国电子工业标准化技术协会正式发布《零信任系统技术规范》（T/CESA 1165—2021）团体标准，这是零信任技术架构落地国内以来，业内发布的首个零信任技术实现标准，于 2021 年 7 月 1 日起实施。本标准规定了用户访问资源、服务之间调用两种场景下零信任系统在逻辑架构、认证、访问授权管理、传输安全、安全审计、自身安全等方面的功能、性能技术要求和相应的测试方法，适用于零信任系统的设计、技术开发和测试。

可以看出，2019 年可谓是零信任标准化研制工作的元年，这也侧面说明了零信任理念经过十余年的发展，相关技术和产品已逐步成熟。可以预见未来将会有更多零信任相关的标准出台，这对零信任产业的规模化发展打下了良好基础。

2.2　国家层面对零信任的关注

零信任安全理念诞生以来，一直深受国内外学者乃至国家层面的重视，许多国家已经展开自上而下的策略进行贯彻零信任安全架构的落地。这也反映出国内外对零信任安全理念和架构的积极态度。

2.2.1　中国

2019 年 9 月，工业和信息化部会同有关部门，为贯彻落实《中华人民共和国网络安全法》，积极发展网络安全产业，起草了《关于促进网络安全产业发展的指导意见（征求意见稿）》，面向社会公开征求意见。该指导意见首次在国内政府正式文件中将零信任作为网络安全关键技术提出，要求“积极探索拟态防御、可信计算、零信任安全等网络安全新理念、新架构，推动网络安全理论和技术创新”。

同年，中国信息通信研究院发布的《中国网络安全产业白皮书》指出，零信任已经从概念走向落地，也首次将零信任安全技术和 5G、云安全等并列为我国网络安全重点细分领域技术。

2021 年 7 月 12 日，为深入贯彻党中央、国务院关于制造强国和网络强国的战略决策部署，落实《中华人民共和国国民经济和社会发展第十四个五年规划和 2035 年远景目标纲要》有关要求，加快推动网络安全产业高质量发展，提升网络安全产业综合实力。工业和信息化部发布《网络安全产业高质量发展三年行动计划（2021—2023 年）（征求意见稿）》，指出：

发展创新技术。推动网络安全架构向内生、自适应发展，加快开展基于开发安全运营、主动免疫、零信任等框架的网络安全体系研发。加快发展动态边界防护技术，鼓励企业深化微隔离、软件定义边界、安全访问服务边缘框架等技术产品应用。积极发展智能检测响应技术，提升用户实体行为分析、安全编排与自动化响应、扩展检测与响应等技术应用水平。推动发展主动安全防御技术，推进欺骗防御、威胁狩猎、拟态防御等技术产品落地。加速应用基于区块链的防护技术，推进多方认证、可信数据共享等技术产品发展。加强卫星互联网、量子通信等领域安全技术攻关。

5G 安全。针对 5G 核心网、边缘计算平台等 5G 网络基础设施，推进安全编排与自动化响应、深度流量分析、威胁狩猎、信令安全等产品应用，推动云边协同安全能力建设。针对网络切片、网络功能虚拟化等技术特点，推动容器安全、微隔离等虚拟化安全防护产品及 5G 空口和信令防护检测等安全产品部署应用，提升 5G 内生安全能力和 5G 网络威胁的感知能力。针对 5G 虚拟专网、5G 共建共享等网络建设模式，积极推进安全资源池、零信任安全架构、资产识别等安全解决方案应用，构建按需供给的安全能力。

云安全。面向多云、云原生、边缘云、分布式云等新型云计算架构。发展多云身份管理、云安全管理平台、云安全配置管理、云原生安全、云灾备等技术产品，推动云架构安全发展。面向云环境中云服务器、虚拟主机、网络等基础资源，加强基础信息采集水平，提升能够面向双栈（IPv4、IPv6）的流量可视化、微隔离、软件定义边界、云工作负载保护等安全产品能力，保障云上资源安全可靠。面向云上业务、应用等服务，提升安全访问服务边缘模型、云 Web 应用防火墙、云上数据保护等安全产品效能，保障云上业务安全运行。

2.2.2 美国

相对于其他国家，美国政府对零信任的关注、出台的政策文件更多。2019 年起美国相关组织和政府部门陆续发布了多项零信任相关的报告或政策文件，积极推动零信任相关技术和产业发展。

2019 年 4 月，一贯致力于为美国政府提供新信息技术支撑的非营利性组织美国技术委员会（行业咨询委员会）发布了《零信任网络安全当前趋势》报告，讨论了零信任概念安全模型、部署零信任的步骤和联邦政府中应用零信任的挑战等内容。

2019 年 7 月，美国国防部发布《数字现代化战略（2019—2023 年）》，提出了与信息技术相关的现代化最终愿景和具体目标，即创建“一个更加安全、协调、无缝、透明和经济高效的信息技术体系结构，将数据转化为可操作的信息，并确保在持续的网络威胁面前可靠地执行任务。”为实现这一愿景，该战略提出了 4 个优先事项，以及 4 个数字现代化目标。该文件中首次在美国政府文件层面明确将零信任安全列为优先发展的网络安全任务之一。

2019 年 10 月，美国国防部国防创新委员会（DIB）发布 *Zero Trust Architecture (ZTA) Recommendations*（《零信任架构（ZTA）建议》）报告，提供了关于国防部零信任实施层面的建议，其中第一条建议就是：国防部应将零信任实施列为最高优先事项，并在整个国防部内迅速采取行动，建议军方加快部署和推进零信任实施工作。

2021 年 4 月，美国国防部代理首席信息官（CIO）谢尔曼（John Sherman）宣布：美国国防部计划发布 *Zero-trust Architecture Strategy 2021*（《2021 年零信任架构战略》）。并有消息称，美国国防部的最高 IT 部门正在考虑建立一个投资组合管理办公室（Portfolio Management Office），致力于加速采用零信任网络安全架构。

2021 年 5 月，美国总统拜登签发 *Executive Order on Improving the Nation's Cybersecurity*（《关于加强国家网络安全的行政命令》），旨在加强美国的网络安全实践和保护美国联邦政府网络。拜登总统令强调了联邦政府网络安全现代化的关键举措和最佳安全实践，其中就包括要求政府部门向云技术的迁移应在可行的情况下采用零信任架构。

2.2.3 其他国家

2020 年 10 月，英国国家网络安全中心［National Cyber Security Centre（United Kingdom），NCSC］发布 *Zero Trust Principles*（《零信任基本原则》）草案，为政企机构迁移或实施零信任网络架构提供参考指导。

2022 年 11 月，欧盟理事会通过了一项有助于维护欧盟网络安全的新立法——《关于在欧盟全境实现高度统一网络安全措施的指令》（简称《NIS2 指令》），以进一步提高公共和私营部门以及整个欧盟的网络安全、弹性及事件响应能力。《NIS2 指令》建议使用零信任理念来应对新时代下的安全威胁。

根据 Gigamon 在对德国、法国和英国的 500 位 IT 和安全决策者进行的一项市场调研数据，有 84%的受访者表示自 2020 年初以来安全威胁同比增加，最大的威胁来自远程办公的不安全设备（51%）、网络钓鱼攻击（41%）和数据泄露（33%），并且超过 2/3（67%）的欧洲组织已采用或计划采用零信任框架以应对不断变化的威胁形势。

从上述统计可以看出，欧洲、美国以及中国对零信任的关注度持续升温。可预测，随着零信任相关技术和实践的发展与逐步成熟，将会有更多的国家加强对零信任的政策关注和引导，进一步促进零信任产业的发展。

2.3 零信任的基本概念

本节主要介绍零信任的定义、抽象架构、核心关键能力，以及三大技术分支的基本介绍。零信任不信任任何人、设备、系统及环境，在零信任模式下，企业网络内外的任何人、设备和系统都需要“持续验证，永不信任”。基于零信任的理念，市场上发展出三个技术分支：软件定义边界、增强型身份管理和访问控制、微隔离。

2.3.1 零信任的定义

NIST（美国国家标准与技术研究院）在《零信任架构》白皮书中指出：

零信任（Zero Trust，ZT）提供了一系列概念和思想，在假定网络环境已经被攻陷的前提下，当执行信息系统和服务中的每次访问请求时，降低其决策准确度的不确定性。零信任架构（ZTA）则是一种企业网络安全的规划，它基于零信任理念，围绕其组件关系、工作流规划与访问策略构建而成。因此，零信任企业是作为零信任架构规划的产物，是针对企业的网络基础设施（物理和虚拟的）及运营策略的改造。

国外知名 IT 咨询机构 Gartner 指出：

零信任网络访问（Zero Trust Network Access，ZTNA）也称为软件定义边界（SDP），是围绕某个应用或一组应用创建的基于身份和上下文的逻辑访问边界。应用是隐藏的，无法被发现，并且通过信任代理限制一组指定实体访问。在允许访问之前，代理会验证指定访问者的身份、上下文和策略合规性。这个机制将把应用资源从公共视野中消除，从而显著减少攻击面。

中国通信标准化协会（CCSA）的行业标准《信息安全技术 零信任参考架构》（T/CIITA 117—2021）中指出：

一组围绕资源访问控制的安全策略、技术与过程的统称，从对访问主体的不信任开始，通过持续的身份鉴别和监测评估、最小权限原则等，动态调整访问策略和权限，实施精细化的访问控制和安全防护。

需要注意，访问控制决策涉及的因素包括但不限于用户身份、设备信息、用户行为、资源状态、威胁情报、访问环境上下文信息等。

2.3.2 零信任抽象架构

对比 SDP 的架构和 NIST 的零信任架构，SDP 的控制器在功能上类似于 NIST 的零信任架构的策略决策点（Policy Decision Point，PDP），SDP 的连接接受主机（Accepting Host，AH）功能上类似于 NIST 的零信任架构的策略实施点（Policy Enforcement Point，PEP）。综合 SDP 的架构、NIST 的零信任架构的架构图，以及实践经验，我们认为目前业界对零信任架构的理解正在趋于一致，通用零信任抽象架构如图 2-1 所示。

其中，零信任安全控制中心组件作为 SDP 的 Controller 和 NIST 的 PDP 的抽象，零信任安全代理组件作为 SDP 的 AH 和 NIST 的 PEP 的抽象。零信任安全控制中心的核心是实现对访问请求的授权决策，以及为决策而开展的身份认证（或中继到已有认证服务）、安全监测、信任评估、策略管理、设备安全管理等功能；零信任安全代理的核心是实现对访问控制决策的执行，以及对访问主体的安全信息采集，对访问请求的转发、拦截等功能。

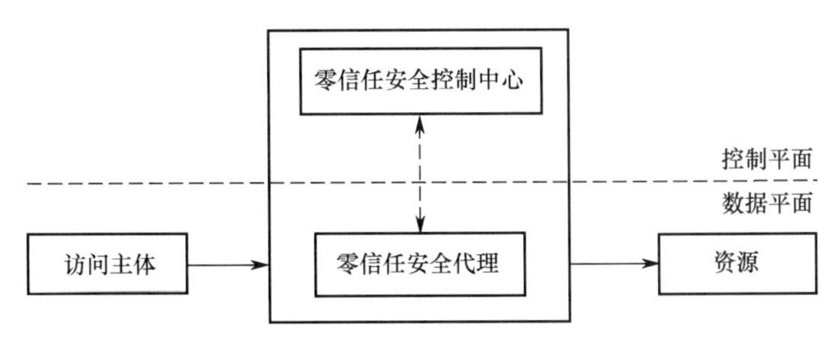

图 2-1　通用零信任抽象架构

2.3.3　零信任的核心关键能力

零信任的核心关键能力主要有以下几个方面。

（1）基础身份安全能力，对用户、设备等统一身份管理和认证能力，并持续评估身份的安全。

（2）资源隐藏能力，在正式授权前保障资源一定程度的不可见性和不可访问性。

（3）访问代理能力，接管每次访问请求，执行访问控制决策，维护安全的访问通道。

（4）动态访问控制能力，依据身份、设备、应用、网络等维度的信任评估，以及访问控制策略等，动态地调整访问控制权限，进行资源的访问授权决策。

（5）持续终端安全能力，对终端的基线检查、入侵检测等检测能力，还有防病毒、漏洞修复等持续安全防护能力。

（6）审计风控能力，对各类用户访问资源的情况进行全面的审计，如操作日志和登录/登出日志、用户日志和管理员日志，集合终端安全、威胁情报等及时发现异常行为。

2.3.4　零信任三大实践技术综述

2019 年 9 月，美国国家标准与技术研究院（NIST）发布了 *Zero Trust Architecture*（《零信任架构》）草案；2020 年 2 月，NIST 对《零信任架构》的草案进行了修订；8 月 11 日，《零信任架构》标准正式发布。《零信任架构》介绍了实现零信任架构的三大技术 SIM：IAM（身份管理与访问控制）、SDP（软件定义边界）、MSG（微隔离）。

1. 身份管理与访问控制

现代 IAM 系统使用身份这种唯一用户标识管理用户并将用户安全连接到 IT 资源，包括设备、应用、文件、网络等。通过 IAM 系统建立以身份为基础的安全框架，对所有用户、接入设备、访问发起应用等访问主体建立数字身份，进行身份认证，并结合认证结果，实时对访问行为的动态授权和控制。同时在访问过程中，访问主体的行为会被持续评估，一旦发现异常，通过 IAM 系统动态调整访问控制策略，包括降低访问等级（缩小可访问资源的范围），再次身份认证，甚至切断会话等。

IAM 系统提供统一的身份管理、身份认证（支持多因素认证）、动态访问控制、行为审计、风险识别等核心能力。

2. 软件定义边界

软件定义边界（SDP）是云安全联盟（CSA）于 2014 年提出的新一代网络安全架构。《软件定义边界（SDP）标准规范 1.0》给出 SDP 的定义："SDP 旨在使应用程序所有者能够在需要时部署安全边界，以便将服务与不安全的网络隔离开来，SDP 将物理设备替换为在应用程序所有者控制下运行的逻辑组件并仅在设备验证和身份验证后才允许访问企业应用基础架构。"

SDP 架构主要包括三大组件：SDP 控制器（SDP Controller）、SDP 连接发起主机（Initial Host，IH）、SDP 连接接受主机（Accept Host，AH）。SDP 控制器确定哪些 IH、AH 可以相互通信，还可以将信息中继到外部认证服务。IH 和 AH 会直接连接到 SDP 控制器，通过控制器与安全控制信道的交互来管理用户访问。该结构使得控制层能够与数据层保持分离，以便实现完全可扩展的安全系统。此外，所有组件都可以是冗余的，用于扩容或提高稳定运行时间。

3. 微隔离

微隔离（Micro Segmentation，MSG）本质上是一种网络安全隔离技术，能够在逻辑上将数据中心划分为不同的安全段，安全段可以精确到各个工作负载（根据抽象度的不同，工作负载分为物理机、虚拟机、容器等）级别，然后为每个独立的安全段定义访问控制策略。微隔离主要聚焦在东西向流量的隔离上，一是有别于传统物理防火墙的隔离作用，二是更贴近云计算环境中的真实需求。

微隔离将网络边界安全理念发挥到极致，将网络边界分割到尽可能小，能很好地缓解传统边界安全理念下边界内过度信任带来的安全风险。

微隔离本身也在发展过程中，目前业界有很多厂商正在基于微隔离的技术思路来实现零信任理念的落地，微隔离管理中心扩展为零信任安全控制中心组件，微隔离组件扩展为零信任安全代理组件，并开发出了相关的零信任安全解决方案和产品。因此，微隔离适应一定的应用场景，其自动化、可视化、自适应等特点也能为零信任理念发展带来一些好的思路。

2.3.5 信任评估算法

信任评估算法主要用来评估访问过程关键对象的安全风险，评估结果用来做资源访问的授权、阻断、二次身份挑战等。

常见的信任评估算法有基于条件、基于评分等不同方法。基于条件，满足一定的组合属性条件，才授予资源访问。基于评分，主要是对不同安全等级的资源的访问进行区别管理，如满足一定的分数或安全等级授予什么样安全等级的服务资源访问，什么样的安全等级或分支范围则要做对应的安全操作才可以访问，或者直接阻断访问。

评估可以在每次访问时单独计算，也可以基于用户或应用等的上下文历史信息综合判断。每次单独计算，如来一个新的访问校验当前相关的安全风险等级或安全条件是否满足，满足就放行，只计算当前的安全数据信息。上下文历史信息安全分析，如根据用户、设备、网络等安全风险相关历史上下文的信息判定计算当前的访问是否有权限，如可以根据用户访问时间历史数据，判定是否是异常时间点登录之类的场景，并联动访问阻断。

第 3 章 身份管理与访问控制（IAM）

零信任的本质是以身份为基石，坚持“最小授权”原则，通过在业务系统或其他信息系统资源的访问过程中，持续地进行信任评估和动态安全访问控制，即对默认不可信的所有访问请求进行加密、认证和授权，并且汇聚关联各种数据源进行信任评估，从而根据信任的程度动态对权限进行调整，最终在访问主体和访问客体之间建立一种动态的信任关系。

零信任安全架构下，被访问资源是作为核心来保护的，因此需要针对被保护的资源架构正交的控制平面和数据平面作为保护面。资源包括一切可被操作的实体，包括终端设备、服务器、数据库、应用程序接口（Application Programming Interface，API）等。访问的身份主体包括人员、设备、应用、系统等，通过策略引擎进行动态访问控制评估，根据信任评估和鉴权结果决定是否对访问请求放行或执行附加校验。

由此可见，细粒度的身份认证和授权控制是零信任落地的关键。而现代化身份管理与访问控制（Modern IAM）正是助力企事业单位安全从粗粒度访问控制升级到多层次、细粒度动态访问控制的关键组件。可以说零信任模型需要基于 Modern IAM 方案构建。如果没有 Modern IAM，零信任也将是无根之木、无源之水。对于大多数企事业单位来说，有效保护数据资产，防止数据泄露，做好 Modern IAM 建设则是基本功。

Modern IAM 与传统 IAM 不同，如表 3-1 所示，Modern IAM 的主体对象和客体对象更为全面，对主体的身份认证的安全性和便捷性也都有很大提升，对于访问授权更为细粒度和动态调整，对用户行为审计也更为详细且进行持续风险评估。

表 3-1 Modern IAM 与传统 IAM 对比表

比较项	Modern IAM	传统 IAM
身份管理主体对象	内部员工、商业合作伙伴、终端消费者、服务器和网络设备、物联网终端的身份和凭证	内部员工的数字身份和凭证
身份管理客体对象	公/私有化的应用系统、API、数据资源、网络设备等	内部应用系统
身份认证	所知、所持、所有的多维联合认证	传统账户口令认证
单点登录	多种单点登录协议实现安全的单点登录	多系统统一认证源或密码代填实现单点登录

（续表）

比　较　项	Modern IAM	传统 IAM
访问控制	多层次、细粒度的统一访问控制，且实现权限的动态调整	入门层次的访问控制、手动管理访问权限
审计风控	用户整体行为审计并进行持续的实时行为风险评估，为权限动态调整提供依据	仅对用户行为进行审计和报表展示
服务方式	私有云部署方式服务，IDaaS 服务方式	私有云部署方式服务

3.1　身份管理与访问控制现状

在数字化时代，各行各业都希望技术能为大家所用并给用户提供无缝的使用体验。企业随着技术进步而采用全新的创新方式来开展业务，即实施数字化转型。数字化转型是一个使用数字化工具从根本上实现转变的过程，是指通过技术和文化变革来改进或替换现有的资源。

各行各业在数字化转型时，进行了信息化建设，建立了许多应用系统，而每个应用系统在开发时分别采用不同的技术架构和安全策略，这使得企业信息的管理变得越来越复杂，导致了企业管理成本的增加。同时资源分散在各处，系统管理员在管理和维护这些资源的时候存在很大的困难。而每个系统有自己的认证和权限管理策略，员工访问应用系统时采用本系统的用户身份和认证方式进行身份认证进而登录应用系统，每天打开多个应用系统将要使用多个身份登录多个应用系统。对员工用户来说，存在账户和密码容易忘记、记混、定期更改密码等困扰，同时打开多个应用系统客户端或输入系统地址带来工作效率低下；对于系统管理员来说，需要管理多个系统的用户和访问权限，工作复杂度高、工作强度较重。

3.1.1　身份管理现状

在网络环境下的信息世界，身份是区别于其他个体的一种标识。为了与其他个体有所区别，身份必须具有唯一性。网络环境下的身份不仅仅用于标识一个人，也可以用于标识一个机器、一个物体，甚至一个虚拟的东西（如进程、会话过程等）。因此，网络环境下的身份是只在一定范围内用于标识事、物、人的字符串。[①]

随着网络的发展，企业为了资源共享建立了越来越多的应用系统，这些应用系统给企业和用户的日常办公和生活带来了很大的方便。但是同样多应用系统的不同身份的分散管理给企业信息和用户隐私的安全性带来了很大的风险，企业需要能够控制由“谁”访问企业的信息、能访问“什么信息”，即“谁”被授予什么样的“权限”。

企业为了实现这些控制，必须建立良好的用户管理系统。用户管理是在企业，甚至在更大范围内管理用户身份和用户权限的一个过程。它可帮助企业以最低的成本将恰当的资

① 中国网络空间研究院，中国网络空间安全协会. 网络安全技术基础培训教程[M].北京：人民邮电出版社，2016.

源提供给用户。它的管理覆盖用户的整个工作流程，包括在应用系统上创建账号、将访问权扩展到外部服务，以及临时暂停访问权限或永久废除账号。有效的用户管理不但能够降低诸如密码保密性能不足之类的安全风险，并且最大限度地消除可能影响用户办公效率的障碍。

身份管理系统可在某个系统内管理个人身份，如一家公司、一个网络，甚至一个国家。具体来讲，企事业单位中的身份管理，就是定义并管理单个网络用户的角色和访问权限，以及用户被赋予/拒绝这些权限的情况。

身份管理是用于有效管理信息系统中用户相关数据的业务流程和技术的组合，管理的数据包括用户对象、身份属性、安全权限和认证因素等。身份信息可能来自多个存储库，如活动目录（Active Directory，AD）或人力资源应用程序。单个系统可以直接将用户身份存储在自身的数据库表中进行管理。身份管理系统必须能够在所有这些系统中同步用户标识信息，提供一个单一的身份信息来源。

企事业单位在数字化转型的过程中，建设了各种各样的线上应用系统，如办公自动化系统（Office Automation System，OA）、企业资源计划（Enterprise Resource Planning，ERP）系统、客户关系管理（Customer Relationship Management，CRM）系统等。这些应用系统由不同的厂商独立建设，各个应用系统独自管理一套独立的用户身份，这样一个员工或用户就会存在多个应用系统不同的用户身份，若没有将所有应用系统的用户身份做到统一，用户在登录应用系统时，就需要使用不同的账户和密码进行登录不同的应用系统。对于管理员来说，需要对多个用户管理中心进行单独管理，增加管理的工作量、难度和复杂度。由于当今IT人员的短缺，企事业员工流动性较大，新员工入职、老员工调岗、老员工离职等，手动调整多个用户中心以及成千上万用户的身份管理和访问权限控制无疑是件繁重的工作，且容易出现管理错误，进而带来企业安全风险，如弱认证、身份冒用、撞库等。

另外，企业为了业务发展的需要，不断扩大经营，不断扩大员工招募，企业员工数量和业务不断地扩大。用户数量增大的同时，用户的类型也在不断地增多，如正式员工、临时员工、子公司/分公司人员、外协人员、第三方运维人员等各种用户类型。针对这些用户的管理和访问权限的控制，很多企事业单位没有专门的管理策略，用户身份管理也不能及时进行，访问权限没有严格的限制。例如，外协人员或第三方运维人员已经离场，系统管理员还没有及时地对用户进行销毁，对用户权限进行回收；或是给予外协人员或第三方运维人员的访问权限没有细粒度控制、给予权限过大等现象。

3.1.2 身份认证现状

网络环境下的身份认证不是对某个事物的资质审查，而是对事物真实性的确认。结合起来考虑，身份认证就是要确认通信过程中另一端的个体是谁（人、物、虚拟过程）。身份认证技术是通过网络对端通信实体的身份进行确认的技术。在网络通信的各个层次上都具有同层通信实体，都需要身份确认。其中最为核心的是应用级的用户身份确认。

根据身份认证的对象不同，认证手段也不同，但针对每种身份的认证都有很多种不同

的方法。若被认证的对象是人，则有三类信息可以用于认证：①你所知道的（What You Know），这类信息通常理解为口令；②你所拥有的（What You Have），这类信息包括密码本、密码卡、动态密码生产器、U 盾等；③你自身带来的（What You Are），这类信息包括指纹、虹膜、笔迹、语音特征等。在对人进行身份认证时，可验证用户的其中一类信息，也可对用户多类别的信息同时进行认证，这类认证称为多因素认证。

当前企事业单位应用系统常用的网络身份认证方式包括用户名/密码方式、USB Key 和生物特征。

1. 用户名/密码方式

用户名/密码方式是最简单也是最常用的身份认证方法，它是基于“What You Know”的验证手段。每个用户的密码是由这个用户自己设定的，只有他自己才知道，因此只要能够正确输入密码，计算机就认为“他就是这个用户”。

然而实际上，由于许多用户为了防止忘记密码，经常采用诸如自己或家人的生日、电话号码、123456、666666、888888 等容易被他人猜测到的有意义的或过于简单的字符串作为密码，或者把密码抄在一个自己认为安全的地方，这都存在着许多安全隐患，极易造成密码泄露。即使能保证用户密码不被泄露，由于密码是静态的数据，并且在验证过程中需要在计算机内存储和网络中传输，而每次验证过程使用的验证信息都是相同的，很容易被驻留在计算机内存中的木马程序或网络中的监听设备截获。因此，用户名/密码方式是一种极不安全的身份认证方式。可以说基本上没有任何安全性可言。

随着现在用户使用的应用系统越来越多，多个应用系统设置为同一个密码，容易被撞库造成数据或资金的遗失；如多个应用系统设置为多个密码，则密码难以管理，容易遗忘，需要自身进行密码找回申诉或找系统管理员进行重置，给自身和系统管理员带来诸多额外工作量。

2. USB Key

基于 USB Key 的身份认证方式是近几年发展起来的一种方便、安全、经济的身份认证技术，它采用软硬件相结合一次一密的强双因子认证模式，很好地解决了身份安全性的问题。

USB Key 是一种 USB 接口的硬件设备，它内置单片机或智能卡芯片，可以存储用户的密钥或数字证书，利用 USB Key 内置的密码学算法实现对用户身份的认证。USB Key 身份认证系统主要有两种应用模式：一是基于冲击/响应（挑战/应答）的认证模式；二是基于公钥基础设施（Public Key Infrastructure，PKI）体系的认证模式。

USB Key 在使用上也存在着很多的用户体验差的问题。首先，需要随身携带，如忘记携带或丢失，则无法进行身份认证，进而无法登录应用系统进行事务办理。近年来移动交易情形的普及，各个银行推出相应的移动蓝牙盾、音频盾等，蓝牙盾、音频盾同样存在忘记携带或丢失的情形；其次，蓝牙盾、音频盾存在电量较低无法止常使用的现象，需要保持电量充足；最后，以上所有类型的 USB Key 都需要向专门的厂商购买，需要一定的工本费，且 USB Key 的使用权限有限制，授权到期需要再次进行授权才能继续使用。

3. 生物特征

生物特征认证是指采用每个人独一无二的生物特征来验证用户身份的技术。常见的有指纹识别、虹膜识别等。从理论上说，生物特征认证是可靠的身份认证方式，因为它直接使用人的物理特征来表示每个人的数字身份，不同的人具有相同生物特征的可能性可以忽略不计。

生物特征认证基于生物特征识别技术，受到现在的生物特征识别技术成熟度的影响，采用生物特征认证还具有较大的局限性。首先，生物特征识别的准确性和稳定性还有待提高，特别是如果用户身体受到伤害或污渍的影响，往往导致无法正常识别，造成合法用户无法登录的情况；其次，近年来出现指纹仿冒、人脸识别仿冒的现象，安全性上受到挑战。

3.1.3 系统访问权限控制现状

访问控制是按用户身份及其所归属的某项定义组来限制用户对某些信息项的访问，或限制对某些控制功能的使用的一种技术，访问控制通常用于系统管理员控制用户对服务器、目录、文件等网络资源的访问。

自主访问控制是指由用户有权对自身所创建的访问对象（文件、数据表等）进行访问，并可将对这些对象的访问权限授予其他用户和从授予权限的用户收回其访问权限。

强制访问控制是指由系统（通过专门设置的系统管理员）对用户所创建的对象进行统一的强制性控制，按照规定的规则决定哪些用户可以对哪些对象进行什么样操作，即使是创建者本身，在创建一个对象后，也可能无权访问该对象。企事业单位内部员工办公系统多是强制访问控制类型，由系统管理员进行用户的访问权限控制。

企事业单位的应用系统多是独立建设的，由不同的厂商单独承建，运维阶段由系统管理员对单个应用系统的用户访问权限进行管理。企事业单位，尤其是大型企事业单位，往往有上百个办公应用系统，每个应用系统的管理员单独对用户的访问权限进行管理，管理工作繁重，权限配置容易出错，且权限配置易出现滞后的现象。在遇新员工入职、老员工调岗、老员工离职等情形时，不能及时开通、调整或关闭用户对某些应用系统的访问权限，往往会导致办公延误、效率低下或企业信息泄露。

另外，当前的应用系统多为一次认证机制，如图 3-1 所示，即在登录时对用户身份进行认证，认证通过后即认为用户是合法用户，即可享有全部的既有系统访问权限，即传统的“非黑即白”的二元制身份认证机制。即使用户身份被冒用后窃取企业隐私或合法用户做出异于常态的操作时也不会动态地调整用户的访问权限，或者给予告警、给予更强级别的身份认证或及时阻断用户的行为。

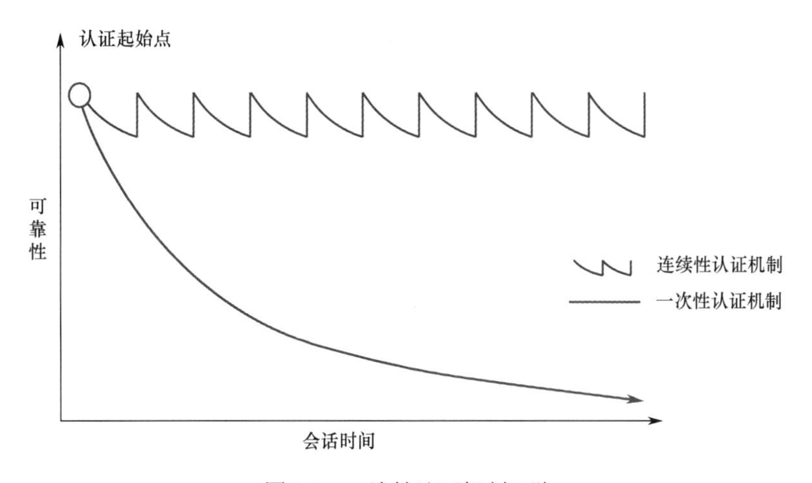

图 3-1　一次性认证机制风险

3.1.4　用户访问行为审计现状

网络基础设施的迅速发展，应用系统及网络用户的增多，网络建设和应用的过程中也会出现很多难以监控与管理的用户行为。公安部颁布的《互联网安全保护技术措施规定》中要求，网络管理员或运营者必须记录并留存用户登录和登出时间，主叫号码、账号、互联网地址或域名等信息，能够记录并留存用户使用的互联网网络地址和内部网络地址对应关系，并保留 3 个月以上的上网行为信息。①

建立网络用户行为审计系统，对用户网络行为进行审计，包括审计登录主机的用户、登录时间、退出时间、使用的设备情况、网络之间连接协议（Internet Protocol，IP）地址、登录系统后的操作行为等，对重点数据操作的全过程审计；对发现可疑操作如多次尝试用户名和密码的行为，及时报警并采取必要的安全措施（如关机等）；及时分析行为日志，可以发现可疑的信息，并重点跟踪监测，有助于发现网络中的薄弱环节及可疑因素，提高企事业单位网络用户的网络安全意识，也是对网络安全破坏分子的震慑。

目前在企业内部网络安全防范策略中，普遍缺乏有效的行为审计功能，这样会导致无法及时发现和解决网络安全事故，在网络安全事故发生后也会因为没有可信、完善的网络行为审计记录，无法发现安全事故的责任人。部分应用系统自带安全审计功能，可对用户或管理员访问行为进行审计，对用户登录应用系统的账户、使用的设备情况、网络 IP 地址、登录时间、访问什么功能模块，做了什么操作行为、登出时间等进行详细的审计，并对用户行为进行报表展示。但这些应用系统的审计功能都是单独进行的，审计用户访问本系统的情况，各个应用系统的审计数据无法统一展示，不能对用户的行为进行全局的把控，进而无法对用户的行为风险进行全面评估。另外，当前应用系统自身的审计功能只是记录用户的网络行为，但对用户行为的风险评估缺乏相应的手段，无法判断用户的行为是否为恶意行为，进而无法对用户的风险操作行为进行及时的风险阻断。

① 公安部. 互联网安全保护技术措施规定[S]. 2005：第七条，第十条.

3.2 身份管理与访问控制的基本概念

身份管理与访问控制（Identity and Access Management，IAM）是任何企业安全计划的重要一环，在数字化经济中，它与企业的信息安全和生产力密不可分。3.1 节讲到当前企事业单位的应用系统中身份管理、身份认证、应用访问控制、用户访问行为审计的现状和存在的一些弊端，针对这些弊端，本节讲述身份管理与访问控制（IAM）怎么解决这些弊端。健壮的 IAM 系统可以贯穿用户身份管理和用户访问规则及策略的全生命周期，为整个企业信息安全加上一层重要的防护。

零信任强调基于身份的信任链条，即该身份在可信终端访问，且该身份拥有权限，才可对资源进行请求。IAM 系统可以协助零信任解决身份（账号）唯一标识、身份属性、身份全生命周期管理等支持。通过 IAM 系统将身份信息状态（身份吊销、身份过期、身份异常等）传递给零信任系统后，零信任系统可以通过 IAM 系统的身份信息（如部门属性）来分配默认权限，而通过 IAM 系统对身份的唯一标识，可有利于零信任系统确认用户可信，通过唯一标识对用户身份建立起与终端、资源的信任关系，并在发现身份风险时实施针对关键用户相关的访问连接进行阻断等控制。

3.2.1 IAM 的定义与总体架构

身份管理与访问控制（IAM）是一套全面的建立和维护数字身份，并提供有效、安全的 IT 资源访问的业务流程和管理手段，从而实现组织信息资产统一的身份认证、授权和身份数据集中管理与审计。IAM 是一套业务处理流程，也是一个用于创建和维护与使用数字身份的支持基础结构。

通俗地讲，IAM 是让合适的自然人在恰当的时间通过统一的方式访问授权的信息资产，提供集中式的数字身份管理、认证、授权、审计的模式和平台。

零信任模型需要围绕强大的身份管理与访问控制（IAM）方案构建，因此，如果没有 IAM 体系作为支撑，零信任就是无根之木。在允许用户进入企业网络之前建立用户身份是实现零信任模型的前提。企事业单位的安全团队应使用诸如多因素认证（Multi-Factor Authentication，MFA）、单点登录（Single Sign On，SSO）和其他核心 IAM 类功能来确保每个用户使用安全的设备、访问适当的文件类型、建立安全会话（Session）。

IAM 的核心功能主要包括统一身份管理、统一身份认证、统一访问授权、统一行为审计、多因素认证（MFA）、动态访问控制、风险识别。后续章节会对 IAM 的核心功能逐一进行详细介绍，本节不做过多讲解。

IAM 负责用户身份管理、权限管理、安全认证、单点登录、行为审计等业务，与应用系统进行账号同步、单点登录、双因素认证集成，并与外部数据源、第三方应用系统、基础认证能力等资源进行集成。IAM 的使用群体包括普通用户、超级管理员、应用管理员。IAM 系统总体架构如图 3-2 所示。

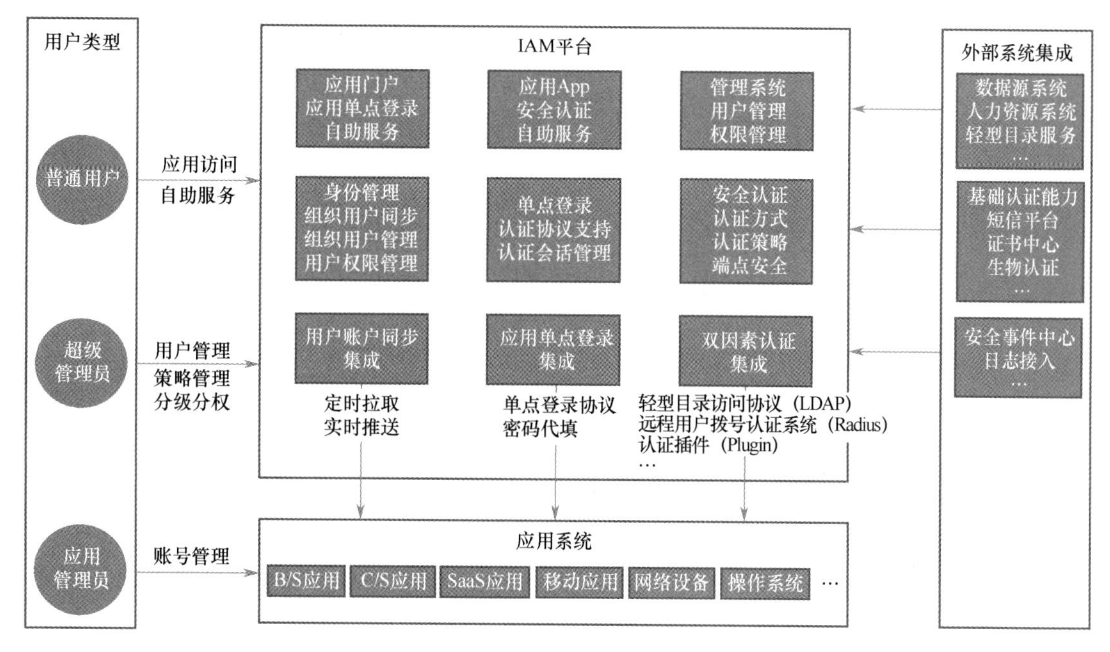

图 3-2 IAM 系统总体架构

IAM 产品体系纵向分为应用层、服务层、功能层、数据层；横向包括统一门户、移动认证 App、管理中心、统一账号、统一认证、应用与授权、单点登录、统一审计、应用网关、认证插件。常见的统一认证协议有：中央认证服务（Central Authentication Service，CAS）协议、安全断言标记语言（Security Assertion Markup Language，SAML）协议、开放授权（Open Authorization，OAuth）协议、OpenID 协议等。IAM 系统功能架构如图 3-3 所示。

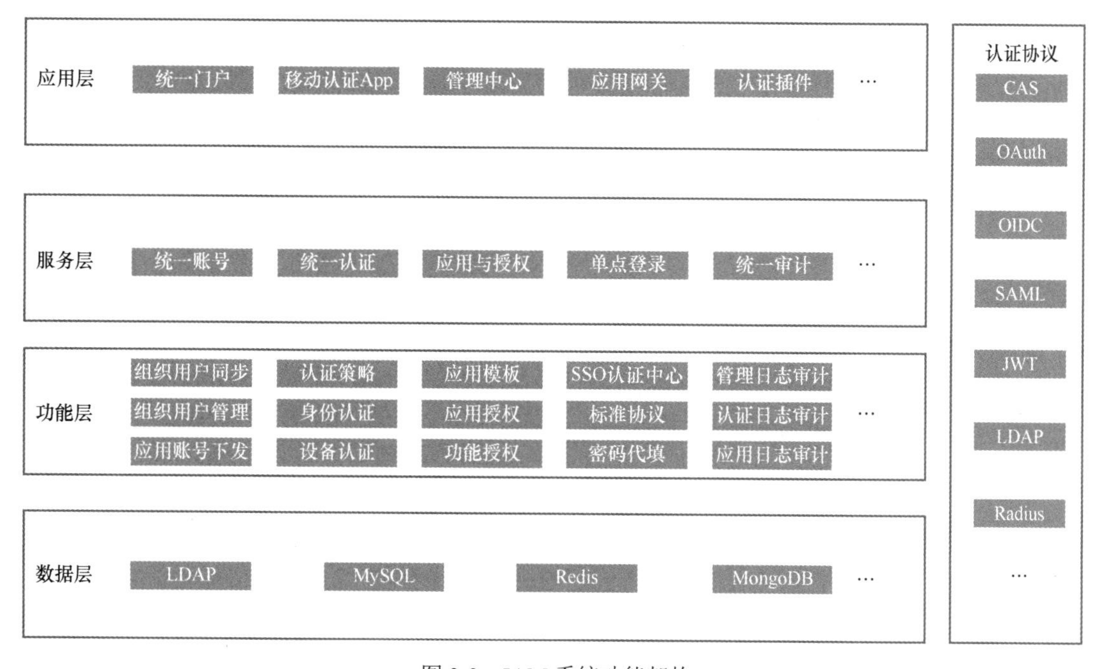

图 3-3 IAM 系统功能架构

3.2.2 IAM的应用领域

身份管理与访问控制（IAM）是任何企业信息安全计划的重要一环，因为在数字化时代，身份安全无处不在。IAM 是数字化转型的必要条件，是组织信息化的顶层设计及信息化管理的重要支撑部分，数字化转型需要一个更加灵活、易用、高扩展性的信息化平台载体，IAM 有效地将人员、组织、流程、数据等信息资产纳入数字共享生态系统，高效打通信息孤岛、提高效率、加强安全、降低成本、满足法规政策要求。

在当今数字化时代浪潮下，企业数字化转型覆盖了社会的各行各业，政府、金融、制造、教育、建筑、互联网、电力、房地产、交通运输等各个行业，即凡是涉及数字化办公、拥有数字化身份管理和访问控制的企业都需要用到 IAM 系统进行有效的安全管控、提升效率。

从企业数字化系统安全访问角度来看，用户凭证往往是进入企业网络及其信息资产的入口点。企业运用身份管理来守护信息资产，使其不受日渐增多的勒索软件、犯罪黑客活动、网络钓鱼和其他恶意软件攻击的影响。很多企业里，用户身份仿冒现象较普遍，身份认证因素的单一和低安全性，使得用户身份很容易被假冒，系统被暴力破解和撞库，进而导致企业数据泄露、企业形象受损并遭受经济损失。另外，用户有时候会拥有超出工作所需的访问权限。而健壮的 IAM 系统可以贯彻用户访问规则和策略，为企业资源加上一层重要的防护。在当今数字化时代，企业除了网络安全、物理安全，还要确保访问主体的安全和应用系统资源的安全。IAM 系统是融合多类信息安全技术对企业数据进行保护。

从企业自身对用户身份的管理效率上来讲，IAM 系统可以增强业务生产力。IAM 系统的中央管理能力能够减少守护用户凭证与访问权限的复杂性和成本。同时，身份管理系统也能提升员工在各种环境的生产力（保证安全的情况下），无论他们是在家办公还是在公司里上班，或者是在外地出差。近些年，数据泄露问题日益严峻，数据保护条例也更加完善，于是很多企事业单位意识到要把不同的组织、数据、流程整合到一起，避免信息孤岛，同时管理好员工、供应商、C 端消费者用户等人员的权限，IAM 系统很好地解决了各类用户身份的治理和权限控制的问题。例如，对于新入职员工的账号授权，离职员工的账号回收，临时员工、供应商、外协人员及 C 端消费者用户的账户全生命周期便捷管理和访问权限的中央集权的控制，都属于 IAM 的范畴。IAM 还可以帮助组织把不同时期建设的系统快速打通，不同形态的应用（公有云 SaaS 应用、私有云应用）打通，避免系统孤岛的出现，避免部分系统无法统一纳管，出现应用系统安全管理的薄弱环节。

3.2.3 IAM产品形态及部署模式

身份管理与访问控制（IAM）平台已成为企事业单位信息安全项目的重要组成部分。它帮助企事业单位管理数字身份和用户对企事业单位的系统、网络和关键平台的基于角色

的访问控制。企事业单位在部署 IAM 平台时，可根据自身的情况选择 IAM 的产品形态和部署模式。

IAM 系统有 3 种产品形态可以选择：Software-delivered IAM、IDaaS（Identity as a Service）、CIAM（Customer IAM）。Software-delivered IAM 通过本地私有化部署的方式部署 IAM 服务，用于对本企事业单位内部员工身份管理和访问控制，以及本单位网络和系统的所有相关人员的身份管理和访问控制。身份即服务（Identity as a Service，IDaaS）是由第三方服务商构建、运行在云上的身份管理与验证平台。IDaaS 向订阅的企业、开发者提供基于云端的用户身份验证、访问管理服务，可靠的身份即服务（IDaaS）平台可以解决云系统相关的身份挑战。CIAM 是指专门针对 C 端用户的 IAM 产品体系，旨在解决用户体验不佳的问题，并以更个性化的方式将品牌与其消费者联系起来，相比 IAM 注重高度的安全性，CIAM 必须始终平衡用户体验和安全性。

每个 IAM 产品形态的部署也都是独特的，Software-delivered IAM 形态需要现场私有化部署；IDaaS 形态一般采用云端部署模式，主要是公有云模式，也可以是私有云方式；CIAM 可以采用公有云、私有云部署，也可以采用混合环境部署。每种部署模式都有其自身的挑战，但也有相应的最佳实践可以解决这些挑战。

1．现场私有化部署 IAM

现场部署模式下，大多数 IAM 解决方案的实施都要求占用大量基础设施和平台。只有本单位使用和运维，即单租户模式。此种模式更关注自身单位对系统的强管控和自我运维，系统部署在私有化环境下，在网络边界处部署防火墙、防病毒网关、入侵防御系统（Intrusion Prevention System，IPS）/入侵检测系统（Intrusion Detection System，IDS）、防 DDoS 攻击等设备，保证私有化环境资源的安全。

但私有化部署模式也未必是安全人员的首要考虑，且现场解决方案往往需要大量专业人员来运营。现场部署系统和解决方案，硬件扩充、容量规划与管理，以及数据库管理，都是特别重要的工作。如果企事业单位在这方面人手充足、准备充分，那么现场部署就是个不错的选择。否则，私有化部署并不是最佳方法。解决现场部署难题的最佳方法是，投入时间精力全面收集公司需求，并由下至上地创建一套周密严谨的方法，该方法考虑到公司所有利益相关者、当前及未来的集成、用例及功能，其中应包含数据中心容量规划，以及对业务的地理分布及性能方面的深入理解。

2．云端部署 IAM

云端部署 IAM，即 IAM 服务上云的模式，也就是常说的 IDaaS。采用订阅云服务的方式，就可以将容量规划、硬件、核心功能开发等事务交给云服务提供商，将公司人员解脱出来，去处理实现和终端用户体验等问题。还能让管理层专注于单位整体战略中最有价值的专业技能和知识产权的核心领域，将复杂的 IAM 服务交给外部专家。

如采用基于云 IAM 服务的方案，采用 SaaS 访问控制系统需要现场协调符合现状的安全身份验证方式及授权标准。企事业单位还需清楚如何配置与集成现场系统和云 IAM 系统。

采用云模式，必须要清楚自己在做什么，以及为什么这么做。单纯采纳云优先策略，需先具备相应的云端模式风险的应对方案。应对云端 IAM 模式挑战最重要的方法是构建与 IAM 需求、预算、人力资源要求、技术及人力限制，以及 IAM 架构协调一致的云策略，并确保企事业单位正确设计并实现了安全及合规控制，如访问控制、日志记录和监视。现场部署中的所有控制目标都可以在云部署中达成，但往往需要一套不同的方法和工具。另一个挑战是跨多个独立公司的身份管理。这有可能导致一家企业中存在多重用户身份，造成安全和管理上的复杂化。企事业单位必须能根据期望衡量结果，并愿意基于自身的目标来选择合适的建设模式。IAM 云策略必须符合单位的 IAM 目标，并能在企业文化的约束下存活。

3. 混合模式

混合模式是想要数字化转型的企事业单位经常会采取的第一步。相比完全私有化，混合模式对资金和资源的要求都没那么高，混合部署能帮助企事业单位弥合现场私有化部署和云端部署之间的差距，既保留现场私有化部署情况下企事业单位安全部门的业务熟练度，又提供云环境的可扩展性和其他功能。

混合模式管理成本和技术复杂度会相对高一些，还会要求有全面的架构以无缝工作。想要获得混合部署的成功，就需要有全面细致的设计和对选择混合模式想要达到的目标的深入理解，知道每个区域有哪些工具和接口，以及为什么要这么布置。确保公司的运营过程和操作手册考虑到该部署模式下增加的故障处理及维护复杂度，是混合模式运营成功的关键。在面对大规模用户和高性能服务要求的 CIAM 产品形态时，混合模式是最佳的部署模式，不仅仅出于运营目的，也是帮助提供服务的厂商为自身的用户提供更好的用户体验和安全性兼顾的服务的最佳选择。

3.3 身份管理

身份管理的首要目标是在适当的环境中，向合法的用户授予正确的企业资产，从用户的系统入职到许可授权，再到需要的时候及时隔离该用户企业身份和访问管理。然而，大多数企事业单位不仅需要对内部正式员工做到身份的管理，还需要向组织之外的用户提供内部系统的使用权限，如用户、合作伙伴、供应商、集成商、承包商，需要对这些非企事业内部正式员工的身份和权限进行管理。

IAM 系统的统一身份管理功能可以让企事业单位在不损害安全的前提下，扩展其信息系统的访问范围。通过提供更多的外部访问管理，将企事业单位内部所有应用系统的用户身份做到统一的全生命周期管理，为用户建立一个通用的唯一身份 ID，用户身份的增、

删、改、查收拢到一处，提升系统管理员的工作效率和及时性、减少系统管理员的工作繁杂度、释放系统管理员工作压力。推动整个组织的快速协作，提高生产力、员工满意度、研究和开发效率以及最终的企业效益。

另外，统一身份管理也是安全网络的基础，管理用户身份是进行访问控制的前提。只有做好用户身份的管理才可以很好地定义该用户的访问策略，特别是管理谁有权访问哪些数据资源，以及在哪些条件下可以访问这些资源。因此，良好的身份管理意味着对用户访问的更大控制，降低内部和外部风险。这对企事业单位也很重要，因为威胁不仅仅来自外部，内部攻击的频率也非常高，更不容忽视。

3.3.1　身份管理主体对象

IT 中身份管理主体是指一个主动的实体，它请求对客体或客体内的数据进行访问。客体是指包含被访问信息或所需功能的被动实体。主体在一个系统或区域内应当可问责，确保可问责性的唯一方法是主体能够被唯一标识，且记录在案。身份标识的用途是提供身份标识信息的主体，身份标识由权威机构/组织签发，应该具备唯一性，即必须有唯一问责的 ID，身份标识还应具备非描述性，应当不表明账号的目的，如不能为 administrator、operator 等显示用户身份属性的字母或数字组合。

身份管理主体对象按照用户属性可以分为企事业单位内部员工、商业合作伙伴、终端消费者、服务器和网络安全设备、物联网终端等。如表 3-2 所示。

表 3-2　身份管理主体对象列表

序号	主 体 对 象	简 单 描 述
1	企事业单位内部员工	与企事业单位签有劳动合同的正式员工
2	商业合作伙伴	供应链的上游供应商和下游用户的人员
3	终端消费者	企事业单位对外提供的商品或服务的购买者或使用者
4	服务器和网络安全设备	服务器、数据库、防火墙、堡垒机、安全网关等
5	物联网终端	打印机、摄像头、智能家居、机器人、充电桩、各种仪器仪表等

1．企事业单位内部员工

企事业单位内部员工是指在单位中工作，与单位签订劳动合同或符合劳动保障部门关于认定形成事实劳动关系条件的在岗职工，并由单位支付工资的各类人员，以及有工作岗位，但由于学习、病伤产假（6 个月以内）等原因暂未工作，仍由单位支付工资的人员。内部员工拥有接入企事业单位网络和应用系统的需求。相比其他类型的用户的管理，此类用户身份的管理相对简单一些。

2．商业合作伙伴

随着企事业单位的发展，供应链上下游会出现大量的供应商、经销商和合作伙伴，企业在供应链、采购、CRM 等许多业务上需联合协作。为了满足业务发展的需求，提供更好的应用体验，高效安全可靠地保证业务的顺利运转，这些商业合作伙伴也有接入企事业单位内部网络和应用系统的需求。此类用户变换频率较大，多为临时用户，且不属于内部员工范畴，此类用户的身份管理和访问权限管理需要严格控制。

3. 终端消费者

终端消费者是指为达到个人消费使用目的而购买各种产品与服务的个人或最终产品的个人使用者。这里的用户身份管理主体指企事业单位对外提供的商品或服务的购买者或使用者。终端消费者应用用户量巨大，往往达到百万级、千万级甚至亿级，终端消费者的用户身份多为自注册方式自行申请，多个消费者应用间相互独立，但其中注册用户各有交集，不同的注册内容和关键字，导致用户信息无法做归集。促销、“秒杀”“双 11”等商业推广活动中，面对用户访问量的突然激增，如何防止浪涌，并快速提供弹性扩充能力是企事业单位的重大挑战。另外，对于“薅羊毛”、重复注册等行为，如何进行安全防护，在保证正常流量进入的同时又防范非法生产，这也是企事业单位需要考虑的重要问题。

4. 网络设备

常见的网络设备有服务器、防火墙、堡垒机、安全网关等，这些网络设备有时也需要访问其他的服务器服务接口或数据库中的数据，此时它们应被视为访问主体，身份管理和访问控制的主体对象应该包括此类场景中的服务器和网络安全设备，尤其是在数据中心数据互访的场景，应对每个服务器的身份进行安全管理和访问控制。

5. 物联网终端

随着物联网技术的蓬勃发展，物联网终端的推广和普及，物联网市场终将形成一个万亿级规模的大市场。物联网终端是物联网中连接传感网络层和传输网络层、实现采集数据及向网络层发送数据的设备。它担负着数据采集、初步处理、加密、传输等多种功能。物联网各类终端设备总体上可以分为情景感知层、网络接入层、网络控制层以及应用/业务层，每层都与网络侧的控制设备有着对应关系。常见的物联网终端有打印机、摄像头、智能家居、机器人、充电桩、各种仪器仪表、消防设备、暖通设备、包装机械、传送机械、纺织机械等。企业中遇到的物联网终端也需要进行安全管控，需要对每个设备进行标识，形成唯一的一个物联网终端身份，便于对这种终端进行管理和控制。

3.3.2 身份管理实体内容

身份管理的主体对象是企事业单位内部员工、商业合作伙伴、终端消费者、物联网终端等。本节介绍身份管理对应的实体的内容。IAM 系统所管理的实体内容不仅包括自然人用户，还包括信息化系统的账户及登录系统的凭证、企事业单位的组织架构体系、信息化系统本身、用户使用的移动设备、通信设备和物联网设备等，以及用户对信息化系统应用的访问权限等。详细的身份管理实体内容如表 3-3 所示。

表 3-3　身份管理实体内容列表

序号	实 体 内 容	简 单 描 述
1	自然人用户	有需要访问信息化资源的自然人
2	账户与凭证	用户在登录信息化资源时，使用的用户账户与凭证
3	组织信息	是指企事业单位整体的组织结构情况
4	应用系统	我们常用到的办公的信息化系统
5	终端设备	登录信息化系统时使用的终端设备
6	访问权限	在进行线上办公时，对用户能否访问某个应用系统的界定

1. 自然人用户

自然人即生物学意义上的人，是基于出生而取得民事主体资格的人。其外延包括本国公民、外国公民和无国籍人。自然人、法人和非法人组织都是民事主体。需要登录信息化系统的自然人对象，即自然人用户，IAM 系统需要对自然人用户的身份进行安全管理。

2. 账户与凭证

在应用信息化系统中，设置和保存用于授权用户合法登录和使用信息系统等权限的用户信息，包括用户名、密码及用户真实姓名、单位、联系方式等基本信息内容，以及用户登录信息化系统的 Cookies 信息。用户在登录信息化系统时，需要使用用户账户与凭证进行登录，所以 IAM 系统也需要对用户账户和登录凭证进行安全管理。

3. 组织信息

组织架构是指一个组织整体的结构，是在企事业单位管理要求、管控定位、管理模式及业务特征等多因素影响下，在企业内部组织资源、搭建流程、开展业务、落实管理的基本要素。企事业单位内部的组织体系包括行政组织、财务组织等多种组织体系。IAM 系统在对用户进行管理的同时，也应该管理其相应的企事业单位的组织信息，便于对用户岗位、所属部门、应用访问权限等进行管理，进而对企事业整体的架构有个直观的展示和管理。

4. 应用系统

应用系统是指人们常用到的办公的信息化系统。企业信息化系统是指将信息更有效的记录、采集、统计、分析，进而得到企业在营运过程中所需要的管理信息与决策信息。用户在访问应用系统的时候都需要相应的身份鉴别和鉴权，IAM 系统在对用户进行管理的同时，也需要对相应的信息化系统进行安全管理、访问权限管理，故应用系统也是 IAM 系统的管理内容之一。

5. 终端设备

用户登录信息化系统进行办公的终端设备。用户在进行线上办公时，需要使用相应的终端设备登录相应的信息化系统。常见的终端设备有企业内部 PC、员工个人自带设备

（Bring Your Own Device，BYOD）PC、BYOD 笔记本电脑、BYOD 移动智能终端、物联网设备等。这些登录信息化系统的设备也是 IAM 系统的管理实体内容，需要管理终端设备是否可信，是否存在相应的安全风险等。

6. 访问权限

访问权限是指企事业单位在进行线上办公时，对用户能否访问某个应用系统的界定。为了更好地管理企业应用系统和企业数据，企事业单位会限定某个人或某些人对信息化系统的访问权限，坚持最小化授权的原则，避免不必要的权限过大和数据泄露事件的发生。故不仅仅是用户账户和应用系统需要安全管控，系统的访问权限也是 IAM 系统的重要管理实体内容之一。

3.3.3 身份管理客体对象

3.3.1 节重点介绍了身份管理主体对象，是各种类型的终端用户，本节介绍身份管理的客体对象。身份管理客体是基于身份进行访问控制的各类信息化资源。信息化资源包括企事业单位私有化部署的内部办公应用系统，包括浏览器/服务器（Browser/Server，B/S）架构应用、客户端/服务器（Client/Server，C/S）架构应用、移动应用（App）架构应用；信息化资源还包括企事业单位使用的公有云上的 SaaS 服务，如常见的企业微信、钉钉、移动办公、OA 服务等；信息化资源还应包括提供给第三方系统或服务（内部或外部的系统或服务）调用的应用程序接口（Application Programming Interface，API），如金融机构的企业服务总线（Enterprise Service Bus，ESB）接口、短信服务接口、公有地图服务接口、金融交易 API 等；除以上的信息化资源以外，还有数据资源的访问权限，如业务数据、文档数据、图片资源等，以及对网络设备如线上门禁、防火墙、堡垒机、VPN 设备、服务器、数据库等。详细的身份管理客体对象如表 3-4 所示。

表 3-4　身份管理客体对象列表

序号	实 体 内 容	简 单 描 述
1	企事业单位私有化部署的应用系统	企事业单位私有环境上部署的系统服务、数据库和中间件等
2	公有云上 SaaS 的服务资源和应用系统	企事业单位公有云上 SaaS 的服务资源和应用系统
3	API	企事业单位对外或对内提供的相应服务的应用程序接口
4	数据资源	所有与企事业单位经营相关的信息、资料
5	线上网络设备	服务器、数据库、防火墙、堡垒机、VPN 设备、线上门禁等

1. 企事业单位私有化部署的应用系统

私有化部署应用指企业采用私有化部署的方式，在私有环境上部署相关的系统服务、数据库和中间件等。很多大型企事业单位都采用这种方式建设信息化系统，如企业 OA、ERP、企业 CRM、企业邮件等。根据企事业单位的数字化转型的实际情况，在私有化环境部署信息化资源的过程中，单位会采用 B/S 架构、C/S 架构，以及移动应用架构的形式建

设系统。C/S 架构是一种典型的两层架构，其客户端包含一个或多个在用户的计算机上运行的程序，而服务器包括数据库服务器和 Socket 服务器。客户端需要实现绝大多数的业务逻辑和界面展示。这种架构中，客户端需要承受很大的压力，因为显示逻辑和事务处理都包含在其中，通过与数据库的交互来达到持久化数据，以此满足实际项目的需要。B/S 架构中的浏览器指的是 Web 浏览器，随着 Internet 技术的兴起，对 C/S 架构的改进，为了区别于传统的 C/S 架构模式，特称为 B/S 架构应用模式。在这种模式下，极少的逻辑是在前端（Browser）实现，主要事务逻辑在服务器端（Server）实现，它们与数据库端构成三层结构，这样就极大地减轻了客户端的压力。移动应用架构是指随着移动互利网和移动智能设备的兴起和快速发展，针对移动智能终端这种移动设备连接到互联网的业务或无线网卡业务而开发的应用程序服务，当前一般支持 Android 和 iOS 两种架构模式的应用。

2．公有云上 SaaS 的服务资源和应用系统

指企事业单位采用公有云服务的模式将数据托管于云服务商的数据中心，相比私有云在数据安全和数据备份等方面的自行运维和建设，单位对数据的掌控力度减弱，但随着云的迅速发展和云安全的长足进步，公有云也具备了较强的数据安全服务和数据备份能力。移动办公和远程办公兴起，很多企事业单位尝试并乐意采用 SaaS 进行线上办公。企业采取租用方式来进行信息化建设，不需要专门的维护和管理人员，也不需要为维护和管理人员支付额外费用，很大程度上缓解了企业在人力、财力上的压力，使其能够集中资金对核心业务进行有效的运营。

3．API

API 是一些预先定义的接口（如函数、HTTP 接口），或指软件系统不同组成部分衔接的约定。用来提供应用程序与开发人员基于某软件或硬件得以访问的一组例程，而又无须访问源码，或理解内部工作机制的细节。企事业单位在业务开展的过程中，往往需要提供相应的 API 给第三方应用或服务进行调用，如身份认证服务接口、短信服务接口、人脸服务接口、金融动账交易接口等。这些 API 也属于企业的信息化资源，需要进行安全管理，避免非法调用情形发生。

4．数据资源

企业数据泛指所有与企业经营相关的信息、资料，包括公司概况、产品信息、经营数据、研究成果等，其中不乏涉及商业机密的信息，更是需要重点管理的对象。

5．线上网络设备

网络设备及部件是连接到网络中的物理实体。常见的网络设备有服务器、数据库、防火墙、堡垒机、VPN 设备、线上门禁等。这些网络设备也是企业私有的信息化资源，需要对这些网络设备进行身份管理和访问权限控制。

3.3.4 身份识别服务

用户身份账号管理其实就是对用户身份账号的生命周期进行管理，包括账号的创建、修改、启用、禁用、注销，以及对密码和口令的管理。在管理过程中遇到的阻力是在重复账号、僵尸账号、孤儿账号的管理上。用户身份账号管理中的账号分类如图 3-4 所示。

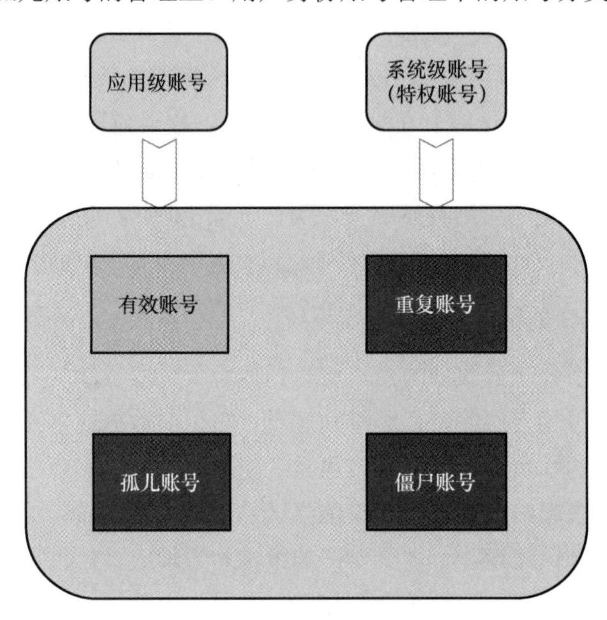

图 3-4 用户身份账号管理中的账号分类

信息化系统中的用户账户可以分为两大类的账号：应用级账号和系统级账号。应用级账号是指用户在访问信息化资源中的应用系统时的身份标识。系统级账号又称为特权账号，是指管理员用户或运维人员在访问网络设备资源（服务器、数据库、防火墙、堡垒机等）的身份标识。特权账号的管理会在 3.3.6 节中详细介绍。

不管是应用级账号还是特权账号都存在图 3-4 中的有效账号、孤儿账号、重复账号和僵尸账号。有效账号是指账号被关联至具体人员，且以正常的频率在使用中；孤儿账号是指系统中存在，但无法被关联到具体人员的账号，且此账号会被正常使用；重复账号是指一个用户在系统中存在多个账号，且多个账号会被正常使用；僵尸账号是指被关联至具体的用户，但是长期未被使用的账号。以上四类账号在应用系统中和网络设备中都长期存在，IAM 系统需要准确识别账号的性质，并能够统一有效地管理。

3.3.5 身份全生命周期管理

用户账户全生命周期管理，简单来说就是从用户账户的产生到消亡的整个过程管理，从业务角度来说就是员工入职起新建账户到该员工离职时的账户归档的全过程管理。

一个账号的生命周期如图 3-5 所示，主要包括以下几个方面。

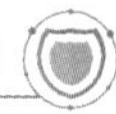

（1）员工入职。

（2）创建账户，即创建员工个人工作账户。

（3）账户权限分配。

（4）账户属性变更（员工转岗）。

（5）账户注销（账号停用或启用）。

（6）账户归档，权限回收。

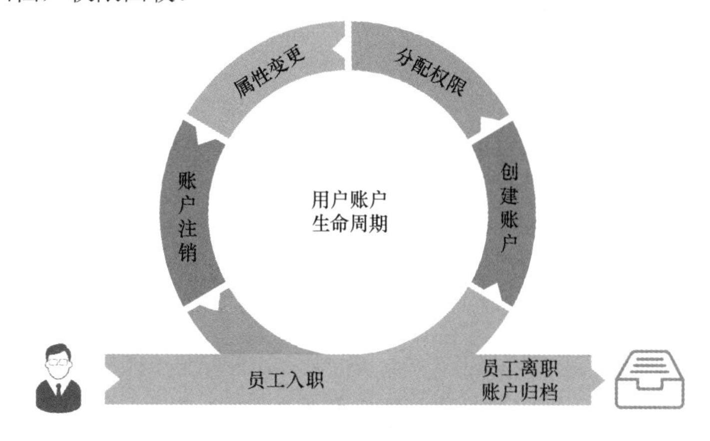

图 3-5　用户全生命周期管理流程

用户身份账户的关键属性如图 3-6 所示。通常，一个完整的账户都会有以下 4 种属性。

（1）基础信息：是一个账户最基本不可或缺的信息，主要包括 ID（UserID，属于唯一标志）、账户、密码等。

（2）个人信息：用来完善每个账户的属性，主要包括用户的姓名、手机号、电子邮箱、所属部门、工号等。

（3）应用权限：用来记录每个账号的权限资源，确保账号访问正确的资源。

（4）日志审计：用来记录每个账号的日志记录，主要包括认证记录、资源的访问记录、登录/登出记录、操作记录等。

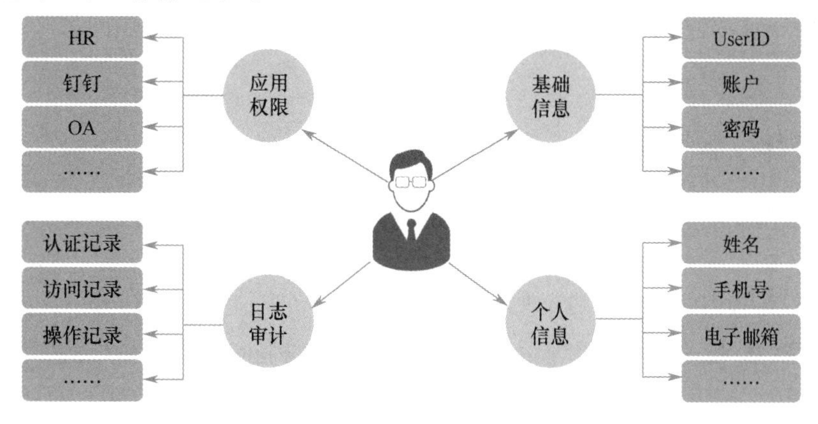

图 3-6　用户身份账户的关键属性

随着业务的发展，企业内部应用和人员数量会不断增加，企业通常会面临账户管理的难题。人员的入职，离职人员组织架构频繁调整（转岗），同时企业内部人员角色（正式员工/临时工、渠道/合作伙伴等）愈加复杂，每个应用的管理员手动开关账号的工作量飙升。同时，因手动管理人员账号，经常出现人员已离职但账户未关闭的高危情况。

企业用户身份账号管理常见的管理问题如下。

（1）入职员工账户未第一时间开通。

（2）公司组织机构调整，但依旧有业务系统还未调整完毕。

（3）离职员工账户权限未第一时间将权限收回。

各个系统独立运营，不仅增加了各个业务系统管理员的工作量，重复工作；同时还存在账号管理不到位，同步信息滞后，影响正常业务；若员工离职账号未及时收回，甚至还会导致公司数据泄露等重大风险。近些年来，各大企业也纷纷寻找合适的系统供应商来解决账户全生命周期的管理需求。例如，企业 OA 系统、人力资源系统（Human Resource，HR）、活动目录（AD）等来实现账户管理。但是又面临着身份孤岛的新问题，各系统身份信息独立，信息同步困难，建设难度大，权限不集中等。

为解决企业账户管理的难的痛点，深入了解账户特征，基于业务场景。IAM 系统形成一套完整的账户全生命周期管理办法。IAM 可以为企业所有的信息化资源使用人员如单位内部员工的普通用户、系统管理人员、商业合作伙伴、进而终端消费者及物联网终端进行身份管理，定义其主账号（IAM 系统定义的用户身份账号），通过一对一的主账号管理模式，可以在 IAM 系统实现对所有信息化资源使用人员进行集中管理，集中维护等生命周期管理。IAM 管理账号的核心思想：统一集中身份，一处修改，处处生效。对用户身份进行治理只在 IAM 系统或 IAM 系统的上游系统（常见的有 HR 系统、OA 系统等）进行操作（增、删、改、查），IAM 系统与上游系统和下游系统分别保持实时的用户信息同步，主要同步的内容包括组织、岗位、用户、角色等基本信息，通过集中的用户信息供给，保证数据在下游业务系统的高度一致。具体账号同步模式在 3.3.7 节进行详细介绍。

3.3.6 特权账号管理

特权账号泛指企业 IT 环境中具有高级别权限，共享使用的账号，存在于操作系统、数据库、网络设备、安全设备、应用系统、API 中。特权账号可分为以下两类场景：一类是以 Web 业务系统为代表的系统及其管理后台的特权账号；另一类是以操作系统、数据库、网络设备等为代表的信息基础设施管理后台的特权账号。这些特权账号是打开企业系统、数据大门的关键钥匙，一旦泄露，企事业单位将面临数据泄露、数据丢失、系统宕机等灾难性损失。因此，特权账号往往是黑客攻击的主要目标，守住特权账号，就是守住企业资产的最后

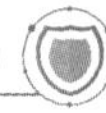

一道防线。为了守住企业资产的最后一道防线，企业通常都会标配堡垒机、特权账号管理系统等安全产品。但拖库、删库、数据泄露等安全运维事件仍是频频发生。

下面介绍标准《信息技术　安全技术　信息安全管理体系　要求》（GB/T 22080—2016）针对特权账户管理相关要求。

（1）特权管理：特殊权限管理，应限制和控制特殊权限的分配及使用。

（2）用户标识：所有用户应有唯一的、专供其个人使用的标识符（用户 ID）应选择一种适当的鉴别技术证实用户所宣称的身份。

（3）要求组织必须记录用户访问、意外和信息安全事件的日志，并保留一定期限，以便安全事件的调查和取证。

（4）要求组织必须记录系统管理和维护人员的操作行为。

（5）明确要求必须保护组织的运行记录。

（6）要求信息系统经理必须确保所有负责的安全过程都在正确执行，符合安全策略和标准的要求。

下面介绍《信息安全技术 网络安全等级保护基本要求》（GB/T 22239—2019）针对特权账户管理相关要求。

（1）身份鉴别：应对登录的用户进行身份标识和鉴别，身份标识具有唯一性。

（2）访问控制：应授予管理用户所需的最小权限，实现管理用户的权限分离。

（3）安全审计：应启用安全审计功能，审计覆盖到每个用户，对重要的用户行为和重要安全事件进行审计。

（4）系统管理：应对系统管理员进行身份鉴别，只允许其通过特定的命令或操作界面进行系统管理操作，并对这些操作进行审计。

（5）审计管理：应对审计管理员进行身份鉴别，只允许其通过特定的命令或操作界面进行安全审计操作，并对这些操作进行审计。

特权账号管理系统架构如图 3-7 所示。根据《信息技术 安全技术 信息安全管理体系要求》和《信息安全技术 网络安全等级保护基本要求》对特权管理和系统管理方面的规范要求，特权的管理需要在身份鉴别、权限分离、访问控制、授权管理、密码管控、安全审计等维度进行全访问的集中管控。想要管控好应用系统的特权，其核心在于管控应用系统特权账号的身份鉴别、授权发放及回收控制、密码管控和安全审计。

首先，堡垒机、特权账号管理系统等主流特权运维安全产品能解决的是运维账号、特权账号的合规性授权、统一入口、安全审计问题。但这里注意的是它们所能管控的运维账号、特权账号，仅涵盖了操作系统、数据库、网络设备、安全设备等互联网数据中心（Internet Data Center，IDC）设备的特权。

其次，谁会拥有特权的问题。主机管理员、数据库管理员（Database Administrator，DBA）、网络管理员、业务系统主管、应用系统厂商实施人员、应用系统 IT 管理员、API 代码等都拥有特权，企业可以借助堡垒机、特权账号管理系统等实现特权的集中管理、集中授权发放及回收、过程访问控制等从而达到事前、事中管控的目标，但所能管控的同样有限，仅有主机管理员、数据库管理员、网络管理员而已。

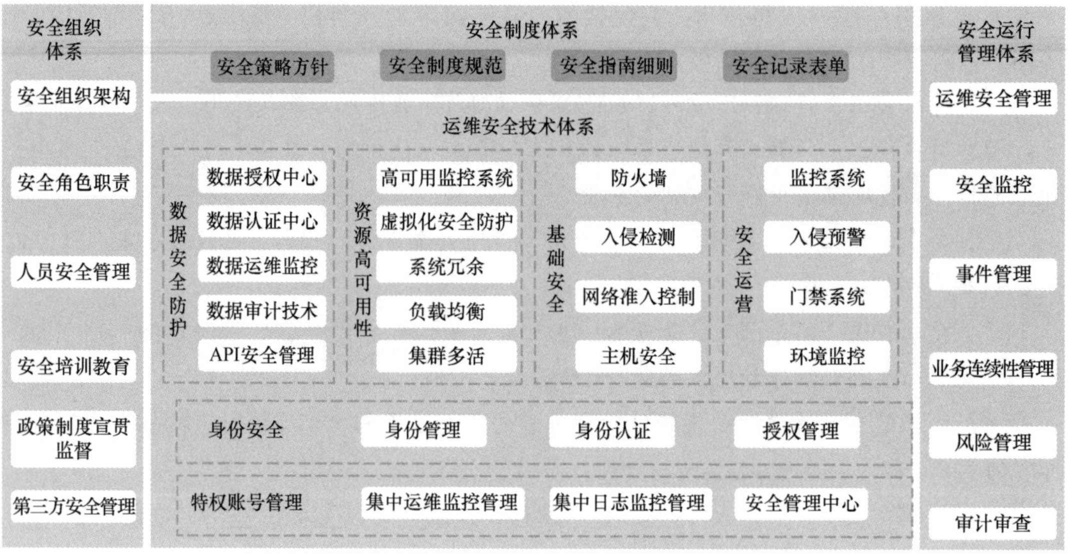

图 3-7　特权账号管理系统架构

再次，特权的密码问题。企业可以借助于特权账号管理系统实现对主机、数据库、网络设备、安全设备等整个 IDC 基础设施的资源进行定期修改密码、密码申请、公私钥生命周期管理，但企业的应用系统、API 中的特权密码却因代码编码限制、业务管理限制、应用系统厂商限制，无法对超大权限的管理账号、授权账号做密码的定期修改。

最后，安全审计的全面性。目前市面上比较成熟的堡垒机、特权账号管理产品都可以在主机、数据库、网络设备、安全设备等整个 IDC 基础设施层面实现事后全过程的监控甚至视频审计。但企业的应用系统、API 中的特权就仅能凭借应用系统本身的日志进行事后审计。

上面多次提到堡垒机和特权账号管理系统可以对主机管理员、DBA、网络管理员都可以实现集中管理、集中授权发放及回收、过程访问控制。这样既可实现特权账号统一访问入口，集中权限控制，实现运维审批规范化管理，也可自定义审批流程，支持紧急工作动态口令授权，开会出差轻松授权审批，不影响运维工作，对特权账号梳理、账号自动盘点、扫描所有账号、清理“僵尸账号”和“幽灵账号”。特权账号管理系统还可依设备特性，预先进行违规命令定义，阻挡违规操作，防患于未然。通过操作录像回放和审计报表，可以清楚得知操作人、操作时间、操作设备、连线方式等信息，以及操作内容和结果，方便实现责任认定和故障分析。但对应用系统、API 特权管控却捉襟见肘。要解决应用系统和 API 特权管控，IAM 系统可以从以下几个方面进行加强。IAM 对特权账号管理架构如图 3-8 所示。

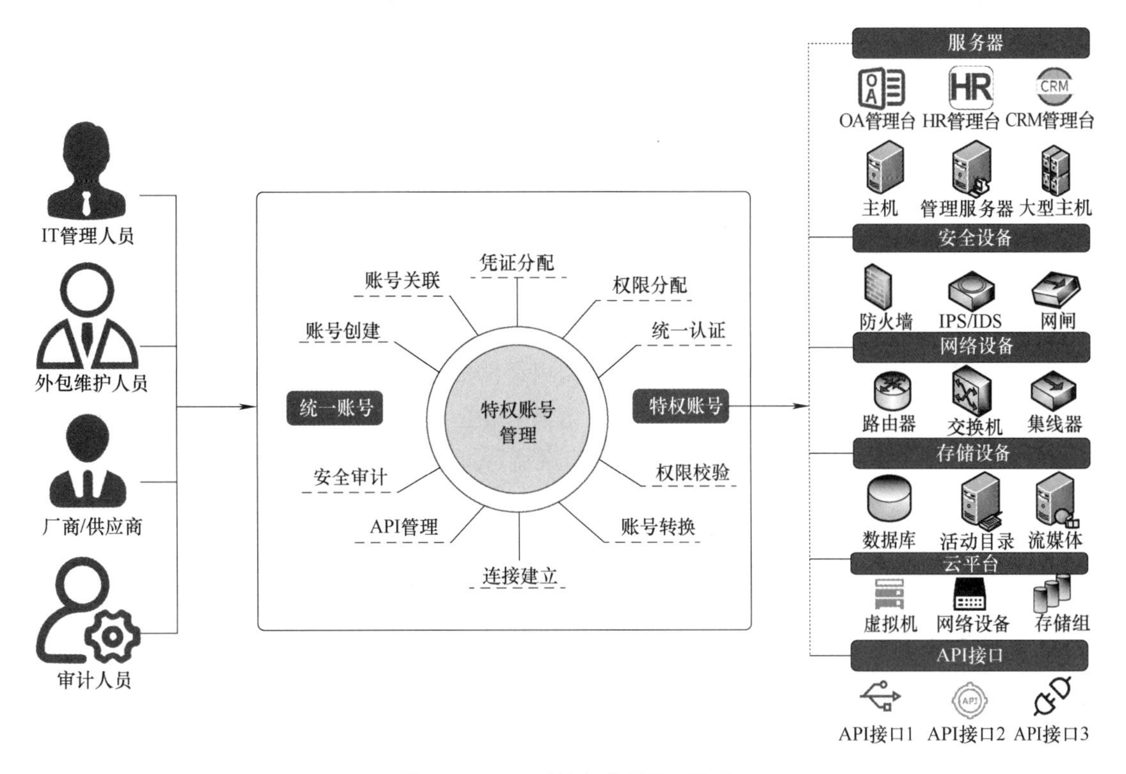

图 3-8　IAM 对特权账号管理架构

（1）实名制问题之身份鉴别。应用系统在出厂时内置的管理员账号 admin/sysadmin 通常并不具备用户实名制唯一标识的特质，通常会被应用负责人或厂商运维人员掌管的账号和密码。在使用过程中由使用者人为输入账号口令进行登录。解决的关键借助于一个特殊的平台作为跳板，如以 IAM 产品体系作为跳板，能让用户通过自己的个人账号进行登录认证，成功后再通过这个特殊的平台访问应用系统的特权，这样就可以解决实名制问题。针对一些非超级特权账户（如 root），也可以通过在服务器操作系统上安装插件进而拉起 IAM 系统的二次认证的方式，对用户进行实名制。二次认证可采用当前使用的移动智能终端里的应用软件扫码认证、一键确认、人脸认证等方式。移动智能终端里的应用软件在使用前需要进行初始化绑定，即实现用户与移动设备的安全绑定，移动设备和移动应用在进行二次认证时是与用户实名绑定的，这样就能有效地解决特权账号实名制问题。针对非应用系统的出厂内置的管理员账户，可通过 IAM 系统对用户身份统一管理，统一多维联合身份认证等。

（2）密码扩散问题之特权密码管控。特权账号在使用过程中应用负责人通常会将账号、口令转告知第三人。这么一来管理员账号的密码就会不经意地传给第三个、第四个、…、第 n 个人，导致特权账号密码扩散的风险，所以可以通过 IAM 系统对密码定期修改、密码自动代填或基于票据的方式由中转系统自动完成应用系统的特权登录过程，避免使用者因登录需要而知晓密码。同时密码扩散问题也可以通过拉起 IAM 系统二次认证的方式来解决。非实名绑定的其他人，即被告知或其他方式获取密码的第二人、第 n 人，即使知道了特权账号密码，由于无法通过 IAM 系统二次认证的身份鉴别，也无法登录到相应的应用系统管理后台、服务器、数据库等信息化资源，避免特权账号密码的扩散带来的风险。

（3）特权授权问题之特权发放自动收回。通常企业中申请使用特权账号的方式：管理员代为输入口令、邮件申请、工单申请、微信、钉钉等。那么这些方式的通病就是授权的过程不严谨导致申请记录无从查起；授权之后权限不能及时主动地收回。为了避免这种情况，多数企业都会将所有的权限相关与流程工单系统进行结合，如 IAM 系统、OA 系统等，用户通过 IAM 系统流程工单走线上的特权申请，并备注使用的周期。工单由相关干系人完成审批后由 IAM 系统进行中转自动完成自然人（特权申请人）与应用系统特权的授权映射过程。用户登录 IAM 系统即可查阅自己的应用特权权限。最后在特权申请时限结束后 IAM 系统自动完成自然人（特权申请人）与应用系统特权的授权关系解除操作，那么用户也就无法再次使用特权账号访问应用系统管理后台等了。

3.3.7 身份信息同步模式

统一用户管理主要为用户提供统一集中账号（用户/账号/角色）的管理与分发，包括账户间的状态记录、关联关系、角色授权等，确保用户账户使用和管理的安全性。

统一用户管理的业务场景主要包括数据同步与数据分发，实现统一用户管理首先需要确定企业用户信息数据的管理维护是在哪个系统，通常以人力资源管理系统（HR 系统）作为信息同步中信息的源头，常称为上游系统。企业中需要统一管控（统一身份、统一认证、统一授权、统一审计）的应用系统又称为下游系统。IAM 系统的统一身份管理平台主要为企业提供集中的用户存储目录，其中包括上游数据源获取、下游数据供给，主要同步内容包括组织、岗位、用户、角色等基本信息，通过集中的用户信息供给，保证数据在下游业务系统的高度一致。上游系统提供用户/账号/角色的基本信息、职位关联信息、账号变动信息等同步至 IAM 系统的统一身份管理平台，再由统一身份管理平台将统一管理后的信息分发至相关系统。最终通过统一身份管理平台的数据同步与数据分发实现当用户基本信息发生变动时，其他系统中的信息随之进行相应的变动处理，而不需要多方操作。用户信息同步示意图如图 3-9 所示。

IAM 系统的统一身份管理中心和应用系统的集成，主要在于权威数据同步给下游系统数据提供商。企业统一用户管理最终的落地，首先明确数据源来自哪里，多数企业建立有自己的 HR 系统，也有的企事业建设了 AD 域控系统，建议以 HR 系统或 AD 域控系统作为权威数据源头；对于部分企事业单位存在多数据源的情况，统一身份管理中心需要分情况对待，实现多数据源的对接，此时需要注意的是多数据源情况下要保证用户唯一性；对于企业暂无权威数据源的情况，也可以直接以 IAM 系统的统一身份管理中心作为数据源，企事业单位提供用户、组织的基础信息上线初始化到统一身份管理中心，系统管理员可采用手动添加、表格导入的方式进行初始化管理，后续所有的用户信息变更操作都在统一身份管理中心进行，由统一身份管理中心把变更的信息同步至各个下游应用系统。打通企业上下游系统的对接，最终实现用户全生命周期的自动化管理，从而避免管理员过多的手动干预，释放管理员的压力，在保证数据准确性的同时提升工作效率。

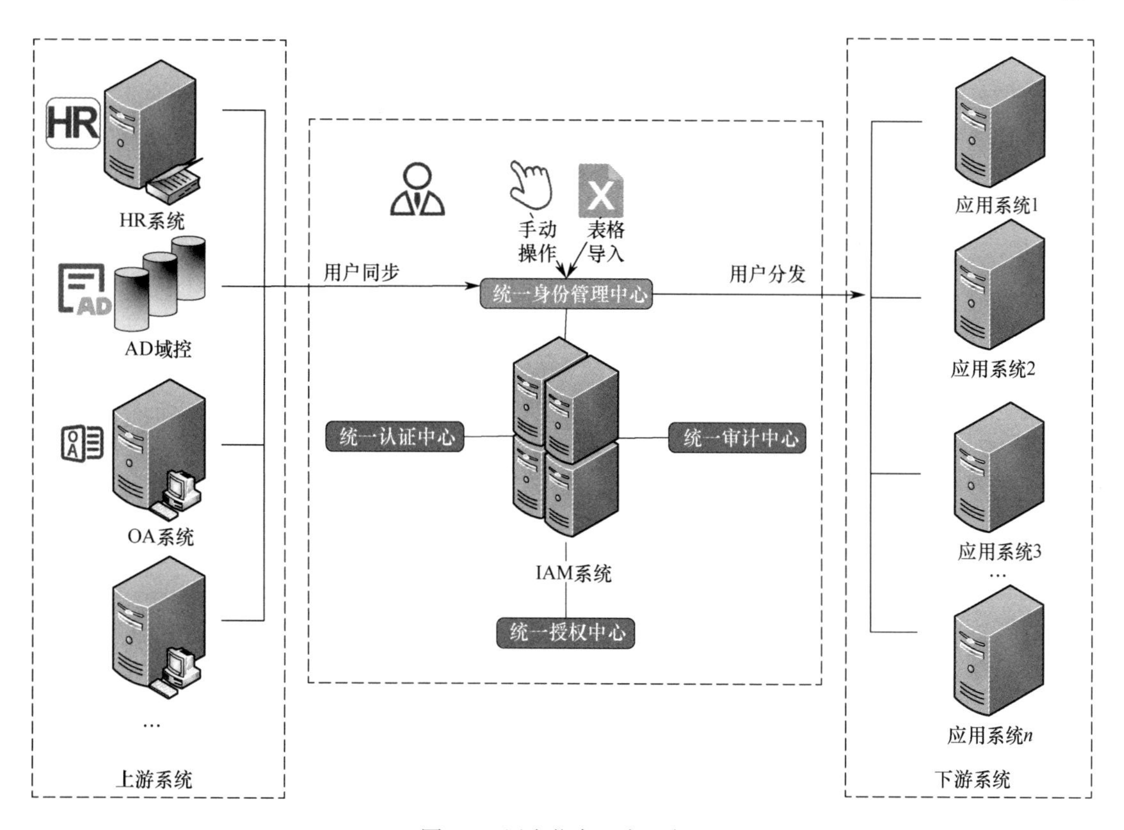

图 3-9　用户信息同步示意图

用户数据同步，通常由企业内部权威数据源（HR 系统、AD 域控）提供变动信息，以获取数据源头的变动信息，对应的数据源系统按照统一同步接口标准提供全量或增量信息服务接口即可完成数据同步工作，同步的方式可以根据企业具体业务需求采用实时调用或定时轮询方式。通常采用实时调用方式，即统一身份管理平台提供变动信息的写入服务，数据源信息变动时，直接调用统一身份管理平台接口服务即可；如集成系统无法进行实时调用，则可采用定时轮询方式，定时获取数据源系统的变动信息写入数据库中间表，完成同步信息日志记录，之后从服务器读取该同步日志记录，将日志内变动信息同步写入统一身份管理平台，生成对应的员工入转调离操作信息。

用户数据分发也是统一用户管理的重要步骤，顺序为“数据源→统一身份管理平台→各业务系统”，具体为账户信息从数据源同步至统一身份管理平台，统一身份管理平台将用户数据信息进行加工后分发给各业务系统。通常通过 ESB 创建用户数据分发流程，调用各业务系统提供的分发服务接口，实现用户数据信息的实时分发。用户数据分发根据企业业务系统不同的情况、配合的程度分别采用不同的分发形式，常见的形式包括 Restful API、中间表存储、数据库权限三种。Restful API 形式主要由业务系统提供服务标准的 API，供统一身份管理系统调用实现用户账号信息分发；中间表存储形式主要由业务系统提供数据库的中间表，通过 ESB 写入数据实现用户信息分发；数据库权限针对无法提供配合的业务系统，系统提供数据库操作权限，由 ESB 直接写入数据库操作。

3.4 身份认证

身份认证就是判断一个用户是否为合法用户的处理过程。网络环境下的身份认证不是对某个事物的资质审查，而是对事物真实性的确认。身份认证要确认通信过程中另一端的个体是谁（人、物、虚拟过程）。计算机网络世界中一切信息包括用户的身份信息都是用一组特定的数据来表示的，计算机只能识别用户的数字身份，所有对用户的授权也是针对用户数字身份的授权。如何保证以数字身份进行操作的操作者就是这个数字身份的合法拥有者，也就是说保证操作者的物理身份与数字身份相对应，身份认证就是为了解决这个问题。作为防护网络安全的第一道关口，身份认证有着举足轻重的作用。

IAM 系统除了对各应用系统进行统一身份管理，还具备统一身份认证、统一访问控制、统一访问审计的能力。IAM 系统的一个基本应用模式是统一认证模式，它是以统一身份认证服务为核心的服务应用。IAM 系统对外提供统一认证的 Portal 页面，用户通过安全认证登录统一身份认证 Portal 门户后，即可安全登录有权限访问并使用所有支持统一身份认证服务管理的应用系统，实现了统一认证和单点登录。

IAM 系统的统一认证服务通过 Web Service 对外发布认证服务，实现了平台的无关性，能够与各种主机、各种应用系统对接。另外，IAM 系统还提供了一套标准的接口，保证 IAM 系统与各种应用系统之间对接的易操作性。IAM 系统的统一认证中心通过统一管理不同应用体系身份存储方式、统一认证的方式，使同一用户在所有应用系统中的身份一致，且用户在登录第三方应用程序时不必关心身份的认证过程。

3.4.1 身份认证的类型

身份认证的目的是鉴别通信中另一端的真实身份，防止伪造和假冒等情况发生。根据身份认证的对象不同，认证手段也不同，但针对每种身份的认证都有很多种不同的方法。身份认证的对象可以是人、网络设备、机器，也可以是物联网中的物，这里主要讲解对人的认证。如果被认证的对象是人，则有三类信息可以用于身份认证。

1. 基于信息秘密的身份认证

根据你所知道的信息来证明你的身份（What You Know，你知道什么），如口令密码、个人身份识别码（Personal Identification Number，PIN）等。

这种类型的认证，主要特点是实现较为简单，只需要设定相应的账号密码，在用户登录时输入正确的密码，计算机就认为操作者是合法用户。实际上，由于许多用户为了防止忘记密码，经常采用如生日、电话号码等容易被猜测的字符串作为密码，或者把密码抄在纸上放在一个自认为安全的地方，这样很容易造成密码泄露。如果密码是静态的数据，则由于在验证过程中需要在计算机内存和网络中传输，所以可能会被木马程序或网络截获。因此，静态密码机制无论是使用还是部署都非常简单，但从安全性上讲，用户名/密码方式是一种不安全的身份认证方式，存在被暴力破解、木马窃听、线路窃听、重放攻击等安全风险。

2. 基于信任物体的身份认证

根据你所拥有的东西来证明你的身份（What You Have，你有什么），如密码本、密码卡、动态密码生产器、U 盾等，另外在可信设备上进行扫码或一键确认登录的方式也属于此种身份认证类型。

这种类型的认证是采用用户所持有的东西验证用户的身份，用于身份鉴别的工具通常不容易被复制，安全性非常高。但是此种类型的认证，需要额外增加第三方认证工具，需要增加采购认证工具硬件成本，还存在授权到期不能使用、认证工具遗失、认证工具电池耗尽等问题存在。USB Key 需要随身携带，如忘记携带或丢失，则无法进行身份认证，进而无法登录应用系统进行事务办理。近年来移动交易情形的普及，各个银行推出相应的移动蓝牙盾、音频盾等，蓝牙盾、音频盾同样存在难以携带或丢失的情形，同时也存在电量较低无法正常使用的现象，需要保持电量充足。以上所有类型的 USB Key 都需要向专门的厂商购买，需要一定的工本费，且 USB Key 的使用权限有限制，授权到期需要再次进行授权才能继续使用。

3. 基于生物特征的身份认证

直接根据独一无二的身体生物特征来证明你的身份（What You Are，你是谁），如指纹、人脸、虹膜、笔迹、语音特征等。

这种类型的认证是通过可测量的身体或行为等生物特征进行身份认证的一种技术。生物特征是指唯一的可以测量或可自动识别和验证的生理特征或行为方式。生物特征分为身体特征和行为特征两类。身体特征包括指纹、掌型、视网膜、虹膜、人体气味、脸型、手的血管和 DNA 等；行为特征包括签名、语音、行走步态等。目前部分学者将视网膜识别、虹膜识别和指纹识别等归为高级生物识别技术；将掌型识别、脸型识别、语音识别和签名识别等归为次级生物识别技术；将血管纹理识别、人体气味识别、DNA 识别等归为“深奥的”生物识别技术。采用生物认证方式比口令密码方式的安全性和用户体验都有很大提升，但是生物认证也有一定的局限性，从企业角度来说，老旧设备不支持生物认证，需要外接生物认证设备，增加企业成本，或者需要单独建设生物认证平台；从用户角度来说，长期劳作或手指纹破损无法指纹验证，化妆后无法进行人脸识别，生病后声音变化无法进行声纹识别等现象发生。

在网络世界中，身份认证手段与真实世界中的一致，仅通过一个条件的符合来证明一个人的身份称为单因子认证，为了达到更高的身份认证安全性，某些场景会将上面的 3 种认证挑选两种或两种以上混合使用，即所谓的双因素认证和多因素认证。

3.4.2　常见身份认证方式

常见的身份认证方式与比较如表 3-5 所示，接下来分别进行简要介绍。

表 3-5　常见的身份认证方式与比较

序号	认 证 方 式	所 属 类 型	优　缺　点
1	账户密码	What You Know	低安全、低便捷性、低成本
2	扫码	What You Have	安全、便捷、低成本
3	一键推送	What You Have	安全、便捷、低成本
4	USB Key	What You Have	安全、低便捷性、高成本
5	数字证书	What You Have	安全、便捷、高成本
6	OTP	What You Have	相对安全、相对便捷、有一定成本
7	短信验证码	What You Have	相对安全、相对便捷、有一定成本
8	人脸识别	What You Are	安全、便捷、高成本
9	指纹识别	What You Are	相对安全、便捷、有一定成本

1. 账户密码

用户名/密码认证方式是最简单也是最常用的身份认证方法之一，它是基于“What You Know”的验证手段。每个用户的密码是由这个用户自己设定的，只有他自己才知道，因此只要能够正确输入密码，计算机和应用系统就认为他就是这个用户。然而在实际中，由于许多用户为了防止忘记密码，经常采用诸如自己或家人的生日、电话号码、简单口令等容易被他人猜测到的有意义的或过于简单的字符串作为密码，或者把密码抄写在一个自己认为安全的地方，这都存在许多安全隐患，极易造成密码泄露。即使能保证用户密码不被泄露，由于密码是静态的数据，并且在验证过程中需要在计算机内存和网络中传输，而每次验证过程使用的验证信息都是相同的，很容易被驻留在计算机内存中的木马程序或网络中的监听设备截获。因此，用户名/密码方式是一种极不安全的身份认证方式。可以说它基本上没有任何安全性可言。

随着现在用户使用的应用系统越来越多，多个应用系统设置为同一个密码，容易被撞库造成数据或资金的丢失；若多个应用系统设置为多个密码，则密码难以管理，容易遗忘，找回时需要自身进行密码找回申诉或找系统管理员进行重置，给自身和系统管理员带来诸多额外工作量。

2. 扫码

扫码认证方式是近几年出现的一种便捷的免密身份认证及用户登录的一种常见认证方式，扫码认证摒弃了传统密码口令认证方式，实现了安全性和用户体验的完美结合。

在我们使用某个终端登录某个应用系统时，登录页面显示一个登录二维码，然后用移动终端上的 App 扫一下，移动终端 App 上显示登录确认的页面，用户点击“确认”按钮后，登录应用系统的终端即可登录到应用系统并跳转到应用内部页面。需要登录的终端上的二维码本质是一个统一资源定位系统（Uniform Resource Locator，URL），如 http://www.phei.com.cn?uuid=xxxxx，这个 uuid 是生成的当前终端的唯一标识，然后会定时请求后端的 API，假设这个请求称为 A 请求，根据返回的状态来做下一步动作。当移动终端扫码后，

会带上这个 uuid 和用户信息，发送一个请求给后端，后端拿到这个 uuid，就知道用户正在请求登录，然后上面的 A 接口会返回一个已经登录的状态，同时返回用户信息，这样二维码页面会跳转到应用系统内部页，整个扫码登录流程完成。

3. 一键推送

一键推送认证方式也是近几年出现的一种便捷的免密身份认证的登录方式，一键推送认证方式大幅度地简化了用户注册/登录流程，且提升了账号安全性，逐步成为新一代的主流验证登录方式之一。

用户在移动终端 App 上进行账号注册或号码绑定时，不需要接收短信验证码，直接可以以本机号码实现秒级验证。这种新颖且便捷的验证方式称为“一键推送认证”。一键推送认证是依托运营商的移动数据网络，采用“通信网关取号”及 SIM 卡识别等技术实现的一种移动互联网身份认证方法。它主要有两种形式：一种是“一键登录”，一键登录具备授权页面，App 开发者经用户授权后可获得号码，适用于注册、登录等场景；另一种是“本机号码校验”，本机号码校验不返回号码，仅返回待校验号码与本机号码是否一致的结果，适用于基于手机号码的安全风控的场景。对用户来说，无论是一键登录还是本机号码校验，都无须经历输入密码或等待短信验证码的过程，可以真正体验到“秒级验证”的快感。

4. USB Key

基于 USB Key 的认证方式是近些年发展起来的一种安全的身份认证技术。它采用软硬件相结合、一次一密的强双因子认证模式，很好地解决了安全性与易用性之间的矛盾。USB Key 是一种 USB 接口的硬件设备，它内置单片机或智能卡芯片，可以存储用户的密钥或数字证书，利用 USB Key 内置的密码算法实现对用户身份的认证。基于 USB Key 身份认证系统主要有两种应用模式：一种是基于冲击/响应（挑战/应答）的认证模式；另一种是基于 PKI 体系的认证模式，运用在电子政务、网上银行等。

USB Key 在使用上也存在很多弊端。首先，需要随身携带，若忘记携带或丢失，则无法进行身份认证，进而无法登录应用系统进行事务办理；其次，近年来移动交易情形的普及，各个银行推出相应的移动蓝牙盾、音频盾等，蓝牙盾、音频盾同样存在不易携带或丢失的情形，同时也存在电量较低无法正常使用的现象，需要保持电量充足；最后，以上所有类型的 USB Key 都需要向专门的厂商购买，需要一定的工本费，且 USB Key 的使用权限有限制，授权到期需要再次进行授权才能继续使用。

5. 数字证书

公钥基础设施（PKI）作为一种强实体鉴别技术，能够在开放网络和应用系统中提供身份认证与鉴别，保障信息的真实性、完整性、机密性和不可否认性，对于实现零信任架构是至关重要的。一方面，PKI 为每个主体签发一张可信身份数字证书（实名），只有符合安全规则的身份才能通过验证，访问相应的资源，简单高效地解决了信任问题。另一方面，PKI 中的密码技术可以用来加密需要保护的数据，从根本上有效地保护了数据资产。公共 PKI 系统可以在安全的通信中为非受控的端点系统提供信任保证，证书颁发机构为通信双方签发证书以建立安全的通信。端点系统接收到经过签名的证书后，将它的签名信息和系统中已经预置的可信证书颁发机构列表进行比对，就可以验证该证书是否有效。通过在系统中预置可信证书颁发机构列表的方式，端点系统可以和之前从来没有通信过的未知系统建立安全信道。总之，PKI 是零信任架构中身份认证的重要部分，也是解决人员信任问题最有效和最高效的技术。基于 PKI 技术的身份管理方案能有效解决零信任安全体系中“以身份为中心”的核心理念，可以简化身份管理和增强数据安全，更好地为企业实现零信任化转型提供有力的支持。

数字证书是标志网络用户身份信息的一系列数据，用来在网络通信中识别通信各方的身份，即要在 Internet 上解决“我是谁”的问题，就如同现实中每个人都要拥有一张证明个人身份的身份证或驾驶证一样，以表明我们的身份或某种资格。

数字证书采用公私钥密码体制，即利用一对互相匹配的密钥进行加密、解密。每个用户拥有一把仅为本人所掌握的私有密钥（私钥），用它进行解密和签名；同时拥有一把公共密钥（公钥）并可以对外公开，用于加密和验证签名。当发送一份保密文件时，发送方使用接收方的公钥对数据加密，而接收方则使用自己的私钥解密，这样，信息就可以安全无误地到达目的地了，即使被第三方截获，由于没有相应的私钥，无法进行解密。通过数字证书的手段保证加密过程是一个不可逆过程，即只有用私有密钥才能解密。用户也可以采用自己的私钥对信息加以处理，由于密钥仅为本人所有，这样就产生了别人无法生成的文件，也就形成了数字签名。采用数字签名，能够确认以下两点：一是保证信息是由签名者自己签名发送的，签名者不能否认或难以否认；二是保证信息自签发后到收到为止未曾做过任何修改，签发的文件是真实文件。

数字证书具有非常高的安全性和可靠性，也具有更强的访问控制能力。但数字证书是由权威公正的第三方机构签发的，需要向权威公正的第三方机构购买证书才能使用，成本较高。

6. OTP

一次性密码（One-time Password，OTP）利用 What You Have 认证类型，是一种动态密码认证方式。动态口令牌是用户手持用来生成动态密码的终端，主流的是基于时间同步的方式，如每 60 秒变换一次动态口令，口令一次有效，它产生 6 位动态数字进行一次一密的方式认证。但是由于基于时间同步方式的动态口令牌存在 60 秒的时间窗口，导致该密码在这 60 秒内存在风险，现在已有基于事件同步的，双向认证的动态口令牌。基于事件同步的动态口令，是以用户动作触发的同步原则，真正做到了一次一密，并且由于是双向认证的，即服务器验证客户端，并且客户端也需要验证服务器，从而达到杜绝木马的目的。

动态令牌需要随身携带，很多用户将动态令牌随手放在办公桌上，容易被其他人利用，另外动态令牌需要购买相应的硬件，有相应的工本费。目前市面上也出现了相应的软令牌，通过移动智能终端进行显示随机验证码进行验证，相比硬件动态令牌更为方便安全。

7．短信验证码

短信验证码也是利用 What You Have 的认证类型。用户在登录或交易认证时输入此动态密码，从而确保系统身份认证的安全性。由于手机与用户绑定比较紧密，短信密码生成与使用场景是物理隔绝的，因此密码在通路上被截取概率降至最低。只要会接收短信即可使用，大大降低短信密码技术的使用门槛，学习成本几乎为 0，在市场接受度上不存在阻力。

以短信验证码进行身份验证，需要企业建设相应的短信平台，或者以租用公共短信平台的方式（以 x 元/条短信计费）。同时短信验证码也存在不安全因素，如手机中了木马/病毒，伪基站短信劫持、钓鱼短信等方式获取别人短信验证码，使得短信验证存在不安全因素。

8．人脸识别

人脸识别是基于人的脸部特征信息进行身份识别的一种生物识别技术。用摄像机或摄像头采集含有人脸的图像或视频流，并自动在图像中检测和跟踪人脸，进而对检测到的人脸进行脸部识别的一系列相关技术，通常称为人像识别、面部识别。人脸识别系统成功的关键在于是否拥有尖端的核心算法，并使识别结果具有实用化的识别率和识别速度；“人脸识别系统”集成了人工智能、机器识别、机器学习、模型理论、专家系统、视频图像处理等多种专业技术，同时需结合中间值处理的理论与实现，是生物特征识别的最新应用，其核心技术的实现，展现了弱人工智能向强人工智能的转化。

人脸识别技术的应用已经不仅限在商务场所中，而且已经以各种智能家居的形式逐步渗透到平常百姓家。但对于老旧设备不具备人脸信息采集的硬件，需要外接硬件摄像设备，同时企业如果使用人脸识别作为身份认证方式，则需要建设人脸识别系统，或者通过租用人脸识别服务的方式进行认证，有相当高的费用。另外，人脸识别的准确度依赖算法的优劣，有合法用户无法识别的概率。

9．指纹识别

指纹识别是目前较为成熟且价格便宜的生物特征识别技术。目前，指纹识别的技术应用非常广泛，我们不仅在门禁、考勤系统中可以看到指纹识别技术的身影，而且市场上有更多指纹识别的应用，如笔记本电脑、手机、汽车、银行支付等。

虽然每个人的指纹特征都是唯一的，但并不适用于每个行业、每个人。例如，长期手工作业的人们便会为指纹识别而烦恼，他们的手指若有丝毫破损或在干湿环境里、蘸有异物则指纹识别功能就失效了。对于老旧设备不具备指纹信息采集的硬件，需要外接硬件指纹仪。人的指纹信息容易被不法人员获取，用于非法认证等。

3.4.3 多维度联合认证

上面提到的身份认证方式都可以独立地对用户身份进行验证，随着网络用户数据泄露问题日益严重，单纯使用用户名和密码来保护用户资料已不够安全。重要的网络服务都开始使用多因素认证（Multi-Factor Authentication，MFA）来进一步保护用户数据的安全。

在用户进行身份鉴别时，系统往往要求结合你所知道的（用户名密码、PIN），你拥有的东西（智能卡、USBKey、动态令牌、智能手机），以及你的生物特征（人脸识别，虹膜扫描或指纹认证）进行多维度的身份认证。当用户接入网络或登录应用系统时，从单个因素变成两个或多个因素对用户身份认证时，网络或系统就能更确信在和正确的用户打交道。MFA 的目的是建立一个多层次的防御，使未经授权的人访问计算机系统或网络更加困难。用户身份认证的各个维度如图 3-10 所示。

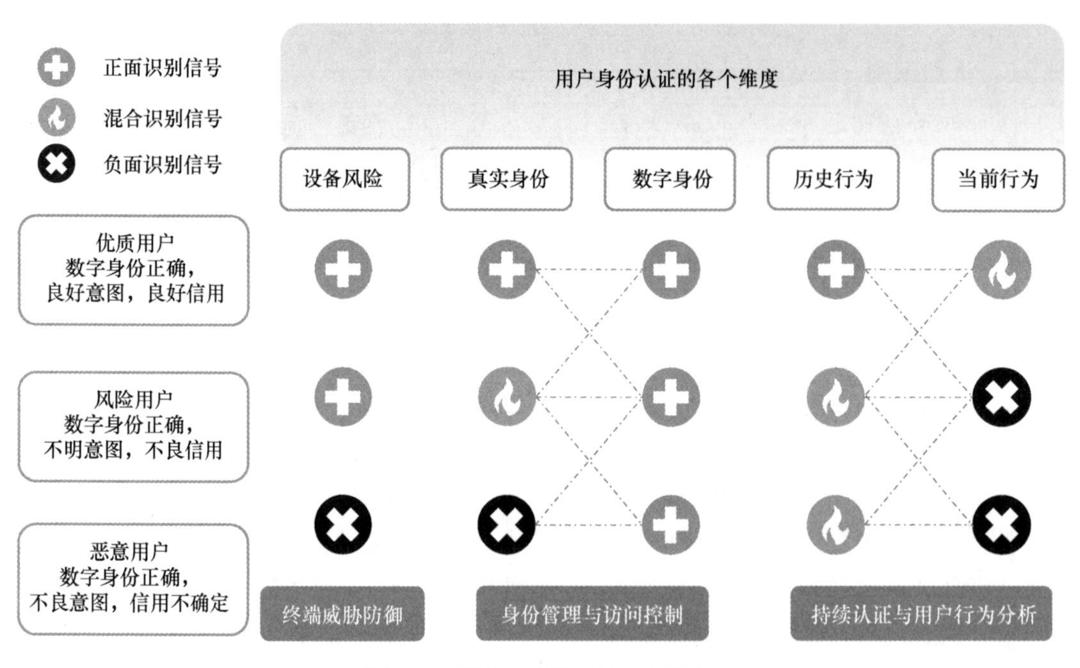

图 3-10 用户身份认证的各个维度

根据 2018 年 Gartner 发布的报告《伪造身份和第一方欺诈伪装成信用损失的日益严重的问题》（*The Growing Problem of Synthetic Identity and First-Party Fraud Masquerades as Credit Losses*），报告将身份认证风险分为 5 个维度，即设备风险、真实身份、数字身份、历史行为、当前行为。设备风险主要包括使用模拟器进行设备仿冒、终端设备木马病毒风险、设备遭受 0day 漏洞攻击等；真实身份的风险有非本人使用终端设备、生物特征的仿冒等；数字身份的风险主要有数字身份仿冒、账户密码穷举等；历史行为是指用户登录系统

的习惯行为、常在时间、常在地点等历史记录；当前行为的风险是参照历史行为记录的异常表现，如异常时间登录、异常地点登录、异常的 IP 登录、异常的风险操作行为、验证多次失败等。

《信息安全技术 网络安全等级保护基本要求》（GB/T 22239—2019）与《信息安全技术 网络安全等级保护基本要求》（GB/T 22239—2008）相比，第三级、第四级安全要求中在身份鉴别方面都新增了：应采用口令、密码技术、生物技术等两种或两种以上组合的鉴别技术对用户进行身份鉴别，且其中一种鉴别技术至少应使用密码技术来实现。

故用户身份验证应从多个维度进行验证，而不仅仅是从用户的数字身份维度进行验证，即传统的账户密码。从你所知道的（What You Know）账户密码的维度进行认证，即使账户密码认证通过，也不能辨别用户的优劣。从图 3-10 中可以看出，在用户的数字身份正常的情况下，其他维度如设备存在安全风险、真实身份有可能伪造、历史行为上存在不良记录的用户行为、当前行为存在安全风险，用户有可能是优质用户（拥有正确的数字身份、良好意图、良好信用），也可能是风险用户（拥有正确的数字身份、不明意图、不良信用），还可能是恶意用户（拥有正确的数字身份、不明意图、不良信用）。所以，仅从数字身份来验证用户身份，不能够验证用户身份是否存在安全风险，应从多个维度对用户身份进行验证，从用户“所知”“所持”“所有”多维度的联合认证用户身份。

针对设备风险，企业应具备相应的风险感知平台，对终端设备是否为模拟器、是否存在攻击框架、是否中了病毒木马、终端上是否安装了安全防护软件、操作系统版本是否合规、有无安装盗版软件等进行检验。另外，用户接入企业网络和应用系统的终端设备应该和常用的账户做绑定，只有存在绑定关系的用户才能使用此终端设备进行登录和办公。

针对用户身份识别风险，面对组织架构复杂、人员组成多样化的特点，外协人员、外协团队、临时项目组、组织架构改变等都会给现有认证体系带来挑战，仅从数字身份维度认证已不能准确识别用户是否为真实的用户，应结合身份认证的所有（What You Are）维度对用户的真实身份进行识别，使用自然人的生物特征对用户身份进行认证，确保用户的真实性。

针对用户行为风险，企业的系统或设备应具备详细的用户行为审计功能，记录用户的历史行为和当前行为，对用户和实体行为进行分析，绘制用户画像，发现虚假用户和真实用户的风险行为，并对用户的风险行为及时进行策略处理。详细的用户和实体行为分析（User and Entity Behavior Analytics，UEBA）见 3.6.3 节。

3.4.4　单点登录（SSO）

单点登录（Single Sign On，SSO）是指在多系统应用群中登录一个系统，即可在其他所有系统中得到授权而无须再次登录，包括单点登录与单点注销两部分。

IAM 系统不但具备用户的基本信息、角色、资源权限等集中管理和控制，而且能够提供统一的集中办公门户网站（Portal），在里面无缝连接其他系统的页面。它具备单点登录功能，并且能为第三方应用提供主流的登录认证。打通所有系统的账户密码（或只打通账户，采用免密认证方式进行身份鉴别），只需要记住一个就行，而且登录一个系统后，打开其他系统不再需要用户参与登录，不需要记住多个系统的地址，甚至不需要在多个系统页面频繁跳转，通过一个门户网站，串通起常用功能。单点登录关系架构图如图 3-11 所示。

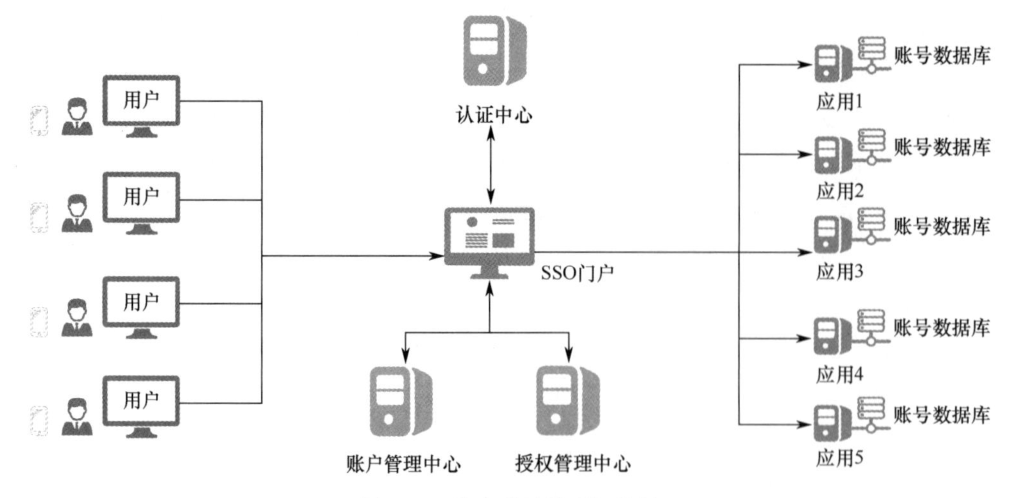

图 3-11　单点登录关系架构图

用户信息数据独立于各应用系统，形成统一的用户唯一 ID，并将其作为用户的主账号。

（1）在通过平台统一认证后，可以从登录认证结果中获取平台用户唯一 ID（主账号）。

（2）由平台统一关联不同应用系统的用户账号（从账号）。

（3）最后用关联后的账号访问相应的应用系统。

当增加一个应用系统时，只需要增加用户唯一 ID（主账号）与该应用系统账号（从账号）的一个关联信息即可，不会对其他应用系统造成任何影响，从而解决登录认证时不同应用系统之间用户交叉和用户账号不同的问题。

从用户角度来看，单点登录解决了用户需要记忆多个用户名+密码的烦恼，不必再记录复杂的密码组合，大幅度提高了用户使用体验。

从系统管理员角度来看，单点登录系统可以使他们从烦琐的账号密码管理工作中解脱出来，不必每天为重置密码而苦恼，可以集中精力在数据安全保障工作中。

从企业管理角度来看，单点登录提高了员工的工作效率，减少了管理成本，提高了企业信息系统的安全性，也节约了后续开发系统的成本，提高了经济效益。

IAM 系统实现多系统之间的单点登录，如第三方应用系统不支持改造，可采用密码代填的方式实现，即 IAM 系统记忆各个应用系统的密码，在登录各下游系统时，IAM 系统将存储需要密码代填的应用系统的密码代填入应用系统登录框内，实现单点登录。密码代填的

方式进行单点登录需要存储和传输密码，密码存储需要安全防护，传输需要屏蔽密码被截获的安全风险。若第三方应用系统有相应的技术人员支持改造，则可以采用安全标准协议实现单点登录。常用的单点登录协议有 CAS 协议、SAML 协议、OAuth 协议、OpenID 协议等。

3.4.5　CAS 协议

单点登录的解决方案有很多，如收费的有 UTrust、惠普灵动等，开源的有 CAS、Smart SSO 等，其中应用最为广泛的是 CAS。

CAS 是一款针对 Web 应用的单点登录框架。CAS 是耶鲁大学发起的一个开源项目，旨在为 Web 应用系统提供一种可靠的单点登录方法，CAS 在 2004 年 12 月正式成为统一认证的一个项目。

CAS 协议结构上包含两部分：CAS 服务端（CAS Server）和 CAS 客户端（CAS Client）。CAS 架构图如图 3-12 所示。

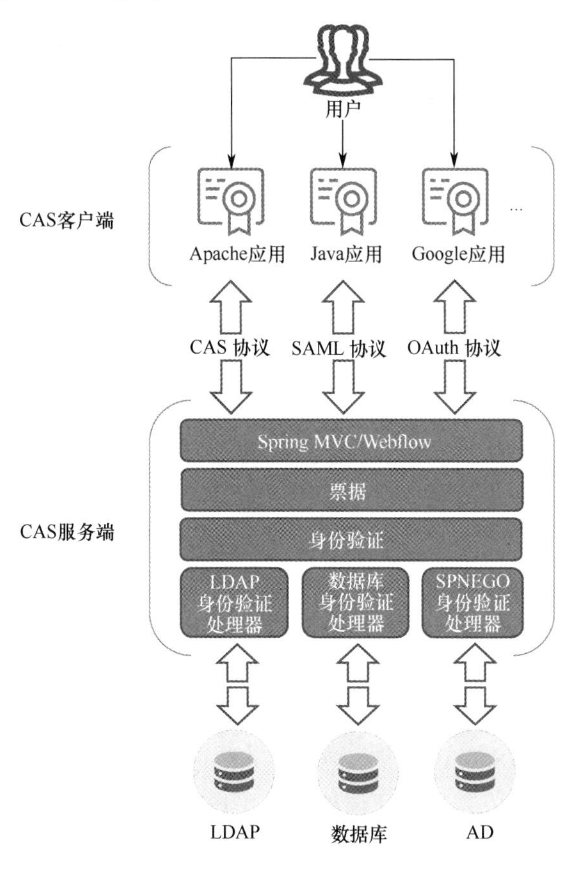

图 3-12　CAS 框架图

CAS Server 负责完成对用户的认证工作，CAS Server 需要独立部署，有不止一种 CAS Server 的实现，Yale CAS Server 和 ESUP CAS Server 都是很不错的选择。CAS Server 会处理用户名/密码等凭证（Credentials），它可能会到数据库检索一条用户账号信息，也可能在可扩展标记语言（Extensible Markup Language，XML）文件中检索用户密码，对这种方式，CAS 均提供一种灵活但统一的接口/实现分离的方式，CAS 协议是分离的，这个认证的实现细节可以自己定制和扩展。

CAS Client 部署在客户端（指 Web 应用），原则上，CAS Client 的部署意味着：当有对本地 Web 应用的受保护资源的访问请求，并且需要对请求方进行身份认证时，Web 应用不再接受任何用户名密码等类似的凭证，而是重定向到 CAS Server 进行认证。目前，CAS Client 支持非常多的客户端语言类型，如 Java、.NET、ISAPI、PHP、Perl、uPortal、Acegi、Ruby、VBScript 等，几乎可以说，CAS 协议能够适合任何语言编写的客户端应用。

整个 CAS 协议的基础思想都是基于票据方式。CAS 协议基本框架如图 3-13 所示。

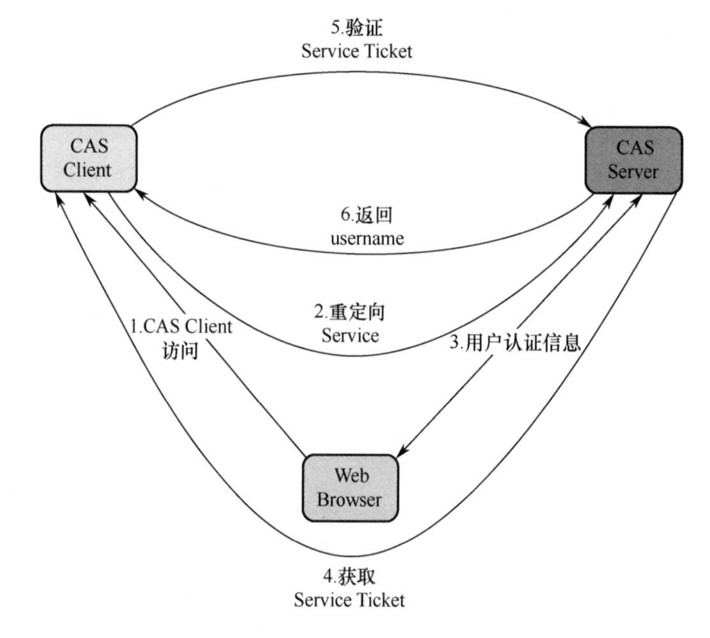

图 3-13　CAS 协议基本框架

CAS Client 与受保护的客户端应用部署在一起，以过滤非法访问的方式保护受保护的资源。对于访问受保护资源的每个 Web 请求，CAS Client 会分析该请求的 HTTP 请求中是否包含服务器验证票据（Service Ticket，ST），若没有，则说明当前用户尚未登录，于是将请求重定向到指定好的 CAS Server 登录地址，并传递 CAS Service 地址（也就是要访问的目的资源地址），以便登录成功后转回该地址。用户在第 3 步中输入用户认证信息，若登录成功，则 CAS Server 随机产生一个相当长度、唯一、不可伪造的 Service Ticket，并缓存以待将来验证，之后系统自动重定向到 Service 所在地址，并为客户端浏览器设置一个 Ticket Granted Cookie（TGC），CAS Client 在拿到 Service 和新产生的 Ticket 后，在第 5 步和第 6 步中与 CAS Server 进行身份核实，以确保 Service Ticket 的合法性。

在该协议中，所有与 CAS 的交互均采用 SSL 协议，以确保 ST 和 TGC 的安全性。协议工作过程中会有 2 次重定向的过程，但是 CAS Client 与 CAS Server 之间进行 Ticket 验证的过程对用户是透明的，即无须用户参与，用户无感知。

以上讲述的是 CAS 协议流程，CAS 基本模式已可以满足大部分简单的单点登录应用，CAS 协议还可以提供 Proxy（代理）模式，以适应更加高级、复杂的应用场景，这里不做详述。

3.4.6 SAML 协议

安全断言标记语言（Security Assertion Markup Language，SAML）是一个基于 XML 的开源标准数据格式，它在当事方之间交换身份验证和授权数据，尤其是在身份提供者和服务提供者之间交换。SAML 是结构化信息标准促进组织（Organization for the Advancement of Structured Information Standards，OASIS）安全服务技术委员会的一个产品，始于 2001 年。其最近的主要更新发布于 2005 年，但协议的增强仍在通过附加的可选标准稳步增加。SAML 解决的最重要的需求是网页浏览器单点登录。

SAML 协议结构上包括 IDP、SP 和 User 3 个部分。

IDP：英文全称为 Identity Provider，即身份提供者，在单点登录中用来提供用户权限信息断言的一方。

SP：英文全称为 Service Provider，即服务提供者，为用户提供所需服务的一方，通过 IDP 来实现用户身份验证。

User：用户，通过 IDP 来登录获取身份断言，使用断言来获取 SP 提供的服务。身份断言是一个包含用户身份信息的 XML 文本，其包含了用户的认证信息、用户属性、认证限制。

在使用 SAML 的案例中，User 从 SP 那里请求一项服务。SP 请求 IDP 并从 IDP 那里获得一个身份断言。SP 可以基于这一断言进行访问控制的判断，即决定 User 是否有权执行某些服务。

下面以浏览器访问一个 Web 应用实现单点登录为例来说明单点登录的原理和流程（图 3-14）。

步骤 1：用户尝试访问 Web 应用 1。

步骤 2：Web 应用 1 生成一个 SAML 身份验证请求。SAML 请求将进行编码并嵌入单点登录服务的 URL 地址中。其包含用户尝试访问的 Web 应用 1 应用程序的编码 URL 地址的 RelayState（一个不透明的标识符）参数也会嵌入到单点登录网址中。该 RelayState 参数作为不透明标识符，将直接传回该标识符而不进行任何修改或检查。

步骤 3：Web 应用 1 将重定向发送至用户的浏览器。重定向 URL 地址包含应向单点登录服务提交的编码 SAML 身份验证请求。

步骤 4：Identity Provider 解码 SAML 请求，并提取 Web 应用 1 的断言消费者服务（Assertion Consumer Service，ACS）URL 地址以及用户的目标 URL 地址（RelayState 参

数）。然后，统一认证中心对用户进行身份验证。统一认证中心可能会要求提供有效登录凭据或检查有效会话 Cookie 以验证用户身份。

步骤 5：统一认证中心生成一个 SAML 响应，其中包含经过验证的用户名。按照 SAML 2.0 规范，此响应将使用统一认证中心的 DSA/RSA 公钥和私钥进行数字签名。

步骤 6：统一认证中心对 SAML 响应和 RelayState 参数进行编码，并将该信息返回用户的浏览器。统一认证中心提供了一种机制，以便浏览器可以将该信息转发到 Web 应用 1 的 ACS。

步骤 7：Web 应用 1 使用统一认证中心的公钥验证 SAML 响应。若成功验证该响应，则 ACS 会将用户访问重定向到目标 URL 地址。

步骤 8：验证成功后，应用服务器的 ACS 将 SAML 的验证成功结果返回浏览器。

步骤 9：浏览器将用户访问重定向到目标 URL 地址并登录到 Web 应用 1 的内部页面。

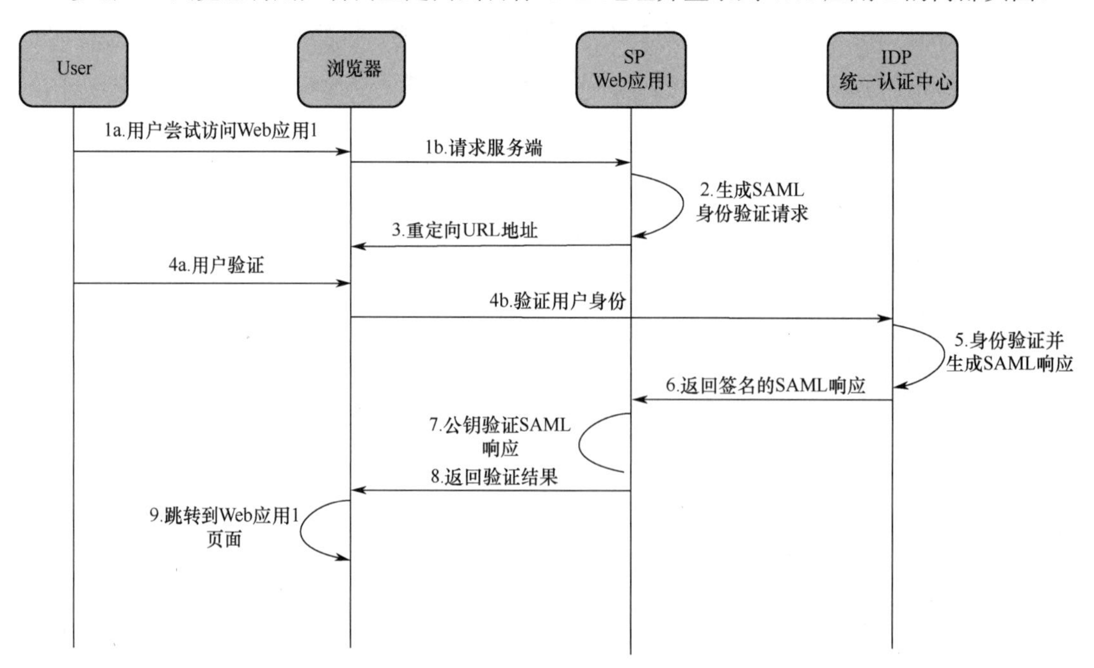

图 3-14　SAML 协议单点登录流程图

从安全性上考虑，由于 SAML 在两个拥有共享用户的站点间建立了信任关系，因此安全性是需考虑的一个非常重要的因素。SAML 中的安全弱点可能危及用户在目标站点的个人信息。SAML 依靠一批制定完善的安全标准，包括 SSL 和 X.509，来保护 SAML 源站点和目标站点之间的通信安全。源站点和目标站点之间的所有通信都经过了加密。为确保参与 SAML 交互的双方站点都能验证对方的身份，还使用了证书进行身份校验。

3.4.7　OAuth 协议

OAuth 是一种授权机制，用来授权给第三方应用，获取第三方应用用户数据，进而实现

单点登录。OAuth 是一个开放的标准，在移动、Web 平台能提供一种安全的 API 授权，使第三方应用不需要以账号密码通过授权的方式就可以进行登录，安全保障账号数据不被泄露。

OAuth 当前有两个版本，OAuth 1.0 和 OAuth 2.0，OAuth 2.0 在 OAuth 1.0 基础上有了很多改进，且不能兼容 OAuth 1.0，本节只对 OAuth 2.0 做详细介绍。

OAuth 2.0 有 4 种授权模式，分别是授权码模式、简化模式、密码模式、客户端模式，其中授权码模式是功能最完整、流程最严密的授权模式，下面对授权码模式做详细介绍。

OAuth 2.0 共包含 3 种角色，分别是第三方应用客户端（可以是 Web 应用的浏览器，也可以是移动应用客户端）、统一认证服务（授权第三方应用登录的服务，也称授权服务）和第三方应用服务（需要做单点登录的第三方应用服务）。

授权码方式指的是第三方应用先申请一个授权码，然后再用该码获取令牌。这种方式是最常用的流程，安全性也最高，它适用于那些有后端的 Web 应用和移动应用。授权码通过前端传送，令牌则是储存在后端的，而且所有与资源服务器的通信都在后端完成。这样的前后端分离，可以避免令牌泄露。

OAuth 2.0 单点登录流程图如图 3-15 所示，下面介绍具体流程。

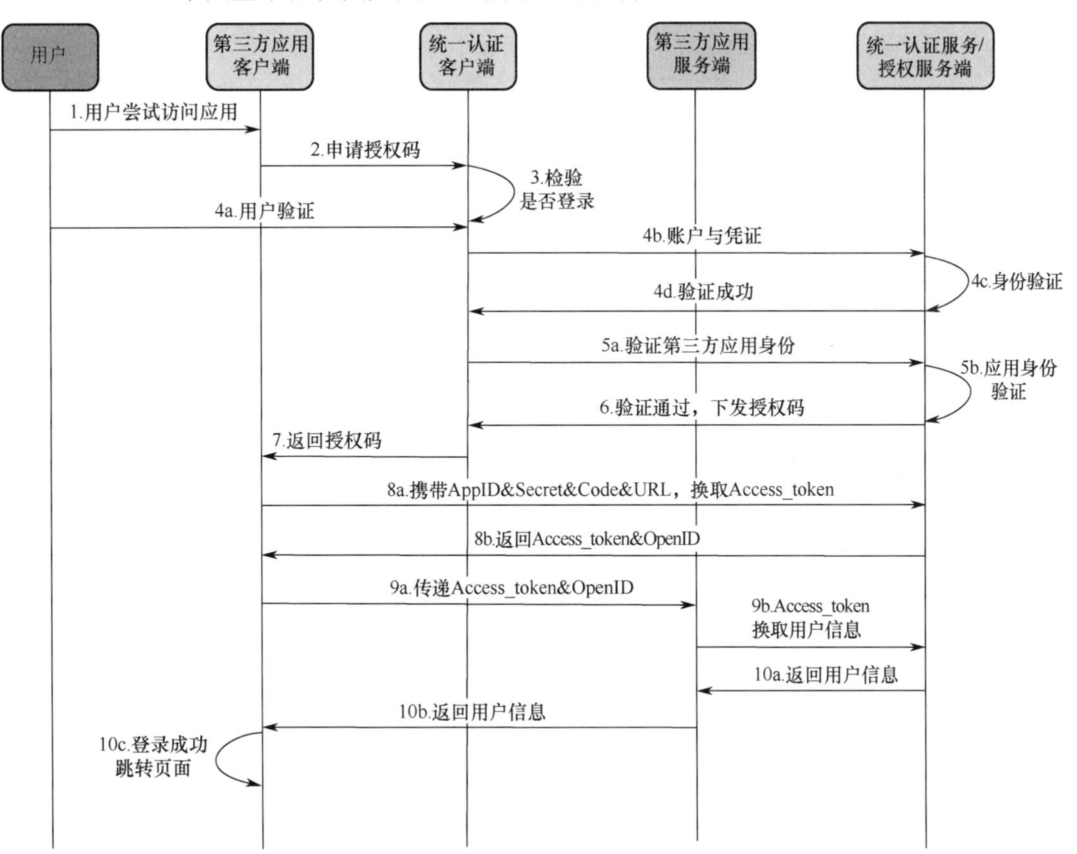

图 3-15　OAuth 2.0 单点登录流程图

步骤 1：用户使用浏览器登录第三方应用客户端，或者在移动终端打开第三方应用 App。

步骤 2：第三方应用客户端向统一认证客户端申请登录授权码 Code。

步骤 3：统一认证客户端检验自身是否已经是登录状态，如果处于未登录状态，则需要用户登录统一认证客户端门户。

步骤 4：用户使用相应的认证方式对统一认证客户端门户进行认证。

步骤 5：统一认证客户端门户身份验证成功后，第三方应用客户端向统一认证服务端申请授权码 Code，到统一认证服务端去验证应用身份。

步骤 6：统一认证服务端验证应用身份成功后，返回授权码 Code 给统一认证客户端。

步骤 7：统一认证客户端返回授权码 Code 给第三方应用客户端，第三方应用客户端收到授权码 Code 后，即对第三方应用客户端申请统一认证平台授权登录进行了授权。

步骤 8：第三方应用客户端携带 AppID、Secret、授权码 Code 和重定向的第三方应用的 URL 地址向统一认证服务端申请 Access_token。

步骤 9：第三方应用客户端在收到统一认证服务端返回的 Access_token 和 OpenID 后，将 Access_Token 和 OpenID 传递给第三方应用服务端并向统一认证服务端换取用户信息。

步骤 10：统一认证服务端将用户信息返回给第三方应用客户端，授权登录成功，跳转到第三方应用客户端内部页面。

3.4.8 OpenID 协议

OpenID 是一个去中心化的网上身份认证系统。对于支持 OpenID 的网站，用户不需要记住像用户名和密码这样的传统验证标记。取而代之的是，他们只需要预先在一个作为 OpenID 身份提供者（Identity Provider，IDP）的网站上注册。OpenID 是去中心化的，任何网站都可以使用 OpenID 来作为用户登录的一种方式，任何网站也都可以作为 OpenID 身份的提供者。OpenID 既解决了问题而又不需要依赖于中心性的网站来确认数字身份。

OpenID 是一个以用户为中心的数字身份识别框架。它具有开放、分散、自由等特性。OpenID 提高了互联网服务的用户体验。显而易见，就终端用户而言，OpenID 降低了用户管理多个网站账号的烦恼，用户可以享受类似单点登录的体验。对企业来说，OpenID 降低了用户账号管理的成本。对应用开发者来说，OpenID 是一个开放的、去中心化的、免费的、以用户为中心的身份标识体系。OpenID 的优势是一处注册，到处使用。

OpenID 的创建是基于这样一个概念：我们可以通过统一资源标识符（Uniform Resource Identifier，URI）来识别一个网站。同样，我们也可以通过这样的方式来识别一个用户的身份。OpenID 的身份认证就是通过 URI 来认证用户身份的。目前绝大部分网站都是通过用户名与密码来登录认证用户身份的，这就要求大家在每个要使用的网站上注册一个账号。如果使用 OpenID，那么可以在一个提供 OpenID 的网站上注册一个 OpenID，之后可以使用这个 OpenID 去登录支持 OpenID 的网站。

OpenID 由 3 个角色组成：End User——终端用户，使用 OpenID 作为网络通行证的互

联网用户；Relying Part（RP）——OpenID 支持方，支持 End User 用 OpenID 登录自己的网站；OpenID Provider（OP）——OpenID 提供方，提供 OpenID 注册、存储等服务。目前 OpenID 的最新版本为 OpenID Connect，简称 OIDC。OIDC 是一个基于 OAuth 2.0 的轻量级认证+授权协议，是 OAuth 2.0 的超集，其使用 OAuth 2.0 的授权服务器来为第三方客户端提供用户的身份认证，并把对应的身份认证信息传递给客户端。OAuth 2.0 提供了 Access_token 来解决授权第三方客户端访问受保护资源的问题；OIDC 在这个基础上提供了 ID Token 来解决第三方客户端标识用户身份认证的问题。它还使用 JOSN 签名和加密规范，来传递携带签名和加密的信息。

OIDC 的核心在于在 OAuth 2.0 的授权流程中，一并提供用户的身份认证信息（ID_token）给到第三方客户端，ID_token 使用 JWT［JSON Web Token，一种基于 JSON 的开放标准（RFC 7519）］格式来包装，得益于自包含性、紧凑性及防篡改机制，使得 ID_token 可以安全地传递给第三方客户端程序并且容易被验证。此外，它还提供了 UserInfo（用户信息）的接口，用于获取用户更完整的信息。

下面介绍 OIDC 授权码模式的单点登录流程。OIDC 协议单点登录流程图如图 3-16 所示。

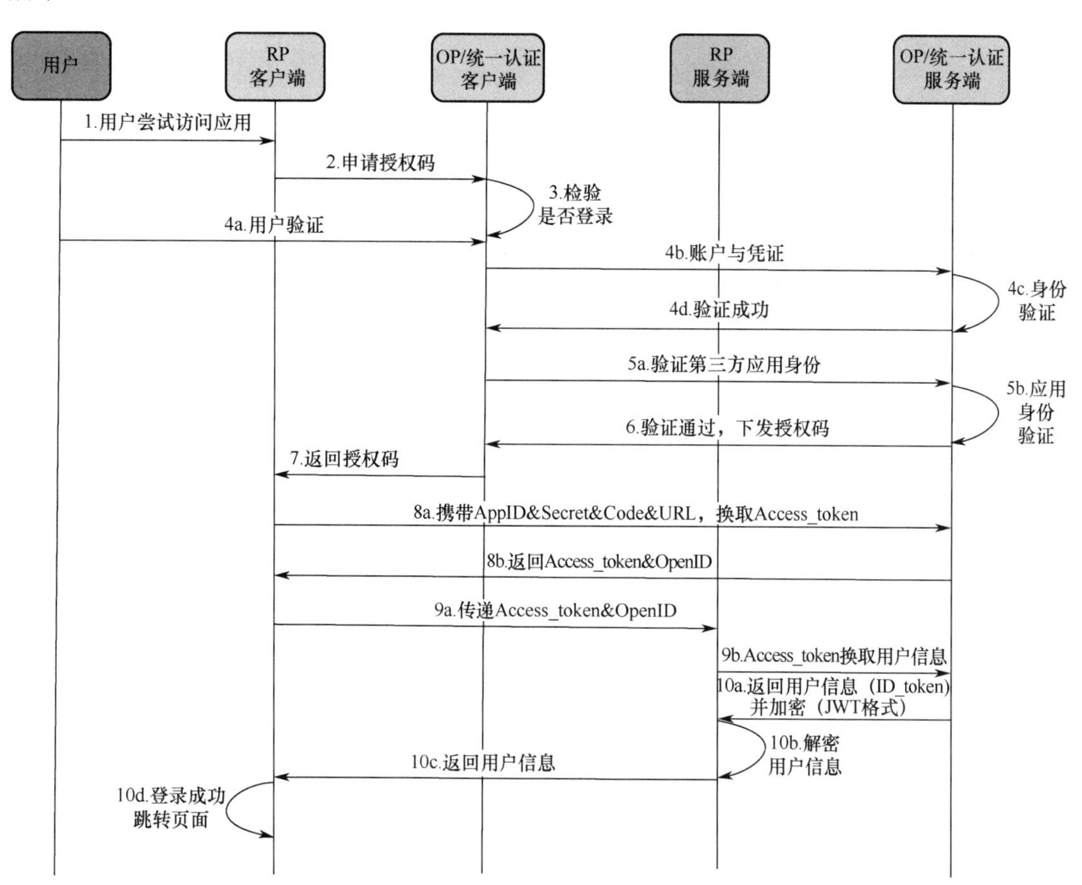

图 3-16　OIDC 协议单点登录流程图

由于 OIDC 是一个基于 OAuth 2.0 的轻量级认证+授权协议，因此单点登录流程也类似。

步骤 1：用户使用浏览器登录第三方应用 RP（Relying Part，OpenID 支持方应用）客户端。

步骤 2：RP 客户端向统一认证 OP（OpenID Provider，OpenID 提供方）客户端申请登录授权码 Code。

步骤 3：统一认证客户端检验自身是否已经是登录状态，如果处于未登录状态，则需要用户登录统一认证客户端门户。

步骤 4：用户使用相应的认证方式对统一认证客户端门户进行认证。

步骤 5：统一认证客户端门户身份验证成功后，RP 客户端向统一认证服务端申请授权码 Code，到统一认证服务端去验证应用身份。

步骤 6：统一认证服务端验证应用身份成功后，返回授权码 Code 给统一认证客户端。

步骤 7：统一认证客户端返回授权码 Code 给 RP 客户端，RP 客户端收到授权码 Code 后，即对 RP 客户端申请统一认证平台授权登录进行了授权。

步骤 8：RP 客户端携带 AppID、Secret、授权码 Code 和重定向的第三方应用的 URL 地址向统一认证服务端申请 Access_token。

步骤 9：RP 客户端在收到统一认证服务端返回的 Access_token 和 OpenID 后，将 Access_token 和 OpenID 传递给 RP 服务端并向统一认证服务端换取用户信息（也称 ID_token）。

步骤 10：统一认证服务将用户信息返回给 RP 客户端，授权登录成功，跳转到 RP 客户端内部页面。

3.4.9 其他协议

3.4.5 节～3.4.8 节主要介绍了当前主流的单点登录协议—— CAS、SAML、OAuth、OPenID，这 4 种协议各有其应用场景和优缺点。各个企业在实现单点登录单点登录时，可根据实际情况选择协议。常见的单点登录协议对比表如表 3-6 所示。

除上面讲到的单点登录标准协议外，市面上也存在其他单点登录协议，如轻型目录访问协议（Light weight Directory Access Protocol，LDAP）、WS-Federation（WS-Fed）协议。

LDAP 是基于 X.500 标准的轻量级目录访问协议。目录是一个为查询、浏览和搜索而优化的数据库，它成树状结构组织数据，类似文件目录。LDAP 目录服务是由目录数据库和一套访问协议组成的系统。目录数据库和关系数据库不同，有优异的读性能，但写性能很差，并且没有事务处理、回滚等复杂功能，不适用于存储修改频繁的数据。LDAP 是开放的 Internet 标准，支持跨平台的 Internet 协议，在业界中得到广泛认可，并且在市场上或开源社区上的大多数产品都加入了对 LDAP 的支持，因此对于这类系统，不需要单独定制，只需要通过 LDAP 做简单的配置就可以与服务器做认证交互。LDAP 用来构建统一的账号管理、身份验证平台，实现单点登录机制，只需进行简单的几步配置就可以达到 LDAP 的单点登录认证了。

表 3-6 常见单点登录协议对比表

比较项	CAS	SAML	OAuth	OPenID
支持身份验证	是	是	否	是
支持身份授权	否	否	是	是
协议最新版本	3.0	2.0	2.0（2.0 不兼容 1.0），1.0 已基本不再使用	1.0
票据格式	• Service Ticket、Proxy Ticket； • 协议定义为一个 opaque 的 Ticket，没有标准格式	• Assertion、AuthnRequest 等； • 基于 XML 协议，遵循 SAML 统一格式定义	• Access_token，Refresh_token； • 协议定义为一个 opaque 的 token，没有标准格式	• Access_token，Refresh_token，ID_token； • Access_token、Refresh_token 同 OAuth 2.0，是一个 opaque 的 token，ID_token 是一个标准的 JWT 格式的 token，且有标准 claim 的定义
主要应用场景	B/S 架构应用，基于浏览器的单点登录	B/S 架构应用，基于浏览器的单点登录	B/S 架构和移动应用，基于浏览器和移动应用的授权登录	B/S 架构应用，基于浏览器的单点登录和授权登录，PKCE 模式可用来实现移动端应用的单点登录
优势	实现简单	协议功能强大，涵盖场景广，最全面的单点登录协议之一	• 协议简单易实现，能够解决的场景比较多； • 成熟度高，社区支持广泛	• 协议简单易实现，能够解决的场景比较多； • 成熟度高，社区支持广泛； • 可同时用来认证和授权
劣势	• CAS 协议将认证服务器集中管理，如果认证服务器出现故障，则整个系统都会受到影响； • CAS 协议的安全性较高，但是实现起来比较复杂，需要涉及许多复杂的编程，增加了系统开发的成本	• 协议过于庞大，定义了很多非必须实现的细节，实际实现中很难 100%涵盖所有场景； • 基于 XML 的签名和加密，技术复杂度大	• 各厂商实现细节有差异； • 只是定义了授权，没有认证	和 OAuth 2.0 一样，有些场景需要 OpenID 支持方到 OpenID 提供方的调用，需开通访问策略

WS-Federation（WS-Fed）协议属于 Web Services Security（WS-Security 或 WSS：针对 Web Services 安全性方面扩展的协议标准集合）的一部分，是由 OASIS 发布的标准协议，其主要贡献者是微软和 IBM。WS-Fed 1.1 版本发布于 2003 年，最新的 1.2 版本发布于 2009 年。该协议主要应用于企业服务，并且是在微软自己的产品中主推，其他厂家的产品可能更愿意选择 SAML。另外，该标准是基于简单对象访问协议（Simple Object Access Protocol，SOAP）的，整个协议虽然功能强大，细节考虑周全，但实现起来会比较复杂，只有为了能和微软的服务整合，才会优先考虑该协议。

3.5 访问控制

身份认证一般与授权控制是相互联系的，访问控制是指一旦用户的身份通过认证以后，确定哪些资源该用户可以访问、可以进行何种方式的访问操作等问题。一般根据系统设置的安全规则或安全策略，用户可以访问而且只能访问被授权的资源。访问控制是网络安全防范和保护的主要策略，它的主要任务是保证网络资源不被非法使用和访问。它是保证网络安全最重要的核心策略之一。访问控制涉及的技术也比较广，包括入网访问控制、网络权限控制、目录级控制及属性控制等多种手段。

对于企业信息化系统的访问控制，很多企业应用系统数量较多，从几个应用系统到十几个甚至几十个应用系统，各个应用系统独立采购、独立实施，缺少统一规划，权限体系各不相同。各自系统面向用户群不同，有的面向全体员工，有的面向某个部门，有的面向某些岗位，用户类型多样。各自系统权限体系独立管理维护，各自为政，为日常的管理员授权、权限变更、权限清理带来了不小的困扰，在很多情况下，申请人不知道自己需要的权限，而管理员也不清楚申请人申请的权限是否达到权限最小化的要求，加之系统数量又多，结合到一起导致了企业里权限管理和使用混乱，很难梳理清楚、说得明白。用户在多个系统中都有账号，但是无法直观、快速地了解用户在企业中到底具备哪些系统权限，权限的高低也很难统计，用户离职后账号权限无法做到快速权限清理，往往人员离职半年后此人的管理员账号依然可以使用，这带来了很多安全隐患。

IAM 系统的统一授权管理对企事业单位内部应用系统的访问权限进行统一管理，将分布在各个系统中的权限管理模块统一规划在 IAM 系统中，由 IAM 系统集中管控多个业务系统的权限相关信息，提升管理员系统配置管理效率和应用访问安全性。

3.5.1 访问控制框架与模型

在典型的访问控制框架中，有策略执行点（Policy Enforcement Point，PEP）和策略决策点（Policy Decision Point，PDP）。PEP 用于表达请求和执行访问控制决定。PDP 从 PEP 处接收请求，评估适用于该请求的策略，并将授权决定返回给 PEP。访问控制框架逻辑图如图 3-17 所示。

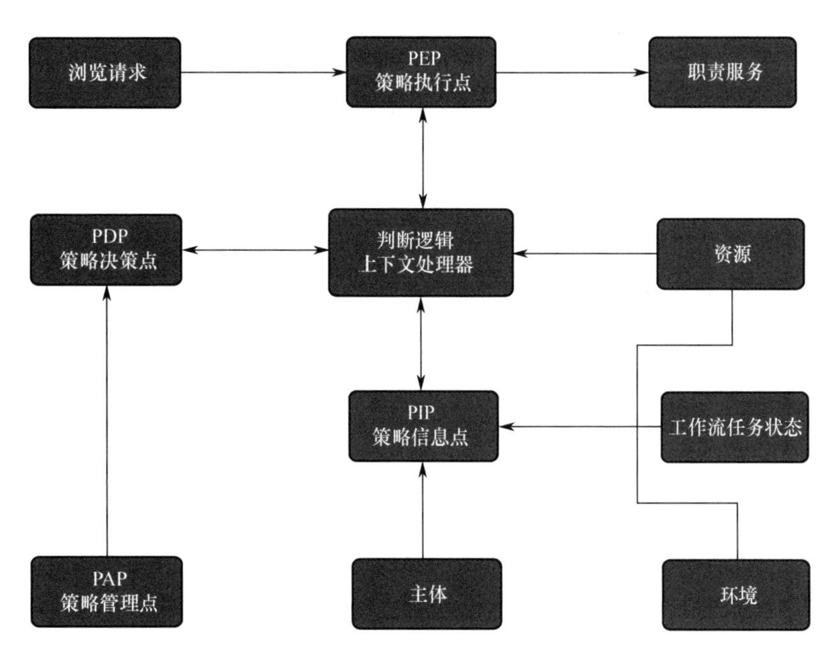

图 3-17　访问控制框架逻辑图

主体是指请求对某种资源执行某些动作的请求者。

资源是指系统提供给请求者使用的数据、服务和系统组件。

策略是指一组规则，规定主体对资源使用的一些要求，多个策略进行组合形成策略集（Policy Set）。

策略执行点（PEP）是指在一个具体的应用环境下执行访问控制的实体，将具体应用环境下访问控制请求转换为适应计算机编程语言要求的策略请求；然后根据决策请求的判决结果执行相应的动作，如允许用户请求和拒绝用户请求等。

策略决策点（PDP）是指系统中授权的实体，依据访问控制框架描述的访问控制策略以及其他属性信息进行访问控制决策。

策略管理点（Policy Administration Point，PAP）是指在系统中产生和维护安全策略的实体。

策略信息点（Policy Information Point，PIP）是指通过它可以获取主体、资源和环境的属性信息的实体。

详细的访问控制过程见 3.5.2 节。

IAM 系统的统一授权功能模块支持多种授权策略的管理模式，所有多层次细粒度的访问控制策略可在 IAM 系统统一管理、统一存储，也可以在各个信息化资源自身平台分散管理、分散存储，但分散的策略管理和存储需要依赖统一访问控制框架，需要以 IAM 系统的统一访问控制框架为基础。

IAM 系统也应支持不同层次的访问控制。首先，应满足应用级别层次的访问控制，如菜单、标签页、表格、文本字段、按钮、树字节等。其次，根据需要可满足功能模块级别的访问控制，如交易模块、服务模块、URL 等。此层级也可由各下游系统独立实现本系统功能模块的访问权限控制，结合 IAM 系统的统一访问框架，实现功能模块级别的访问控制。最后，针对数据层级的访问控制，如数据访问范围、数据操作方式进行访问控制，此层级也可以由各下游系统独立实现本系统数据的访问权限控制，结合 IAM 系统的统一访问框架，实现数据层级的访问控制。

访问控制的核心是授权策略。按授权策略来划分，常用的访问控制模型有以下几种：传统的访问控制模型（如 ACL/DAC/MAC）、基于角色的访问控制（RBAC）模型、基于属性的访问控制（ABAC）模型、基于任务的访问控制（TBAC）模型、基于任务和角色的访问控制（T-RBAC）模型等。常用的访问控制模型汇总如表 3-7 所示。

表 3-7　常用的访问控制模型汇总

序号	模型简称	模型全称	模型简单描述
1	ACL	访问控制列表	ACL 是一种面向资源的访问控制模型，它的机制是围绕“资源”展开的
2	RBAC	基于角色的访问控制	RBAC 是把用户按角色进行归类，通过用户的角色来确定能否针对某项资源进行某些操作
3	ABAC	基于属性的访问控制	ABAC 是通过动态计算一个或一组属性是否满足某种条件来进行授权判断的访问控制模型
4	TBAC	基于任务的访问控制	TBAC 从工作流的人物角度建模，可以根据任务和任务状态的不同，对权限进行动态管理的一种访问控制模型
5	T-RBAC	基于任务和角色的访问控制	T-RBAC 是先将访问权限分配给任务，再将任务分配给角色，角色通过任务与权限关联的一种结合任务和角色的访问控制模型

3.5.2　访问控制过程

访问控制的过程包括两部分：一是系统管理员下发相应的访问控制策略，完成访问控制的初始化过程；二是信息化资源收到主体访问资源请求后，策略决策点判断访问主体的授权结果并返回策略执行点，策略执行点执行访问控制策略。

访问控制过程简图如图 3-18 所示，可以分为初始化过程（集中授权管理）和访问控制判断过程，初始化过程包括步骤 1 和步骤 2，访问控制判断过程包括步骤 3～步骤 6。

步骤 1：策略管理。策略管理平台用于管理访问控制策略，制定和产生访问控制策略是访问控制决策的基础。

步骤 2：策略授权分发。访问控制策略通过策略分发组件推送到策略缓存库。待用户访问客体资源时，策略决策点从策略缓存库取出相应的访问控制策略。

步骤 3：请求访问。策略执行点（PEP）收到用户访问资源请求。在一个具体的应用程序环境下，策略执行点截获用户发送的访问控制请求，这个访问控制请求的内容和格式根据不同的应用程序而不同。

步骤 4：请求。策略执行点发送用户请求至策略决策点（PDP）。策略执行点将截获的

访问控制请求发送给访问控制策略决策点，请求它进行访问控制决策。

步骤 5：响应。策略决策点将判断授权结果返回策略执行点。策略决策点在判断授权结果时可以根据访问主体的角色、访问主体的属性、环境的属性、被访问资源的属性信息，以及工作流任务状态共同判断授权结果。

步骤 6：授权访问资源。根据授权结果访问相应资源。在返回的决策结果中可能是拒绝的，也可能是许可的，还可能是带有相应的职责信息的，如需要进行日志记录等。

步骤 7：访问资源。

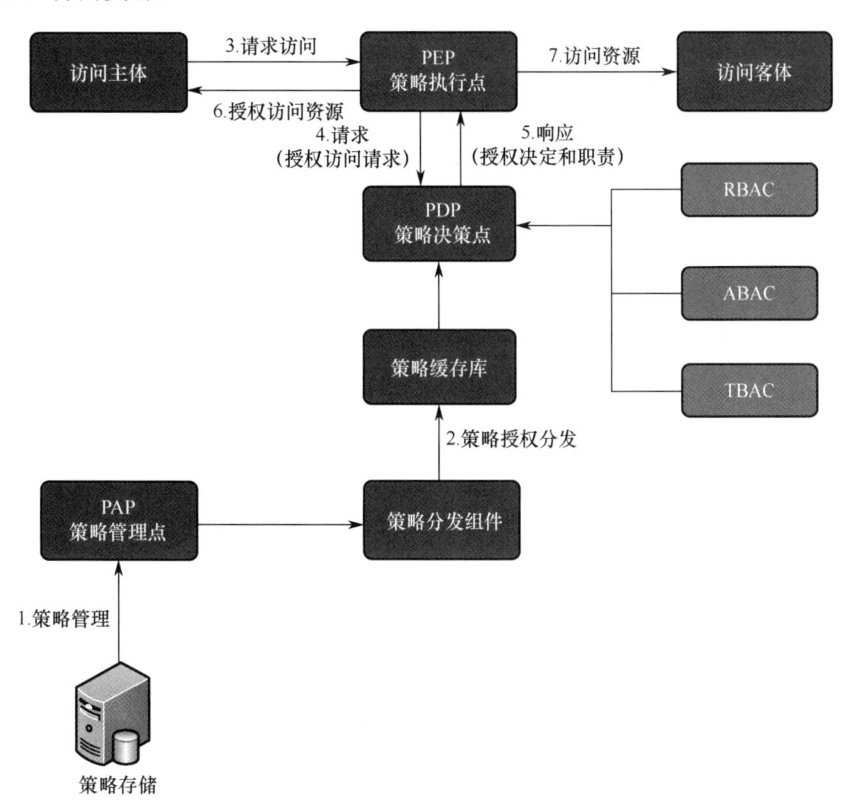

图 3-18　访问控制过程简图

1. 统一鉴权模式

访问主体在通过 IAM 系统访问 IAM 系统纳管的资源客体时，IAM 系统会对访问主体进行统一鉴权，权限鉴定后才能访问有权限的客体资源。IAM 系统在对访问主体鉴权前，需要对访问主体进行集中授权。

集中授权管理主要是指当集中对访问主体访问信息化资源客体时，对权限的统一合理分配，实现不同用户对系统不同部分资源的访问控制。具体地说，就是集中实现对各访问主体能够以什么样的方式访问哪些资源客体的管理。

在集中授权里强调的集中是逻辑上的集中，而不是物理上的集中。即在各网络设备、主机系统、应用系统中可能还拥有各自的权限管理功能，管理员也由各自的归口管理部门委派，但是这些管理员从统一授权系统进去以后，可以对各自的管理对象进行授权，而不需要进入每个被管理对象才能授权。

统一鉴权往往包括两部分：身份认证和访问控制。身份认证是指确认访问主体的身份，是鉴权的第一步拦截点；访问控制是对通过身份认证的访问主体进行鉴权，限制访问主体可访问和操作的资源。

统一鉴权模式示意图如图 3-19 所示，统一鉴权模式过程可以分为初始化过程（集中授权管理）、身份认证过程、访问控制判断过程。其中初始化过程包括步骤 1 和步骤 2，身份认证过程包括步骤 3～步骤 5，访问控制判断过程包括步骤 6～步骤 9。

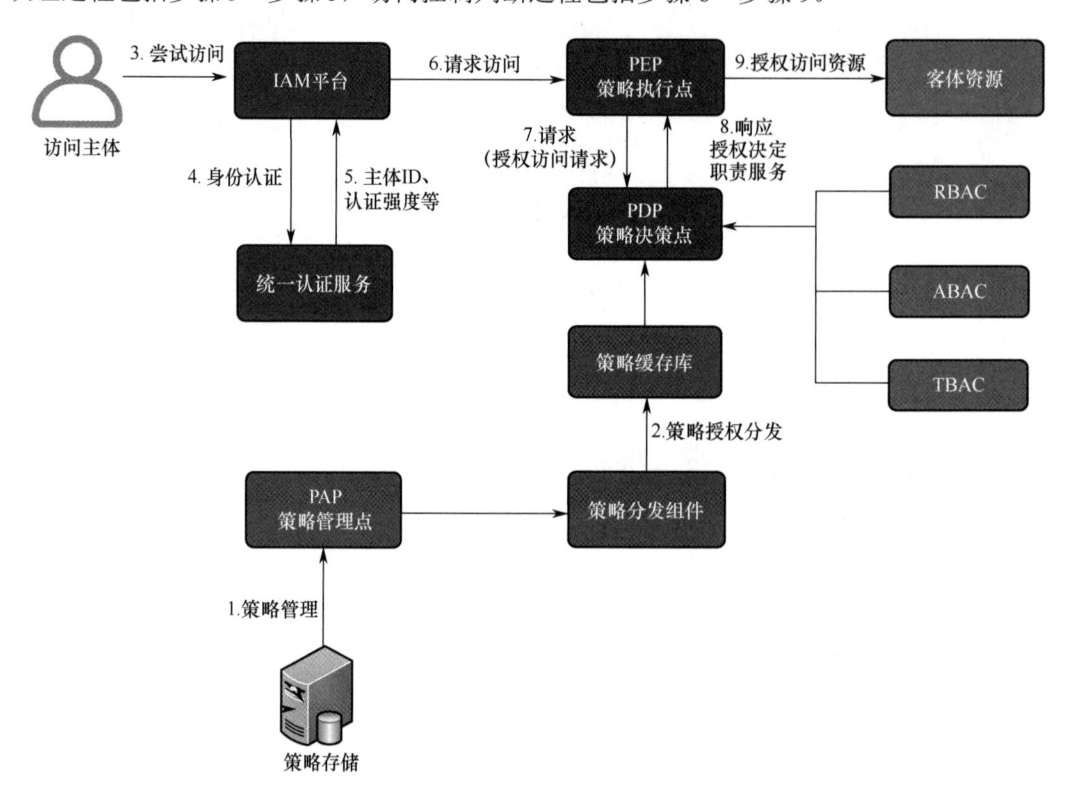

图 3-19　统一鉴权模式示意图

步骤 1：策略管理平台用于管理访问控制策略，制定和产生访问控制策略，是访问控制决策的基础。

步骤 2：访问控制策略通过策略分发组件推送到策略缓存库。待用户访问客体资源时，策略决策点从策略缓存库取出相应的访问控制策略。

步骤 3：访问主体尝试访问客体资源，在访问客体资源前，先需要对用户身份进行认证（可通过打开 IAM 平台的 Portal 进行统一身份认证）。

步骤 4：访问主体通过各种认证方式对身份进行认证，身份认证可通过 IAM 平台的统一身份认证中心进行认证。

步骤 5：认证通过后返回访问主体身份 ID，以及用户采用的认证方式和认证强度等级（认证强度会影响访问主体可以访问客体资源的多少）。

步骤 6：策略执行点收到用户访问资源请求。在一个具体的应用程序环境下，策略执行点截获用户发送的访问控制请求，这个访问控制请求的内容和格式根据不同的应用程序而不同。

步骤 7：策略执行点发送用户请求至策略决策点。策略执行点将截获的访问控制请求发送给策略决策点，请求它进行访问控制决策。

步骤 8：策略决策点将判断授权结果返回给策略执行点。策略决策点在判断授权结果时可以根据访问主体的角色、访问主体的属性、环境的属性、被访问资源的属性信息，以及工作流任务状态共同判断授权结果。

步骤 9：根据授权结果访问相应资源。在返回的决策结果中可能是拒绝的，也可能是许可的，还可能是带有相应的职责信息的，如需要进行日志记录等。

2. 访问控制列表（ACL）

访问控制列表（Access Control List，ACL）是最早也是最基本的一种访问控制机制。它的原理非常简单：每项信息化资源都配有一个列表，这个列表记录的就是哪些用户可以对这项资源执行 CRUD[①]中的哪些操作。网络中的节点有资源节点和用户节点两大类，其中资源节点提供服务或数据，用户节点访问资源节点所提供的服务与数据。ACL 的主要功能就是一方面保护资源节点，阻止非法用户对资源节点的访问；另一方面限制特定的用户节点所能具备的访问权限。当用户节点试图访问某项资源节点时，会首先检查这个列表中是否有关于当前用户的访问权限，从而确定当前用户可否执行相应的操作。

ACL 是一种面向资源的访问控制模型，它的机制是围绕“资源”展开的。由于 ACL 的简单性，使得它几乎不需要任何基础设施就可以完成访问控制。但同时 ACL 的缺点也是很明显的，由于需要维护大量的访问权限列表，它在性能上有明显的缺陷。另外，对于拥有大量用户与众多资源的应用，管理 ACL 本身就变成非常繁重的工作。

ACL 被广泛地应用于路由器和三层交换机，借助于 ACL，可以有效地控制用户对网络的访问，从而最大限度地保障网络安全。以路由器为例，ACL 是应用在路由器接口的指令列表，这些指令列表用来告诉路由器哪些数据包可以接收、哪些数据包需要拒绝。ACL 使用包过滤技术，在路由器上读取第三层及第四层包头中的信息，如源地址、目的地址、源端口、目的端口等，根据预先定义好的规则对包进行过滤，从而达到访问控制的目的。

ACL 不但可以起到控制网络流量、流向的作用，而且在很大程度上起到保护网络设备、服务器的关键作用。作为外网进入企业内网的第一道关卡，路由器上的 ACL 成为保

---

① CRUD 是指在做计算处理时的增加（Create）、检索（Retrieve）、更新（Update）和删除（Delete）几个单词的首字母简写，CRUD 主要用于描述软件系统中数据库或持久层的基本操作功能。

护内网安全的有效手段。

按照 ACL 规则功能的不同，ACL 被划分为基本 ACL、高级 ACL、二层 ACL、用户自定义 ACL 和用户 ACL 这 5 种类型，每种类型 ACL 对应的编号范围是不同的。详细的不同规则功能 ACL 类别情况如表 3-8 所示。

表 3-8　不同规则功能 ACL 类别情况

ACL 类别	规则定义描述	编号范围
基本 ACL	仅使用报文的源 IP 地址、分片标识和时间段信息来定义规则	2000～2999
高级 ACL	既可使用报文的源 IP 地址，也可使用目的地址、IP 优先级、服务类型（Type of Service，ToS）、差分服务代码点（Differential Services Code Point，DSCP）、IP 协议类型、网络控制报文协议（Internet Control Message Protocol，ICMP）、传输控制协议（Transmission Control Protocol，TCP）源端口/目的端口、用户数据报协议（User Datagram Protocol，UDP）源端口/目的端口号等定义规则	3000～3999
二层 ACL	可以根据以太网的帧头信息来定义规则，如根据物理地址（Media Access Control Address，MAC）、目的 MAC、以太帧协议类型等	4000～4999
用户自定义 ACL	可根据报文偏移位置和偏移量来定义规则	5000～5999
用户 ACL	既可使用 IPv4 报文的源 IP 地址或源用户控制列表（User Control List，UCL）组，也可使用目的地址或目的 UCL 组、IP 协议类型、ICMP 类型、TCP 源端口/目的端口、UDP 源端口/目的端口等定义规则	6000～9999

注：在创建 ACL 时指定一个编号，这个编号称为数字型 ACL。也就是说，这个编号是 ACL 功能的标识，如 2000～2999 是基本 ACL，3000～3999 是高级 ACL。

3. 基于角色的访问控制（RBAC）

基于角色的访问控制（Role-Based Access Control，RBAC）是把用户按角色进行归类，通过用户的角色来确定能否针对某项资源进行某些操作。RBAC 相对于 ACL 最大的优势就是它简化了用户与权限的管理，通过对用户进行分类，使得角色与权限关联起来，而用户与权限变成了间接关系。RBAC 使得访问控制，特别是对用户的授权管理变得非常简单，也便于维护，因此有广泛的应用。RBAC 下的用户权限是以用户角色为载体分配的，如果某一角色下的个别用户需要进行特别的权限定制，如加入一些其他角色的小部分权限或去除当前角色的一些权限，RBAC 就无能为力了，因为 RBAC 对权限的分配是以角色为单位的。

RBAC 也是一套成熟的权限模型，其示意图如图 3-20 所示。在传统权限模型中，直接把权限赋予用户。而在 RBAC 中，增加了“角色”的概念，首先把权限赋予角色，再把角色赋予用户。这样，由于增加了角色，授权会更加灵活方便。在 RBAC 中，根据权限的复杂程度，又可分为 RBAC0、RBAC1、RBAC2、RBAC3。其中，RBAC0 是基础，RBAC1、RBAC2、RBAC3 都是以 RBAC0 为基础的升级。企业可以根据自家应用系统权限的复杂程度，选取适合的权限模型。

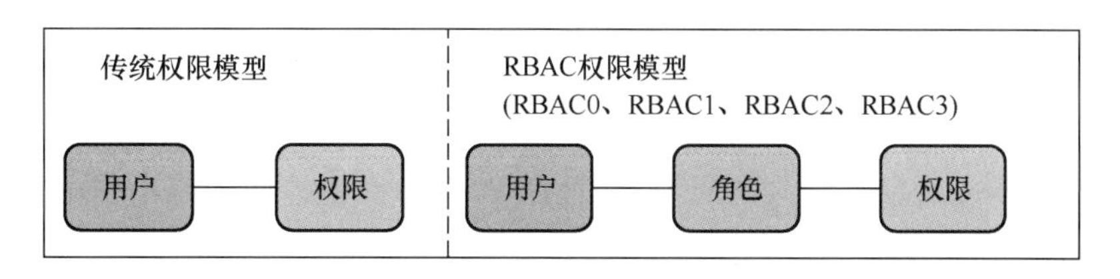

图 3-20　RBAC 权限模型示意图

1）RBAC0 基本模型

RBAC0 是基础，很多信息化资源只需基于 RBAC0 就可以搭建权限模型了。在这个模型中，我们把权限赋予角色，再把角色赋予用户。用户和角色、角色和权限都是多对多的关系，如图 3-21 所示。用户拥有的权限等于他所有的角色持有权限之和。

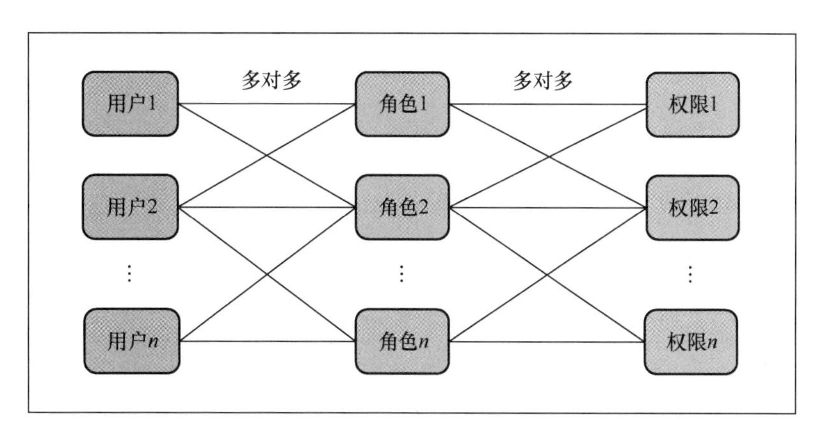

图 3-21　RBAC0 基本权限模型

如果按照传统权限模型给每个用户赋予权限，则会非常麻烦，并且做不到批量修改用户权限。这时，可以抽象出几个角色，如销售经理、财务经理、市场经理等，然后把权限分配给这些角色，再把角色赋予用户。这样无论是分配权限还是之后的修改权限，只需要修改用户和角色的关系或角色和权限的关系即可，更加灵活方便。此外，如果一个用户有多个角色，如王先生既负责销售部也负责市场部，那么可以给王先生赋予两个角色，即销售经理+市场经理，这样他就拥有这两个角色的所有权限。

2）RBAC1 角色分级模型

RBAC1 建立在 RBAC0 基础之上，在角色中引入了等级的概念。简单理解就是，将角色分成几个等级，每个等级权限不同，从而实现更细粒度的权限管理，如图 3-22 所示。

基于之前 RBAC0 的例子，我们发现一个公司的销售经理可能分为几个等级，如除了销售经理，还有销售副经理，而销售副经理只有销售经理的部分权限。这时，可以采用

RBAC1 的分级模型，把销售经理这个角色分成多个等级，给销售副经理赋予较低的等级即可。

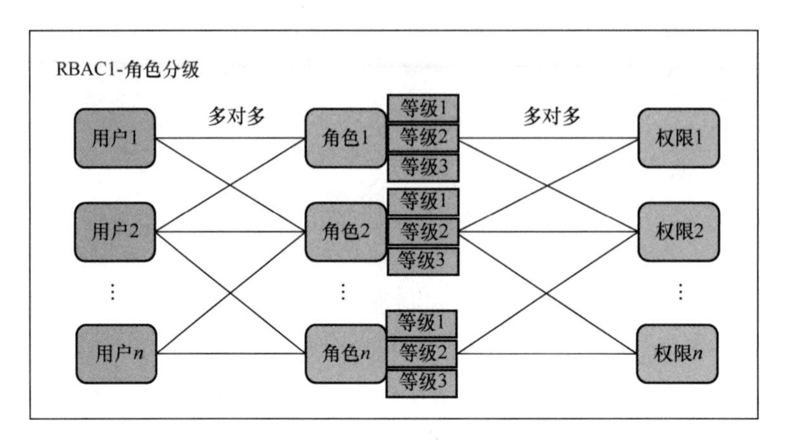

图 3-22 RBAC1 角色分级授权模型

3）RBAC2 角色限制模型

RBAC2 同样建立在 RBAC0 基础之上，仅是对用户、角色和权限三者之间增加了一些限制。这些限制可以分成两类，即静态职责分离（Static Separation of Duty，SSD）和动态职责分离（Dynamic Separation of Duty，DSD）。RBAC2 角色限制授权模型如图 3-23 所示。

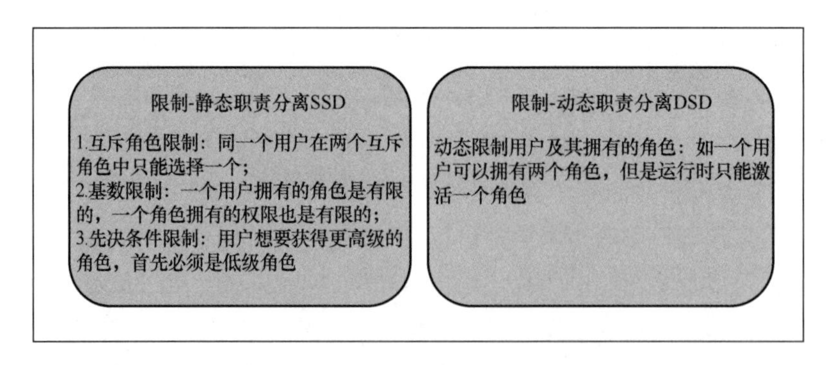

图 3-23 RBAC2 角色限制授权模型

还是基于之前 RBAC0 的例子，我们又发现有些角色之间是需要互斥的，如给一个用户分配了销售经理的角色，就不能给他再赋予财务经理的角色了，否则他既可以录入合同又能自己审核合同；又如，有些公司对角色的升级十分看重，一个销售员要想升级到销售经理，必须先升级到销售主管，这时就要采用先决条件限制了。

4）RBAC3 统一模型

RBAC3 是 RBAC1 和 RBAC2 的合集，所以 RBAC3 既有角色分级，也可以增加各种限制。RBAC3 可以解决 RBAC0、RBAC1 和 RBAC2 的所有问题。当然，只有在系统对权限要求非常复杂时，才考虑使用此权限模型。

5）基于 RBAC 的延展模型——用户组

基于 RBAC 模型，还可以适当延展，使其更适合企业的信息化资源授权访问。例如，增加用户组概念，直接给用户组分配角色，再把用户加入用户组，如图 3-24 所示。这样用户除了拥有自身的权限，还拥有所属用户组的所有权限。

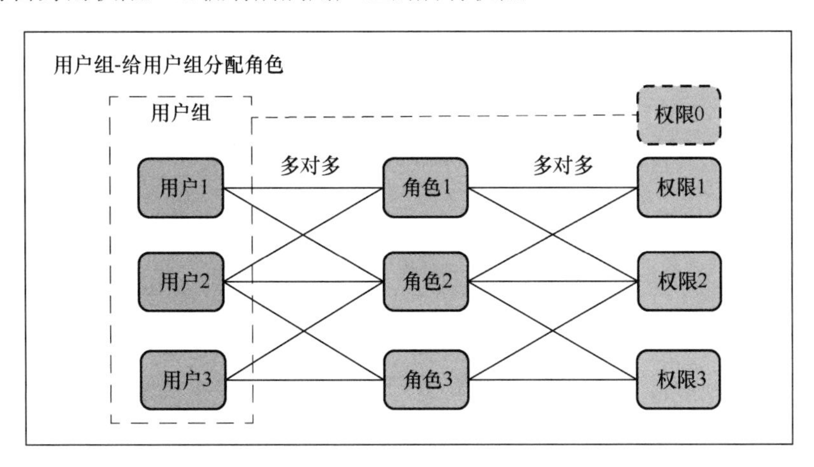

图 3-24　基于 RBAC 的延展模型

例如，可以把一个部门看成一个用户组，如销售部、财务部等，再给这个部门直接赋予角色，使部门拥有部门权限，这样这个部门的所有用户都拥有部门权限。用户组的概念可以更方便地给群体用户授权，并且不影响用户本来就拥有的角色权限。

4．基于属性的访问控制（ABAC）

基于属性的访问控制（Attribute-Base Access Control，ABAC）有时也称为 PBAC（Policy-Based Access Control）或 CBAC（Claims-Based Access Control）。不同于常见的将用户通过某种方式关联到权限的方式，ABAC 则是通过动态计算一个或一组属性是否满足某种条件来进行授权判断（可以编写简单的逻辑）。属性通常可分为四类：用户属性（如年龄、地址等）、环境属性（如时间等）、操作属性（如下载等）和对象属性（如数据等，又称为资源属性），所以理论上能够实现非常灵活的权限控制，几乎能满足所有类型的需求。用于权限控制的属性分类表如表 3-9 所示。

表 3-9　用于权限控制的属性分类表

序号	属 性 类 别	属 性 举 例
1	用户属性	年龄、地址、职位、职级、工号等
2	环境属性	时间、IP、位置等
3	操作属性	增、删、改、查、下载等
4	对象属性	应用、功能菜单、数据等信息化资源

图 3-25 可以直观地表现 ABAC 访问控制模型的逻辑结构。例如，P5（职级）的员工

有 OA 系统的权限。这是一个简单的 ABAC 例子，就是通过用户实体的职级这一属性来控制是否有 OA 系统的访问权限；又如，P5（职级）的研发（职位）员工有公司 GitLab（一款项目管理和代码托管平台）的权限，此例子是通过一组用户实体的属性（职级和职位）来控制对操作对象的权限；再如，P5（职级）的研发（职位）员工在公司内网（环境）中可以查看和下载（操作）代码。此例子显然比之前的例子更加复杂，除了判断实体的属性（职级和职位），还判断当前的环境属性和操作属性。

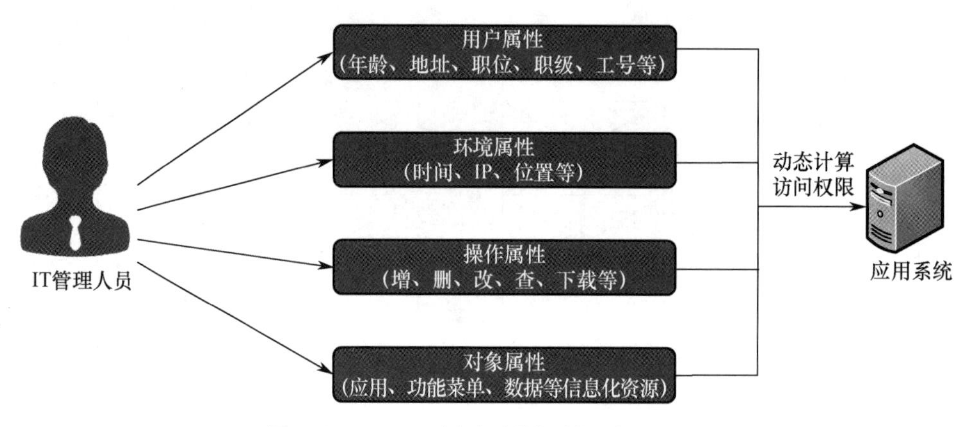

图 3-25　ABAC 访问控制模型的逻辑结构

ABAC 在理论上能够实现非常灵活的权限控制，几乎能满足所有类型的需求，比较适用于用户数量多并且授权比较复杂的场景。简单的场景也是可以使用 ABAC 的，但是使用基础的 ACL 或 RBAC 也能满足需求。

ABAC 的主要应用场景有以下几种：一是在需要根据环境属性和操作属性来动态计算权限时，使用其他授权模型可能不会满足需求。这时就需要使用 ABAC 了；二是 ABAC 也适用于企业员工（角色）快速变化的场景，因为 ABAC 是通过用户的属性来授权的，在新建用户/修改用户属性时会自动更改用户的权限，无须管理员手动更改账户角色；三是在属性的组合比较多，需要更细粒度地划分角色的情况下，RBAC 需要建立大量的角色，而 ABAC 会更加灵活。

总之，ABAC 有如下优势和劣势。

ABAC 的优势：①集中化管理；②可以按需求实现不同颗粒度的权限控制；③不需要预定义判断逻辑，减轻了权限系统的维护成本，特别是在需求经常变化的系统中。

ABAC 的劣势：①定义权限时，不能直观看出用户和对象间的关系；②规则如果稍微复杂一点，或者设计混乱，会给管理者维护和追查带来麻烦；③权限判断需要实时执行，规则过多会导致性能出现问题。

5. 基于任务的访问控制（TBAC）

基于任务的访问控制（Task-Based Access Control，TBAC）是一种主动型安全访问控

制模型。它从工作流的人物角度建模，可以根据任务和任务状态的不同，对权限进行动态管理。TBAC 非常适合于工作流、分布式处理和事务管理系统中的决策制定。在 TBAC 中，对象的访问权限控制不是静止不变的，而是随着执行任务的上下文环境发生变化的。在分布式系统中存在各种复杂的工作流，对这些信息进行处理需要短暂的授权和控制，传统的访问控制方式难以适应分布式工作流的安全需求，不能保证分布式工作流数据按业务流程的预期方向进行流动，也很难及时准确地进行权限的授予和回收，因此对工作流数据的安全保护可以采用基于 TBAC 的安全访问控制策略。

TBAC 的授权与任务相关，当任务即将执行时，才对用户授权；当任务执行完成时，就撤销用户的权限。这样就可以保证权限只有在需要时才得到，满足最小授权原则。TBAC 是积极主动参与访问控制管理的，在完成任务的过程中，TBAC 始终监视许可的状态，按照进行中的任务状态确定许可是活动状态还是非活动状态。TBAC 访问控制授权模型如图 3-26 所示。

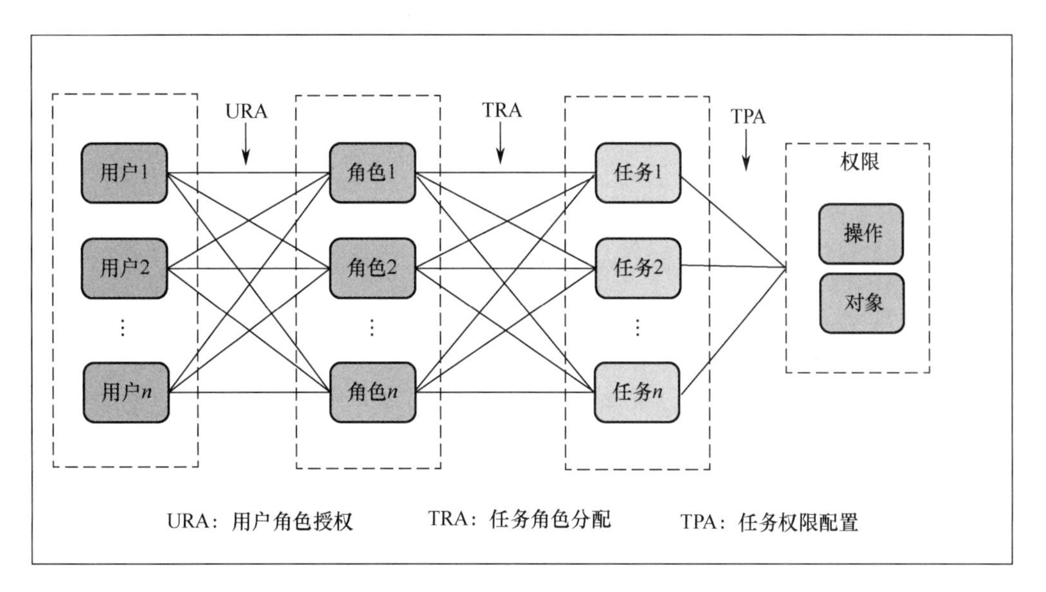

图 3-26　TBAC 访问控制授权模型

TBAC 的访问控制的最小单元是授权步。授权步表示一个原始授权处理步，是指在一个工作流程中对处理对象的一次处理过程。授权步的概念类似于有纸办公环境下通过签名进行授权的单个行为。在有纸办公环境下，一些人可能被允许获得一定的签名类型，而具体的签名行为又由某个特定个体完成，该特定个体即为该授权的执行委托者，签名也即获得一定许可。

TBAC 的授权有五元组（S、O、P、L、AS）构成，其中，S 表示主体、O 表示课题、P 表示许可、L 表示生命周期、AS 表示授权步。P 是 AS 所激活的权限，而 L 则是 AS 的存活期限。在 AS 被触发时，其委托执行者开始拥有执行者许可集中的权限，同时其 L

开始倒计时。在生命期中，五元组有效。当生命期终止，即 AS 被定为无效时，五元组无效，委托执行者所拥有的权限被回收。

TBAC 尚有一些问题需要解决，如特权格式问题，系统中有许多类型的资源，且一个任务可以执行另一个任务；任务的多级别定义；多任务中特权的提取、合并和推广等。TBAC 中并没有将角色与任务清楚地分离，也不支持角色的层次等级；另外，TBAC 并不支持被动访问控制，需要与 RBAC 结合使用，即基于任务和角色的访问控制 T-RBAC。

T-RBAC 把任务和角色置于同等重要的地位，它们是两个独立而又相互关联的重要概念。任务是 RBAC 和 TBAC 结合的基础。在 T-RBAC 模型中，先将访问权限分配给任务，再将任务分配给角色，角色通过任务与权限关联，任务是角色和权限交换信息的桥梁。

在 T-RBAC 中，任务具有权限，角色只有在执行任务时才具有权限，当角色不执行任务时不具有权限；权限的分配和回收是动态进行的，任务根据流程动态到达角色，权限随之赋予角色，当任务完成时，角色的权限也随之收回；角色在工作流中不需要赋予权限。这样不仅使角色的操作、维护和任务的管理变得简单方便，也使得系统变得更为安全。

6．权限风险分析

上面讲述了几种常见的访问控制授权模型，不管是系统信息化资源自身对用户权限进行授权管理，还是由身份管理和访问控制（IAM）平台统一进行管理，都存在相应的管理风险。在初次部署 IAM 平台进行权限管理和后续持续维护权限模型时，都要考虑到权限分配带来的安全风险。如管理员通常采用 RBAC 的方法来根据用户访问类似资源的需要，将多个用户捆绑到用户组。虽然采用访问组的做法可减少需要创建和维护的访问数量，但很多企业将过多的用户集中到一个组中，其结果是有些用户被授予权限访问他们不需要的应用程序和服务。在最好的情况下，这只会导致用户访问不够严格。在最坏的情况下，这可能导致不适当的职责分离，从而导致访问控制不合规。

1）影响用户访问权限的因素

在对用户访问权限进行管理时，影响用户访问权限的因素包括以下几个方面。

（1）业务权限。业务权限是指为了保证用户在系统中能够按照规范的业务流程进行系统操作而设置的相应权限。该因素只要防范未经授权非法处理业务、系统处理不正确导致业务无法正常运行等风险。

（2）职责分离。职责分离是指遵循不相容职责相分离的原则，实现合理的组织分工。例如，一个企业的授权、签发、核准、执行、记录工作，不应该由一个人担任。不相容职责是指企业里某些相互关联的职责，如果集中于一个人身上，就会增加发生差错和舞弊的可能性，或者增加发生差错或舞弊以后进行掩饰的可能性。

（3）应用类别。对不同的信息化系统进行分类，并对不同应用的访问权限做一些基本的授权控制。如一些人员，针对某些类别的应用绝对没有访问权限，非财务人员绝对没有财务类应用系统的访问权限。

（4）组织机构。针对不同的组织机构部门，可以分配不同的应用访问策略，再结合不同的访问控制授权模型对用户的访问权限进行控制，这样也可以避免用户部门调整后，控制策略没有相应的调整。

（5）授权策略。根据实际的访问情况进行访问授权策略的制定，策略制定可以根据上面讲到的不同的授权模型进行，但策略设计要合理、不违背基本原则，如权限只增不减、不再负责的业务权限未删除、人员离职权限未收回等。

（6）策略审批。策略下发后要有相应的系统管理员对下发的策略进行审核的机制，审核人员审核通过后策略才能生效，审核人员和策略下发人员不能是同一个管理员，遵循职责分离的原则。

2）实施过程原则

在部署实施 IAM 以及进行统一授权管理时，跟进本企业实际情况选择合适的访问控制授权模型。实施过程建议采用以下几点，本着“统筹规划”“分步实施”的原则，减少统一权限管理不当带来的用户体验差和安全风险。

（1）统筹规划。在统一权限管理规划时，信息技术部门需要和业务部门进行统筹规划，双方达成共识，企业统一权限管理做到哪个层级、分几期进行等。避免后期在实施过程中产生分歧而影响统一权限管理的整体效果和进展。

（2）互通有无。在统一权限管理实施时，业务部门也要参与到日常的项目进展汇报、沟通中来，清晰了解实施情况及进展，“多沟通，早准备 ”，化解项目中沟通不畅造成的风险。

（3）逐一击破。在统一权限管理实施时，企业要针对每个业务系统制定实施方案，提前预见可能发生的风险，在实施过程中一个系统一个系统地逐一实施，最大限度地降低风险，提升整体实施效果。

7. 权限审阅

策略审阅和审批制度是做好权限管理的重要因素，故不仅仅是权限分配的过程中需要考虑到各种权限风险因素和相应的管理政策，当部署 IAM 时，还要制定相应的定期访问控制审计的政策。随着用户角色的转变，这些用户组的访问权限也应该改变。此外，当用户职位改变时，需要确保撤销所有先前的访问权限。权限审阅流程图如图 3-27 所示。

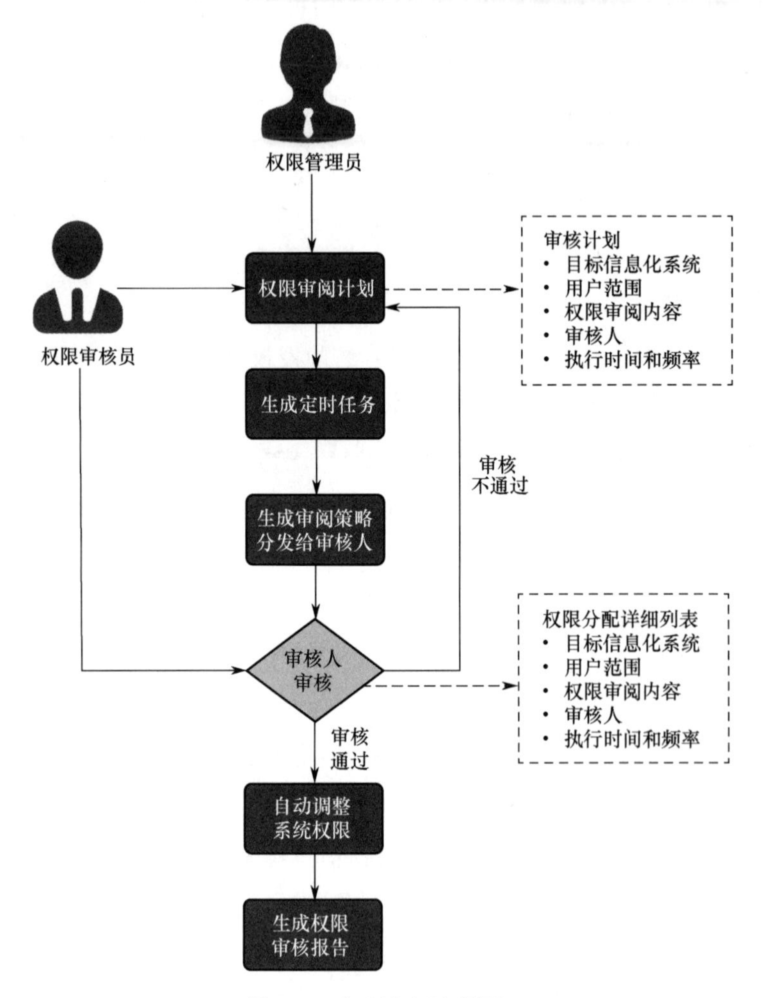

图 3-27　权限审阅流程图

（1）权限管理员和权限审核员以及相关业务人员共同参与制订权限审阅计划。针对信息化系统的访问控制授权，审阅计划的内容应包括目标信息化系统、用户范围、权限审阅内容、审核人、执行时间和频率等。

（2）权限审阅计划制订完成后，信息化系统根据审阅计划生成定时任务，或立即执行，或定时执行。

（3）当系统收到定时任务或立即执行的策略时，将生成审阅策略分发给相关审核人。

（4）工作流执行到相关审核人时，审核人查看详细的权限分配内容申请，并对申请进行审核。

（5）审核人根据授权管理制度和实际情况，认为授权申请比较合理，审核通过，反之，审核不通过，返回申请人重新修改。

（6）审核通过后信息化系统自动修复或调整信息化系统权限。

（7）审核流程结束后生成权限审核报告，从而便于权限变更查看和追溯。

3.6 审计风控

本节讲述 IAM 系统的最后一个功能模块——统一审计功能。IAM 系统将用户在身份访问管理系统中的登录行为和访问行为完整地记录下来，同时各类系统管理人员在资源中的系统维护操作也被完整地记录下来。IAM 系统对关键操作事件进行收集、存储和查询，用于安全分析、合规审计、资源跟踪和问题定位等。审计人员可以随时查看用户是否存在非法、越权操作，及时发现问题并采取措施，将安全隐患排除。对于那些已经发生的问题，管理员可以以回放的方式查看用户的所有操作，追究责任，并将用户对应的资源账号停用，阻止其继续操作。

IAM 系统统一审计功能模块如图 3-28 所示。IAM 系统统一审计模块还可以与风控模块进行联动，将审计数据输送给风控模块持续进行风险和信任评估，并根据风险和信任评估结果实时做出风险决策，或阻断操作，或对用户身份进行安全级别更高的身份认证，或直接放行。

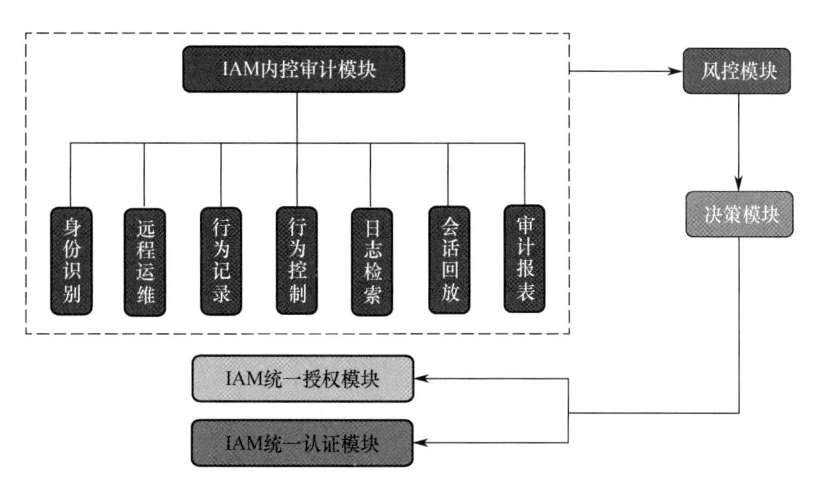

图 3-28　IAM 系统统一审计功能模块

3.6.1 全方位审计机制

3.3 节～3.5 节讲述了 IAM 系统统一的身份管理、身份认证、访问控制等功能模块。对访问主体的身份统一纳管，避免身份不统一带来的管理困难，用户难以追溯以及孤儿账号、僵尸账号带来的安全风险；采用多维度多因素的认证策略对用户身份进行认证，同时对多个信息化资源实现单点登录，避免身份冒用和非法的访问带来的安全风险；从访问控制维度，采用统一鉴权模式，结合多种访问控制模型实现对用户进行细粒度的访问控制管理；以上从各种风险维度对主体访问客体资源时的风险进行事前防御，而审计风控属于对访问行为风险事中和事后的安全把控和追溯，对访问行为的安全部署最后一道防线。

IAM 系统主要针对纳管的应用系统以及管理后台的访问日志审计，对访问服务器、数据库、网络设备时的日志审计有专门的日志审计工具，这里不做过多描述。

IAM 系统审计功能应遵循全方位审计的理念，对普通用户和各类管理员用户访问 IAM 系统和纳管的信息化资源进行全面的审计，审计日志需要记录用户的所有操作，需要记录主体、操作、客体、类型、时间、地点、结果等内容。根据不同的维度可以划分为不同的操作日志，如操作日志和登录/登出日志、用户日志和管理员日志、业务系统日志和 IAM 系统日志等。除此之外，还应对访问的终端环境是否异常、访问时间是否异常、访问行为上下文比较等进行全面审计，也可对接威胁情报数据，对用户实体行为风险进行分析，以便做出相应风险处置决策。IAM 系统全方位审计维度表如表 3-10 所示。

表 3-10　IAM 系统全方位审计维度表

审计理念	审计维度	审计内容
全方位审计	用户行为审计	操作行为、访问对象、操作习惯、访问习惯
	访问环境审计	网络环境（互联网、VPN、内网、IP）、地理环境（境外、异地、办公室、住宅）
	访问时间审计	异常时间段、时间段内访问频率、非工作时间登录、短时间内异地登录
	威胁情报审计	风险 IP、黑产手机号、拖库撞库分析、密码泄露分析、身份仿冒分析
	设备访问审计	设备 ID、非常用设备、非授权设备、一机多账号
	异常行为审计	敏感应用操作异常、连续多次登录失败、访问上下文分析、同一 IP 多账号登录

3.6.2　用户行为风险分析

IAM 系统对主体访问资源客体进行详细的全面审计，如主体、操作、客体、类型、时间、地点、结果等内容，并进行报表统计展示。仅仅对主体访问客体资源的行为远远不够，还应该对用户的行为进行安全分析。

对用户行为分析实际上可以理解为对行为主体、客体和行为操作的分类问题，不同类别的访问主体对不同类别的数据进行的各种操作类型，可以从整体上刻画用户行为的特征。对用户行为的时态、主体、客体、操作的众多特征进行选择，实现主客体和操作类型的分类。

首先对众多的特征进行分类。用户行为时态特征刻画了用户行为发生的时间地点和发起行为的终端类型、网络环境等，考虑到用户凭证可能失窃，合法用户也可能在某些情况下发起一些违规、恶意的操作。当前企业信息化资源的开放性和动态性，应将用户行为的起始时间、结束时间、IP 地址、物理位置、终端类型来刻画用户行为时态，用户主体的部门、性别、年龄等具体特征作为辅助。

经过特征选择，得到一个用户行为特征，常见用户行为特征如表 3-11 所示。表中所列用户行为的 21 个特征，被分成行为时态、行为主体、行为客体、行为操作 4 个部分，分别经过预处理后，根据一定的算法来提取行为时态特征、行为主体特征、行为客体特征和行为操作特征，把这些特征用某种方式综合起来，可以用来刻画一次用户行为的总体特征。

表 3-11　常见用户行为特征

序号	行为属性	行为描述
1	行为时态	开始时间
2		结束时间
3	行为主体	用户 IP 地址
4		用户所在地址
5		用户终端类型
6		用户名
7		账户编码
8		账户创建时间
9	行为客体	所属系统
10		物理服务器
11		虚拟机编号
12		操作系统
13		应用系统
14		应用系统模块
15		应用系统功能菜单
16		数据库
17		数据库表
18		数据库属性列
19	行为操作	操作名
20		操作类型
21		操作习惯

对用户行为特征数据进行采集和汇总后，需要进行行为特征的预处理和自动分析。在进行预处理之前，需要把典型的特征数字化，从而方便计算，如时态特征和操作特征。而主客体特征还包含了很多种类的实体，每个实体都有各种不同的属性，需要在这些属性中提取具有代表性的特征，从而获得用户行为对应的实体集的总体特征。

采集出主体访问客体行为的总体特征后，即可对访问行为风险进行分析，行为风险分析既可以采用规则引擎的方式，也可以采用机器学习的方式。

规则引擎由推理引擎发展而来，是一种嵌入在应用程序中的组件，实现了将业务决策从应用程序代码中分离出来，并使用预定义的语义模块编写业务决策。接收数据输入，解释业务规则，并根据业务规则做出业务决策。规则引擎整合了传入系统的事件集合和规则集合，从而去触发一个或多个业务操作。IAM 系统管理后台应具备相应的风险规则配置模块，通过业务分析对整个访问过程可能出现的风险操作进行分析并制定相应的规则，主体在访问客体时，规则引擎对该事件进行实时的规则碰撞，进而对用户行为进行风险分析。

机器学习是使用计算机从大量数据中找出潜在的规律，来提取数据中的知识。机器学习能够在不进行详细编程的情况下，将无序的数据转换为有用的信息，从数据中找出规律，从而实现自动计算。常见的机器学习任务包括回归、分类和结构化学习。

常见的行为分析方法包括统计分析法、聚类分析法、关联分析法、决策树法、神经网络法和时序数据挖掘法。

（1）统计分析法是基本的行为分析方法，主要对用户行为分解、归类后进行数量统计，得出某个类型行为的数据总量，并借助这些数据总量分析用户行为的规律。

（2）聚类分析法是一种探索性的分析，在分类聚类过程中，并没有事先设定分类标准，而是基于样本数据自动进行分类。鉴于用户行为数据的复杂性，聚类分析法比统计分析法具有更广的适用范围，也是用户行为分析中最为常用的分析方法之一。

（3）关联分析法是将用户行为习惯和其他行为习惯借助于 Apriori 等关联规则算法进行关联分析，从而发现不同行为习惯之间的关系和规律，达到对用户行为预测的目的。它可以使用宽度优先、深度优先、数据集划分、采样、增量式更新、约束关联、多层多维关联等数据挖掘中常用的关联规则挖掘算法。

（4）决策树法是利用信息和数据的树状图形向决策人提供后续问题决策辅助。在用户行为分析过程中，涉及用户后续信息行为的预测，这是决策树的典型应用场景。

（5）神经网络法是模拟动物神经网络的特征，进行分布式并行信息处理。建立神经网络模型，经过训练后，可以自动对用户行为进行分析判断，适合处理海量用户行为的自动分析。

（6）时序数据挖掘法引入了时间的概念，从过去的用户行为中学习，找出特征，并预测未来的行为。

使用规则引擎和机器学习技术对用户行为风险分析，根据用户行为是否正常的分析结果，分别计算用户行为的风险值，动态调整用户的信任等级，其最终的目的是要对风险行为进行屏蔽，保障主体访问客体过程的安全。对风险状态的处理策略有以下几种。

（1）风险结果大屏展示。将用户行为风险情况呈现到安全大屏上，秒级更新实时数据，可实时展现主体访问客体资源的风险情况，帮助资产和系统管理员一眼看清当前的用户行为安全状态，实时为企业呈现告警概览并及时响应。

（2）短信邮件通知。对主体访问客体资源的风险通过邮件或短信的方式实时通知资产和系统管理员，以便管理员可以及时对主体的访问做出相应的处置策略。

（3）阻断或权限调整。根据对用户行为风险信任等级评估结果，实行动态的访问控制。遇到风险等级较高的行为时，可对用户的行为进行阻断，或调整权限，限制用户继续访问，实现基于信任等级动态调整访问控制策略。

（4）智能场景认证。根据对用户行为风险信任等级评估结果，实行动态访问控制时，可以有更灵活的处置方式，避免正常用户被误认为风险行为时访问受限，可以采用二次认证的策略进行处置，如风险等级中等时，可以调起中等强度的二次认证（如 OTP 认证、指纹认证等）；在风险等级中高等时，可以调起高等强度的二次认证（人脸识别、USB Key 认证等）。

3.6.3　UEBA 简介

1. UEBA 的定义

Gartner 对用户和实体行为分析（User and Entity Behavior Analytics，UEBA）的定义是：UEBA 提供画像及基于各种分析方法的异常检测，通常是基本分析方法（利用签名的规则、模式匹配、简单统计、阈值等）和高级分析方法（监督和无监督的机器学习等），用打包分析来评估用户和其他实体（主机、应用程序、网络、数据库等），发现与用户或实体标准画像或行为相异常的活动所相关的潜在事件。这些活动包括受信内部或第三方人员对系统的异常访问（用户异常），或者外部攻击者绕过安全控制措施的入侵（异常用户）。

Gartner 认为 UEBA 是可以改变“游戏规则”的一种预测性工具，其特点是将注意力集中在最高风险的领域，从而让安全团队可以主动管理网络信息安全。UEBA 可以识别以往无法基于日志或网络的解决方案识别的异常，是对安全信息与事件管理（Security Information and Event Management，SIEM）的有效补充。

UEBA 是一种网络安全过程，它注意用户的正常行为。反之，当这些“正常”模式存在偏差时，它会检测到任何异常行为或实例。例如，如果特定用户每天定期下载 10 MB 的文件，但突然有一天下载了千兆字节的文件，那么系统将能够检测到此异常并立即对其发出警报。

UEBA 使用机器学习、算法和统计分析来了解何时与既定模式存在偏差，从而显示出哪些异常可能导致潜在的实际威胁。UEBA 还可以汇总报告和日志中的数据，以及分析文件、流和数据包信息。

UEBA 不跟踪安全事件或监视设备。相反，它跟踪系统中的所有用户和实体。因此，UEBA 专注于内部威胁，如变得无奈的员工、已经受到威胁的员工、已经可以访问系统然后进行针对性攻击和欺诈尝试的人员，以及服务器、应用程序、系统中运行的设备。

2. UEBA 的产生原因

随着数字新时代到来，网络环境变得更加多元、人员变得更复杂、接入方式多种多样、网络边界逐渐模糊甚至消失，同时伴随着企业数据的激增。发展与安全已成为深度融合、不可分离的一体之两面。在数字化浪潮的背景下，网络信息安全必须应需而变、应时而变、应势而变。

组织面临的严峻网络安全挑战来自以下 4 个方面。

（1）越来越多的外部攻击，包括被利益驱动或国家驱动的难以察觉的高级攻击。

（2）心怀恶意的内鬼、疏忽大意的员工、失陷账号与失陷主机导致的各种内部威胁。

（3）数字化基础设施的脆弱性和风险暴露面越来越多，业务需求多变持续加剧的问题。

（4）安全团队人员不足或能力有限，深陷不对称的“安全战争”之中。

挑战催生革新，正是在数字化带来的巨大安全新挑战下，安全新范式应运而生。UEBA 就是安全新范式的一个典型体现。

3．UEBA 的内容

UEBA 对异于标准基线的可疑活动进一步分析，从而可以帮助发现潜在威胁，在企业中最常见的应用是检测恶意内部人员和外部渗透攻击者。

UEBA 类技术用于解决以人、资产、数据为维度的内部安全类场景。此类场景往往攻击行为不明显，无成形的方法论，也无显著的规律可以遵循。此外，UEBA 所支持的场景都有长、低、慢的特征，即所谓低频长周期的特征，场景支持的复杂性、分析数据的多维度等特性，均对 UEBA 类产品的关键技术支撑提出了高要求。

UEBA 方案对于企业的价值存在 3 个阶段：一是客观采集人员访问行为，从审计的角度进行统计、展示；二是结合用户角色和行为特征，进行内部用户行为画像；三是结合具体场景，通过算法集合、规则、特征等进行多维度的异常行为监控与风险预警。

有效的 UEBA 方案，不应过分强调算法，要看具体的应用场景。基线、黑/白名单、特征各有各的适用范围和限制。UEBA 作为安全新范式的一个典型体现，其新范式的破局之道主要体现在以下 5 个方面。

1）行为分析导向

身份权限可能被窃取，但是行为模式难以模仿。内部威胁、外部攻击难以在基于行为的分析中完全隐藏、绕过或逃逸，行为异常成为首要的威胁信号。采集充分的数据和适当的分析，可发现横向移动、数据传输、持续回连等异常行为。

2）聚焦用户与实体

一切威胁都来源于人，一切攻击最终都会必然落在账号、机器、数据资产和应用程序等实体上。通过持续跟踪用户和实体的行为，持续进行风险评估，可以使安全团队最全面地了解内部威胁风险，将日志、告警、事件、异常与用户和实体关联，构建完整的时间线。通过聚焦用户与实体，安全团队可以摆脱告警困扰，聚焦到业务最关注的风险、有的放矢提升安全运营绩效，同时通过聚焦到账号、资产和关键数据，可以大幅降低误报告警数量。

3）全时空分析

行为分析不再孤立针对每个独立事件，而是采用全时空分析方法，连接过去（历史基线）、现在（正在发生的事件）、未来（预测的趋势），也连接个体、群组、部门、相似职能的行为模式。通过结合丰富的上下文，安全团队可以从多源异构数据中以多视角、多维度对用户和实体的行为进行全方位分析，发现异常。

4）机器学习驱动

行为分析大量地采用统计分析、时序分析等基本数据分析技术，以及非监督学习、有监督学习、深度学习等高级分析技术。通过机器学习技术，可以从行为数据中捕捉人类无法感知、无法认知的细微之处，找到潜藏在表象之下异常之处。同时，机器学习驱动的行为分析，避免了人工设置阈值的困难。

5）异常检测

行为分析的目的是发现异常，从正常用户中发现异常的恶意用户，从用户的正常行为中发现异常的恶意行为。

总结上述新范式破局的 5 个方面就是，在全时空的上下文中聚焦用户和实体，利用机器学习驱动方法对行为进行分析，从而发现异常。

4．UEBA 的价值

通过对比安全新旧范式，可以看到 UEBA 具有明显的独特价值。UEBA 可以给安全团队带来独特的视角和能力，即通过行为层面的数据源以及各种高级分析，增强现有安全工具能力，提高风险可视性，弥补了安全运营中长久以来缺失的极度有价值的视角，并提高了现有安全工具的投资回报率。

UEBA 比现有的分散工具具有更大的风险可视性，通过直观的点击式界面访问上下文和原始事件，从而加速了事件调查和根本原因分析，缩短了调查时间，降低了事件调查人数以及与雇用外部顾问相关的成本。

在增加现有安全投资的回报方面，UEBA 主要通过以下方式实现：安全信息与事件管理（SIEM）系统、恶意软件威胁检测工具端点检测与响应（Endpoint Detection & Response，EDR）、端点平台保护（Endpoint Protection Platforms，EPP），以及数据泄露防护（Data Leakage Prevention，DLP）技术自动确定威胁和风险的优先级，而 UEBA 通过无监督的机器学习来进行自动化、大规模的正常和异常行为的统计测量，从而降低了运营成本，实现无须管理复杂的基于阈值、规则或策略的环境。

各种安全技术和方式对比如表 3-12 所示，UEBA 的价值主要体现在以下 4 点。

表 3-12　各种安全技术和方式对比

比　较　项	UEBA/行为分析	IDS/AV/WAF	威 胁 情 报
适用数据源	★★★★	★★★★	★★
可应用场景	★★★★	★★★★	★★★
攻防对抗	★★★★★	★★	★★★★
无滞后效应	★★★★★	★★	★★★
未知攻击	★★★★★	★	★★
环境自适应	★★★★★	★★★	★★★

1）发现未知

UEBA 可以帮助安全团队发现网络中隐藏的、未知的威胁，包括外部攻击和内部威胁；可以自适应动态的环境变化和业务变化；通过异常评分的定量分析，分析全部事件，无须硬编码的阈值，即使表面看起来细微的、慢速的、潜伏的行为，也可能被检测出来。

2）增强安全可见

UEBA 可以监控所有账号，无论是特权管理员、内部员工，还是供应商员工、合作伙伴等；利用行为路径分析，贯穿从边界到核心资产的全流程，扩展了对关键数据等资产的保护；对用户离线、机器移动到公司网络外等情况，均增强了保护；准确检测横向移动行为，无论来自内部还是外部，都可能在敏感数据泄露之前发现端倪，从而阻止损失发生；可以降低威胁检测和数据保护计划的总体成本和复杂性，同时显著降低风险以及对组织产生的实际威胁。

3）提升能效

UEBA 无须设定阈值，让安全团队更有效率。引入全时空上下文，结合历史基线和群组对比，将告警呈现在完整的全时空上下文中，无须安全团队浪费时间手动关联，降低验证、调查、响应的时间；当攻击发生时，分析引擎可以连接事件、实体、异常等，安全人员可以看清全貌，快速进行验证和事故响应；促使安全团队聚焦在真实风险和确切威胁，提升威胁检测的效率。

4）降低成本

UEBA 相比 SIEM、DLP 等工具，大幅降低了总体告警量和误报告警量，从而降低了安全运营工作负载，提升了投资回报率（ROI）；通过缩短检测时间、增加了准确性，降低了安全管理成本和复杂性，降低了安全运营成本；无监督、半监督机器学习让安全分析可以自动化构建行为基线，无须复杂的阈值设置、规则策略定制，缓解了人员短缺问题；通过追踪溯源及取证，简化了事故调查和原因分析，缩短了调查时间，降低了每事故耗费的调查工时，以及外部咨询开销；通过自动化进行威胁及风险排序定级，提升了已有安全投资（包括 SIEM、EDR、DLP 等）的价值回报。

总之，UEBA 的价值主要体现在发现未知、增强安全可见、提升能效、降低成本。

3.7 IAM 发展趋势展望

IAM 系统是零信任的核心组件，也是任何企业安全计划的重要一环，因为在今天的数字化经济中，它与企业的安全和生产力密不可分。

联网设备、员工个人自带设备（BYOD）、物联网（IoT）及审计管理与成本控制相结合，是推动 IAM 建设和市场增长主要因素。此外，业务风险攻击事件的增加对 IAM 市场的增长起到了催化作用，在线应用程序的增长和国内风险管理法规的要求也将推动国内身份管理和访问控制市场快速发展。

从不同的应用领域业务和在线信息化资源的不断增长可以推断，IAM 市场预计将得到巨大的发展。由于提高了安全性，提升了用户体验，预计 IAM 的云部署和混合部署将在企

业数字化转型中被采用。通过物理、在线网络、移动和不同的货币服务渠道实现的客户交互增长，已经让位于金融服务和保险行业领域的 IAM 解决方案提供商得到了巨大发展。

3.7.1　IAM 发展预测

IAM 系统作为零信任的核心组件，提供端到端的安全和可信支撑。企业组织需通过零信任体系在不可信的网络环境下为组织重建信任，需持续检查网络基础架构、数据、设备、系统、应用程序和服务。零信任安全的核心是最小权限安全，以动态 IAM 为基础，以数字身份为中心的安全架构，访问主体在访问应用、数据、服务、网络设备时，首先要确保自身的安全性，同时根据访问的环境信息和风险评估指数，采用动态访问控制机制来防止未授权和有风险的访问行为。

通过 IAM 技术建立以身份为中心的安全框架，实现对所有人、接入设备的数字身份真实性的验证以及对访问行为的动态授权和控制。通过 IAM 平台完成身份验证，授予最小权限并建立会话，同时在访问过程中，访问主体的行为会被持续评估，一旦发现异常，通过 IAM 平台动态调整访问控制策略，包括降低访问等级、二次认证，甚至切断会话。

1．从纵深方面考虑

IAM 的发展应在传统 IAM 的基础上，坚持安全和提升用户体验的理念，融合新兴技术，优化 IAM 解决方案。

IAM 可以通过为用户设备添加指纹并融合多因素认证（MFA）来检测和拒绝来自无法识别主体的登录尝试，从而防止凭据填充攻击。从多个维度对用户的身份进行验证，保证用户是真实的合法用户，使用的设备是安全可信的设备，登录到客体资源后意图和行为合法合规。

IAM 解决方案还应结合人工智能技术，通过对访问信息的全面评估，访问环境的持续监测，风险自动化关闭与融合认证能力，实现权限集中管理与动态控制。通过设计风险阻断机制，实时告知组织访问控制、身份、权限存在的潜在风险，实现事前智能风险防范、事中风险阻断、事后风险追溯的能力。LAM 平台应支持行为分析风险评估引擎，实现基于风险的访问控制，同时基于深度学习技术，对访问控制进行风险计算，对用户访问元数据（时间、位置、习惯、账号、关系、行为、权限等）进行控制，并基于该计算模型主动收集用户行为相关数据进行建模，形成千人千面的风险模型，自动完成个人行为基线建立。进而实现对用户权限的实时动态调整。

2．从横向兼容方面考虑

IAM 系统应考虑兼容不同的访问主体和访问客体，实现全面的访问控制。访问主体不仅限于企业内部员工、合作伙伴，还应包括终端消费者和物联网终端。

客户身份管理与访问控制（Customer Identity and Access Management，CIAM）是指终端消费者身份管理与访问控制或用户身份管理和访问控制。由于面向用户的平台和应用程序给业务环境带来了独特的安全挑战。服务提供商对用户行为的控制是有限的，企业需要工具和流程来管理成千上万的用户与其系统进行交互相关的风险。同时，用户体验必须在各个接触点之间保持无摩擦。用户身份和访问管理应解决在提供积极体验的同时管理用户访问数据和隐私所涉及的困难。

物联网 IAM 系统是确保整个物联网生态系统中设备的身份以及允许物联网终端访问权限的系统。这可能包括数千个单独的设备，每个设备都需要单独标识和信任。毕竟，单个不受信任的设备可能会损害整个系统的完整性。近年来，终端物联网设备已成为网络犯罪分子的诱人目标。物联网 IAM 应该是在物联网部署的同时就成为该部署不可或缺的一部分，这是物联网安全的关键功能。

3. 从自主可控方面考虑

IAM 系统应能够兼容各种国产化的软硬件组件。

信创（信息技术应用创新发展）是目前的一项国家战略，也是当今形势下国家经济发展的新动能。发展信创是为了解决本质安全的问题。本质安全是指现在先把重要信息技术组件变成我们自己可掌控、可研究、可发展、可生产的。信创产业发展已经成为经济数字化转型、提升产业链发展的关键。IAM 平台的软硬件组件应国产自主可控，包括 IAM 系统涉及的 IT 基础设施（CPU 芯片、服务器、存储、各种云和相关服务内容）、基础软件（数据库、操作系统、中间件，应用软件）。

3.7.2 CIAM 发展漫谈

从 2015 年开始，Forrester 咨询公司将 CIAM 作为一个独立的、拥有其独特要求的产品来看待。完全不同于以业务效率为核心的员工身份管理与访问控制（Employee Identity and Access Management，EIAM）系统，CIAM 的目标是协助企业完成信息化转型，在所有对外服务中统一用户的身份，在以体验为核心的用户争夺战中，为终端用户提供完整的身份自助服务、为不同平台用户提供统一而流畅的使用、注册体验，为企业 IT 架构提供清晰的核心顾客身份管理系统，以此来提高用户的留存、黏性，提高用户画像分析准确性和营销活动的有效性，进一步创造价值，在行业竞争中取得先机。

CIAM 旨在解决用户体验不佳的问题，并以更个性化的方式将品牌与其消费者联系起来。在企业内部，CIAM 的需求从最迫切的市场部门，一直延伸到安全部门、技术部门、法务部门、用户服务部门等，不同部门对 CIAM 的关注点也不完全相同，在选取一个合适的 CIAM 方案时，需要综合内外的需求，选择一个有充足处理海量用户经验、了解 IAM 领域的最佳安全和功能实践，并能跟随行业发展随时提供最贴合用户需求的服务提供商。选择错误的 CIAM 的后果，轻则影响用户体验，严重的会显著影响品牌形象和企业营收。

CIAM 和传统 IAM 的相似之处在于用户必须能够无缝地获得访问权限。但是，传统的 IAM 解决方案并不适合管理和保护各种外部平台以及身份验证技术和协议。CIAM 平台必须对开发人员友好，以便定制和集成，并且使其易于使用。许多企业已经在 CIAM 上投入了大量资源，但有时会发现自己遇到了困难：要么使用相当有限的身份功能，集成在另一个软件平台中；要么自己构建和维护系统。这两种情况实际上都在为自己制造障碍。在许多实例中，身份与唯一的应用程序相关联，因此很难启动新的应用程序。此外，有时开发人员应该致力于差异化功能，以确保身份系统可以应对最新的身份验证方法。CIAM 的要求与 EIAM 不同，更具挑战性，准备开发 CIAM 的企业需要充分认识 CIAM 与传统 EIAM 的差异，以及为面向公众的企业数字资产管理用户身份的复杂性。CIAM 与 EIAM 的差异如表 3-13 所示。

表 3-13 CIAM 与 EIAM 的差异

比 较 项	CIAM	EIAM
管理对象	在面向消费者的全渠道网站（Web/移动设备/IoT）上管理消费者身份	主要管理内部访问的员工身份
创建账户	用户自行注册并生成自己的配置文件数据	用户由 HR 或 IT 签署
身份认证	针对公共服务（如 OpenID 和社交媒体）的身份验证	针对内部目录服务的身份验证
访问主体	用户未知，可以创建多个账户（不能假定信任）	用户是已知的并且是受约束的（假定信任）
用户体验	用户对低性能的容忍度非常低，并且有其他选择	用户可以容忍延迟，糟糕的用户体验和较差的性能
用户数量	可扩展为数以亿计的用户 ID	可从数万个用户 ID 扩展到数十万个
客体资源	公共网络和连接上的许多异构 IT 系统	许多 IT 系统都在一个封闭的公司网络上
身份管理	许多分散式身份提供者（IDP），如社交账号登录	IDP 通常是一个中央内部 IT 系统
运维重点	为关键业务流程（交易、市场营销、个性化和商业智能）收集的用户数据	为管理和运营目的收集的配置文件
法规要求	受地区之间不同的各种隐私和数据保护法规的约束	受全球公司政策的约束

越来越多的业务方面的攻击（账户冒用、批量注册、刷单、薅羊毛等），针对恶意行为的访问管理解决方案持续受到关注，企业也会将 CIAM 视为一项战略，不是针对单个应用程序，而是针对整个组织。

像普通消费者一样，企业高管并不习惯密切关注 IAM。但是，随着企业走向数字化，了解用户是谁以及他们可以访问哪些内容对企业的产品和服务运营至关重要。除了支付、消息传递，以及数据和分析，身份管理也是数字业务的基础之一。IAM 和 CIAM 应起到安全访问数字世界的保证者的作用。

令人鼓舞的是，越来越多的私营和公共部门组织将 CIAM 作为其数字战略的一部分。侧重于尊重隐私、生物识别甚至自适应安全功能的身份验证方法，仅在必要时才引入附加的验证步骤，现在引起了公众的兴趣，正在逐渐被加入数字化转型的重要内容中来。因此，企业将身份和用户访问管理作为重点关注事项，这是与终端用户建立安全性和信任关系的主要工具，同时也能为产品和服务提升竞争优势。

3.7.3 物联网 IAM 发展漫谈

物联网极大地扩大了需要管理的机器身份数量，如打印机、摄像头、智能家居、机器人、充电桩、各种仪器仪表、消防设备、暖通设备、包装机械、传送机械、纺织机械等。许多企业使用企业级物联网设备来帮助员工更高效地完成工作，或者满足设施管理需求，并且赋予了普通消费者设置、管理及保护这些机器身份，监管机器间相互通信方式的责任。

近年来，终端物联网设备已成为网络犯罪分子的诱人目标。物联网的一个普遍问题是：许多相关技术的构建都没有考虑到物联网终端设备的身份管理。设备、机器人及 IoT 设备如今都需要访问计算和数据资源，所以它们也都必须纳入身份管理的范畴。

物联网 IAM 系统是确保整个物联网生态系统中设备的身份以及配置允许它们访问的权限。这可能包括数千个单独的设备，每个设备都需要单独标识和信任。毕竟，单个不受信任的设备可能会损害整个系统的完整性。

针对物联网终端的身份管理问题，不少身份管理企业正在取得一定进展，但是，物联网终端设备的身份管理和访问控制还存在很多未解决的问题。无论哪个行业，尤其企业在自身物联网建设的早期阶段时，需要考虑以下几个原则。

1. 传统的 IAM 不适合物联网部署

企业需要专业的物联网系统，而不是来自其他环境的经过改造设计的系统。物联网生态系统的安全挑战与其他环境非常不同，并且需要 IAM 提供更大的敏捷性和灵活性。

2. 物联网 IAM 应该采用以设备为中心的方法

物联网 IAM 系统保护的各种因素（身份验证凭据、加密密钥、私钥等）应该绑定到设备并受到保护。

3. 可扩展性至关重要

快速、经济且有效地添加新设备的能力是大多数物联网生态系统的核心——但当企业要定期添加新的联网设备时，企业需要能够同样快速有效地保护这些设备的安全。如果部署到新设备上的物联网 IAM 系统过于耗时或复杂，那么将很快成为创新的障碍。

4. 考虑围绕物联网部署更广泛的合作伙伴生态系统

这可能会涉及很多不同的组织，包括物联网平台提供商、云提供商和其他安全提供商。物联网 IAM 能否与所有这些无缝集成至关重要。

5. 物联网 IAM 要左移

物联网 IAM 不应该是在物联网部署之后添加的东西，而应从一开始就成为该部署不可或缺的一部分。这是物联网安全的关键功能，因此，物联网 IAM 应该是企业选择物联网平台和合作伙伴的核心要素。

在物联网环境中部署身份验证和访问控制机制时，有许多方面会使任务复杂化。这是因为大多数设备的处理能力、存储空间、带宽和能量都是有限的。由于常见身份验证协议的通信开销大，大多数传统身份验证和授权技术过于复杂，所以无法在资源受限的物联网设备上运行。设备有时会部署在可能无法提供物理安全的区域。另外，还有非常广泛的硬件和软件堆栈需要考虑，这会导致大量设备通过多种标准和协议进行通信。针对物联网环境的实际情况，改进物联网设备的身份管理和访问控制的 3 条建议如下。

（1）没有一种方法适用于所有场景。任何试图管理数千个分布广泛的物联网设备的集中访问管理模型都有其局限性，没有一种方法适用于所有场景。寻求开发去中心化物联网访问控制服务的供应商正在研究区块链技术如何消除集中式系统造成的问题。网络管理员和安全团队必须紧跟最新发展，因为它可能在不久的将来带来真正可扩展的服务产品。

（2）每个物联网设备必须有唯一的身份。当设备试图连接到网关或中央网络时，可以对其进行身份验证。有些设备根据其 IP 或 MAC 进行标识，有些设备则可能安装了证书进行身份标识和验证。识别设备身份还可以结合人工智能技术更精准地判断设备以及使用设备的人的身份和用意，通过行为分析（如 API、服务和数据库请求）结合静态特性来更好地对设备的身份进行识别和验证。

（3）管理物联网终端的访问权限。管理员可以采用基于属性的访问控制（ABAC）模型对物联网终端的访问权限进行管理。管理员选择和定义一组属性和变量，以构建一套全面的访问控制规则和策略。ABAC 模型根据对设备、资源、操作和上下文进行分类的一系列属性来评估访问请求。还可以基于上下文属性中的更改，实时更新对操作和请求的批准，实现更多动态访问控制功能。

强大的物联网访问控制和身份验证技术可帮助抵御攻击。但这只是一个更大的集成物联网安全战略的一个重要方面，该战略可以检测和响应可疑的基于物联网的事件。要使任何身份验证和访问控制策略发挥作用，物联网设备必须可见。因此，需要建立关键设备库存和生命周期管理程序，以及实时扫描物联网设备的能力。

物联网设备成功识别和验证后，应将其分配到严格受限的网段。在那里，它将与主生产网络隔离，主生产网络具有专门配置的安全和监控，以防范潜在的物联网威胁和攻击载体。这样，如果特定设备被标记为受损，暴露的面积就会受到限制，横向移动也会受到控制。这些措施使管理员能够识别和隔离受危害的节点，并且使用安全修补程序和补丁程序更新设备。

物联网正在飞速发展，基于物联网设备的身份认证将是一个很大的挑战。理想情况下，零信任身份安全治理要同时覆盖 IT 环境和 OT 环境下的身份统一安全治理，才能避免因物联网的爆炸性增长而带来现代安全防御体系下的安全盲点。

第 4 章 软件定义边界（SDP）

软件定义边界（Software Defined Perimeter，SDP）作为非常重要的零信任分支，在网络级别体现了零信任的原则。它引入机制来控制对系统的网络级访问、请求访问并授予访问权限。SDP 是以端点为中心的虚拟、深度细分的网络，覆盖一切现有物理和虚拟网络，其基于“谁可以与谁连接”的精细管理，并且默认立场是“如果未明确批准，那么没有流量传输”，因此 SDP 显然是零信任的一种形式。

新型技术及业务场景的出现，现有的防御机制并不能解决新型场景下遇到的新型问题。SDP 可以在 TCP/IP 与安全传输层协议（Transport Layer Security，TLS）之前执行，减少了威胁参与者将易受攻击的协议作为攻击向量的可能性，其可以阻止常见的 DDoS、凭证盗用以及开放式 Web 应用程序安全项目（Open Web Application Security Project，OWASP）发布的著名的十大威胁等攻击方法。SDP 是已被证明的零信任实践方案，它可以使资产隐藏不可见，直到与访问者关联的身份被成功验证并授权。

零信任还是位于 SDP 架构背后的基本理念。SDP 的基本原则是“ABCD”：不假设任何事（Assume nothing，A）、不相信任何人（Believe nobody，B）、检查所有内容（Check everything，C）、阻止威胁（Defeat threats，D），这都体现了零信任安全的基本理念。

4.1 SDP 的基本概念

软件定义边界（SDP）架构提供了动态灵活的网络安全边界部署能力，在不安全网络上对应用和服务进行隔离。SDP 提供了隔离的、按需的和动态配置的可信逻辑层，缓解来自企业内外部的网络攻击。SDP 对未经授权实体进行资产隐藏，建立信任后才允许连接，并且通过单独的控制平面和数据平面管理整个系统。企业借助 SDP 可以实现零信任安全的目标，并且建立有效和弹性的安全体系，从而摆脱传统（且基本无效）的基于物理边界防御的模型。

SDP 的目标是让企业安全架构师、网络提供商和应用程序所有者能够：①部署动态的“软件定义边界”；②隐藏网络和资源；③防止非授权访问企业的服务；④实时以身份为中心的访问策略模型。

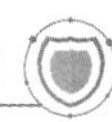

SDP 将物理的安全设备替换为安全逻辑组件，无论组件部署在何处，都在企业的控制下，从而最大限度地收缩逻辑边界。SDP 执行零信任原则，即强制执行最小特权访问，假设被入侵和“信任但验证”，仅在认证和身份验证成功后，基于策略来授权对资源的访问。

SDP 提供了多个层次的无缝集成，包括用户、用户设备、网络和设备的安全。SDP 适用于任何基于 IP 的基础设施，无论是基于硬件的传统网络、软件定义网络（Software Defined Network，SDN），还是基于云计算的基础设施。SDP 的双向验证隧道实际上是一个加密层，可以部署在任何一种 IP 网络上。因此，SDP 能将多个异构的环境统一成通用的安全层，从而简化了网络、安全和运维。

4.1.1　SDP 技术的由来

美国国防部（DoD）提出了全球信息网格（Global Information Grid，GIG）、网络运营（Network Operations，NetOps）、黑核（Black Core）路由、寻址架构等概念，作为以网络为中心的服务策略的组成部分，这些概念成为零信任网络架构的基础。市场咨询公司 Forrester 指出，企业安全团队需要考虑零信任网络的问题。Forrester 的分析师观察到网络边界正在发生变化，推动了零信任架构从“跨位置和托管模型的网络安全隔离”思想中诞生。Forrester 指出，在应对和消除当前安全策略中固有的信任假设挑战方面，零信任架构可以满足需求，应考虑使用各种基于自适应软件的新方法，但其并没有为“扩展的生态系统框架”确定新的方向。

从本质上讲，零信任理念是一种网络安全理念。其核心思想是企业不应自动信任传统边界内外的任何事物，应在授予访问权限前验证所有尝试连接到资产的事物，并在整个连接期间对会话进行持续评估。

什么是零信任理念？Forrester 研究得到以下 3 个要点。

（1）在网络中引入信任的概念，无论资源来自何处、由谁创建、在何位置、使用何种托管模型，无论在云上部署、私有部署还是混合部署，都要确保永远安全的访问资源。

（2）采用最小特权策略（Least Privilege Strategy，LPS）进行访问控制，以消除用户越权窥探受限资源的行为。

（3）持续记录用户流量并分析检查是否存在可疑行为。

零信任理念为安全架构开辟了新的思路，不再默认信任物理边界内的事物，而是始终验证用户身份和设备的合理性、一致性、合规性，即“从不信任，始终验证”。这在某种程度上打破了物理边界，使用户和服务器可以分布在任意位置。同时，这种基于身份的持续验证能很好地应对内网被渗透带来的安全威胁。

零信任只是一个理念，企业需要可实施的技术解决方案。近 10 年，各企业不断探索零信任安全的最佳实践方案。2011 年，Google 在内部启动的 BeyondCorp 项目，就是对零信任安全实践方案的探索。BeyondCorp 项目于 2011 年开始实施，2017 年宣布成功完成，目前广泛应用于大部分 Google 员工的日常办公。BeyondCorp 项目为业界提供了很好的零信任架构参考。BeyondCorp 项目的落地和实施非常复杂，最初 Google 仅将其作为一个内部平台使用，但经过了若干年的产品化，Google 于 2020 年 4 月推出了 BeyondCorp 商用产品。

软件定义边界（SDP）创新地提出了网络隐身的安全理念。传统的安全理念更关注矛与盾的攻防关系，然而攻和防并不对等。对攻击方来说，100km 的防线只要攻破 1km 就成功了；对防守方来说，100km 的防线必须全部守住。当企业的业务系统上云后，资源暴露在公网上，7 天×24 小时接受来自全球各地黑客的攻击，而且黑客的攻击技术日新月异，软硬件安全漏洞层出不穷，防不胜防。因此，云时代的企业安全应该转变思路，防守方从穿“安全防弹衣”被动防御到穿“安全隐身衣”主动隐藏。再高级的武器也无法攻击看不见的目标，网络隐身的安全理念更符合云时代的应用场景。

《软件定义边界（SDP）标准规范 1.0》的发布在业界引起了强烈反响，在美国和以色列涌现了一批创业公司，行业发展如火如荼。Zscaler 和 Okta 等比较有代表性的创业公司在纳斯达克上市，且市值在短时间内从 20 亿美元增至 300 亿美元，还有一些创业公司被传统的安全巨头公司以数亿美元的价格收购，如赛门铁克收购 Luminate、思科收购 Duo Security、Verizon 收购 Vidder 等。SDP 的快速发展充分说明了其技术的先进性，体现了市场的光明前景。基于 SDP 的成功，2017 年 2 月，CSA 发布了《软件定义边界（SDP）在 IaaS 中的应用》；2019 年 5 月，发布了《软件定义边界（SDP）架构指南》；2019 年 10 月，发布了《软件定义边界（SDP）作为分布式拒绝服务（DDoS）攻击的防御机制》（*Software-Defined Perimeter as a DDoS Prevention Mechanism*），进一步对 SDP 的使用场景及实践应用进行了描述。

SDP 和零信任网络（Zero Trust Network，ZTN）的市场认知度不断提高，越来越多的企业 IT 决策者开始积极寻找 SDP 和 ZTN 商业化产品及解决方案。因此，IT 咨询机构 Gartner 对 SDP 市场进行了下列预测。

2023 年，60%的企业将淘汰大部分 VPN，转而使用零信任网络。

2023 年，40%的企业将把零信任网络用于报告中描述的其他使用场景。

随着 SDP 技术架构在市场上越来越被广泛接受并实践，云安全联盟（CSA）决定对 SDP 国际标准进行改进升级。2022 年 4 月，继《软件定义边界（SDP）标准规范 1.0》（以下简称《SDP 1.0》）发布时隔 8 年，《软件定义边界（SDP）标准规范 2.0》（以下简称《SDP 2.0》）国际标准终于问世。《SDP 2.0》相对《SDP 1.0》做了不少改进，对 SDP 标准规范进行了扩展和加强，并且反映了当前最新的零信任行业状态。其中，包括 SDP 概念及其与零信任的关系、SDP 架构及部署模型细化、加载和访问流程、SDP 通信协议的安全改

进、SPA 格式以及对物联网（IoT）的支持等多个方面。

4.1.2　SDP 技术的定义

SDP 能够为开放式系统互联（Open System Interconnection，OSI）模型提供安全防护，可以实现资产隐藏，并且在允许连接到隐藏资产前使用单个数据包通过单独的控制与数据平面建立信任连接。使用 SDP 实现的零信任网络能够防御旧攻击方法的新变种，这些新变种攻击方法不断出现在现有的以网络和基础设施边界为中心的网络模型中。企业实施 SDP 可以改善其面临的攻击面日益复杂的安全困境。

SDP 是零信任理念的最高级实现方案。CSA 倡导将 SDP 架构应用于网络连接，SDP 架构如图 4-1 所示。

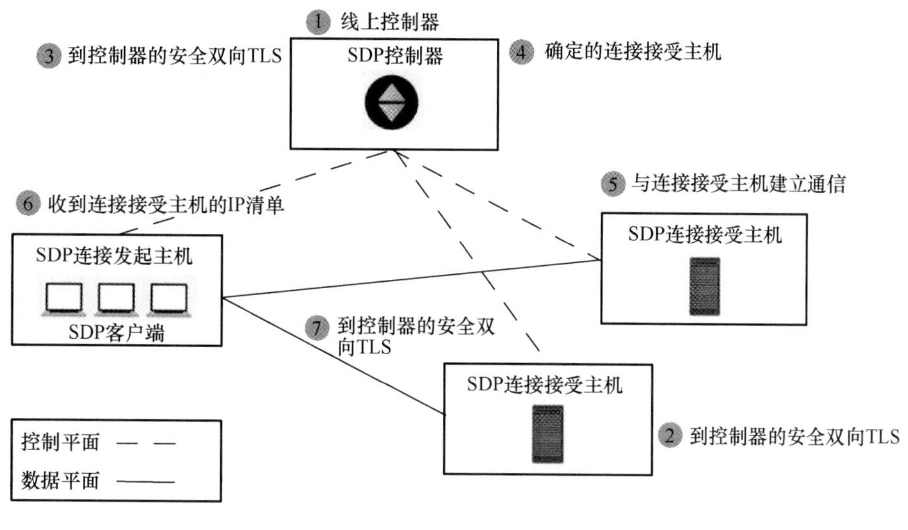

图 4-1　SDP 架构

（1）将建立信任的控制平面与传输实际数据的数据平面分离。

（2）使用 Deny-All 防火墙（不是完全拒绝，允许例外）隐藏基础设施（如使服务器变为“不可见”），丢弃所有未授权数据包并将它们用于记录和分析流量。

（3）在访问受保护的服务前，通过单包授权（Single Packet Authorization，SPA）协议进行用户与设备的身份验证和授权，在该协议中内置最小授权的特性。

SDP 对底层基于 IP 的基础设施透明，基于该基础设施保证所有连接安全，并且其可以部署在 OSI 与 TCP/IP 模型中的网络层，不涉及传输层到应用层，因此它是采用零信任战略的最佳架构。这一点很重要，因为传输层可以为应用程序提供主机到主机的通信服务，而会话层是终端应用程序进程之间打开、关闭和管理会话的机制。两者都有已知的和未发现的弱点，如 TLS 漏洞和建立会话时的 TCP/IP SYN-ACK 攻击。将开放式系统互联（OSI）模型与互联网工程任务组（IETF）TCP/IP 模型关联，得到标准模型示例如表 4-1 所示。

表 4-1　标准模型示例

层数	OSI 模型	TCP/IP 模型	数 据 单 元	描　　述
7	应用层	应用层	数据	网络进程到应用
6	表示层		数据	数据表示和加密
5	会话层		数据	主机间通信
4	传输层	传输层	段	端到端连接及可靠性
3	网络层	网络层	包	路径寻址
2	数据链路层	数据接入层	帧	物理寻址
1	物理层		字段	媒介、信号和二进制传输

SDP 使应用程序所有者能够在需要时部署安全边界，以便将服务与不安全的网络隔离。SDP 将物理设备替换为在应用程序所有者控制下运行的逻辑组件，在进行设备验证和身份验证后，才允许访问企业应用基础设施。

SDP 的原理并不是全新的。美国国防部和情报体系内的多个组织已经实施了类似的在网络访问前进行身份验证和授权的网络架构。该架构通常在分类或高端网络中使用（由美国国防部定义），每个服务器都隐藏在远程访问网关后方，在授权服务可见且允许访问前，用户必须对其进行身份验证。SDP 采用分类网络中使用的逻辑模型，并且将该模型整合到标准工作流中。

除了具备“权限最小化”优点，SDP 还避免了远程访问网关设备。SDP 访问控制设计的初衷是面向所有用户，而不仅仅是远程用户。SDP 要求任何发起方，在获得对受保护服务器和相关服务的网络访问权之前进行身份验证并获得授权，然后在请求系统和应用程序基础设施之间实时创建加密连接。概括地说，SDP 可以在对相关资源（如用户、设备和服务）完成安全验证后，允许其在一个特定边界中访问所需的服务，这些服务对未经授权的资源保存不可见。

SDP 由三部分构成：SDP 连接发起主机（Initiating Host，IH）、SDP 控制器（SDP Controller）、SDP 连接接受主机（Accepting Host，AH）。

SDP 的设计初衷是为 IPv4 和 IPv6 网络提供有效且易于集成的安全架构，包括对控制平面组件的保护和访问控制（AH 使用隐藏和访问控制手段对控制器和服务进行保护，以及从 IH 到控制器再到 AH 的通信保密性和完整性保护）。SDP 为跨数据平台通信的机密性和完整性提供保障，还包括一个“须知访问”模型，要在经过设备验证以及身份认证（用户和非人类实体，Non-Person Entith，NPE）成功后，才能以加密方式登录到边界网络。

通过将已验证的组件（如数据加密、远程验证、传输层安全、安全断言标记语言等）与其他技术结合，确保 SDP 可以与企业现有安全系统集成。

4.1.3　SDP 与零信任网络

现有的防御机制只能解决部分问题。SDP 可以在 TCP/IP 和 TLS 之前执行，降低威胁参与者将易受攻击的协议作为攻击向量的可能性。符合 CSA SDP 规范的软件定义边界实现了零信任，可以阻止常见的 DDoS 攻击、凭证盗用及 OWASP 发布的著名十大威胁等攻击。

SDP 架构是基于零信任理念的新一代网络安全架构。SDP 的基本原则是“ABCD”。尽管零信任应用于 OSI 模型的第 3 层（网络层），但考虑常见的架构模式（如访问混合云服务的应用程序），在尽可能将零信任网络部署在接近域边界的位置时必须小心，需要确保其具有最佳性能并防止不必要的服务延迟。

1. 为什么需要零信任网络和 SDP

现有的网络安全措施与建筑物的墙和门类似，攻击者会尝试破坏或绕过它们，可以为其强化“门锁”并进行严密监控，以确保攻击者不会闯入。我们可能想知道谁在“敲门”，又想避免攻击者碰到锁。我们也可以将数字资产保护起来，通过持续的威胁诊断将未授权用户拒之门外。众所周知，攻击者的主要目标是渗透到网络中并横向移动，以访问具有更高特权凭证的系统。零信任网络可以防止未授权用户的越权行为，将访问限制在授权范围内。

下列问题对快速更改网络安全的实现提出了要求。

1）不断变化的边界

在传统范式下，网络边界固定，不同的安全区域有不同的安全要求。在安全区域之间就形成了网络边界，受信任的内网受负载均衡、防火墙、IPS、Web 应用防火墙（Web Application Firewall，WAF）等网络设备的保护，对来自边界外部的各种攻击进行防范。但在数字化转型的进程中，传统范式已被虚拟网络取代，且过去的网络协议不是原生安全的。实际上，许多网络协议如互联网安全协议（Internet Protocol Security，IPSec）和 SSL 等都存在已知漏洞。大量的移动设备和物联网设备为传统网络带来了挑战，传统边界安全理念的不足日益暴露。

云计算的引入使网络安全环境发生变化，网络安全环境的变化与其他变化（如 BYOD 的要求、机器到机器的连接、远程访问的增加、网络钓鱼攻击的增加等）一同对传统安全手段提出了挑战。混合架构也在快速发展，在混合架构中，企业通过云平台提供联合办公设施。通过站点到站点（包括与第三方的互联）的连接方式，重新定义了领域边界。

2）IP 地址挑战

当前，一切网络服务都依赖于对 OSI 模型中 IP 地址的信任，这带来了一个问题：IP 地址缺乏用户信息，无法验证访问请求的完整性。其无法获取用户上下文信息，仅提供连接信息，且不对终端或用户的可信度提供指示。TCP 是 OSI 模型中第 4 层的双向通信协议，因此，当内部可信主机与外部不可信主机进行通信时，会收到不可信消息。

IP 地址的任何更改都可能使配置更复杂，导致错误的设置在网络安全组和网络访问控制列表中蔓延。被遗忘的内部主机对陈旧协议（如 ICMP 网络支持）的默认设置可能为攻击者提供攻击入口。

IP 地址可以动态分配，当用户更换位置时 IP 地址会发生变化，因此不应将其作为网络位置的基准。

3）实施集成控制的挑战

网络连接的可见性和透明性对网络安全和安全工具的使用提出了挑战。当前，网络安全控制手段的集成通过收集多个系统的日志数据，并转发给安全信息与事件管理（Security Information and Event Management，SIEM）系统或安全编排和自动化响应（Security Orchestration and Automation Response，SOAR）系统进行技术分析来实现。

网络连接的单点信任很难实现。在允许访问请求通过防火墙前，集成身份管理是一项非常消耗资源的任务。对大多数开发、运营团队来说，使用安全编码规范、应用防火墙和防 DDoS 攻击十分重要。

目前，为单个应用程序提供控制安全态势的能力仍然是一项巨大的挑战。改造应用程序和容器平台的安全性需要集成访问控制、身份管理、令牌管理、防火墙管理、代码、脚本、管道和图像扫描，并对其进行整体编排。

2. 零信任网络和 SDP 能解决的问题

零信任网络和 SDP 能在以下方面发挥作用。

1）先连接后验证

当前，网络连接的主要协议是传输控制协议（Transport Control Protocol，TCP）。当应用程序使用该协议进行连接时，先建立连接，再进行身份验证，通过身份验证后，即可交换数据。

先连接后验证允许未授权用户进入，这些用户在网络中可以执行恶意活动。

为设备提供连接到互联网的 IP 地址时，完成以下工作。

（1）拒绝尝试连接的恶意用户，其主要通过威胁情报进行标识。

（2）通过漏洞、补丁和配置管理功能加固，但事实证明这种做法不可行。

（3）部署没有用户上下文的网络层防火墙设备。这些防火墙容易受到内部攻击，或者使用过时的静态配置。注意，下一代防火墙（Next Generation Firewall，NGFW）虽然考虑了用户上下文、应用上下文和会话上下文，但仍然是基于 IP 地址的，会受应用层漏洞的影响而产生不确定的结果。

这些技术都不能有效防止攻击。零信任的实现要求对网络、主机和应用平台基础设施

上的各层攻击免疫。

2）端点监视需要消耗大量计算、网络和人力资源

目前，使用 AI 进行端点监视无法正确检测未授权访问。虽然受保护资源有各种虚拟的隔离，但是随着时间的推移，攻击者可以通过捕获身份的详细信息来了解授权机制并伪造人员、角色和应用的身份验证凭证，从而进行破坏。

现有的人工智能模型是简单的行为模型，大多基于多重线性回归分析和专家系统，或者经过训练可检测模式的神经网络。如果有足够的时间序列数据，就可以将 AI 安全检测模型扩展到基于时间的事件。这些模型用于非进化系统，主要在事后检测入侵模式。AI 快速发展，需要检测和预防新的、不断发展的威胁。检测带有欺骗意图的全新入侵行为，需要结合性能、交易数据模式和安全专家的分析。仅进行端点监视仍然会使企业容易受到不可检测的攻击。

对高度机密的数据来说，保证其安全性的最好方法是在攻击发生前进行防范。SDP 可以逐个分析数据包，发现非法的身份标识，从而拒绝存在风险的数据交换行为。

3）缺乏用户上下文的数据包检查

网络数据包检查有其局限性，数据包“分析”发生在应用层，入侵可能在检测前发生。

传统的数据包检查是在防火墙上或防火墙附近使用入侵检测系统（IDS）在重要的战略监控区域完成。传统的防火墙通常基于源 IP 地址控制对网络资源的访问。检查数据包的根本挑战是根据源 IP 地址识别用户。虽然可以使用现有技术检测某些攻击（如 DDoS 攻击等），但是大多数攻击（如代码注入和凭证盗用）都发生在应用层，需要用户上下文才能检测。

SDP 可以通过数据包检查用户上下文，可以结合网络数据在入侵前检测风险。

4.1.4　SDP 技术商业与技术优势

自 SDP 规范发布以来，SDP 在知名度和企业的创新应用方面都取得了巨大进展。IT 和安全专业人员对 SDP 的兴趣不断增加，市场上对于 SDP 解决方案的兴趣和部署实施也相应地增长。

（1）5 个 SDP 工作组在其重点领域取得了重大进展，包括用于 IaaS[①] 的 SDP、防 DDoS 攻击和汽车安全通信等。

（2）已有多个供应商提供了多种商业 SDP 产品，并在多个企业中得到了应用。

（3）SDP 的防 DDoS 攻击用例开源。

（4）已举办针对 SDP 的“黑客松”，且攻破成功率为零。

（5）行业分析报告开始纳入 SDP。

与传统的基于边界防护的安全架构相比，SDP 在商业领域具有巨大优势。SDP 的商业优势如表 4-2 所示。

① IaaS 的英文全称为 Infrastructure as a Service，即基础设施即服务。

表 4-2 SDP 的商业优势

优 势	描 述
节省成本及人力	使用 SDP 替换传统网络安全组件可以降低采购和支持成本； 使用 SDP 部署并实施安全策略可以降低操作的复杂性，并减少对传统安全工具的依赖； SDP 可以通过减少或替换多协议标签交换（Multi-Protocol Label Switching，MPLS）和租用线路利用率来降低成本（减少了对专用主干网的使用）； SDP 可以提高效率，减少人力需求
提高 IT 运维的灵活性	SDP 的实现可以由 IT 或 IAM 事件自动驱动，可以快速响应业务和安全需求
有利于 GRC 系统的应用	SDP 可以降低风险、缩小攻击面，防止基于网络的攻击和利用应用程序漏洞的攻击； SDP 可以响应治理、风险管理与合规软件（Governance，Risk management and Compliance software，GRC）系统（如与 SIEM 系统集成），以简化系统和应用程序的合规活动
扩大合规范围及降低成本	通过集中控制用户到特定应用程序或服务的连接，SDP 可以改进合规数据收集、报告和审计过程； SDP 可以为在线业务提供额外的连接跟踪； SDP 提供的网络微隔离经常用于缩小合规范围，可能对合规工作产生重大影响
安全迁移上云	通过降低所需安全架构的成本和复杂程度，支持公有云、私有云、数据中心和混合环境中的应用程序，SDP 可以帮助企业快速、可控、安全地应用云架构； 可以快速部署安全性
业务的敏捷性和创新	SDP 使企业能够快速、安全地实施任务。例如，SDP 支持将呼叫中心从企业内部机构变为居家办公的工作人员；SDP 支持将非核心业务功能外包给专业的第三方；SDP 支持远程用户自助服务；SDP 支持将企业资产部署到用户站点，与用户集成并创造新的收入
加快业务转型	通过微隔离和权限控制实现物联网安全，可以连接到迁移工程且不影响现有业务，结合物联网和私有区块链打造下一代安全系统

SDP 在技术领域同样具有不可替代的优势。SDP 的技术优势如表 4-3 所示。

表 4-3 SDP 的技术优势

优 势	描 述
缩小攻击面	将控制平面与数据平面分离，应用隐藏，避免潜在的网络攻击，保护关键资产和基础设施
保护关键资产和基础设施	通过隐藏来增强对云应用的保护：使管理员集中管控、对所有的应用访问进行可视化管理、支持即时监控
应用隐藏	在用户和设备经过身份验证和被授权访问资产前，默认关闭端口，拒绝访问
降低管理成本	降低端点威胁预防、检测成本； 降低事故响应成本； 降低集成管理的复杂程度
基于访问连接的安全架构	提供基于访问连接的安全架构。随着互联网和云应用的发展，传统的基于 IP 和边界的网络防护变得薄弱
可集成的安全架构	提供了可集成的安全架构，可以方便地与现有安全产品（如 NAC 或反恶意软件等）集成。SDP 将分散的安全元素集成，如用户感知应用、客户端感知设备、防火墙和网关等网络感知元素
SPA 协议	使用 SPA（单包授权）协议确定连接，并启用身份验证和授权
连接预审查	基于用户、设备、应用、环境等因素制定预审查机制，控制所有连接
在允许访问资源前进行身份验证	将控制平面与数据平面分离，在 TLS 和 TCP 握手前进行身份验证并提供细粒度的访问控制，进行双向加密通信
开放规范	针对审查机制建立社区，使更多参与者可以反馈规则问题，不断优化规则

4.1.5 SDP 技术主要功能

SDP 的设计至少包括 5 层安全性：①对设备进行身份验证和授权；②对用户进行身份验证和授权；③确保双向加密连接；④提供动态访问控制；⑤控制用户与服务之间的连接并将这些连接隐藏。

这些安全性和其他组件的设计通常在 SDP 实现中，SDP 的主要功能如表 4-4 所示。

表 4-4 SDP 的主要功能

分　类	SDP 架构组件	缓解或降低的安全威胁	额外效益
最小化访问模型	取证简化	恶意数据包和恶意连接	对所有恶意数据包进行分析和跟踪，以便进行取证
	细粒度访问控制	来自未知外部用户设备的数据窃取	只允许授权用户和设备与服务器建立连接
	设备验证	来自未授权设备的威胁； 证书窃取	确认密钥由请求连接的适当合法设备持有
	保护系统免受被入侵设备的攻击	来自被入侵设备的“内网漫游”威胁	用户只能访问授权应用程序而非整个网络
应用层访问控制	取消广域网接入	攻击面最小化； 消除了恶意软件和恶意用户的端口与漏洞扫描	设备只能访问策略允许的特定主机和服务，不能越权访问网段和子网
	应用程序和服务访问控制	攻击面最小化； 恶意软件和恶意用户无法连接到资源	SDP 控制允许哪些设备和应用程序访问特定服务，如应用程序和系统服务
双向加密连接	验证用户和设备身份	来自未授权用户和设备的连接	所有主机之间的连接必须使用相互身份验证来验证设备和用户是否是 SDP 的授权成员
	不允许伪造证书	针对身份被盗的攻击	相互身份验证方案将证书固定到由 SDP 管理的已知且受信任的有效根目录
	不允许中间人攻击	中间人攻击	基于 TLS 加密技术，确保传输过程业务数据全程加密。防止第三方或中间人获取或篡改业务数据
动态访问控制	动态的、基于成员验证体系的安全隔离区	基于网络的攻击	通过动态创建和删除访问规则（出栈和入栈）来启用对受保护资源的访问
隐藏信息、基础设施	服务器“变黑”	所有外部网络攻击和跨域攻击	SDP 组件（控制器、网关）在尝试访问的用户主机通过安全协议（如 SPA 协议等）进行身份验证授权前，不会响应任何连接请求
	减少拒绝服务（DoS）攻击	带宽和服务器 DoS 攻击（SDP 应通过 ISP 提供的上游反 DoS 服务来增强）	面向 Internet 的服务通常位于 SDP 网关（充当网络防火墙）后方，因此能够抵御 DoS 攻击。SPA 可以使 SDP 网关免受 DoS 攻击
	检测错误包	快速检测所有外部网络和跨域攻击	从任何其他主机到 AH 的第一个数据包是 SPA 数据包（或类似的安全构造）。如果 AH 收到任何其他数据包，就将其视为攻击

4.1.6 SDP 与十二大安全威胁

SDP 能够有效缩小攻击面，缓解或彻底消除威胁、风险和漏洞。十二大安全威胁及SDP 的作用如表 4-5 所示。

表 4-5 十二大安全威胁及 SDP 的作用

编号	安 全 威 胁	SDP 的作用
1	数据泄露	SDP 通过预验证和预授权来缩小攻击面，实现服务器和网络的“最小访问权限”模型，减少数据泄露。 剩余风险：SDP 不适用于阻止网络钓鱼、错误配置等数据泄露攻击，无法直接阻止授权用户对授权资源的恶意访问
2	弱身份、密码与访问管理	企业 VPN 访问密码被盗往往导致企业数据丢失。VPN 通常允许用户对整个网络进行访问，成为弱身份、密码与访问管理中的薄弱环节
3	不安全的界面和 API	使用户界面不被未授权用户访问是 SDP 的核心能力。SDP 使未授权用户无法访问 UI，因此其无法利用任何漏洞。 SDP 可以通过在用户设备上运行的进程来保护 API。目前，SDP 部署的焦点一直是保护用户对服务器的访问。 服务器到服务器的访问还不是 SDP 的重点，但是将来会包含在 SDP 的保护范围内。 剩余风险：目前，服务器到服务器 API 不会受到 SDP 的保护
4	系统和应用程序漏洞	SDP 能显著缩小攻击面，隐藏系统和应用程序漏洞，对未授权用户不可见。 剩余风险：授权用户可以访问授权的资源，存在潜在风险，需采用其他安全系统（如 SIEM 系统或 IDS 等）来监控访问和网络活动
5	账号劫持	SDP 能够完全消除基于会话 cookie 的账号劫持。如果没有进行预验证和预授权并携带适当的 SPA 数据包，应用服务器会默认拒绝来自恶意终端的网络连接请求。 剩余风险：SDP 无法阻止网络钓鱼攻击和消除密码窃取风险，但 SDP 可以通过执行强身份验证来降低风险，并基于地理位置等信息控制访问
6	内部恶意人员威胁	SDP 可以限制内部人员的安全威胁。适当配置的 SDP 系统可以使用户只能访问执行业务所需的资源，隐藏其他资源。 剩余风险：SDP 不能阻止授权用户对授权资源的恶意访问
7	高级可持续威胁（APT）攻击	高级可持续威胁（Advanced Persistent Threat，APT）攻击本质上是复杂的、多面的，任何单一安全防御无法阻止。 SDP 通过限制受感染终端寻找网络目标的能力及在整个企业中实施多因子身份验证，有效缩小攻击面。 剩余风险：预防和检测 APT 需要将多个安全系统结合
8	数据丢失	SDP 遵循最小权限原则，并使网络资源对未授权用户不可见，减小了数据丢失的可能性，还可以通过适当的 DLP 解决方案增强。 剩余风险：SDP 不能阻止授权用户对授权资源的恶意访问
9	尽职调查不足	SDP 不适用
10	滥用和非法使用云服务	SDP 不直接适用，但 SDP 供应商的产品有能力检测和了解云服务使用状况

（续表）

编号	安 全 威 胁	SDP 的作用
11	DDoS 攻击	SDP 架构中的 SPA 使 SDP 控制器和网关在防 DDoS 攻击方面更有弹性。与 TCP 相比，SPA 使用的资源更少，使服务器能大规模处理、丢弃恶意网络请求数据包。与 TCP 相比，SPA 提高了服务器的可用性。 剩余风险：虽然 SPA 显著降低了无效数据包带来的计算负担，但其仍然是非零的，SDP 系统仍然可能受到大规模 DDoS 攻击的影响
12	共享技术问题	云服务商可以使用 SDP，以确保管理员对硬件和虚拟化基础设施的访问管理。 剩余风险：除了 SDP，云服务商还需要使用各种安全系统

4.1.7　SDP 标准规范《SDP 2.0》与《SDP 1.0》

与《SDP 1.0》相比，《SDP 2.0》对 SDP 标准规范进行了扩展和加强，并反映了当前最新的零信任行业状态。它主要包括：SDP 概念及其与零信任的关系、SDP 架构及部署模型细化、SDP 组件加载和访问流程、新的 SPA 消息格式、SDP 通信协议的安全改进、对物联网设备的支持。

1．SDP 概念及其与零信任的关系

SDP 聚焦于保护企业的关键资源，而不是边界。通过逻辑动态控制，取代传统物理边界防御设备。企业为了保护关键资源的安全，可以进行访问策略的定义，访问策略可以作用于网络的所有层面，基于风险的、动态的，以身份为中心的、上下文感知的访问策略，可以进行访问控制和处置。访问策略站在更高的视角、更全面的维度，而非单一的策略。

SDP 设计理念：支持多层无缝集成，能将多个异构的环境统一成通用的安全层，简化安全、网络、运维，实现全方位、高效、深入、灵活地保障应用、网络、用户、数据安全。

SDP 借鉴了机密网络中使用的零信任模型，将其并入标准工作流程。

SDP 初衷是面向所有用户，而不仅仅是远程用户，主要有以下四大原则。

（1）访问网络之前，先进行身份认证和授权。

（2）所有的服务器隐藏在远程访问网关设备后。

（3）用户必须完成身份认证，才能被授予服务的可见权限及开放访问通道，并进行通道加密。

（4）最小授权原则。

近期，美国国家标准与技术研究院（NIST）在《零信任架构》中定义的零信任架构也包含这些原则。SDP 保留了最小特权模型的优点，同时克服了必须借助远程访问网关设备的不足。SDP 可以完成验证后（用户、设备、服务），允许在一个特定边界中访问所需服务。这些服务对未授权的资源保持不可见。

2. SDP 架构及部署模型细化

《SDP 2.0》中细化了 SDP 架构中各个组件的功能及描述，也细化了部署方式，明确了 AH 与服务之间的关系。此外，新增了两种部署模式模型：客户端—网关—客户端模型和网关—网关模型。

3. SDP 加载和访问流程

《SDP 2.0》中新增了 SDP 组件工作流程，新增了流程图，主要包括组件加载和访问流程。

4. 新的 SPA 信息格式

《SDP 2.0》中说明了 SPA 的重要性及原理，对 SPA 的格式做了改进和更新，《SPA 2.0》的消息格式更安全和更易扩展。

SPA 在 SDP 中实现的主要原则如下。

（1）隐藏 SDP 组件：在提供可信的 SPA 报文前，不对任何连接做反应，可配置默认丢弃的防火墙策略。

（2）减轻对 TLS 的拒绝服务攻击：对于 HTTPS 协议，在建立 TCP、TLS 连接的开销之前，拒绝所有未授权的连接。

（3）攻击检测：AH 收到任何非 SPA 报文，都被视为攻击。

通过研究 SPA 方案和协议，发现 SPA 不仅可以作为网络隐身协议，还可以作为数据传输协议。SPA 协议里的消息内容字段，可以用来传输数据，这样就无须建立 TCP 或 TLS 连接了。例如，可以应用于定期传输少量数据的物联网传感器设备。数据嵌入在 SPA 报文中，即可节省开销进行数据传输。

5. SDP 通信协议的安全改进

在《SDP 1.0》中，首先要进行 TCP 连接，再进行 SPA 敲门，如此一来，会导致端口暴露，从而增加安全风险；而在《SDP 2.0》中，将 SPA 敲门流程放在了第一步进行。

6. 对于物联网设备的支持

《SDP 2.0》增加了物联网场景，随着物联网时代的发展，终端的种类和数量不断增加，对应的安全防护能力发展滞后，同时也面临着无人值守等风险，任何一个终端被恶意利用，都会导致整个物联网系统的安全坍塌。由于物联网终端的多样化，并且和应用高度融合，给物联网带来安全的不确定性，给物联网的发展带来挑战。未来 SDP 将更好地适应物联网场景，推出轻量级终端的 SDP。

7. 总结

SDP 是一种有效的零信任实现方案，《SDP 2.0》将促进企业采用零信任范式来保护其应用程序、网络、用户和数据的安全。这一点变得至关重要，因为企业正在向云计算的迁

移，威胁形势正在不断加剧。

此外，SDP 已被证明可以保障企业的 IaaS 平台、网络功能虚拟化（Network Function Virtualization，NFV）、软件定义网络（SDN）和物联网（IoT）应用程序的安全。

4.2　SDP 技术架构与通信协议

软件定义边界（SDP）是由云安全联盟（CSA）开发的一种安全框架，它是根据身份控制对资源的访问。该框架基于美国国防部的“Need-to-Know”原则——每个终端在连接服务器前必须进行验证，确保每台设备都是被允许接入的。其核心思想是，通过 SDP 架构隐藏核心网络资产与设施，使之不直接暴露在互联网下，使得网络资产与设施免受外来安全威胁。

SDP 旨在利用基于标准且已验证的组件，如数据加密、远程认证（主机对远程访问进行身份验证）、传输层安全（TLS，一种加密验证客户端信息的方法）、安全断言标记语言（SAML），它依赖于加密和数字签名来保护特定的访问及通过 X.509 证书公钥验证访问。将这些技术和其他基于标准的技术结合起来，确保 SDP 与企业现有安全系统集成。

本节主要介绍 SDP 的架构和通信协议。

4.2.1　SDP 架构概述

SDP 架构如图 4-2 所示。它由 SDP 连接发起主机（Initiating Host，IH）、SDP 控制器（SDP Controller）、SDP 连接接受主机（Accepting Host，AH）三部分构成。

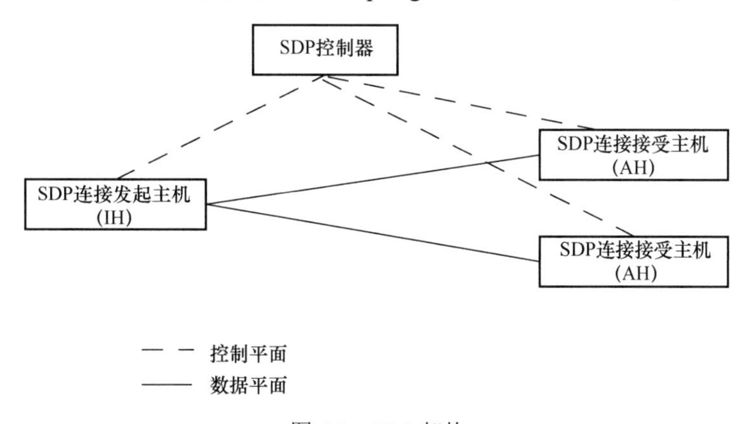

图 4-2　SDP 架构

SDP 主机（连接发起主机或连接接受主机），通常是全栈主机或轻量级服务，可以发起或接受连接。这些动作由 SDP 控制器管理，通过控制平面上的安全信道交互。数据则通过数据平面中单独的安全信道通信。控制平面与数据平面分离，实现系统架构的灵活性及高度可扩展性。此外，出于规模化或可用性的目的，所有组件均可以做冗余部署。

SDP 主机（连接发起主机或连接接受主机）与 SDP 控制器进行通信，SDP 控制器是一个设备或服务器进程，它确保用户经过身份验证和授权，以及设备得到验证，并建立安全通信，保证网络上的数据流量和控制流量是分离的。

（1）SDP 控制器的设计初衷是用于管理所有的身份验证和访问流程。SDP 控制器本质上是整个解决方案的“大脑”，负责定义和评估相应访问策略。它充当了零信任架构下的策略决策点（PDP 职能）。SDP 控制器负责同企业身份验证方（如身份提供商 LDP、多因子身份验证 MFA 服务）的通信，统一协调身份验证和授权分发。它是一个中心控制点，用于查看和审计所有被访问策略定义的合法连接。

（2）SDP 连接发起主机的访问实体可以是用户设备或 NPE（非人类实体）。例如，硬件（如终端用户设备或服务器）、网络设备（用于网络连接）、软件应用程序和服务等。SDP 用户可以使用 SDP 客户端或浏览器来发起 SDP 连接。

（3）SDP 连接接受主机是逻辑组件，通常被放置在受 SDP 保护的应用程序、服务和资源的前端。SDP 连接接受主机充当零信任架构下的策略执行点（PEP 职能）。PEP 通常由具备 SDP 功能的软件或硬件实现。它根据 SDP 控制器的指令来执行网络流量是否允许发送到目标服务（可能是应用程序、轻量级服务或资源）。从逻辑上讲，SDP 连接接受主机可以与目标服务部署在一起或分布在不同网络上。

这些 SDP 组件可以部署在本地或云上，出于扩容或可用性目的可以进行冗余部署。

4.2.2 SDP 组件介绍

SDP 由三大组件组成：SDP 控制器、SDP 连接发起主机（客户端）、SDP 连接接受主机（网关）。

1. SDP 控制器

SDP 控制器是一个关于策略的定义、验证和决策的组件［零信任架构中的策略决策点（Policy Decision Point，PDP）］，其维护的信息包括：哪些身份（如用户和组）可以通过哪些设备访问组织架构中的服务（本地或云中）。它决定了哪些 SDP 主机可以相互通信。

一旦用户（在 IH 上）连接到 SDP 控制器，SDP 控制器将对该用户进行身份验证，并根据用户的上下文（包括身份和设备属性）判定是否允许其访问被授权的服务（通过 AH）。

为了对用户进行身份验证，SDP 控制器可以使用内部用户表或连接到第三方的身份管理与访问控制（IAM）服务（本地或云中）执行认证，并且可以加上多因素认证（MFA）。身份验证方式通常基于不同用户类型和身份。例如，企业员工可以通过身份验证提供商进行身份验证，而外部承包商可以通过存储在数据库中的凭据或使用联合身份进行身份验证。

为了对用户访问服务进行授权，SDP 控制器可以使用内部的“用户到服务”映射策略模型或第三方服务，如 LDAP、活动目录（AD）或其他授权解决方案（本地或云上的）。授权通常由用户角色和细粒度信息决定：基于用户或设备属性，或者用户被授权访问的实际数据元素/数据流。实际上，SDP 控制器所维护的访问控制策略可以由其他组织型的数据结构（如企业服务目录和标识存储）来输入。通过这种方式，SDP 控制器实现了 NIST 定义的零信任原则中的动态零信任策略。

此外，SDP 控制器可以从外部服务获取信息，如地理位置信息或主机验证服务，以进一步验证（在 IH 上的）用户。另外，SDP 控制器可以向其他网络组件提供上下文信息，如有关用户身份验证失败或访问敏感服务的信息。

SDP 控制器与零信任 PDP 概念组件密切相关。根据 SDP 架构的配置需求，它可以部署在云或本地中。

SDP 控制器由单包授权（Single Packet Authorization，SPA）协议的隔离机制保护，使其对未授权的用户和设备不可见和不可达。该机制可以由 SDP 控制器前端的 SDP 网关提供，也可以由 SDP 控制器本身提供。

2. SDP 连接发起主机（IH）

SDP 连接发起主机（IH）与 SDP 控制器通信，以便开启通过 AH 来访问受保护的公司资源的过程。

SDP 控制器通常要求 IH 在认证阶段提供用户身份、硬件或软件清单以及设备健康状况等信息。SDP 控制器还必须为 IH 提供某种机制（如凭证密钥），以便 IH 与 AH 建立安全通信。

IH 的形式可以是安装在终端用户机器上的客户端程序或 Web 浏览器。使用客户端程序可以提供更丰富的能力，如主机检查（设备安全状态检查）、流量路由和更便捷的身份验证。

IH 最重要的作用之一是使用 SPA 启动连接，本书后续内容将对此进行详细讨论。在某些实现中，SPA 报文可能由基于浏览器的 SDP 客户端生成。IH 可以是人类用户的设备（如员工或承包商的计算机或移动设备）、应用程序（如胖客户端）或物联网（IoT）设备（如远程水表）。在刚刚的最后一个例子（远程水表）中，其身份是一个非人类身份，但还是需要经过身份验证和授权的。

3. SDP 连接接受主机（AH）

AH 是 SDP 策略执行点（PEP），用于隐藏企业资源（或服务）以及实施基于身份的访问控制。AH 可以位于本地、私有云、公共云等各种环境中。

受 AH 保护的服务不仅限于 Web 应用程序，还可以是任何基于 TCP 或 UDP 的应用程序，如安全外壳（Secure Shell，SSH）协议、远程显示协议（Remote Display Protocol，RDP）、SSH 文件传输协议（SSH File Transfer Protocol，SFTP）、服务器消息块（Server Message Block，SMB）协议或胖客户端访问的专有应用程序。

在默认情况下，对 AH 的任何网络访问都被阻止，只有经过身份验证和授权的实体才能访问。

如上所述，AH 可以与目标服务部署在一起，或者分布在不同的网络上。

4.2.3 SDP 的工作原理与流程[①]

一般来说，SDP 组件工作流程通常分为两种独立的类型：加载流程（每个组件均有独立流程）和访问流程（在多个组件之间协调）。就定义而言，每个 SDP 组件都有一个单独的加载流程，并参与多个访问流程。

以下所述的工作流程只是代表一般情况，因为在不同的 SDP 实现方案和不同的 SDP 部署模型之间的细节会有所不同。

1．控制器加载流程

每个 SDP 系统都需要一个或多个控制器。为了让加载流程得以成功，至少必须保证有一个控制器在任何时候都是可用的。在一些 SDP 实现方案中，需要一个始终在线的控制器使访问流程获得成功。控制器必须能够从其他任何 SDP 组件的运行位置进行网络访问。因此，它们通常可通过互联网在全球范围内可达，但仅限于获得授权的用户/设备。

控制器加载流程如图 4-3 所示。一个初始的（主要的）控制器被引入服务，并连接到适当的、可选的身份验证和授权服务（如 PKI 颁发证书机构服务、设备身份验证、地理位置、SAML、OpenID、OAuth、LDAP、Kerberos、多因子身份验证和其他此类服务）。控制器应该时刻在线，以便对任何其他 SDP 组件随时可用。如有必要，也可以让后续更多的控制器上线，并使用相同组织机构的专属配置，以及来自初始控制器的初始化参数（配置）信息加载。

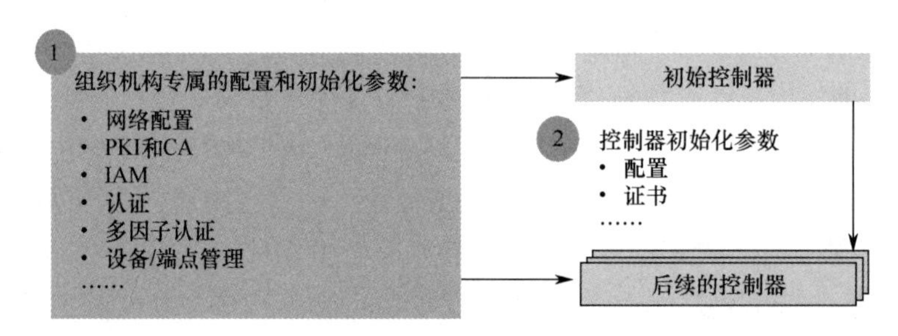

图 4-3 控制器加载流程

为了实现负载均衡和冗余，许多 SDP 的实现方案会支持控制器集群部署。任何 SDP 实现方案都必须支持这样一种机制：后续的控制器可以加入集群，连接到集群内的其他控制器，并共享或访问任何当前的状态信息。这种机制依赖于具体实现方案，本节不进行详细讨论。

2．AH 加载流程

每个 SDP 系统都需要一个或多个 AH。它们可以使用上述的任何 SDP 部署模型进行部署。也就是说，它们可以是独立的网关，也可以作为服务器（资源/业务系统）的

① 本节内容参考了《软件定义边界（SDP）标准规范 2.0》的部分内容。

一部分部署。

AH 可以是长期在线的，也可以是短暂的。两者在 SDP 实施中都是可以接受的。独立网关 AH 可能寿命较长，运行数月或数年。但也可能是短暂的，如在基于负载进行扩展或收缩的动态网关集群中。

部署在单个服务器（业务系统）中的 AH 在线时间可长可短。在这种场景下，它们的生命周期将与它们所属的服务器实例的生命周期绑定在一起。服务器实例可以是长期存在的，如传统的 Web 或应用服务器；也可以是短期存在的，如 DevOps 基础设施的一部分服务。

AH 加载流程如图 4-4 所示。当 AH 投入使用时，它们必须连接到 SDP 系统中的一个或多个控制器并进行认证。一旦加载成功，它们就可以接收 SPA 报文，并处理来自授权 IH 的访问。

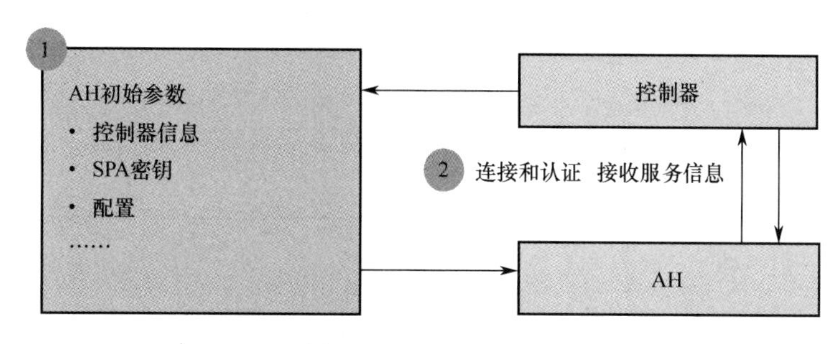

图 4-4　AH 加载流程

任何 SDP 实现方案都必须支持这样一种机制：所有 AH 都可以被配置为连接到控制器集群中。由于这种机制依赖于具体实现方案，因此具体内容不在本节的讨论范围内。同样，许多 SDP 实现方案都支持 AH 集群部署，以实现负载均衡和冗余容灾的目的，这是一种比较常见的网关部署模型。

3. IH 加载流程

IH 可以是用户设备或非用户操作的系统（如物联网设备或充当 IH 的服务器）。与 SDP 系统中的其他所有组件一样，IH 也需要加载，其加载流程如图 4-5 所示。在这个流程中，它们首先需要被配置连接到控制器所需的初始参数信息，包括网络信息（主机名或 IP 地址），以及任何必要的共享密钥（如 SPA 密钥、数字证书）。通常，IH 加载流程需要用到企业身份管理服务供应商，并且在用户设备上需要进行用户身份认证。

IH 只需要加载一次，之后就可以启动访问流程了。

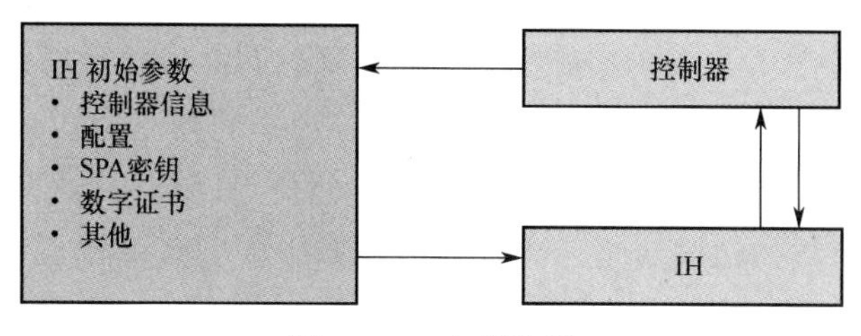

图 4-5　IH 加载流程

4. 访问流程

IH 启动访问流程以连接被 SDP 系统保护的业务系统（资源），访问流程涉及 SDP 全部组件：IH、控制器和 AH。SDP 访问流程如表 4-6 和图 4-6 所示。

表 4-6　SDP 访问流程

步　骤	访 问 流 程
1	当已加入的 IH 重新上线时（如在设备重新启动后或当用户启动连接时），它将连接到控制器进行身份验证
2	在 IH 身份验证（在某些情况下，使用其相应的身份提供商）成功后，控制器会确定该 IH 有权（通过 AH）通信的服务列表 但此时控制器尚未将此列表发送给 IH，必须等到步骤 3 之后
3	控制器指示 AH 可以接受来自 IH 的通信，以及向 AH 发送用于建立用户、设备和服务之间双向加密通信所需的信息
4	控制器向 IH 提供已授权的 AH 和服务列表，以及建立双向加密通信所需的任何可选信息
5	IH 使用 SPA 协议发起与授权 AH 的连接，首先验证 SPA 中的信息以确保安全，然后 IH 建立与 AH 之间的双向 TLS（mutual Transport Layer Security，mTLS）连接

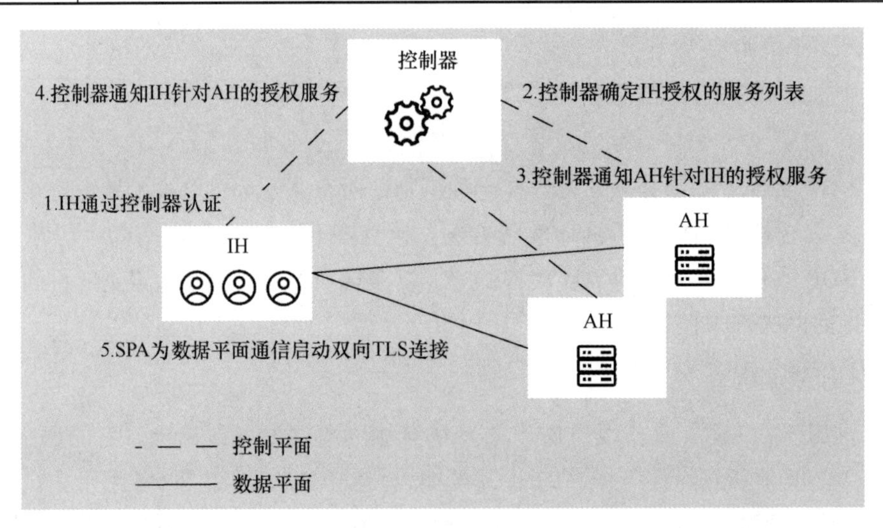

图 4-6　SDP 访问流程

4.2.4　SDP 与访问控制

零信任的核心理念是通过访问策略对受保护的资源进行访问控制。作为新兴架构，SDP 加强了访问控制管理，并为实施用户访问管理、网络访问管理和系统验证控制等设定了标准。SDP 可以通过阻止来自未授权用户和设备的网络层访问来实施访问控制。SDP 部署了 Deny-All 防火墙，可以控制网络数据包在 IH 和 AH 之间的流动。SDP 使企业能够定义和控制自己的访问策略，决定哪些个体能够从哪些被批准的设备访问哪些网络服务。

SDP 不尝试替代已有的身份和访问管理方案，其对用户的访问控制进行加强管理。SDP 通过将身份验证和授权与其他安全组件集成，显著缩小了攻击面。例如，用户 Jane 可能没有企业财务管理服务器的登录密码，但该服务器只要在网络上对 Jane 的设备可见，就存在风险。如果 Jane 所在的企业部署了 SDP 架构，那么财务管理服务器对 Jane 的设备隐藏，即使攻击者入侵 Jane 的设备，SDP 也能阻止其从该设备连接到财务管理服务器。如果 Jane 有财务管理服务器的登录密码，在她的设备上安装 SDP 客户端也可以提供保护，攻击者会被多因子身份验证和强身份验证拒之门外。

4.2.5 单包授权（SPA）①

SDP 架构提供的协议在网络栈的所有层都对连接提供保护。通过在关键位置部署网关和控制器，能够使相关人员专注于保护最关键的连接，使其免受网络攻击和跨域攻击。

1．SPA 模型

SDP 强制实施“先验证后连接”，弥补了 TCP/IP 开放且不安全的缺陷，该内容通过 SPA 实现。SPA 是一种轻量级安全协议，在允许访问控制器或网关等相关系统组件所处的网络前，验证设备或用户身份。

各类应用与网络服务隐藏在防火墙的后面，该防火墙默认丢弃所有收到的未经验证的 TCP 和 UDP 数据包，不响应连接尝试。因此，潜在的攻击者无法得知所请求的端口是否正在被监听。在经过身份验证和授权后，用户才能访问所请求的服务。SPA 在客户端和控制器、网关和控制器、客户端和网关等的连接中应用。

SPA 的实现可能存在一些小的差别，但其均应满足以下原则。

（1）必须对数据包进行加密和验证。

（2）数据包必须包含所有必要信息，单独的数据包头不被信任。

（3）生成和发送数据包必须不依赖管理员或底层访问权限，不允许篡改原始数据包。

（4）服务器必须尽可能无声地接收和处理数据包，不回复或发送确认信息。

在 SDP 架构部署模式中，SPA 对连接的保护如图 4-7 所示。

2．SPA 消息格式

虽然不同 SDP 实现方案的 SPA 消息格式可能不同，但所有 SDP 系统都应支持 SPA 作为在组件之间启动连接的机制。值得一提的是，SPA 报文创建者和接收者应当具有共享的信任根，因为每个 SPA 报文都需要共享密钥才能有效构建。建立信任根（如何将共享密钥安全地传递到 SDP 组件）取决于具体实现方案，超出了本节的讨论范围。通常来说，这些信息包括在 IH 和 AH 的加载流程中。表 4-7 展示了《软件定义边界（SDP）标准规范 2.0》中的 SPA 消息结构。

---

① 本节内容参考了《软件定义边界（SDP）标准规范 2.0》的部分内容。

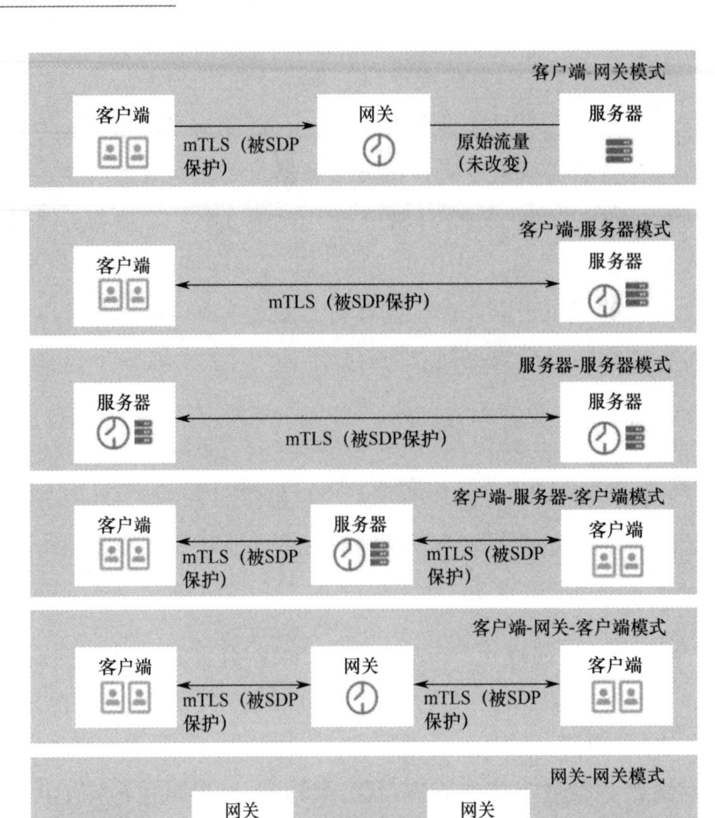

图 4-7　SPA 对连接的保护

表 4-7　SPA 消息结构

消息格式项	详 细 描 述
用户 ID	为每对用户–设备分配 256 位数字标识符。该字段用于区分发送报文的用户、设备或逻辑组
非重复随机数	16 位随机数据字段，用于避免 SPA 报文被重复使用，以防止重放攻击
时间戳	通过确保 SPA 报文在短时间内的有效性（如 15～30 s），以防止处理过期无效的 SPA 报文。这也提供了一种机制减少接收方所需的重放攻击检测缓存
源 IP 地址	IH 的公开可见 IP 地址。AH 不依赖报文头中的源 IP 地址，因为在传输过程中很容易修改。IH 必须能够获得 IP 地址，供 AH 使用，作为报文的来源地址
消息类型	该字段是可选的。它可用于通知接收方在建立连接后，IH 会发送什么类型的消息
消息内容字符串	此字段是可选的。它将取决于“消息类型”字段。例如，这个字段可以用于标明 IH 将要请求的服务（如果在连接时已知目标服务）
基于 HMAC 的一次性密码（HMAC-based One-Time Password，HOTP）	这个一次性哈希密码是基于 RFC4226 所描述的算法以及共享密钥生成的。SPA 报文中必须使用 OTP 以验证其真实可靠性，其他替代的 OTP 算法也可以应用在这里，只要能达到验证 SPA 报文真实可行性的总体目标即可
哈希运算消息认证码（Hash-based Message Authentication Code，HMAC）	基于上述所有字段计算得出。算法可选择 SHA256（推荐）、SHA384、SHA512、SM3、Equihash 或其他高效健壮的算法。HMAC 使用共享（密钥）种子计算。将此 SPA 消息的所有先前字段合并然后计算 HMAC 值，最后 AH 会使用它来验证 SPA 消息的完整性。HMAC 验证在计算上是轻量级的，因此可以用来提供抵御 DoS 攻击的弹性能力。任何带有无效 HMAC 的 SPA 报文将被立即丢弃

值得一提的是，其他 SPA 实现方案可能包含额外的加密方式，如使用 IH 的私钥（以实现不可假冒）或 AH 的公钥（以实现保密）。然而，非对称加密在计算上开销比较大，建议只有在轻量级验证机制（如简单的 HMAC）通过之后才应该被接收方使用，以保持 AH 对 DoS 攻击的弹性。

3. SPA 的优势

SPA 在 SDP 中具有重要的作用。SDP 的目标之一是弥补 TCP/IP 开放和不安全的缺陷，TCP/IP 允许先连接后验证。在当前网络安全面临威胁的形势下，不允许恶意用户扫描并连接到企业系统。SPA 通过以下两种方式解决这一问题。

（1）将使用 SDP 架构的应用隐藏在 SDP 网关或 AH 后方，只有授权用户才能访问。

（2）保护 SDP 组件，如控制器和网关等，任何未经过授权的实体，不仅不能访问业务系统，还不得访问 SDP 组件。为达到这一目标，要求实体与任何 SDP 组件连接之前，必须经过基于密码学的授权验证。这种机制提高了 SDP 的安全性和弹性，未经过授权的实体无法与 SDP 组件建立网络连接，因此无法尝试漏洞利用、无法尝试暴力破解或利用被盗用户的账号、密码。使其安全地面向互联网部署，确保合法用户可以高效、可靠地访问，未授权用户则看不到这些服务。

SPA 的一个优势是能隐藏服务。防火墙的默认丢弃规则缓解了端口扫描和相关侦查技术带来的威胁，使得 SPA 组件对未授权用户不可见，显著缩小了攻击面；SPA 的另一个优势是能进行 0day 保护。当发现漏洞时，如果只有被通过身份验证的用户能访问受影响的服务，那么该漏洞的破坏性显著降低。

SPA 也可以抵御分布式拒绝服务（DDoS）攻击。如果一个 HTTPS 服务暴露在公共互联网中，较少的流量就可能使其宕机。SPA 使服务仅对通过身份验证的用户可见，因此，所有 DDoS 攻击都默认被防火墙丢弃，而不是由受保护服务处理。

4. SPA 在 SDP 中实现的主要原则

SPA 在 SDP 中实现的主要原则如下。

（1）隐藏 SDP 系统组件：控制器和 AH 不会对来自远程系统的任何连接尝试做出反应，直到它们提供了对该 SDP 系统合法可信的 SPA 报文。具体地说，在基于 UDP 的 SPA 的情况下，主机不会响应 TCP SYN（Synchronize Sequence Numbers，同步序列编号），从而避免了向潜在攻击者泄露任何信息（具体实现示例：配置了“默认丢弃”规则的防火墙）的风险。无论是独立的 AH（SDP 网关），还是逻辑上属于服务器/业务系统一部分的 AH，都采用这样的原则。

（2）减轻对 TLS 的拒绝服务（DoS）攻击：运行 HTTPS（使用了 TLS）的面向互联网的服务器非常容易受到拒绝服务攻击或分布式拒绝服务（DDoS）攻击。SPA 可以减轻这些攻击，因为它可以让服务器在产生建立 TCP 或 TLS 连接的开销之前快速拒绝未经授权的连接尝试，即使 DoS 攻击还在进行中，也会同时允许授权连接的建立。

（3）攻击检测：从任何其他主机发往控制器或 AH 的第一个报文必须是 SPA 报文。如果 AH 收到其他任何报文，那么应将其视为攻击。因此，SPA 让 SDP 能够根据单个恶意报文确定攻击。

5．SPA 的局限

SPA 只是 SDP 多层次安全的一部分，其自身并不完整。虽然 SPA 的实现能够抵御重放攻击，但其可能面对中间人（Man-in-the-Middle，MITM）攻击。具体地说，当 MITM 攻击捕获并修改 SPA 数据包时，虽然其不能建立被授权客户端的连接，但是可以建立控制器或 AH 的连接。此时，由于攻击者缺少客户端证书，无法完成 mTLS 连接，因此应通过控制器或 AH 拒绝该连接尝试并关闭 TCP 连接。由此可见，即使在面对 MITM 攻击时，SPA 也远比标准的 TCP 安全。

不同供应商的 SPA 实现存在一些差异。可以参考单包授权与端口试探工具项目提供的开源 SPA，以及 Evan Gilman 和 Doug Barth 撰写的《零信任网络》的第 8 章“建立流量信任”。

6．SPA 可作为一种消息传输协议

SPA 可以作为一种安全的、独立的、无连接的消息传输协议。在 SDP 系统中，SPA 的一个有趣的“副产品”用例是，SPA 报文不仅可以用作发起连接的手段，还可以用作从远程对象传输数据的手段。因为 SPA 报文基于一个共享的密钥，接收方可以相信其中包含的数据是由一个有效的 SDP 客户端发布的。

如果 SPA 种子密钥对于特定的客户端是唯一的（由 SPA 报文中的 ClientID 标识），那么消息内容字符串字段可以被客户端用来传输有意义的数据。这既不需要任何进一步的处理或策略评估，也不需要建立 TCP 或 TLS 连接。

这个方案对一组需要定期传输少量数据的分布式物联网传感器很有用。将数据嵌入到 SPA 报文中，从而使这些设备完成数据传输任务而避免产生 TCP/TLS 连接的额外开销。当然，这种机制也有一些缺点。AH 必须随时待命接收这个数据，而且因为这是一个单向传输协议，即便数据通过“发送后就不管”的 SPA 报文传输被收到，IH 也不会收到确认消息。尽管如此，在用户可以接受 SPA 的缺点的情况下，SPA 数据传输可以是一种有用的方案。

7．SPA 的替代方案

SPA 是一种健全和安全的机制，可以落地实现 SDP 的关键原则，即隐藏基础设施，提供了对 DDoS 攻击的弹性应对能力，并提高了检测攻击的能力。SPA 还具有使 SDP 成为一个闭环系统的优势：一旦种子密钥被分发，IH 就可以安全可靠地与控制器和 AH 建立加密通信，而无须依赖任何外部系统。

然而，SPA 并不是实现这些目标的唯一机制。有一些替代方案也可以实现上述定义的

原则，因此它们可以成为支持 SDP 和零信任原则的系统的一部分。例如，一个无 SPA 的 SDP 系统可以利用一个全球可访问的企业身份提供商，并有一个控制通道通往 SDP 的控制器和 AH。在这种模式下，IH 向身份提供商的认证请求将触发一个控制面消息给控制器和 AH，通知它们 IH 认证成功，并告知它们立即会收到来自 IH 的公网 IP 地址的连接。随即，IH 将能够建立一个与控制器和 AH 的 TCP 连接，因为控制器和 AH 已经预期到这个连接。当然，TCP 连接之后紧跟着会有双向 TLS（mTLS）认证的连接。

当然，每个系统和架构都有自己的设计考量和取舍。只要该方案实现了上面提到的 3 个原则，基于 SPA 替代方案的系统就可以成为一个健全和有价值的 SDP 系统的组成部分。

4.2.6 mTLS 通信协议[①]

在做进一步用户与设备身份验证前，需要保证所有主机之间的连接使用带有身份验证的 TLS 或网络密钥交换（Internet Key Exchange，IKE)，并通过双向身份认证，以将该设备验证为 SDP 的授权设备。具体地说，IH 到 AH、IH 到控制器以及控制器到 AH 之间的连接必须使用双向认证，必须禁止所有弱密码套件和不支持相互身份验证的套件。注意，TCP 和 UDP 都支持 TLS；在 UDP 情况下，TLS 被称为数据报传输层安全（Datagram Transport Layer Security，DTLS)。这两种都适用于 SDP 系统。

TLS 客户端和服务器的根证书必须与已知的合法根证书绑定，且不应由被大多数用户浏览器信任的数百个根证书组成，以避免伪装者攻击，即攻击者可以通过被攻陷的证书颁发机构 CA 伪造证书。另外，将根证书安装到 IH、AH 和控制器的方法不在本书讨论范围内。

无论 SDP 系统使用哪种传输层方案，都必须能够抵御潜在的攻击，如 MITM TLS 降级协议攻击（使用 mTLS 可以避免这种攻击)。

4.2.7 AH-控制器协议

《软件定义边界（SDP）标准规范 2.0》定义了在 AH 和控制器之间传递的各种消息及其格式。表 4-8 展示了《软件定义边界（SDP）标准规范 2.0》中的 AH-控制器协议的基本格式。

表 4-8 AH-控制器协议的基本格式

命令（8 位）	具体命令数据（命令具体长度）

1. 单包授权（SPA）

SPA 报文由 AH 发送到控制器以请求连接。可参照本书前面讨论的格式。

① 本节内容参考了《软件定义边界（SDP）标准规范 2.0》的部分内容。

2．打开连接并建立双向认证的通信

AH 发送 SPA 报文后，将尝试打开与控制器的 TCP 连接。如果控制器确定 SPA 报文合法有效，则它将允许建立此 TCP 连接。

接下来是建立 mTLS 连接所需的双向身份认证。

基于 UDP 的 DTLS 是一个逻辑连接，因为 UDP 是一个无连接协议。

3．登录（加入 SDP）请求信息

登录请求信息由 AH 发送到控制器以表明它正在运行状态中，并请求作为活跃的 AH 加入 SDP。注意，AH 登录请求信息中有可能包括 AH 自身的标识和认证凭据，以便控制器识别认证。AH-控制器协议的登录请求信息格式如表 4-9 所示。

表 4-9　AH-控制器协议的登录请求信息格式

0x00	无具体命令数据

4．登录（加入 SDP）响应信息

登录响应信息由控制器发送以表明登录请求是否成功。若成功，则提供 AH 会话 ID。注意，控制器可能会拒绝 AH 的登录请求，这可能是由于无效的认证凭据，或者控制器可能受到系统授权许可或扩展规模的限制。在这两种情况下，控制器会终止该 AH 的连接。

在这两种情况下，连接都将被拒绝，并且控制器将终止来自 AH 的 TCP 连接。AH-控制器协议的登录响应信息格式如表 4-10 所示。

表 4-10　AH-控制器协议的登录响应信息格式

0x01	状态码（16 位）

状态码取决于实现方案。AH 会话 ID 通常在系统日志中使用。

5．登出请求信息

AH 将登出请求信息发送至控制器，以表示 AH 不再提供服务，不再接收来自控制器的其他信息。该信息无须响应。TLS 和 TCP 的连接必须由 AH 或控制器终止。AH-控制器协议的登出请求信息格式如表 4-11 所示。

表 4-11　AH-控制器协议的登出请求信息格式

0x02	无具体命令数据

6．保活（Keep-Alive）信息

AH 或控制器发出保活（Keep-Alive）信息，表示其仍处于激活状态。AH-控制器协议的 Keep-Alive 信息格式如表 4-12 所示。

表 4-12　AH-控制器协议的 Keep-Alive 信息格式

0x03	无具体命令数据

7. AH 服务信息

服务信息由控制器发送，该信息用于通告 AH 所保护的服务集。注意，该示例中服务被指向一个固定 IP 地址（往往 AH 是一个 SDP 网关时会出现这种情况）。服务也可能被指向主机名，AH 则需要解析这个主机名。如果 AH 是服务所在主机的一部分，就使用 ID 或 NAME 字段标识 AH 所保护的服务，而不是使用 IP 地址。AH 服务信息格式如表 4-13 所示。

表 4-13　AH 服务信息格式

0x04	JSON 格式的服务数组

8. 自定义用途的保留信息

该命令（0xff）为保留指令，用于 AH 和控制器之间的任意非标准信息。AH-控制器协议的自定义信息格式如表 4-14 所示。

表 4-14　AH-控制器协议的自定义信息格式

0xff	用户自定义

9. AH 连接至控制器的时序图

AH 连接至控制器的时序图如图 4-8 所示。

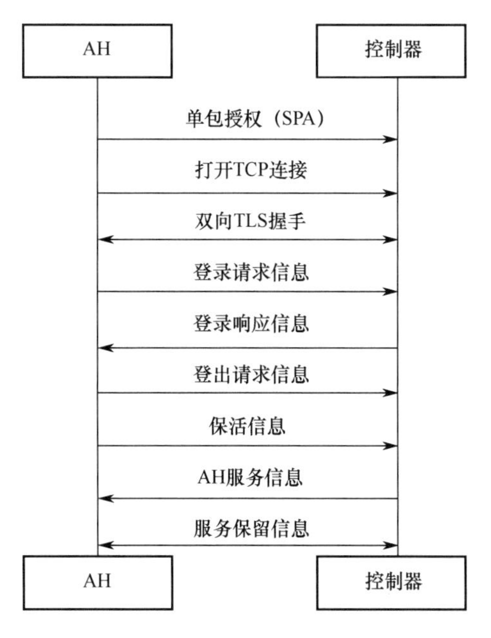

图 4-8　AH 连接至控制器的时序图

4.2.8 IH-控制器协议

IH-控制器协议利用网络路由和报文传递，其实现细节依赖于传输协议类型（如 TCP 有保障的传输或 UDP 的发后不管模式）。下面定义了在 IH 和控制器之间传递的各种消息及其格式，IH-控制器协议的基本格式如表 4-15 所示。

表 4-15 IH-控制器协议的基本格式

命令（8 位）	具体命令数据（命令具体长度）

1. 单包授权（SPA）

IH 发送 SPA 报文到控制器请求连接，遵循本书前面讨论的格式。

2. 打开连接并建立双向认证通信

IH 发送 SPA 报文后，将尝试打开与控制器的 TCP 连接。如果控制器确定 SPA 报文合法有效，那么将允许建立该 TCP 连接，随后建立 mTLS 连接所需的双向身份认证。

对于基于 UDP 的 DTLS 的情况，由于 UDP 无连接协议，所以建立的是逻辑的连接。

3. 登录（加入 SDP）请求信息

IH 向控制器发送登录请求信息，以表示 IH 可用并尝试加入 SDP。注意，IH 向控制器发送的登录请求可能包含 IH 自身的身份标识和认证凭证。如前文所述，该登录请求出现在加载流程之后。该登录请求每次会话均会出现一次，如在用户每天第一次打开他们设备的时候。

IH-控制器协议的登录请求信息格式如表 4-16 所示。

表 4-16 IH-控制器协议的登录请求信息格式

0x00	无具体命令数据

4. 登录响应信息

控制器发送登录响应信息以指示登录请求是否成功。如果成功，就向 IH 返回会话 ID。注意，控制器可能因为某些原因拒绝 IH 登录请求，如无效的认证凭据，或者控制器受到系统授权许可或扩展规模的限制。

IH-控制器协议的登录响应信息格式如表 4-17 所示。

表 4-17 IH-控制器协议的登录响应信息格式

0x01	状态码（16 位）

5. Keep-Alive（保活）信息

IH 或控制器发出 Keep-Alive 消息，表示其仍处于激活状态。IH-控制器协议的 Keep-Alive 信息格式如表 4-18 所示。

表 4-18　IH-控制器协议的 Keep-Alive 信息格式

0x03	无具体命令数据

6. IH 服务信息

服务消息由控制器发送，以向 IH 提供可用服务的列表和保护这些服务的 AH 的 IP 地址或主机名。此消息必须包含充分的信息，以便 IH 能够连接到该服务。注意，列出的主机名/IP 地址是 IH 可直接访问的 AH。如前面所述的“部署模型”的相关内容，实际服务可能运行在与 AH 不同的主机/IP 上。

服务 ID 将用于后续 IH 与 AH 通信时识别目标服务。

IH 服务信息格式如表 4-19 所示。

表 4-19　IH 服务信息格式

0x06	JSON 格式的服务数组

7. 认证信息

AH 的作用是确保受保护资源在被允许访问之前成功进行身份验证。控制器向 AH 发送 IH 的认证消息，以指示 AH 新的 IH 已被成功验证，且指示 AH 应允许 IH 访问指定的服务。

注意，尽管此消息是从控制器发送到 AH 的，但它是通过 IH 向控制器进行身份验证而发起的。认证信息格式如表 4-20 所示。

表 4-20　认证信息格式

0x05	IH 的 JSON 格式的服务数组信息

注意，控制器发送到 AH 的信息应该足够充分，以便让 AH 未来可以验证来自 IH 的连接。在上面的示例中，假设 AH 需要 IH 专属的设备 ID、会话 ID 和单包授权密钥。不同的实现方案可能会以不同的方式达成这一目标。

8. 注销请求信息

注销请求消息由 IH 发送给控制器，以表明 IH 希望终止其 SDP 会话。控制器不用发送响应消息，TLS 和 TCP 连接必须由 IH 或控制器终止。注意，IH 仍然是处于加载状态，并且可以在将来再次建立新的会话。注销请求信息格式如表 4-21 所示。

表 4-21　注销请求信息格式

0x07	无具体命令数据

9. 自定义用途的保留信息

命令（0xff）保留 IH 和控制器之间的任意非标准信息。IH-控制器协议的自定义信息格式如表 4-22 所示。

表 4-22　IH-控制器协议的自定义信息格式

0xff	用户自定义

10．IH 连接至控制器和 AH 的时序图

IH 连接至控制器和 AH 的时序图如图 4-9 所示。

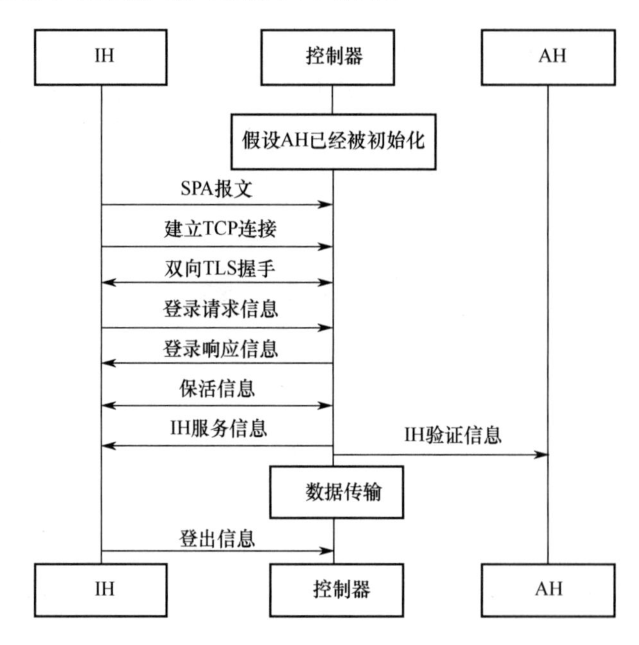

图 4-9　IH 连接至控制器和 AH 的时序图

4.2.9　动态隧道模式（DTM[①]）下的 IH-AH 协议

IH-AH 协议利用网络路由和报文传递。实现细节取决于传输的类型（如 TCP 的有保障传输，或者 UDP 的发后不管模式）。

需要注意的是，只有在 IH 使用有效的 SPA 报文连接、建立了双向认证的通信，并且 AH 验证 IH 有权访问所请求的服务之后，才能通过 AH 动态地建立与服务的连接；否则，该服务一直被 AH 隐藏不可见。

下面定义了动态隧道道模式下在 IH 和 AH 之间传递的消息及其格式，IH-AH 协议的基本格式如表 4-23 所示。

表 4-23　IH-AH 协议的基本格式

命令（8 位）	具体命令数据（命令具体长度）

1．SPA

IH 发送 SPA 报文到 AH，按照前面讨论的格式请求连接。

① DTM 的英文全称为 Dynamical Tunnel Mode，即动态隧道模式。

2. 打开连接和建立双向认证的通信

IH 在发送 SPA 报文后，会尝试打开与 AH 的 TCP 连接。如果 AH 判断 SPA 是合法有效的，则 AH 会允许建立 TCP 连接，随后建立 mTLS 连接所需的双向身份认证。

对于基于 UDP 的 DTLS 的情况，由于 UDP 无连接协议，所以建立的是逻辑的连接。

3. 发起连接请求的信息

当 IH 要连接到一个特定的服务时，IH 会发送一个连接请求消息到 AH。

服务标识是一个独一无二的数值，由控制器生成。而 IH 能识别这些服务 ID 是因为这些标识会被控制器放入 IH 服务消息，并在很早以前就发送给 IH（IH-控制器协议说明在前面有提及）。

会话标识被 IH 和 AH 用于区分不同远程服务的 TCP 连接。

4. 建立合适连接类型

在这个步骤中，AH 会代表 IH 建立一个连接到服务，但该步骤会因为具体 SDP 实现方案和部署模型而有所不同。对某些协议来说，这个步骤可能是不必要的，如短连接的 HTTPS，或者是需要 IH 提供应用层认证来作为初始交互的那一类型连接（如 SSH）。SDP 感知服务可能需要借助这个连接从 AH 那里获得应用协议之外的 IH 或用户上下文信息。同时，取决于 SDP 的部署模型，这个连接有可能是一个网络上的连接或在本机上的连接（如进程间通信）。

5. 建立连接响应信息

AH 向 IH 发出建立连接响应信息，以确定建立连接请求是否成功。建立连接响应信息格式如表 4-24 所示。

表 4-24　建立连接响应信息格式

0x08	状态码（16 位）	Mux ID（64 位）

6. 数据信息

数据信息由 IH 或 AH 发送，它用于在连接建立后推送数据。该消息无须回复。这个信息和具体 SDP 实现方案有关，有些 SDP 实现方案可能使用以下的格式，但也可以是其他替代的方案。

数据信息格式如表 4-25 所示。

表 4-25　数据信息格式

0x09	数据长度（16 位）	Mux ID（64 位）

7. 连接关闭信息

AH 发出连接关闭信息表示 AH 已经关闭连接，IH 发出连接关闭信息表示请求关闭连接。该信息无须响应。

8. 自定义信息

命令（0xff）保留 IH 和 AH 之间的任意非标准信息。IH-AH 协议的自定义信息格式如表 4-26 所示。

表 4-26　IH-AH 协议的自定义信息格式

0xff	用户自定义

9. IH 连接至 AH 的时序图

IH 连接至 AH 的时序图如图 4-10 所示。该图仅描述与初始登录相关的消息序列。

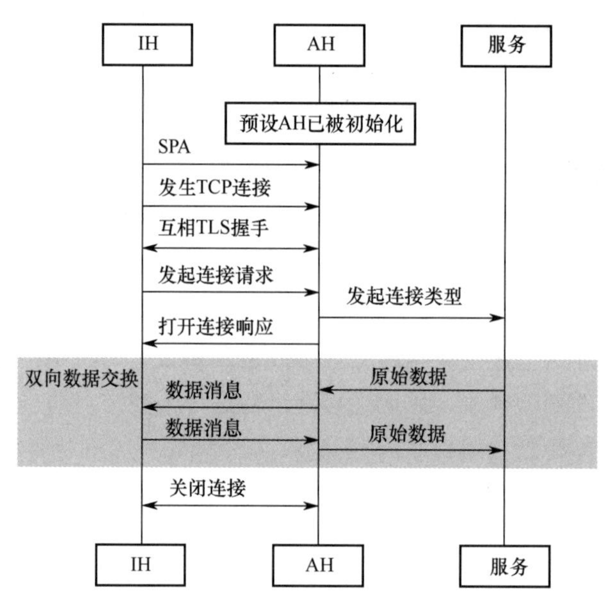

图 4-10　IH 连接至 AH 的时序图

10. 控制器确定 IH 可连接的 AH 列表

控制器确定 IH 可连接的 AH 列表的方法不在初始协议范围内。在物联网应用中，列表可能是静态的或由基于连接到 SDP 的软件类型确定；在服务器到服务器的应用程序中，列表可能来自受保护的数据库服务器；在客户端或服务器应用程序中，列表可能来自 LDAP 服务器。

4.2.10　SDP 审计日志

日志的目的是确定服务的可用性和性能，以及服务器的安全性，它是所有系统和零信任实现方案的必定要求。

1. 日志信息字段

日志信息字段及含义如表 4-27 所示。

表 4-27　日志信息字段及含义

字　段	含　义
时间	日志记录发生的时间
名称	事件的可读名称。注意，不包括任何可变的数据段，如用户名、IP 地址、主机名等。日志记录的额外字段已经包含了这些信息
严重程度	从 Debug 到 Critical 的严重程度
设备地址	创建日志记录的设备的 IP 地址

2．操作

记录日志的操作用例及活动清单如表 4-28 所示。

表 4-28　记录日志的操作用例及活动清单

活　动	签 名 符	需要记录的数据和信息
组件启动、关闭、重启（如控制器启动、主机重启等）	Ops:Startup Ops:Shutdown Ops:Restart	说明重启或关闭组件的原因，说明哪个组件受影响
组件（控制器、IH、AH、第三方组件、DB）上线、下线、重新连接	Ops:Conn:Up Ops:Conn:Down Ops:Conn:Reconnect	Src：连接源地址，报告主体可见的 IP 地址 Dst：连接目的地址，报告主体可见的 IP 地址 Reconnect_Count：记录有多少次连接尝试 说明通信中断的原因

下面以控制器关机为例简单描述完整故障发生时的日志条目记录情况。

（1）控制器下线，没有日志，失效组件不能记录日志。

（2）IH 多次尝试连接控制器，记录 Ops:Conn:Reconnect 日志信息。

（3）在进行多次尝试后，客户端到控制器的连接中断，并寻找新的控制器记录 Ops:Conn:Down 日志信息，严重程度是 Error。

（4）IH 连接新的控制器，记录 Ops:Conn:Up 日志信息。

（5）如果没有其他控制器，则记录 Ops:Conn:Down 日志信息，严重程度是 Critical。

（6）类似情况是一个客户端掉线且没有发出警报（如计算机关机），在这种情况下，控制器和 AH 都检测到连接中断。每个设备都将记录 Ops:Conn:Down 日志信息，严重程度是 Error。

3．安全性

安全日志是 SDP 的核心，对检测更广泛的大规模基础设施攻击来说至关重要。因此，当将这些日志发送到安全信息与事件管理（SIEM）系统时，它们的价值会变得极高，是零信任实现方案的必要条件。

签名符（Signature_ID）是标识符，用于标识不同的事件类型。安全日志签名符如表 4-29 所示。

表 4-29　安全日志签名符

活　动	签 名 符	需要记录的数据和信息
AH 登录成功	Sec:Login	Src：AH 的控制器可见的 IP 地址 AH Session ID：AH 的会话 ID
AH 登录失败	Sec：Login_Failure	Src：AH 的控制器可见的 IP 地址 AH Session ID：AH 的会话 ID
IH 登录成功	Sec:Login	Src：IH 的控制器可见的 IP 地址 IH Session ID：IH 的会话 ID
IH 登录失败	Sec:Login_Failure	Src：IH 的控制器可见的 IP 地址 IH SessionID：IH 的会话 ID
SPA 认证	Sec:Auth	从 IH 到控制器的 SPA 报文 从 AH 到控制器的 SPA 报文 从 IH 到 AH 的 SPA 报文
组件验证（如 IH-控制器）	Sec：Connection	IH Session ID：IH 的会话 ID AH Session ID：AH 的会话 ID
拒绝接入请求	Sec:Fw:Denied	Src：尝试连接的源地址 Dst：尝试连接的目的地址

完整的用户登录过程日志如下（IH 向 AH 发起连接）。

（1）IH 向控制器请求连接，记录 Ops:Conn:Up 日志信息。

（2）IH 和控制器相互验证，记录 Sec:Auth 日志信息。

（3）IH 向 AH 请求连接，记录 Ops:Conn:Up 日志信息。

（4）IH 和控制器相互验证，记录 Sec:Auth 日志信息。

4．性能

性能差异通常不适合采用传统的日志方式记录。大量指标可能使日志系统崩溃死机，而且设计分析系统并不是为了处理类似信息。因此，应设计独立的性能日志处理系统。

5．合规性

如果日志规范遵守得当，那么所有的合规要求都会变得简单，如 PCI-DSS（第三方支付行业数据安全标准）、SOX（萨班斯法案）等。SOX 要求记录所有对财务系统的特权访问，甚至记录任何可能对财务系统状态或结果造成影响的行为。当覆盖了关于“安全”的所有用例时，就覆盖了登录用例的合规性。

6．安全信息与事件管理（SIEM）系统的集成性

建议将所有安全事件推送到指定的 SIEM 系统，以帮助 SIEM 系统生成网络安全态势的整体情况。作为其组成部分，SDP 安全日志使环境的可视化和可感知性增强。操作日志记录可以用于管理产品的可用性和性能，其在 SDP 环境外作用不大，但是我们建议用户可以将相关日志记录转发到中央控制台（如 SIEM 系统）。

4.3 SDP 技术架构部署模型[①]

云安全联盟（CSA）2022 年发布了《软件定义边界（SDP）标准规范 2.0》（以下简称《SDP 2.0》），该规范与 2014 年发布的《SDP 1.0》相比，参考结合了美国联邦政府的零信任战略、网络安全与基础设施安全局（CISA）的零信任成熟度模型以及国家安全电信咨询委员会（NSTAC）的零信任和可信身份管理报告中的许多建议与要求。

《SDP 2.0》不仅更新了实现 SDP 的核心组件和原则，还强调了云原生架构、服务网格实施，以及更为广泛的零信任技术、产品与方案之间的协同。

《SDP 2.0》定义了支持 6 种部署模型，模型中的核心组件，如客户端、服务器和网关是重点。客户端是请求访问资源的人员或非人类实体。SDP 网关的功能主要有连接接收主体、运行资源和数据的策略执行点（PEP）。在需要端到端保护的模型中，连接接收主体和资源服务器作为单个主机运行，直接实施组织的访问控制策略，而无须网关。企业在实施零信任过程中应该清楚这些部署模型的区别，以选择最符合要求的部署模型。

4.3.1 客户端-服务器模式

当企业将应用程序移动到 IaaS 环境并提供端到端的保护连接时，客户端-服务器模式将服务器和网关组合在一个主机中。客户端可以处于与服务器相同的位置，也可以是分布式的。无论在哪种情况下，客户端和服务器之间的连接都是端到端的。

客户端-服务器模式使企业具有极高的灵活性，因为服务器和网关组合可以根据需要在多个云服务商之间移动。该模式适用于保护无法升级的本地遗留应用程序。

在客户端-服务器模式下，客户端通过 mTLS 直接连接至安全服务器，且 mTLS 在安全服务器处终止。控制器可以位于云端或受保护服务器附近，因此控制器和服务器使用相同的网关。

作为 AH 的服务器受 SDP 网关保护。服务器上的应用程序或服务的所有者可以完全控制网关与服务器之间的安全连接。客户端-服务器模式如图 4-11 所示。

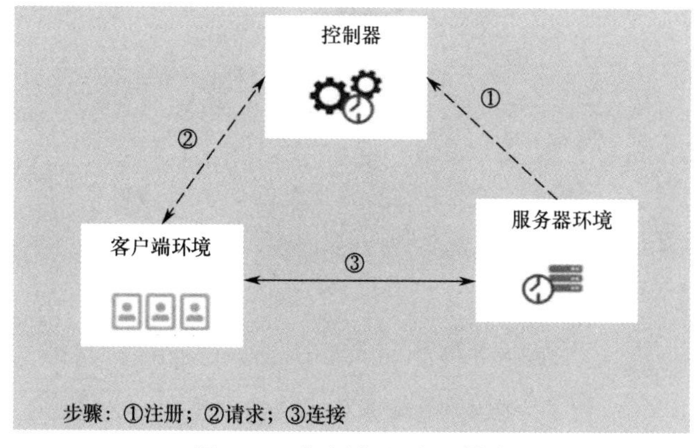

图 4-11　客户端-服务器模式

① 本节参考了《软件定义边界（SDP）标准规范 2.0》的部分内容。

SPA 采用“默认丢弃”防火墙为网关和控制器提供保护，服务器是不可访问的，除非通信来自授权客户端。因此，对未授权用户和潜在攻击者来说，这些服务器不可见且不可访问。

在客户端-服务器模式下，受保护服务器需要配备网关，不需要将受保护服务器所在的网络配置为限制入栈连接，这些服务器上的网关执行点使用 SPA 防止未授权连接。

在客户端-服务器模式下，可以轻松使用现有网络安全组件，如 IDS、IPS 或 SIEM 系统；可以通过分析来自 SDP 网关或受保护服务器的丢弃数据包来监控流量，以保留客户端与服务器之间的 mTLS 连接。

客户端既可以是终端设备，也可以是服务器。

客户端-服务器模式适用于将应用程序迁移到云端的企业。无论服务器位于何处（云端或本地），企业都可以完全控制与应用程序的连接。

4.3.2 服务器-服务器模式

服务器-服务器模式适用于物联网（IoT）和虚拟机（VM）环境，无论底层网络或基础结构如何，都确保服务器之间的所有连接加密。服务器-服务器模式还确保企业的 SDP 白名单策略明确允许通信。不受信任的网络和服务器之间的通信是安全的，且服务器通过轻量级 SPA 协议对所有未授权连接隐藏。

服务器-服务器模式与客户端-服务器模式类似。IH 服务器除了作为连接发起主机，还可以充当连接接受主机。另外，要求在每个服务器上安装 SDP 网关或类似的轻量级技术，使所有服务器-服务器模式的流量对环境中的其他元素不可见。

基于网络的 IDS、IPS 需要配置 SDP 网关，而不是从外部获取数据包。服务器-服务器模式如图 4-12 所示。

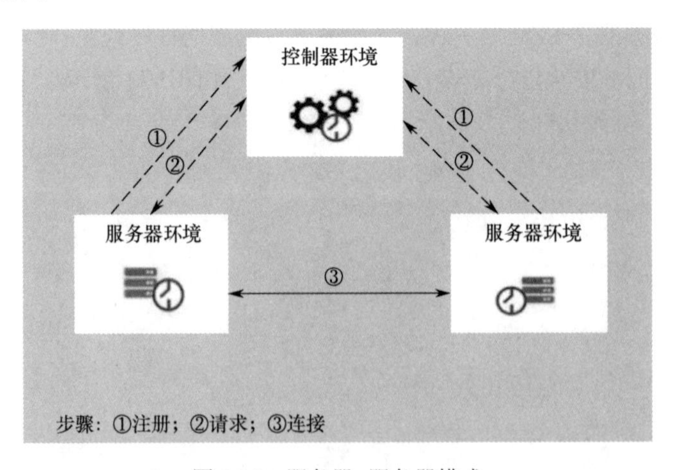

图 4-12　服务器-服务器模式

控制器可以位于云端，也可以位于服务器上，使控制器和服务器使用相同的 SDP 网关。作为 AH 的服务器受 SDP 网关保护。网关与服务器之间的安全连接默认由服务器上的

应用程序或服务的所有者控制。

SPA 采用“默认丢弃”防火墙为网关和控制器提供保护，服务器是不可访问的，除非通信来自其他白名单服务器。因此，对未授权用户和潜在攻击者来说，这些服务器不可见且不可访问。

在服务器–服务器模式下，受保护服务器需要配备网关或轻量级 SPA 协议，不需要将受保护服务器所在的网络配置为限制入栈连接。这些服务器上的网关执行点使用 SPA 防止未授权连接。

在服务器–服务器模式下，可以轻松使用现有网络安全组件，如 IDS、IPS 或 SIEM 系统；可以通过分析来自 SDP 网关或受保护服务器的丢弃数据包来监控流量，以保留客户端与服务器之间的 mTLS 连接。

服务器–服务器模式适用于将物联网和 VM 环境迁移到云端的企业。无论服务器位于何处（云端或本地），企业都可以完全控制与云端的连接。

4.3.3　客户端-服务器-客户端模式

在某些情况下，需要通过中介服务器进行点对点通信，如 IP 电话、聊天和视频会议等。在这些情况下，SDP 连接客户端的 IP 地址，组件通过加密网络连接，并通过 SPA 保护服务器，避免未授权网络连接。客户端–服务器–客户端模式如图 4-13 所示。

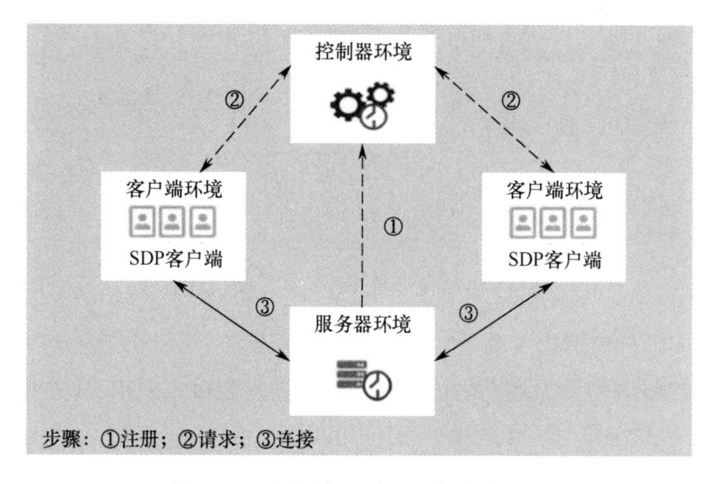

图 4-13　客户端–服务器–客户端模式

控制器可以位于云端，也可以位于服务器上，使控制器和服务器使用相同的 SDP 网关。作为 AH 的服务器受 SDP 网关保护。网关与服务器之间的安全连接默认由服务器上的应用程序或服务的所有者控制。

SPA 采用“默认丢弃”防火墙为网关和控制器提供保护，服务器是不可访问的，除非通信来自授权客户端。因此，对未授权用户和潜在攻击者来说，这些服务器不可见且不可访问。

在客户端-服务器-客户端模式下，受保护服务器需要配备网关或轻量级 SPA 协议，不需要将受保护服务器所在的网络配置为限制入栈连接。这些服务器上的网关执行点使用 SPA 防止未授权连接。

在客户端-服务器-客户端模式下，可以轻松使用现有网络安全组件，如 IDS、IPS 或 SIEM 系统；可以通过分析来自 SDP 网关或受保护服务器的丢弃数据包来监控流量，以保留客户端与服务器之间的 mTLS 连接。

客户端-服务器-客户端模式适用于将应用程序迁移到云的企业。无论服务器位于何处（云端或本地），企业都可以完全控制与客户端的连接。

4.3.4 客户端-网关-客户端模式

客户端-网关-客户端模式是客户端-服务器-客户端模式的变形，该模式支持对等网络协议，要求客户端在执行 SDP 访问策略时直接进行连接。客户端-网关-客户端模式如图 4-14 所示。

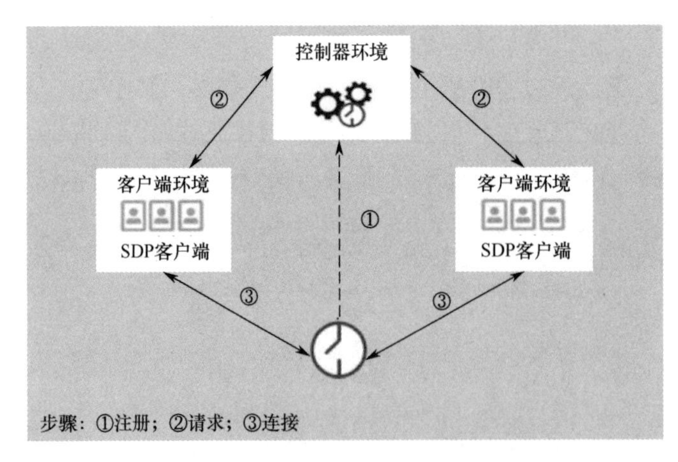

图 4-14　客户端-网关-客户端模式

客户端-网关-客户端模式实现了客户端之间的逻辑连接，客户端充当 IH 或 AH 取决于应用程序协议。应用程序协议将决定客户端如何进行连接，SDP 网关充当客户端之间的防火墙。

4.3.5 网关-网关模式

网关-网关模式适用于某些物联网环境。在网关-网关模式下，一个或多个服务器位于 AH 后方，因此 AH 充当客户端和服务器之间的网关；一个或多个客户端位于 IH 后方，因此 IH 也充当网关。网关-网关模式如图 4-15 所示。

在网关-网关模式下，客户端设备不运行 SDP，包括不需要或不可能安装 SDP 的设备，如打印机、扫描仪、传感器和物联网设备等。在该模式下，网关可以作为防火墙，也可以作为路由器或代理，具体取决于部署方式。

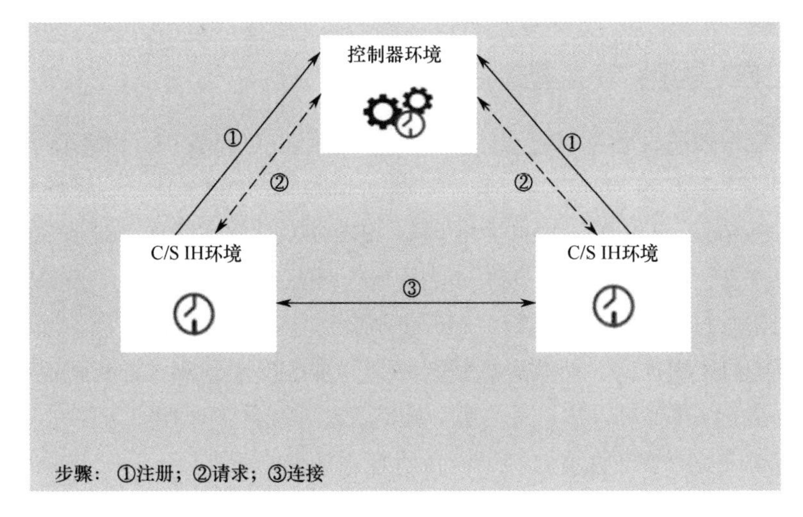

图 4-15　网关–网关模式

4.4　SDP 与传统网络安全产品的关系

企业如果采用 SDP 作为企业资源安全接入方案，则需要将 SDP 方案融入现有的安全架构。企业需要了解当前企业信息安全架构全景及 SDP 与各个元素之间的关系，才能更好地发挥各个安全组件的作用，充分实现整个安全架构的价值。

本节主要介绍 SDP 与现有网络安全能力之间的关系。

4.4.1　企业信息安全架构全景图

企业安全架构的主要元素如图 4-16 所示。

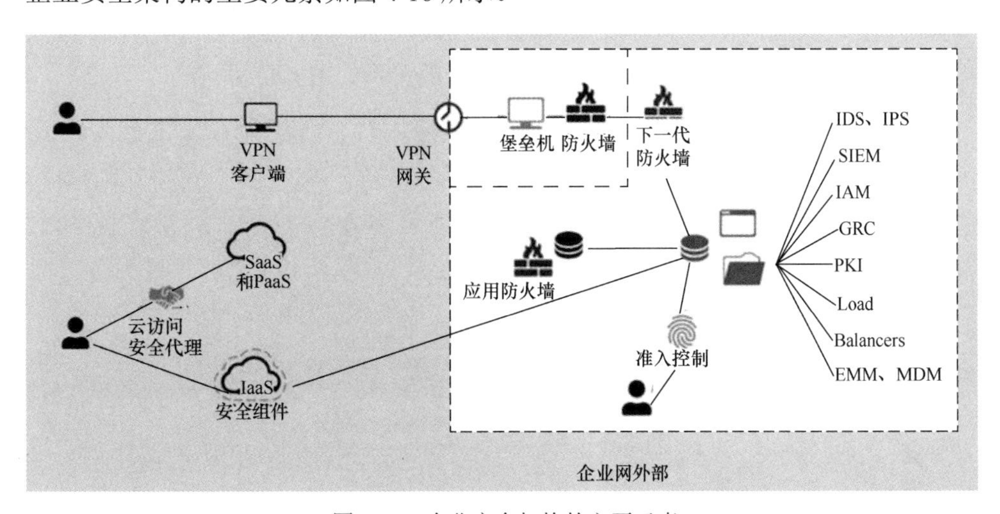

图 4-16　企业安全架构的主要元素

企业安全架构由内部资源和基于云的资源（IaaS、PaaS、SaaS）组成，包括标准安全组件、IT 组件和合规性组件。

4.4.2 SDP 与现有设备管理系统

对于在企业中使用设备管理方案，如企业移动管理（Enterprise Mobile Management，EMM）、移动设备管理（Mobile Device Management，MDM）、统一终端管理（Unified Endpoint Management，UEM）。面向企业设备、BYOD 设备进行移动设备生命周期管理，对移动设备的注册、激活、注销、丢失、淘汰各个环节进行统一管理。设备管理系统提供强大的设备控制能力，包括功能限制、远程锁屏、远程擦除、远程配置、远程定位、越狱监控，以及应用的远程推送、卸载等机制，并交付设备授权、激活限制和资产统计等设备管理能力。企业可以实现对用户设备的生命周期管理、配置管理和安全控制。

企业对移动设备的管控程度取决于设备所有人是企业还是员工。如果是企业设备，企业就有更多空间全面执行设备管理策略并限制使用，包括禁用语音助手、不提交分析和崩溃报告，以及屏蔽全局搜索中来自互联网的结果。如果是员工设备，企业为了保护员工隐私，对设备进行有限的限制，可以大大降低员工设备给企业网络带来的风险。设备管理系统与 IAM、SDP 结合使用会更加安全，支持用户身份和设备身份以及相关策略协作，进行精细粒度的访问控制，进一步提升了基于情境的访问安全。

EMM、MDM、UEM 等方案是企业 IT 及安全的重要元素，将设备管理系统与 SDP 方案相结合，设备管理系统提供精细化全生命周期的设备管理控制数据，通过部署 SDP，来增强移动端整体安全方案价值。

4.4.3 SDP 与 SIEM 系统

SIEM 系统能够对应用程序和网络组件生成的日志信息和安全警报进行分析。其集中存储并解析日志，支持实时分析，使安全人员能够快速采取防御措施。SIEM 系统还提供了合规所需的自动化集中报告。SIEM 系统与 SDP 的关系如图 4-17 所示。

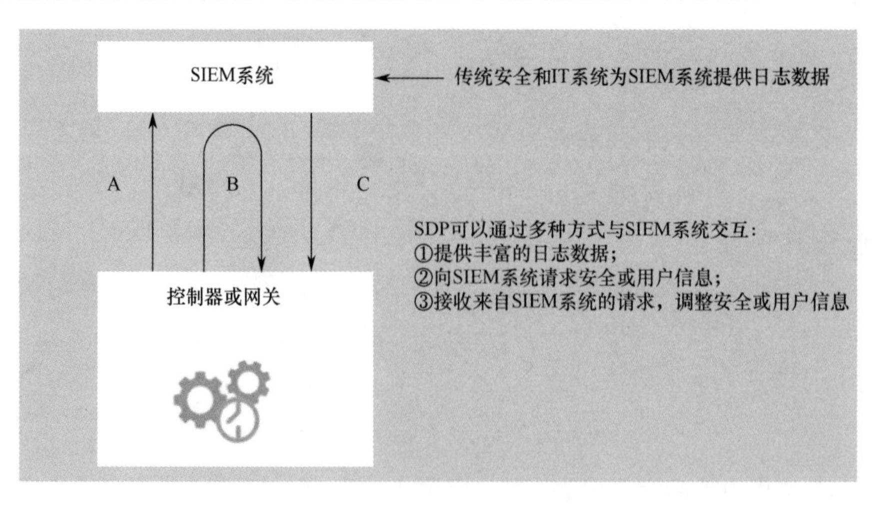

图 4-17 SIEM 系统与 SDP 的关系

SIEM 系统无论部署在内网还是托管在云中，都是安全和 IT 系统的重要组成部分。虽然商业化 SDP 解决方案通常提供内部日志记录功能，但当 SDP 日志被定向到从多个来源聚合信息的 SIEM 系统时，其价值就会被放大。企业系统可能直接从分布式 SDP 组件接收反馈，也可能以分层方式部署多个收集代理。SIEM 系统通过将预定义和定制的事件转发到集中管理控制台，或者以电子邮件向指定人发送警报的形式执行检查并标记异常。

SDP 以审查身份和设备的方式控制访问，因此与典型的网络和应用程序监控工具相比，SDP 能够为 SIEM 系统提供更丰富的信息。SDP 通过实时提供“谁、什么、在哪里”等信息，提高了 SIEM 系统的价值。当前，安全分析人员必须将多个日志中的信息拼凑在一起，以识别未授权用户是“谁”，识别从“什么”到“在哪里”的未授权连接较为困难，但如果 SDP 客户端安装在用户设备上，就可以从设备收集特定信息，存储 SDP 网关丢弃的数据包，以便进一步分析攻击者的意图或评估消耗。

SDP 还提高了 SIEM 系统关联跨多个设备发生的用户活动的能力。若没有 SDP，则很难关联用户活动，随着自带办公设备和移动设备的出现，关联用户活动变得更加困难。

将 SIEM 系统与 SDP 集成，有助于将安全操作从被动变为主动。为了控制风险，现有 SIEM 系统除了是 SDP 日志信息的接收器，还是重要的信息源。SIEM 系统可以通过断开用户连接、禁止来自未验证设备或某些主机的连接、删除可疑连接等来控制风险。例如，当 SIEM 系统指示风险高于正常风险级别，且指示未授权用户活动时，SDP 将断开用户的所有连接，直到可以执行进一步分析。

SDP 通过在几秒钟内寻址和控制连接补充了 SIEM 系统的功能。与所有生成日志信息的系统相同，SDP 的日志信息涉及数据隐私问题。因为网络连接及其元数据可能与日志中的特定用户关联，所以企业需要在部署 SDP 期间采取相应的预防措施。

SDP 提高了 SIEM 系统预防、检测和响应不同攻击的能力。攻击类型和缓解措施如表 4-30 所示。

表 4-30　攻击类型和缓解措施

攻 击 类 型	缓 解 措 施	如何将 SDP 与 SIEM 系统集成
端口扫描或网络侦察	封锁并通知	SDP 阻止所有未授权网络活动并记录所有连接请求，以供 SIEM 系统使用
DDoS 攻击	封锁并通知	SDP 受 SPA 保护，DDoS 攻击在很大程度上无效。SPA 会丢弃坏数据包，这些数据包可以被存储
恶意使用授权资源	检测和定位	SDP 允许授权用户访问授权资源，SIEM 系统可以分析用户活动是否存在异常，SDP 可以禁止授权用户访问，直到可以执行进一步分析
使用被盗凭证	封锁并通知	在 SDP 连接前需要进行多因子身份验证，使攻击者无法通过盗取密码获得访问权限

4.4.4　SDP 与 IDS/IPS

IDS 和 IPS 是用于检测网络或系统恶意行为及违规策略的安全组件，其基于网络（用于检查流量）或主机（用于检查活动和潜在的网络流量）。在单网络远程办公室等小型运营环境中，可以不部署 IDS 和 IPS，以降低成本。因为 SDP 采用 mTLS 技术加密客户端和网关之间的通信，所以对 IDS 来说，网络流量不透明。IDS 可以采用引入证书的方式代理 TLS 数据流，但这会带来扩大攻击面的副作用。因为 SDP 基于 mTLS 通信且可以反弹 IDS 的中间人攻击，所以一般不会扩大攻击面。

逻辑连接通过 SDP 证书加密，这些连接的 mTLS 分段对外部系统不透明，试图进行流量分析的系统不能访问这些连接。这一情况对中间安全和网络监控系统有一定的影响，特定场景不再适用，与从 TLS 1.2 升级到 TLS 1.3 类似。

SDP 支持将未加密的网络数据流（如被丢弃的数据包）推送到远端 IDS 设备。基于本地部署的 IDS 比基于网络部署的 IDS 安全。SDP 将应用程序迁移到云，使基于云部署的 IDS 更有效。

虽然部署 SDP 可能需要对 IDS 进行一定的变更，但是阻止未验证的网络流量有助于减少系统噪声，以使 IDS 及其操作团队更关注授权应用的网络流量，并将资源有效倾斜到内部威胁检测方面。

SDP 可以简化“蜜罐”系统的创建过程并提高其有效性。所有的受保护系统对攻击者来说都是不可见的，SDP 提高了恶意攻击者发现和攻击“蜜罐”系统的可能性，基于 SDP 的“蜜罐”系统可以更快地定位网络中的恶意攻击行为。

4.4.5 SDP 与 VPN

虚拟专用网络（Virtual Private Network，VPN）可以跨越不可信的公用网络，构建安全的访问连接。VPN 通常用于远程访问、安全的内部通信及在不同企业之间通信。VPN 通常采用 TLS 或 IPSec。

虽然可以使用 VPN 封装和加密网络流量，但是使用 VPN 也会遇到一些限制，SDP 可以更好地解决这一问题。虽然 VPN 的授权成本可能很低，但是其运维需要投入大量的人力。VPN 通常提供广泛的、过于宽松的网络访问，其典型使用方式是只提供基于子网范围等的基本访问控制能力。这些限制会带来安全和合规方面的风险。在分布式网络环境中，VPN 可能会将大量不必要的流量导入企业的数据中心，提高企业的带宽成本，造成网络延迟。VPN 服务器暴露在公共互联网中，容易被攻击。

VPN 给用户带来了较大的负担和较差的体验。用户需要记住哪些应用使用 VPN 访问，哪些不使用。另外，用户需要手动连接和断开 VPN。对需要登录多个远程地点的用户来说，VPN 无法支持同时连接。只要涉及云业务迁移，VPN 的管理就变得十分复杂，IT 管理员需要在不同物理节点之间配置和同步 VPN 及防火墙访问策略，使得消除过期的访问权限更加困难。

替代 VPN 是 SDP 最基本的目标。与 VPN 类似，SDP 也要在客户端设备上部署一个客户端。企业可以为远程用户、内部用户、移动设备用户提供一套访问控制平台。部署在互联网的 SDP 设备可以通过 SPA 和动态防火墙技术抵御更多攻击。

4.4.6　SDP 与 NGFW

一般来说，下一代防火墙（Next Generation FireWall，NGFW）具备传统防火墙的能力，且添加了额外的属性。NGFW 基于预定义的规则策略控制访问并检测网络数据包，并用 OSI 模型第 2～4 层的数据信息过滤数据包，用第 5～7 层增加额外功能。

NGFW 一般具有下列能力，不同的厂商会存在一些差异。

（1）应用识别：根据应用决定进行哪种攻击扫描。

（2）入侵检测：监控网络的安全状态。

（3）入侵防护：为了防止安全漏洞而拒绝通信。

（4）身份识别（用户和组控制）：管理用户可以访问的资源。

（5）虚拟专用网（VPN）：NGFW 可以提供在不信任网络上的远程用户访问能力。

虽然与传统防火墙相比，NGFW 更有效，但与 SDP 相比仍然存在一定的限制。

（1）延迟：与 IDS、IPS 相同，会使网络流量出现额外延迟，尤其在进行文件审查时。

（2）可扩展性：需要很多硬件资源进行弹性扩展。

（3）规则复杂：一些 NGFW 厂商提供了与用户和分组属性等相关的身份识别能力，但是这些能力的配置很复杂。

SDP 是对 NGFW 的补充。企业可以使用 SDP 确保用户访问策略，使用 NGFW 进行核心防火墙保护，使用 IDS、IPS 进行流量监测。

将 SDP 与 NGFW 集成可以强制实现不可见，并使 NGFW 的动态性更强。虽然将 NGFW 与 IAM、AD 集成也可以强化用户访问策略，但是 SDP 可以提供可控的、安全的连接。

在某些情况下，NGFW 与 SDP 存在竞争和重叠。近年来，NGFW 厂商已经成功地解决了一些与 SDP 有关的问题。通过组合使用 NGFW 和 VPN 并与用户及应用识别配合，企业可以在一定程度上实现许多 SDP 的目标。但是，在架构设计实现方面，NGFW 和 SDP 不同，NGFW 是基于 IP 地址的，而 SDP 是基于连接的。NGFW 提供有限的身份验证和以应用为中心的功能，其使用典型的粗粒度访问模型，为用户提供更广泛的访问功能。与 NGFW 相比，SDP 提供了更多针对外部系统的访问决策动态管理功能。例如，SDP 可以只允许开发人员在经过批准的变更管理窗口期访问开发服务器。SDP 有强化逐步验证的能力，NGFW 通常不具有该能力。

NGFW 属于防火墙，其工作在传统的以边界为中心的体系架构下点到点连接的场景中。SDP 的部署通常支持更分散和灵活的网络，具备灵活的网络分段能力，而且可以屏蔽未授权用户和未授权设备的访问。SDP 使用 SPA 和动态防火墙技术保护与隐藏验证的连接，而 NGFW 则在一个高度暴露的环境中进行相关操作。

4.4.7　SDP 与 IAM

身份管理与访问控制（IAM）系统为用户和设备提供了身份验证机制，并存储了关于这些身份的管理属性和成员关系。SDP 与现有的企业 IAM 提供者集成，如 LDAP、活动目录（AD）和安全断言标记语言（SAML）等。

SDP 的访问控制通常基于 IAM 属性和组成员关系及用于连接的设备属性等因素。用户和设备授权的组合有助于建立细粒度的访问规则，确保只有授权设备上的授权用户才能对授权应用程序进行访问。

SDP 与 IAM 的集成不仅用于初始用户身份验证，还用于强身份验证。IAM 系统可以通过 API 调用 SDP 进行通信，响应身份的生命周期行为，如禁用账号、更改组成员、删除用户连接或更改用户角色等。在 SDP 中使用 IAM 对用户进行身份验证，为 SDP 提供用于做出授权决策的信息，并为用户从注册设备发出的所有授权访问提供丰富的审计日志。将应用程序（而非网络访问）与用户（而非 IP 地址）绑定，为日志记录提供有用的连接信息，并在出于安全或合规原因需要审计历史访问记录时显著降低 IT 成本。

IAM 工具通常关注维护身份生命周期的业务流程，并对如何使用身份信息控制对资源的访问进行标准化。例如，授予用户访问的机制通常是手动和自动流程的组合。因此，这些流程依赖由 IAM 工具管理的身份属性和组成员关系，SDP 支持这些流程。当用户属性或组成员关系发生变更时，SDP 会自动检测这些变更，并在不更改 IAM 流程的情况下更改用户访问权限。

SDP 可以与 SAML 集成。在 SDP 的部署中，IAM 提供者可以充当用户属性的身份提供者和身份验证提供者（如多因子身份验证）。除了 SAML，还有许多开放的身份验证协议，如 OAuth、OpenID Connect、W3C 的 Web 身份验证（WebAuthn）、FIDO 联盟的客户端到身份验证器协议（Client to-Authenticator Protocol，CTAP）。

4.4.8 SDP 与 NAC

网络访问控制（Network Access Control，NAC）解决方案通常控制哪些设备可以连接到网络，以及哪些网络主体可以被访问。NAC 解决方案通常使用基于 802.1x 的硬件和软件验证设备，并授予设备访问网络的权限，这些操作在 OSI 模型的第 2 层完成。

当设备首次在网络中出现时，NAC 进行设备验证，并将设备分配给虚拟局域网（Virtual Local Area Network，VLAN）。大多数企业只有少量网络，如“访客网络”“员工网络”“生产网络”。NAC 运行在 OSI 模型的第 2 层，通常需要特定的网络设备，不能运行在云环境中，也不能远程使用。

SDP 是集成了用户和设备访问的 NAC 现代化解决方案，然而，打印机、复印机、固定电话和安全摄像头等硬件设备通常内置 802.1x，不支持安装 SDP 客户端，但可以使用 SDP 架构的网关–网关模式对这些设备进行保护并控制用户的访问。

4.4.9 SDP 与 WAF

Web 应用防火墙（WAF）用于过滤、监控和阻止 Web 应用的 HTTP Web 流量。它能够阻止应用安全漏洞攻击，如数据库注入攻击、跨站脚本（XSS）攻击等。虽然 Web 应用防火墙通常在用户和应用程序之间以与 IDS、IPS 类似的方式联机运行，但其不是网络访问控制或网络安全解决方案。

Web 应用防火墙与 SDP 是互补关系。例如，在客户端–网关模式下，Web 应用防火墙部署在 SDP 网关后方，在从 mTLS 中提取本地 Web 流量之后，对流量进行操作；在客户端–服务器和服务器–服务器模式下，Web 应用防火墙与服务器上的 SDP 网关集成，以对 HTTP 流量进行分布式控制。

4.4.10　SDP 与 CASB

云访问安全代理（Cloud Access Security Broker，CASB）位于云服务用户和云应用程序之间，监控与安全策略执行相关的所有活动。CASB 能够提供各种服务，包括监控用户活动、提醒管理员潜在危险、强化安全策略合规性和自动阻止恶意软件等。CASB 能通过 SaaS API 方式部署在 SaaS 系统内部，具体取决于供应商和 SaaS 平台对 API 的支持水平。

CASB 功能通常不与 SDP 功能重叠，因为 CASB 通常在第 7 层（应用层），用于检查应用程序流量。CASB 通常不提供网络安全或访问控制，但可以通过 SDP 进行数据保护和用户行为分析，以简化运维。

4.4.11　SDP 与 PKI

PKI 是创建、管理、分发、使用、存储和吊销数字证书，以及管理用于加密、解密、散列和签名的私有与公共密钥所需的一组角色、策略和过程。SDP 可以使用 PKI 生成 TLS 证书和安全连接。即使不存在公钥基础设施，SDP 也可以提供 TLS 证书保护连接。现有的 PKI 是 SDP 的自然集成点，可以用于生成证书及进行用户身份验证。

4.4.12　SDP 与 SDN/NFV

在云计算环境中，软件定义网络（Software Defined Network，SDN）和网络功能虚拟化（NFV）技术有效解决了 IH 环境（前端）和 AH 环境（后端）的挑战，同时提供了按需扩展、按需付费，并将资源作为服务提供的优势。SDN 和 NFV 为采用和编排异构网络路由以更好地利用资源（无线资源和计算资源）铺平了道路。IH 环境的挑战主要与保护无线移动网络或边缘网络的通信接入层有关；而 AH 环境的挑战主要在于路由、交换、安全、计费和收费以及其他诸如此类的网络路由功能所需的操作有关。

NFV 的主要风险之一就是资源枯竭。密集使用特定物理服务器资源的软件可能会耗尽这些资源并影响虚拟机的可用性。出现这种情况是由于物理服务器中的共享环境加速了资源争用的严重性，特别是当多台虚拟机同时运行相同的资源消耗型软件时。这个问题可以通过采用 SDP 得到解决，通过让 SDP 控制器定义并实施一个标准操作程序，以检测那些资源耗尽而受到节流的虚拟机（类似于 DoS），并动态采取补救措施。NVF 中的另一个常见风险是账户或者服务通过自助服务门户或云管理控制台被黑客劫持，因为授予终端用户过多的管理权限会增加门户站点或控制台暴露的风险。对于这种情况，SDP 基于用户的角色及职能选择性地赋予其管理控制权限，因此在消除此类风险方面发挥了至关重要的作用。

云服务提供商广泛采用软件定义网络（SDN）来简化网络管理。SDN 的主要挑战是如何为 API 驱动的网络路由编排提供适当的身份验证、访问控制、数据隐私以及数据完整性等。在此，软件定义边界（SDP）能够提供连接的编排，限制网络访问以及支持 SDN 网络基础设施对象之间的安全连接。

SDP 和 SDN 的集成有许多潜在优势，尤其是它提供了一个完全可拓展和可管理的安全解决方案。

简而言之，可以将软件定义网络（SDN）和网络功能虚拟化（NFV）视为网络虚拟化三角形的两条边，而软件定义边界（SDP）则是第三条边。尽管 SDN 和 SDP 都在网络层中运行且名称近似，但 SDN 可以被视作协调网络运作的大脑，而 SDP 则以零信任的概念引入可靠的网络连接，两者融合没有明显障碍。

4.5 SDP 应用实践

随着移动业务快速扩展，物联网、车联网、智慧城市的持续发展，资产防护的安全边界越来越不清晰，传统的边界防护架构越来越显得力不从心。边界内部设备不断增长，移动终端、远程办公、企业业务在内网和公有云同时部署，这种趋势已经破坏了企业使用的传统安全模型。因此需要一种新方法，能够对边界不清晰的网络业务场景进行更好的安全保护。

基于 SDP 的防护架构，以软件定义边界，将网络空间的网络元素身份化，通过身份定义访问边界，是零信任落地的一种重要方式。SDP 旨在使应用程序所有者能够在需要时部署边界，以便将业务和服务与不安全的网络隔离。

基于 SDP 的零信任架构能够保护各种类型的业务服务免受网络基础攻击，几种比较常见的应用场景：远程访问企业应用、分支互访资源、私有云和公有云混合场景、外包人员和厂商人员访问企业资源、跨企业协作互访资源、公众用户访问场景等。

4.5.1 采用 SDP 需考虑的问题

企业在决定采用 SDP 时，需要提前做好充分的准备，既要包括技术方面，也要包括流程和使用方面。例如，当前网络架构、部署模式、运行系统与现有企业流程的结合，还有当前用户的使用方式。

1. SDP 的部署如何适应现有网络技术

架构师需决定使用哪个 SDP 部署模式，且需要理解在某些模式下，网关可能代表一个额外的在线网络组件。这可能会影响其网络架构，如需要对防火墙或路由进行一些更改，确保受保护服务器不可见且只能通过 SDP 网关访问。

2. SDP 如何影响监控和日志系统

因为 SDP 在 IH 和 AH 之间使用 mTLS 协议，所以网络流量对可能用于安全、性能或可靠性监控的中介服务不透明。架构师必须了解哪些系统正在运行，以及 SDP 对网络流量的更改如何影响这些系统。

SDP 通常为用户提供更丰富的、以身份为中心的日志记录，可以用于补充和增强现有监控系统。此外，所有 SDP 网关和控制器丢弃的数据包都可以被记录到安全信息和事件平台并进一步分析，这样收集信息更容易。

3. 软件定义边界如何影响应用程序开发运维一体化（DevOps）流程和工具集及 API 集成

许多企业都采用 DevOps 或持续集成（Continuous Integration，CI）/持续交付（Continuous Delivery，CD）等快速应用程序发布流程，需要考虑这些流程及其支持的自动化框架与安全系统的集成方法。SDP 可以有效保护授权用户，使其在应用 DevOps 时与开发环境连接；SDP 还可以在操作期间保护连接，包括授权用户与受保护服务器和应用程序的连接。

架构师必须理解部署模式及其与 DevOps 的集成方式。因为与 API 集成通常是 DevOps 工具集集成的需求，所以安全团队应该了解其 SDP 实现所支持的 API。

4. SDP 如何影响用户，尤其是业务用户

安全团队往往尽可能地使其解决方案对用户透明，在遵循最小权限原则时，用户可以满足其访问需要且不会收到不必要的拒绝访问消息。安全架构师应与 IT 部门协作，对用户体验、客户端软件分发和设备安装过程进行规划。

4.5.2　SDP 应用场景总结

在数字时代下，传统的边界安全防护逐渐失效。传统的安全防护是以边界为核心的，基于边界构建的网络安全解决方案相当于为企业构建了一条护城河，通过防火墙、VPN、UTM（统一威胁管理）及 IDS/IPS 等安全产品的组合将安全攻击阻挡在边界之外。这种建设方式默认内网是安全的，而目前大多数政企仍然是围绕边界来构建安全防护体系的，对于内网安全常常是缺失的，在日益频繁的网络攻防中也逐渐暴露出弊端。而“云、大、物、移、智”等新兴技术的应用使得 IT 基础架构发生根本性的变化，可扩展的混合 IT 环境已成为主流的系统运行环境，平台、业务、用户、终端呈现多样化趋势，传统的物理网络安全边界的模糊化，势必带来更大的安全风险。任何企业环境都可以基于 SDP 进行设计和规划。大多数企业的基础设施中都存在一些和 SDP 相关的元素，并通过实施信息安全和弹性政策及最佳实践等逐渐部署 SDP，从 SDP 中受益。

1. 具有分支机构的企业

最常见的类型是有一个总部和一个或多个分支机构的企业，企业的物理网络（内网）

无法把它们连接在一起。具有分支机构的企业如图 4-18 所示。在外地可能没有完整的企业网络，但外地员工为了执行工作任务的需要访问企业资源。可以通过多协议标签交换（MPLS）连接到总部网络，但可能没有足够的带宽以满足所有流量或可能不希望基于云的应用和服务的流量穿越总部网络。此外，员工可能远程使用企业资源，在这种情况下，企业希望授予员工日程、电子邮件等资源的访问权限，但拒绝其访问或限制其操作更敏感的资源，如人力资源数据库等。

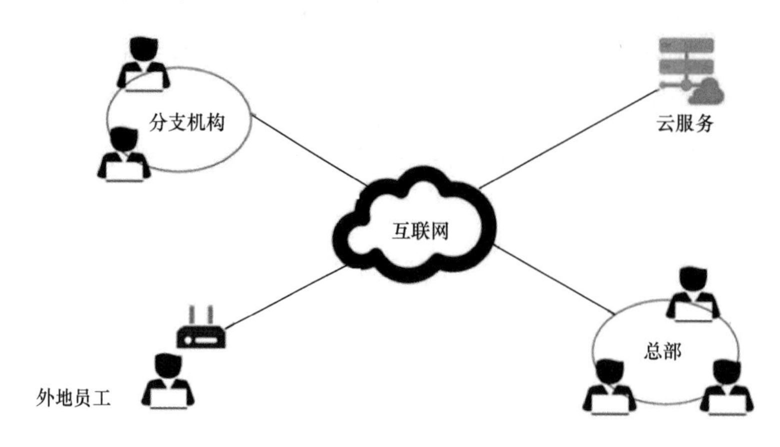

图 4-18　具有分支机构的企业

在具有分支机构的企业中，企业管理软件通常由云服务托管（可用性较高且外地员工不需要依靠企业基础设施访问云资源），企业设备资产可以安装客户端代理程序或通过门户网站访问资源。在企业内部网络托管企业管理软件可能不是最有效的方法，因为远程工作人员必须将所有流量发送回企业内部网络才能访问由云服务托管的应用程序。

2. 多云企业

多云企业如图 4-19 所示。在这种情况下，企业使用两个或多个云服务商托管应用程序和数据，有时将应用程序托管在与数据源分离的云服务上。为了方便管理，云服务商 A 托管的应用程序应该能直接连接云服务商 B 托管的数据源，而不应强制应用程序通过企业内部网络连接。

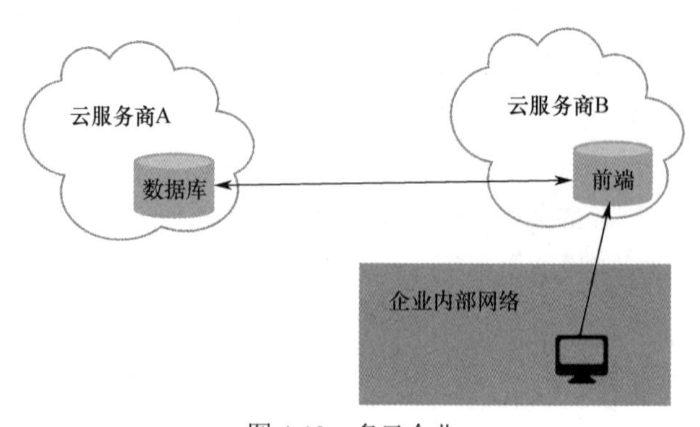

图 4-19　多云企业

该功能通过服务器–服务器模式实现。随着企业云托管应用程序和服务的增加，传统的通过企业边界实现安全的方式成为一种负担。在零信任理念中，企业拥有和运营的网络基础设施应该与任何其他服务供应商拥有和运营的基础设施没有任何区别。多云企业的零信任方案将 PEP 放在每个应用程序和数据源的访问点。策略引擎（Policy Engine，PE）和策略管理员（Policy Administrator，PA）通常位于云中或作为第三方供应商托管的云服务。客户端可以通过门户或本地安装的客户端代理程序直接访问 PEP。即使资源托管在企业外部，企业也可以管理对资源的访问。不同的云服务商通过不同的方式实现类似功能，架构师需要了解如何在每个云服务商中实施零信任方案。

3. 具有外包服务人员和访客的企业

具有外包服务人员和访客的企业如图 4-20 所示。外包服务人员和访客需要对企业资源进行有限访问。部署 SDP 有助于企业在允许外包服务人员和访客访问互联网的同时隐藏企业资源。

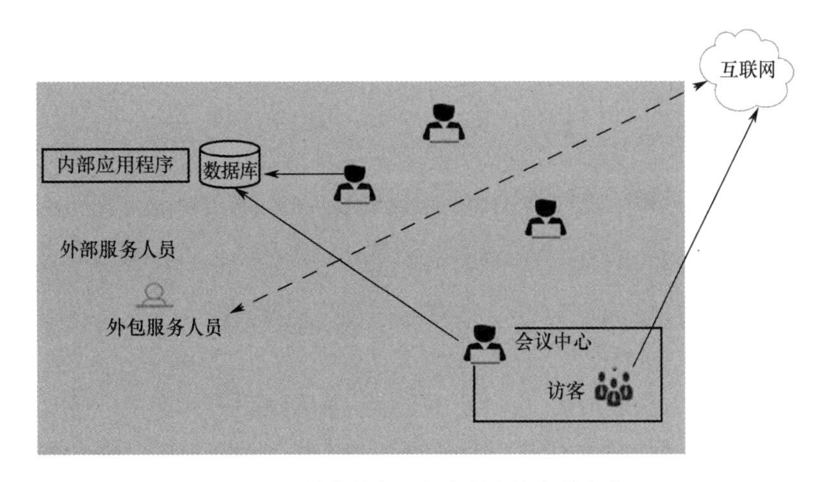

图 4-20　具有外包服务人员和访客的企业

在图 4-20 中，企业还有一个用于访客和员工交互的会议中心。访客可以访问互联网，但无法访问企业内部资源，甚至可能无法通过网络扫描发现企业服务（可以防止主动网络侦察或东西向移动攻击）。

PE 和 PA 可以作为托管的云服务或部署在局域网中（假设很少使用甚至不使用云托管服务）。企业设备资产可以安装客户端代理程序或通过门户网站访问资源。PA 确保所有非企业设备资产（没有安装客户端代理程序或无法连接到门户网站的资产）不能访问本地资源，但可以访问互联网。

4. 跨企业协作

跨企业协作如图 4-21 所示。假设一个项目涉及企业 A 和企业 B 的员工。两家企业可能是独立的行政机关，也可能是行政机关或私人企业。企业 A 必须允许企业 B 中的某些成员访问项目运维数据库，企业 A 可以为其设置访问所需数据库的特定账号并拒绝这些账号访问其他资源，但这种方法会导致难以管理。如果企业 A 和企业 B 都使用联盟 ID 管理系统，就可以快速实现协作，前提是企业 A 和企业 B 的 PEP 都可以在联盟 ID 社区中对请求主体进行身份验证。

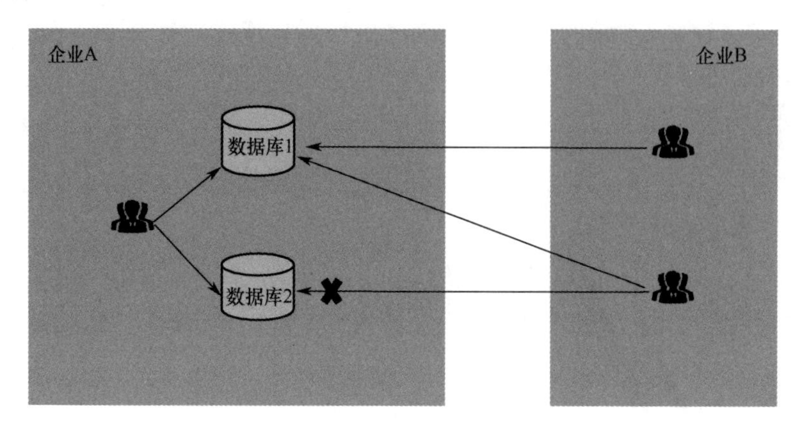

图 4-21　跨企业协作

企业 A 和企业 B 的员工可能都不在各自企业的网络基础设施上，他们需要访问的资源可能在企业环境中，也可能托管在云中。这意味着无须通过复杂的防火墙规则或企业范围的访问控制列表来允许某些属于企业 B 的 IP 地址访问企业 A 的资源。与具有分支机构的企业类似，作为托管的云服务，PE 和 PA 可以向各方提供可访问性，无须建立 VPN 等。企业 B 的员工可能会要求在其资产上安装软件代理程序或通过 Web 网关访问必要的数据资源。

5. 具有面向公众的服务的企业

许多企业都具有面向公众的服务，如用户注册，即创建用户并获得登录凭证，它可以服务于一般用户、具有业务关系的用户或特殊的非企业用户（如员工家属）等。在一些情况下，请求的设备资产可能不归企业所有，因此企业可以实施的内部网络安全策略有限。

对不需要登录凭证即可访问的面向公众的通用资源（如公共网页）来说，零信任理念通常不适用。企业不能严格控制请求设备资产的状态且公共资源不需要凭证即可访问。

企业可以为具有业务关系的用户和特殊的非企业用户制定政策。如果用户需要创建或获得登录凭证，企业可以制定与密码长度、生命周期及其他信息有关的政策，并提供多因子身份验证。然而，企业为此类用户制定的政策可能受限。与请求有关的信息可能有助于确定公共服务状态，以及发现伪装成合法用户的潜在攻击。例如，一个需注册的用户往往由已注册用户使用常用的 Web 浏览器进行访问，如果来自未知浏览器或已知过时版本的访问请求突然增加，则表示其正遭受某种自动攻击，企业可以采取措施对其进行限制，并了解与收集和记录请求用户及设备资产有关的法律法规。

6. SDP 的适用场景

SDP 的适用场景、现有技术的局限性及 SDP 的优势如表 4-31 所示。

表 4-31 SDP 的适用场景、现有技术的局限性及 SDP 的优势

适用场景	现有技术的局限性	SDP 的优势
基于身份的网络访问控制	传统的网络解决方案仅提供粗粒度的网络隔离，并以 IP 地址为导向。即使使用 SDN 平台，企业也难以及时实现以身份为中心的精确用户访问控制	SDP 允许创建与企业相关的以身份为中心的访问控制，且访问控制在网络层实施。例如，SDP 可以仅允许财务用户在企业允许的受控设备上通过 Web 访问财务管理系统，还可以仅允许 IT 用户安全地访问 IT 系统（通过 SSH 访问）
网络微隔离	传统的网络安全工具使用网络微隔离提高网络安全性，是一项劳动密集型工作	SDP 能够实现基于用户自定义控制的网络微隔离。可以通过 SDP 自动控制特定服务的网络访问，从而消除手动配置
安全的远程访问（替代 VPN）	VPN 为用户提供安全的远程访问，但范围和功能有限。其不保护本地用户，且通常仅提供粗粒度访问控制（访问整个网段或子网），违背最小权限原则	SDP 可以保护远程用户和本地用户。企业可以将 SDP 作为整体解决方案，不采用 VPN。SDP 专为细粒度访问控制设计，用户无法访问所有未授权资源，符合最小权限原则
第三方访问	安全团队通常尝试通过 VPN、NAC 和 VLAN 的组合来控制第三方访问。这些解决方案通常是孤岛式的，无法在复杂环境中提供细粒度或全面的访问控制	控制第三方访问能够推动企业创新。例如，用户可以居家办公以降低成本，且某些功能可以安全地外包给第三方。SDP 可以轻松控制和保护第三方用户的本地访问
特权用户的安全访问	特权用户（通常是管理员）的安全访问通常需要通过安全性和合规性检查。一般特权访问管理（PAM）解决方案通过凭证加密存储来管理访问，但凭证加密存储不提供网络安全访问、远程访问或敏感内容访问	特权用户的安全访问可以设置为在网络层保护授权用户，并向未授权用户隐藏特权服务，从而限制攻击范围。SDP 确保仅在满足特定条件时（如在定义的维护窗口期或从特定设备访问）允许访问，记录访问日志以进行合规报告
高价值应用的安全访问	目前，对具有敏感数据的高价值应用程序提供细粒度授权可能需要对多个功能层进行复杂且耗时的更改（如应用程序、数据的外部访问等）	可以通过集成身份感知、网络感知和设备感知，在不暴露完整网络的情况下限制对应用程序的访问，并依靠应用程序或应用程序网关进行访问控制。SDP 还可以促进应用程序升级，实现测试和部署，并为 DevOps 或 CI/CD 提供所需的安全框架
托管服务器的安全访问	在安全托管服务供应商和大型 IT 环境中，管理员可能需要定期在 IP 地址范围重叠的网络上对托管服务器进行网络访问。这一点通过传统的网络和安全工具很难实现，且要求烦琐的合规报告	可以通过业务流程来控制对托管服务器的访问。SDP 可以覆盖复杂的网络拓扑，简化访问并记录用户活动，以满足合规要求
简化网络集成	要求企业定期快速集成变化的网络，如并购或灾难恢复	借助 SDP，网络可以快速无中断地互联，且无须进行大规模更改
安全迁移到 IaaS 云环境	采用基础设施即服务（IaaS）的企业快速增多，但许多安全问题尚未解决。例如，IaaS 访问控制可能无法与企业原有的访问控制衔接，范围仅限于云服务商内部	SDP 提高了 IaaS 安全性。不仅将应用程序隐藏在默认防火墙之外，还对流量进行加密，并可以跨异构企业定义用户访问策略
强化身份验证方案	在非网络应用和不易更改的程序上很难实现	SDP 需要在对特定应用程序授予访问权限前添加二次身份认证，并通过部署多因子身份验证来改善用户体验，提高遗留应用程序的安全性

（续表）

适 用 场 景	现有技术的局限性	SDP 的优势
简化企业合规控制和报告	合规报告需要团队付出大量时间和成本	SDP 缩小了合规范围（通过网络微隔离），并自动执行合规报告任务（以身份为中心的日志记录和访问报告）
防 DDoS 攻击	传统的远程访问解决方案将主机和端口暴露在网络中，并受到 DDoS 攻击。所有完整的数据包都被丢弃，且低带宽 DDoS 攻击绕过了传统的 DDoS 安全控制	SDP 可以使服务器对未授权用户不可见，并通过使用 Default-Drop 防火墙，仅允许合规数据包通过

4.6 SDP 安全远程接入（替代 VPN）

疫情推动移动办公和远程办公需求激增，如员工出差时需要安全访问内网资源，或者希望随时随地进行移动办公，包括使用笔记本电脑、手机等，或者需要通过移动端安全访问内网资源。访问人员、设备、环境复杂、内部资产暴露到外部。这样很难区分内外网，对于不同用户使用角色实现一体化的动态访问控制体系，可以减少攻击暴露面，增强对企业应用和数据的保护，还可根据角色对用户进行精准的访问权限控制，通过建立安全的访问通道，确保企业资源安全。

当通过不受信任的网络访问企业资源时，SDP 可以精细化调整用户身份权限。这是替代 VPN 的一个典型场景。

4.6.1 现有 VPN 存在的问题

因为全球办公化场景，尤其是自从新冠疫情暴发以来，据 VPN 供应商 Atlas 的研究显示，仅 2020 年 3 月 9—15 日，美国的 VPN 使用量增长了 53%，而且增长速度可能更快。VPN 在意大利的使用（那里的疫情比美国早了大约两周）量在一周内增长了 112%，这也成为黑客发起攻击的一个突破口。据相关媒体报道，与韩国有联系的威胁组织利用 0day 漏洞攻击了某政府机构，该漏洞影响了境内 VPN 服务。

4.6.2 SDP 替代 VPN 的优势

与传统的远程接入方案相比，SDP 能够解决数据泄露、内部人员恶意威胁、DDoS 等应用和身份的安全性问题，同时做到细粒度的访问控制、更方便的运维管理，并为终端用户提供更快速、更稳定、更易用的使用体验，SDP 与传统 VPN 的对比如表 4-32 所示。

表 4-32 SDP 与传统 VPN 的对比

序号	对 比 方 向	SDP	传统 VPN
1	用户体验	更快速、更稳定、更易用	慢且易掉线，常莫名其妙地打不开网页
2	应用安全	让应用“隐身”，使黑客无法扫描到受保护应用，进而无从发起攻击	需要对外暴露端口，黑客可以扫描到端口，进而进行网络攻击
3	访问控制	能做到细粒度访问控制，不需要对外暴露网络资源	暴露整个内网资源，无法管控内网用户

4.7　SDP 帮助企业安全上云

企业上云已成为业界共识，大量企业在加快上云进程。企业使用本地服务、云计算等技术架构，构建多分支跨地域访问，导致企业服务环境越来越复杂，如 IaaS、混合云、多云、容器等复杂混合场景。通过 SDP 将访问流量统一管控，基于动态的身份边界，并通过计算身份感知等风险信息，建立最小访问权限动态访问控制体系，只有身份、设备验证合法的授权用户才能正常访问业务系统，这样可以极大地减少企业内部资产被非法授权访问的行为，实现在任意分支机构网络环境下的内部资源访问。企业既享受了云上的好处，又在一定程度上避免了上云带来的安全风险。

4.7.1　IaaS 安全概述

如果部署恰当，在云中部署比在内部部署更安全。但是，在云中部署与在内部部署的安全模型不同，这些不同可能在无意间导致安全性降低。因此，向云端迁移业务系统不会自动使其更安全，云服务商和企业需要谨慎考量和行动。

云服务商通常会创建责任共享模型，该模型规定云服务商负责保障云安全，企业负责保障其自身在云中的安全。责任共享模型如图 4-22 所示。

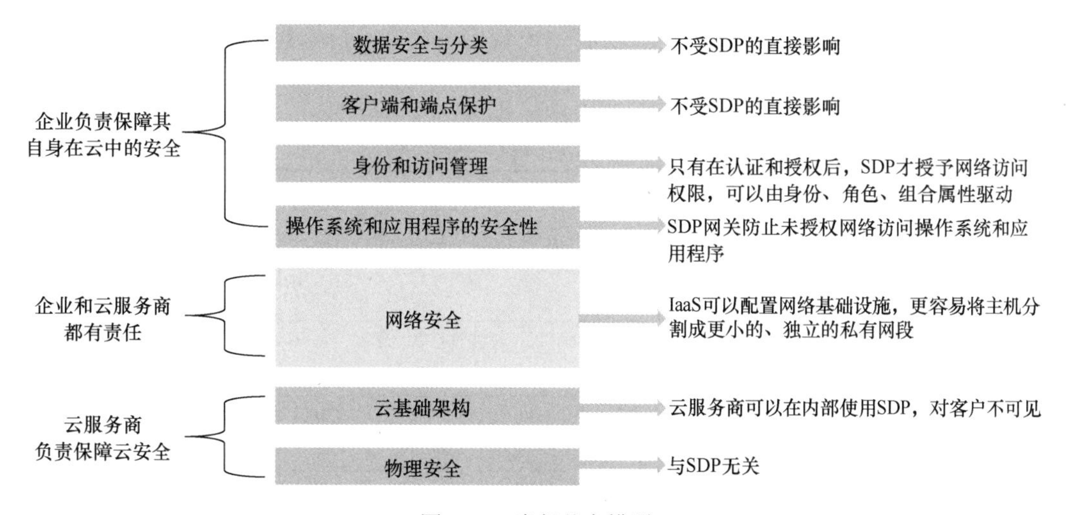

图 4-22　责任共享模型

许多企业尝试实现责任共享，尤其在云服务商自行创建工具的情况下，这些工具倾向于基于静态 IP 地址而非基于用户或身份，企业不能通过其有效管理基于用户云资源的访问。因此，企业通过应用级身份验证来管理对相关资源的访问，使内网中的所有人都可以对云进行访问。该方式自然存在相应的风险，有许多可以被未经身份验证的攻击者利用的弱点，还有一个合规问题：企业经常要在敏感和受控环境中报告“谁访问了什么”。

SDP 在责任共享模型中有重要作用。通过 SDP，企业可以采用更有效的安全控制方式。

4.7.2 IaaS 技术原理

1. IaaS 参考架构

IaaS 参考架构如图 4-23 所示。其对公有云和私有云部署都适用。

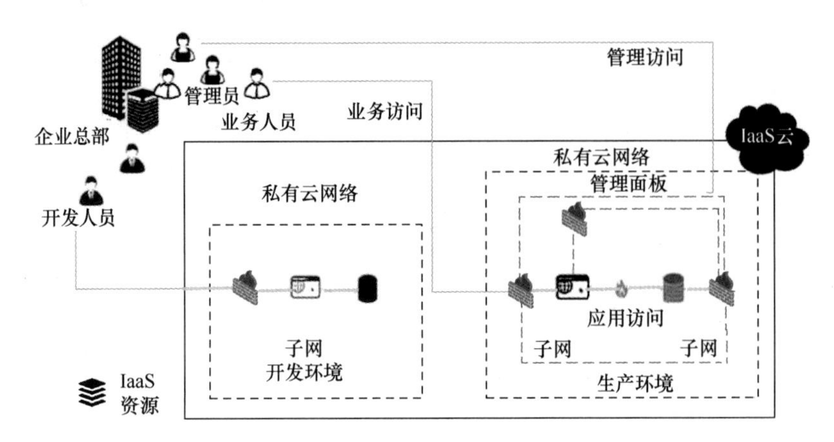

图 4-23　IaaS 参考架构

图 4-23 中包含两组 IaaS，分成两个私有云网络，其对应不同的账号或云中不同的私有区域。从网络访问的角度来看，这些私有云网络受云防火墙保护，云防火墙在逻辑上控制这些网络的访问。这里忽略路由表、网关等构 件的复杂性，以聚焦管理用户访问 IaaS 资源面临的挑战。云安全性和网络术语如表 4-33 所示。

表 4-33　云安全性和网络术语

术　语	描　述	示　例
云防火墙	控制云环境中网络流量的安全组件。通过将服务器实例分配给云防火墙来进行管理	AWS:Security Group Azure: Network Security Group
私有云网络	云环境中由单个账号控制的独立网络区域。可能包括多个子网，可以被企业中的许多人访问	AWS:Virtual Private Cloud Azure:Virtual Network
标签	IaaS 系统支持为服务器实例指派 name-value 键值对。这些标签在 IaaS 系统中没有语义含义，但可以作为 SDP 系统进行访问策略决策的基础	AWS Tags Azure Tags
直接连接	IaaS 供应商与电信运营商合作，提供从企业内部到 IaaS 环境的专用网络连接（通常使用 MPLS）。具有专用带宽且可靠性强，通常可以将其细分为多个虚拟网络	AWS Direct Connect Azure Express Route

2. IaaS 的安全性更复杂

IaaS 访问的安全性存在较大的挑战。作为责任共享模型的组成部分，网络安全直接依赖企业。将私有云资源公开到公共互联网将仅通过身份验证进行保护，这显然不符合安全和规则的要求。因此，企业需要在网络层弥补这一缺陷。

IaaS 的安全性更复杂，原因有以下几点。

1）位置只是需要考虑的因素之一

不同开发人员需要不同类型的网络，以访问不同资源。例如，Sally 是数据库管理员，需要访问所有运行数据库的服务器的 3306 端口；Joe 坐在 Sally 旁边，管理 Purple 项目的应用程序代码，并需要使用 SSH 连接运行 Purple 项目的应用服务器；Chris 和其他人不一样，他远程工作，是 Purple 项目的应用程序开发员，尽管相隔千里也要求与 Joe 有相同的访问权限。

在 IaaS 中，位置只是访问策略需要考虑的因素之一，而在传统网络环境中，其为网络层的主要驱动因素。

2）唯一不变的是变化

在 IaaS 中，计算资源是高度动态的，服务器实例不断被创建和销毁。对其进行手动管理和跟踪几乎不可能。开发者也是动态的，他们可能同时在不同项目中担任不同的角色。

该问题在 DevOps 环境中被放大，开发、QA、发布和运维角色混合在一个团队中，对“生产环境”资源的访问可以迅速变化。

3）IP 地址难题

不仅用户的 IP 地址定期更改，而且用户和 IP 地址之间也没有一一对应关系。访问规则完全由 IP 地址驱动的原理如图 4-24 所示。

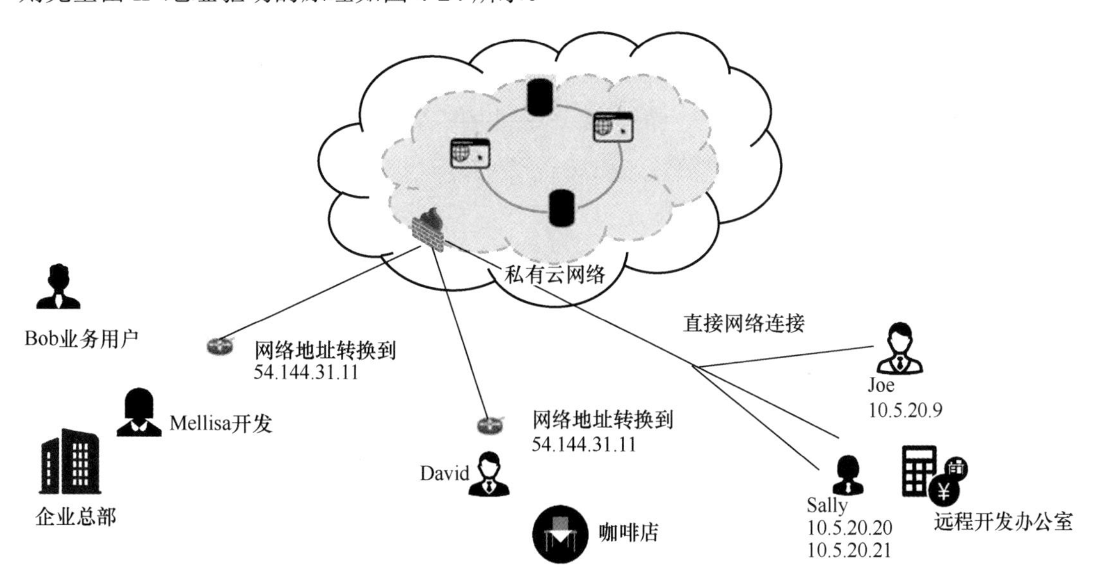

图 4-24　访问规则完全由 IP 地址驱动的原理

在不同位置访问的安全隐患如表 4-34 所示。

表 4-34　在不同位置访问的安全隐患

位　　置	网 络 设 置	安 全 隐 患
企业总部	所有用户都映射到单个 IP 地址。在此位置有许多用户需要广泛访问网络的能力	网络安全组无法区分用户且必须授予每个人所有资源的完全访问权限。这意味着恶意用户、攻击者或恶意软件可以不受阻碍地从本地到达云网络
远程开发办公室	直接网络连接会保留每个用户的 IP 地址	IP 地址是动态分配的且经常更改，用户可以从多个设备访问云。 IT 运营团队不断更新安全组的规则（增加业务延迟）或完全对云开放（降低安全性）
咖啡店	个别用户需要从不同位置远程访问，可以采用 NAT	来自不同位置的网络访问将向同一网络上的任何恶意用户同步开放。IT 管理员很难根据用户的位置和访问需求的变化手动调整网络访问策略

3．安全要求和传统安全工具

本节主要介绍系统上云后的安全要求和传统安全工具。

1）安全要求

从根本上讲，安全有两个问题需要解决：安全的远程访问、用户访问的可见性和可控性。

安全人员普遍认为向公网开放敏感服务不是一个好主意，并希望使用某种方法保护敏感服务。

（1）安全的远程访问。

当前，所有云用户都是远程的，这意味着无论网络连接是公共互联网连接还是专用的直接连接，与云的通信都在网络连接上发生。

企业通常通过 VPN 解决这一问题，建立点到点的 VPN 或将用户设备通过 VPN 直接连接到云。此外，也可以将二者结合，通过 VPN 将用户设备连接到企业网络，再通过点到点的 VPN 连接到云。

VPN 为用户设备与云的网络通信提供了安全、加密的隧道。但如果所有用户流量都需要先访问企业网络再访问云，则会产生额外的延迟，造成单点故障，并可能提高带宽成本和 VPN 授权的购买成本。通过 VPN 直接从用户设备连接到云有助于解决一些问题，但可能会与通过 VPN 同时进入企业网络的需求发生冲突，如访问内部开发资源等。

如果 VPN 上的应用程序通信协议是加密的，如 HTTPS 和 SSH，就不会增强保密性和完整性，可以确保被 VPN 保护的资源不公开可见，以防 DDoS 攻击。

（2）用户访问的可见性和可控性。

无论用户是否通过 VPN 进入 IaaS 平台，安全团队都需要监控和报告在 IaaS 平台中哪些用户可以访问哪些资源。IaaS 平台提供了内置工具，如 AWS 中的安全组和 Azure 中的网络安全组（这里称为云防火墙），其基于 IP 地址控制对服务器的访问。

IaaS 平台提供的简单 IP 地址规则如表 4-35 所示。

表 4-35 IaaS 平台提供的简单 IP 地址规则

类 型	协 议	端口范围	源 地 址
HTTP	TCP	80	173.76.247.254/32
HTTP	TCP	80	50.255.155.113/32
HTTP	TCP	80	73.68.25.221/32
HTTP	TCP	80	98.217.113.192/32
HTTP	TCP	80	209.64.11.88/32
HTTP	TCP	80	172.85.50.162/32
HTTP	TCP	80	68.190.210.117/32
RDP	TCP	3389	173.76.247.254/32
RDP	TCP	3389	110.142.238.207/32
RDP	TCP	3389	50.255.155.113/32
RDP	TCP	3389	73.68.25.221/32
RDP	TCP	3389	98.217.113.192/32
RDP	TCP	3389	209.64.11.88/32

所有被分配到此云防火墙的虚拟机实例都将继承规则集，允许网络访问特定端口。该方法存在以下问题。

① 提供对此云防火墙中所有服务器的粗粒度访问。

② IP 地址不能与用户对应。

③ 没有任何策略的概念，也没有解释为什么指定的源 IP 地址会在表 4-35 中。因此，根据用户访问控制策略实现任何复杂的访问控制都十分困难和耗时。

④ 表 4-35 的 IP 地址规则是静态的，不能根据用户位置和权限的变化而变化。

⑤ 上述方法没有考虑信任的概念，如身份验证强度、设备配置文件或客户端行为、访问权限调整等。

⑥ 任何更改都需要对 IaaS 账号进行访问管理，可能需要集中处理或需要对更多用户设置管理员访问权限，导致出现安全、合规和操作问题。

在 IaaS 环境下，所有用户都可以远程访问。因此，安全团队需要关心所有用户对资源的访问，而不只关心用户的一个子集。也就是说，必须重视安全的远程访问控制，使其成为企业整体策略的一部分。

除了将多个源 IP 地址添加到单个云防火墙，还可以创建多个云防火墙（如针对每个用户的 IP 地址创建一个云防火墙）或使每个云服务器实例关联多个云防火墙。但是这种方法会带来额外开销，且其为静态解决方案。

2）传统安全工具

（1）跳板机。

跳板机又称跳转服务器或跳转主机，允许在不安全区域的用户访问。跳板机访问机制如图 4-25 所示。

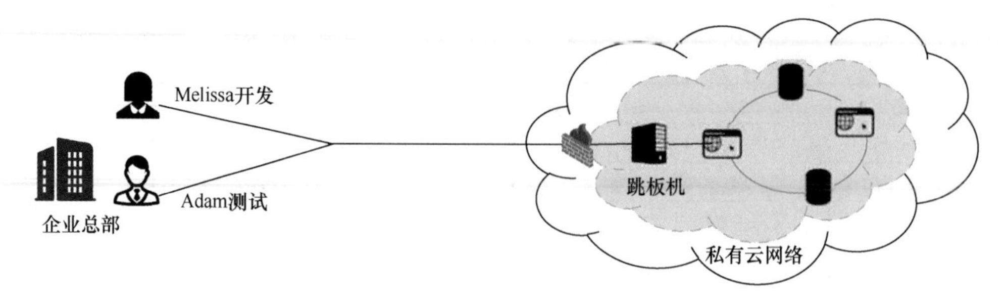

图 4-25　跳板机访问机制

在安全区域，可以使用跳板机代理访问云服务器。

跳板机的网络访问可以是公开的，通过直接连接或虚拟私有网络（VPN）进行访问。访问跳板机桌面需要进行身份验证。跳板机通过对受管理的服务的强制单点访问来控制对云资源的访问。然而，下列限制使得跳板机不适用于海量云资源的访问控制。

① 跳板机不是典型的多用户系统，适用于单用户访问受保护服务器的情况。

② 跳板机为特殊场合的访问控制设计（如系统管理员访问），不为持续的访问控制设计。

③ 跳板机只能对其网络中的所有服务器一刀切地提供“要么全有，要么全无”的网络访问控制。

④ 一旦攻破一个跳板机或一台可以访问跳板机的用户设备，就对攻击者开放了整个网络。

⑤ 跳板机难以跟踪用户访问以实现合规性检查。

显然，跳板机不是适合云系统用户实现网络访问控制的解决方案。

（2）虚拟专用网络。

虚拟专用网络（VPN）广泛应用于远程用户访问控制，其为远程用户提供对虚拟局域网或网段的安全访问。将其与多因子身份验证结合对具有传统边界的企业及静态用户和服务器资源来说效果很好，但 Gartner 的调研报告指出。网络隔离区（Demilitarized Zone，DMZ）和传统 VPN 是为 20 世纪 90 年代的网络设计的，由于缺乏保护数字业务所需的敏捷性而过时。

VPN 具有以下两个缺点。

① VPN 对网络提供粗粒度访问控制，所有用户都可以对整个虚拟局域网进行访问。VPN 难以为不同用户提供不同级别的访问，也不容易适应网络或服务器集群的变化，VPN 无法满足企业的动态发展需要。

② 即使 VPN 提供的控制级别能够满足企业需求，也只是一种控制远程用户的竖井式解决方案。VPN 不保护本地用户，企业需要其他技术和策略来控制本地用户的访问。协调和匹配这两种解决方案所需的工作量成倍增加。随着企业对混合计算模型和云计算模型的应用，VPN 很难得到有效应用。

Gartner 指出，2021 年，60%的企业逐步淘汰 VPN，并使用 SDP，尽管 2016 年 SDP 的使用率不到 1%。

（3）虚拟桌面基础设施。

虚拟桌面基础设施（Virtual Desktop Infrastructure，VDI）可以使企业在企业数据中心的集中式服务器集群中托管大量桌面操作系统实例。这些实例可以是桌面操作系统的虚拟化实例，也可以是许多用户并发登录到的桌面操作系统的多用户版本。VDI 是企业远程访问其网络和应用程序的重要机制。

VDI 具有一些缺点：第一，远程桌面的用户体验往往在小型移动设备上表现不佳，其不以响应的方式呈现且难以使用，会阻碍生产力；第二，很多基于桌面的客户端/服务器（C/S）应用程序被重新编写为 Web 应用程序，降低了 VDI 的价值；第三，VDI 集群的采购成本很高，随着越来越多的业务系统转移到云上，企业意识到 VDI 不能解决远程应用程序的用户访问控制问题。

事实上，VDI 通过对从客户端设备到 VDI 服务器的流量进行加密，解决了部分远程访问控制问题，但它不能解决核心的用户访问控制问题，即控制特定用户可以访问的网络资源。在某些情况下，VDI 使多个用户出现在一个多用户操作系统中，无法通过传统的网络安全解决方案进行访问控制。

4．SDP 的作用

SDP 可以为企业提供对 IaaS 环境的安全远程访问，并实现细粒度访问控制。

SDP 使企业的云资源对未授权用户完全不可见，消除了许多攻击方式，包括暴力攻击、网络流量攻击、TLS 漏洞攻击（如著名的 Heartbleed 漏洞和 Poodle 漏洞）等。SDP 通过在企业服务器周围建立一张“暗网”，使其为云计算安全负责。

预验证和预授权是 SDP 的两个基本支柱。通过在单数据包到达目标服务器前对用户和设备进行身份验证与授权，SDP 可以在网络层执行最小权限原则，显著缩小攻击面。

下面回顾一下 SDP 的基本概念和特性。SDP 架构如图 4-26 所示。

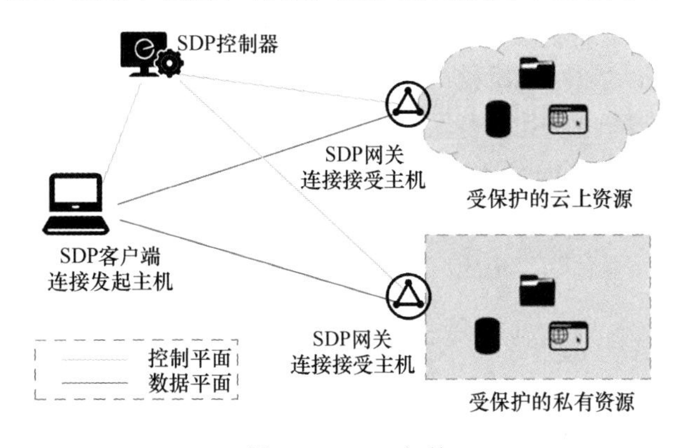

图 4-26　SDP 架构

SDP 架构的主要组件如表 4-36 所示。

表 4-36　SDP 架构的主要组件

组　件	介　绍
客户端	在每个用户的设备上运行的客户端
控制器	用户身份验证组件（可选择与用户身份管理系统集成），并在授予每个用户个性化网络权限前对其进行验证
网关	网关代理访问受保护的资源。客户端的流量通过加密隧道发送到网关，网关将其解密并发送到适当的应用程序（受保护的资源）。SDP 支持多个分布式网关，每个网关保护一组应用程序或系统资源

在 SDP 架构中，客户端（用户设备）是指连接发起主机（IH），网关是指连接接受主机（AH）。在通过控制器进行身份验证后，客户端为每个网关建立加密隧道。图 4-26 显示了两个分布式网关，每个网关保护一组资源，由单个控制器管理。

SPA 使客户端基于共享密钥创建基于 HMAC 的一次性口令，并将其提交给控制器和网关，作为连接建立过程中发送的第一个网络数据包，它也用于建立网关与控制器的连接。

因为控制器和网关拒绝可能来自未授权用户的无效数据包，所以它们可以防止与未授权用户或设备建立 TCP 连接。非法客户端可以通过分析单个数据包进行区分，因此控制器和网关产生的计算负载最小，极大地降低了 DDoS 攻击的有效性，并使 SDP 服务可以在面向公众的网络中更安全、更可靠地部署。

SDP 系统以用户为中心，其在允许访问前，先验证用户和设备。因此，SDP 允许企业基于用户属性创建访问策略。通过使用目录组成员、IAM 分配的属性与角色等机制，企业可以以一种对业务、安全和合规团队来说更有意义的方式定义与控制对云资源的访问。

与 SDP 相比，传统的网络安全系统完全基于 IP 地址，根本不考虑用户。

5. SDP 的优势

1）提高运维效率

与传统的安全工具相比，SDP 的自动访问策略显著提高了运维效率。

2）简化合规工作

由于网关对所有客户端网络流量进行日志记录和控制，SDP 可以提供每个用户访问权限和活动的详细记录。因此，SDP 可以根据这些记录提供合规报告。

而且，由于 SDP 支持对用户访问的细粒度控制，企业通过将其网络分割成更小的、良好隔离的部分，以缩小合规范围。

3）降低成本

SDP 的自动访问策略减少了为响应用户或服务器更改而手动更新和测试防火墙规则的需求，从而减少了工作量，提高了业务人员和技术人员的工作效率，降低了成本。简化的合规工作可以缩短准备和执行审计的时间，节省精力。SDP 还可以为企业提供替代其他技术的方案，以降低成本。例如，一些企业在考虑升级传统 NAC 的网络交换机时选择了 SDP，节省了数十万美元。

4）SDP 与 IAM 互补

SDP 与 IAM 在很多方面是互补的。首先，SDP 系统能对已部署的 IAM 系统进行身份验证，加速了 SDP 的上线。这种身份验证可以通过连接到本地 LDAP 或 AD 服务器，以及使用 SAML 等来实现。其次，SDP 产品通常将 IAM 用户属性作为 SDP 策略的元素，如目录组成员、目录属性或角色。例如，SDP 策略可能会定义为“目录组中的所有销售用户都可以在 443 端口上访问销售门户的服务器”。其说明 SDP 系统如何为现有 IAM 系统增值并扩展能力。最后，SDP 系统可以包含在由 IAM 系统管理的身份生命周期中。通常为“加入、移动、离开”流程，IAM 系统管理与用户账号和访问权限相关的业务与技术流程。部署 SDP 的企业应该将 SDP 管理的网络权限包含到 IAM 系统中。例如，当 IAM 系统在应用程序中为 Sally Smith 创建一个新账号时，SDP 系统应该同时创建相应的网络权限。

综上所述，这种集成能够很好地支持第三方用户访问 SDP 系统。SDP 控制器信任第三方 IAM 系统提供的身份验证和用户身份生命周期的所有权管理。因此，当第三方用户在它们的 IAM 系统中被禁用时（在企业的用户禁用流程中非常关键），用户将无法访问 SDP 保护的资源，因为他们不能通过关联进行身份验证。

4.7.3　混合云及多云环境

许多企业都具有复杂的 IT 环境，与其将其看作一项挑战，不如接受这种丰富的场景，因为它与商业本身的复杂性有关。不同行业的商业需求不同，我们可以负责任地预测，世上没有“放之四海而皆准”的 IT 架构适用于所有企业。

安全团队需要寻找正确的工具和技术，为不同环境提供持续的安全保障。虽然总有不少与平台强关联的工具，如系统管理、自动化、终端管理等，但是我们相信，从安全的角度来说，企业在不同平台上建立统一的以用户为中心的策略和流程非常关键。例如，企业希望有统一的平台，以定义和执行“谁可以访问什么系统”的策略和流程。这个平台必须统一管理内网部署的、多地部署的、物理的、虚拟的、私有云和公有云资源；否则，企业将面临较高的复杂性、风险及运维成本。

SDP 以用户为中心、与平台无关、强制执行网络层访问控制，是企业解决复杂环境下安全问题的正确选择。

4.7.4　替代计算模型

“无服务器”计算模型的可用性和采用率正在稳步提高，各主流云服务商也在其功能线中支持 PaaS。其将传统的（如关系数据库或消息队列）“as a service”转变为新颖的“function as a service”（如 AWS Lambda、Azure Functions、Google Cloud Functions）等以物联网为中心的业务。

这些业务的共同点是它们不向用户公开传统操作系统，这意味着要解决的网络访问控制问题可能与 IaaS 平台的问题不同。

在某些情况下，服务完全符合 IaaS 场景。例如，作为服务的关系数据库恰好是受 SDP 保护的服务类型。实际上，许多 IaaS 供应商使用相同的网络访问模型来控制对 IaaS 的关系实例的访问，因此我们描述的 SDP 方法是完全相关的。

无论如何，如果企业正在使用或考虑使用替代计算模型，应确保与安全团队及开发团队的互动，以了解其安全模型及安全架构的适应问题。

4.7.5 容器和 SDP

容器正在快速发展，许多企业将其作为基础技术，以实现高速的 DevOps 方案。容器带来了一些有趣的安全和访问挑战。不同的容器和集群技术有不同的网络访问模型，其映射到两个方面。

（1）每个 Pod[①]群集（单个 OS 进程中的一组容器）获取一个由其容器共享的公共 IP，即 Kubernetes 模型。

（2）每个容器有一个私有 IP，其通过 NAT 连接到 Pod 群集的公共 IP，即 Docker 模型。

在这两个方面，SDP 都可以得到有效应用。Pod 群集和容器可以放在 SDP 网关后方，SDP 通过制定策略来控制用户对服务的访问。受保护的服务与容器内动态解析的 IP 地址或元数据对应。从端口到容器的任何特定于 Pod 群集的映射都可以在 SDP 网关后方工作，添加 SDP 没有任何影响。

当然，还有其他方法可以在容器内联网，应仔细查看使用的工具。总体来说，上面列出的主流方法与 SDP 兼容，可以很好地与 SDP 配合使用。

4.8 SDP 防御分布式拒绝服务（DDoS）攻击

传统的网络安全解决方案侧重于保护网络和系统的安全，而 SDP 侧重于以身份为中心保护数字资产。从传统边界防护转变到 SDP，使企业能够更加从容地应对 DDoS、凭证失窃和对企业资源的勒索软件等攻击。

4.8.1 DDoS 和 DoS 攻击的定义

分布式拒绝服务（DDoS）攻击是一种大规模攻击，攻击者使用多个不同的源 IP 地址（通常有数千个）对单一目标同时进行攻击。其目的是使被攻击者的服务或网络过载，不能提供正常服务。由于接收到的流量源于许多不同的被劫持者，使用入口过滤或来源黑名单等简单技术无法阻止攻击。当攻击分散在众多来源时，区分合法用户流量和攻击流量非

① Pod 是一组、一个或多个应用程序容器（如 Docker 或 rkt），包括共享存储（卷）、IP 地址和如何运行它们的信息。

常困难。一些 DDoS 攻击还能伪造发送方 IP 地址（IP 地址欺骗），进一步提高了识别和防御攻击的难度。

拒绝服务（DoS）攻击是单来源攻击，而 DDoS 攻击是多来源攻击。DoS/DDoS 攻击如图 4-27 所示。在图 4-27 中，实线表示 DoS 攻击，虚线表示 DDoS 攻击。

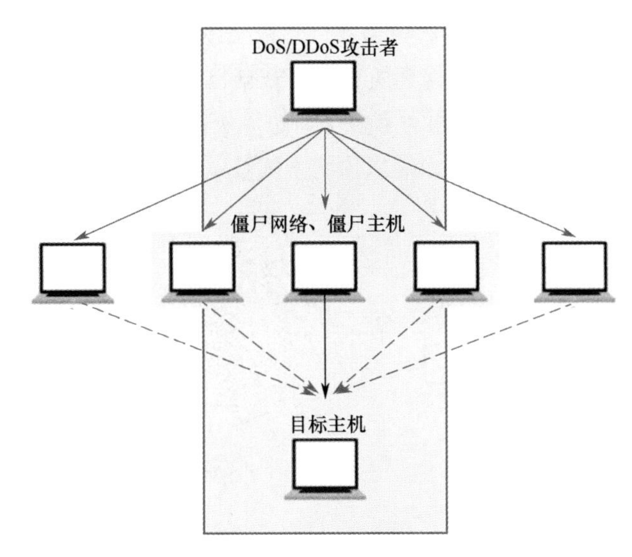

图 4-27　DoS/DDoS 攻击

下面仅考虑 DDoS 攻击，其中的大量内容也适用于 DoS 攻击。

DDoS 攻击的最终目的是攻击一个目标并阻止其向合法用户提供服务。DDoS 攻击的目标通常是互联网中面向公众的服务，如 Web 服务器和域名系统（Domain Name System，DNS）服务器等。

SecureList 网站的相关内容显示，2019 年第一季度和第二季度，“数据显示，所有 DDoS 攻击指标都上升了。攻击总数上升了 84%，持续的 DDoS 会话（超过 60 分钟）数量翻倍”。

Dark Reading 网站的文章指出，DDoS 出租服务在 2018 年第四季度到 2019 年第二季度增加了一倍。

为了方便分析，将计算机服务分为以下两类。

（1）公共服务：DNS 服务、Web 服务和内容分发网络（Content Delivery Network，CDN）服务等必须在互联网上保持可自由访问，不需要进行身份识别、验证或授权。本章不以使该类服务免受 DDoS 攻击为目标。

（2）私有服务：私有商用应用、员工或用户的工作门户、电子邮件服务器等服务通常提供给明确定义的受众。这些受众身份已知，可以在使用这些服务前进行身份验证，并可以使用 SDP 保护该类服务免受 DDoS 攻击。

对这两类服务来说，提供服务的企业应关注其网络服务供应商可提供的检测和缓解服务，因为许多 DDoS 攻击将影响网络服务供应商的网络接入，所以可以在网络的“上游”

进行防御。

4.8.2 SDP 防御 DDoS 攻击

检测、转移、过滤和分析等方法适用于处理与 DDoS 攻击相关的大量数据包，与资源损耗 DDoS 攻击相关的许多小型畸形数据包很难被检测。另外，这些方法的成本较高，且经常会过滤正常数据包。SDP 可以丢弃所有攻击数据包且仅允许正常数据包通过。对 SDP 来说，主机是隐藏的，客户端与（通常有多个）边界协作，SDP 用于防御 DDoS 攻击示例如图 4-28 所示。在参考实现中，客户端以加密方式登录边界。

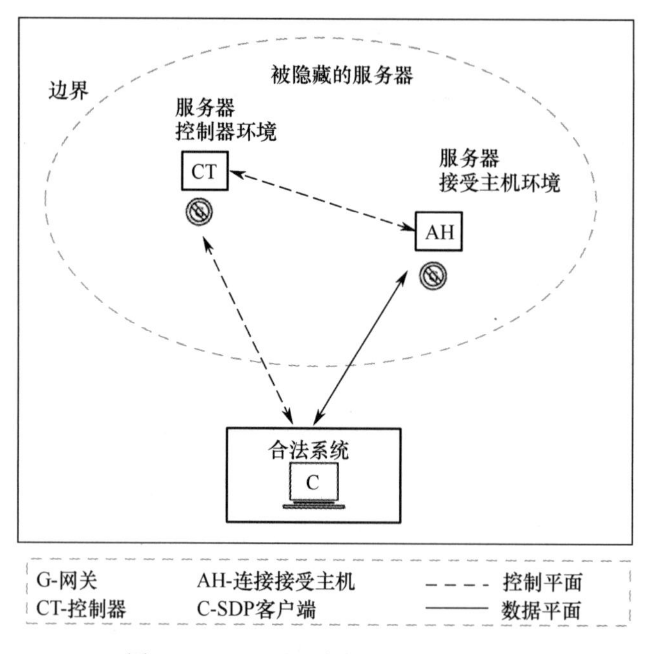

图 4-28　SDP 用于防御 DDoS 攻击示例

参考 SDP 标准，服务器所有面向互联网的接口（AH 环境）只有在控制器（CT）和网关（G）环境中注册后才可用。通常遵循下列步骤，使 SDP 成为 DDoS 攻击的防御机制。

（1）设置控制器环境和网关以建立边界，隐藏服务或服务器。

（2）希望连接到这些隐藏服务器的用户登录并获得唯一的 ID（每个设备）、客户端证书和加密密钥。用户可以通过自助服务网站自行注册，该网站也会确认他们（用户）用于连接到隐藏服务器的设备；SDP 将记录用户的地理位置，并将其作为多因子身份验证的一个属性。

（3）用户使用设备上的 SDP 客户端建立与隐藏服务器的连接。

（4）客户端发送一个初始 SPA 数据包，并由控制器和网关进行合法性校验，以匹配注册时提供的用户信息。

（5）验证 SPA 数据包中的信息，并与在注册过程中收集的客户端信息进行匹配。

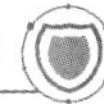

（6）如果设备验证和用户信息有效，则授予用户访问边界内服务的权限（IP 地址与存储的位置匹配可以方便验证，但不是必需的）。

（7）AH 网关打开防火墙相应端口，以允许用户连接到隐藏服务。

SDP 可以将服务隐藏在默认 Deny-All 防火墙的 SDP 网关后方，在打开该防火墙并建立连接前对设备上的用户进行身份验证，通过使用动态防火墙机制使 SDP 在 DDoS 攻击期间快速丢弃数据包。DHS 的研究表明，在严重的 DDoS 攻击下，即使交换机被正常和非正常数据包淹没，也有超过 80%的正常流量可以通过。

在使服务免受 DDoS 攻击的同时，网关和控制器需要面对 DDoS 攻击。研究表明，使用初始的基于 UDP 的 SPA 数据包大大降低了网关和控制器的暴露程度。更多与控制器负载均衡有关的研究表明，网关和控制器的其他配置选项是减小 DDoS 攻击威胁的有效方法。

与实现同样功能的其他技术相比，使用轻量级 SPA 开启进入边界的入口可以使对无效数据包的检测更有效。IoT 和类似系统也可以利用 SPA 的轻量级特性并与 Deny-All 防火墙结合。

SDP 利用 SPA 区分授权和未授权用户。大多数 DDoS 流量由未授权用户发起，因此 SDP 网关可以拒绝 DDoS 流量，使服务器不会出现沉重的计算负担。将 SDP 与来自 ISP 的上游 DDoS 检测和缓解服务（内容分发者，如 Akamai；网络硬件供应商，如 Avaya；网络供应商，如 Verizon）结合，可以有效预防 DDoS 攻击。

4.8.3　SDP 防御 HTTP 泛洪攻击

SDP 防御 HTTP 泛洪攻击如图 4-29 所示。

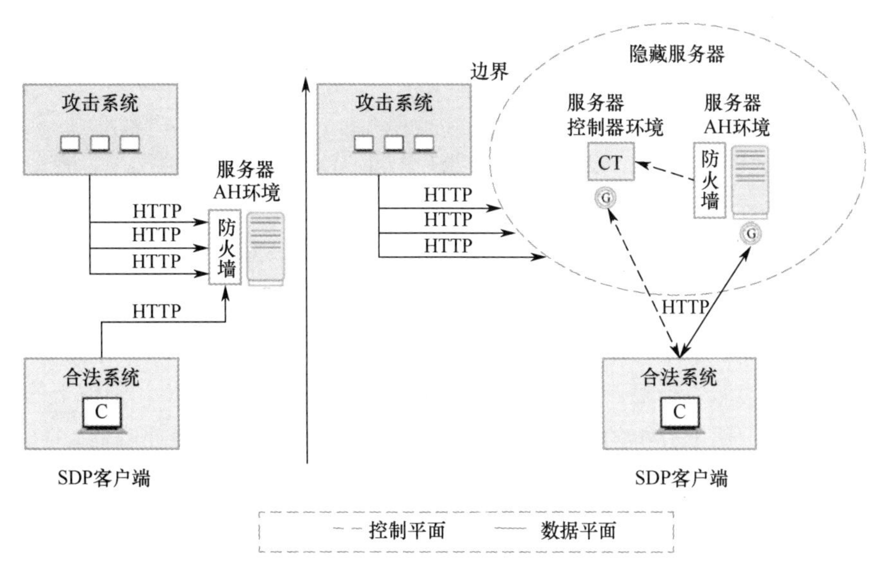

图 4-29　SDP 防御 HTTP 泛洪攻击

可以将 HTTP 泛洪攻击归为 OSI 模型的应用层攻击，因为其攻击目标通常是 Web 服务器或应用；也可以将其归为资源损耗攻击，因为其目标是使服务器或应用的资源过载。HTTP 泛洪攻击通常由攻击者控制的大量计算机将大量数据包发送给单个服务，因为其使用来自表面上合法的设备合法构造的请求，所以很难被检测和阻止。HTTP 泛洪攻击步骤如下。

（1）攻击者通过恶意软件感染、网络钓鱼攻击等方式控制僵尸网络设备。

（2）恶意软件属于“命令和控制”类型，能够发送 HTTP POST 请求。

（3）HTTP POST 请求包含需要由目标数据库处理的表单。

（4）僵尸网络浏览器与目标 Web 服务器建立 TCP 连接（三次握手）。

（5）僵尸网络浏览器发送带有表单的 HTTP POST 请求，以进入目标数据库。

（6）目标 Web 服务器和应用程序尝试处理 HTTP POST 请求。

（7）处理大量输入数据库，会耗尽 Web 服务器和应用资源，使处理速度降低或停止处理。

HTTP 泛洪攻击的关键是使用看起来合法，并能够连接到 POST 请求的设备，因此防止此类攻击最有效的方法是阻止任何连接。SDP 通过使目标服务器对未授权设备不可见来防止攻击。

（1）攻击者的僵尸网络无法识别目标 Web 服务器，因为僵尸网络设备未注册到控制器中。

（2）即使僵尸网络可以找到隐藏服务器的网关，也无法连接。

（3）设备没有安装将所有通信定向到控制器的 SDP 客户端。

（4）除了通信定向，SDP 客户端还包含唯一的 ID（每个设备）、客户端证书和加密密钥。

（5）僵尸网络无法连接，因为控制器无法验证 SPA。

（6）控制器无法验证和匹配所需的客户端信息。

（7）在缺少安装在 Botnet 设备上并成功注册的 SDP 客户端的情况下，控制器和网关不会授权对边界进行访问。

（8）在未得到控制器授权的情况下，保护 Web 服务器的网关不会打开防火墙以连接到隐藏服务。

如果 IP 地址公开或攻击者通过某种方式定位到 IP 地址，则网关将无法识别这些设备并将丢弃所有已传递的数据包（POST 请求）。如果攻击进行到这一步，则留下的痕迹和丢弃数据包中包含可以用于分析的证据和数据，以改善防御功能并寻找攻击者。

4.8.4 SDP 防御 TCP SYN 泛洪攻击

SDP 防御 TCP SYN 泛洪攻击如图 4-30 所示。

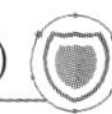

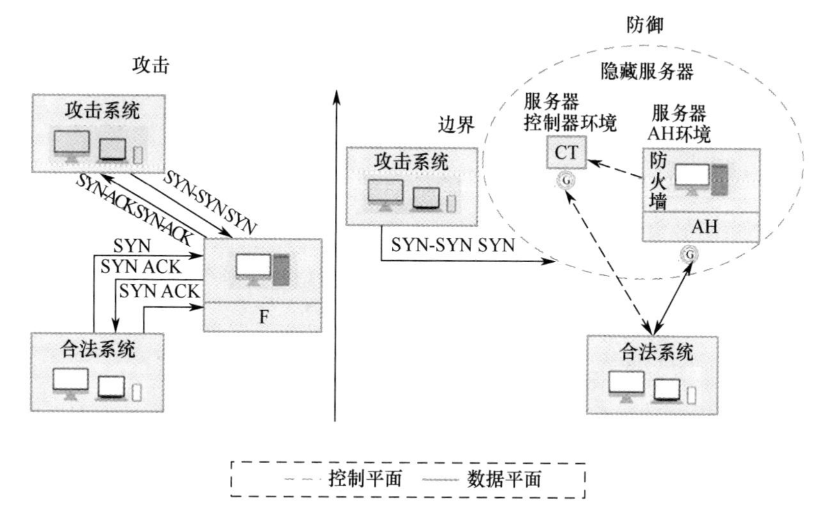

图 4-30　SDP 防御 TCP SYN 泛洪攻击

TCP SYN 泛洪攻击向目标发送大量请求但不完成 TCP 握手，以使其无法接收更多请求，导致拒绝服务。通过使用多个恶意客户端，攻击者能够增加每秒发送的数据包数量，将压倒目标，导致拒绝服务。

网关可以将来自恶意客户端的所有数据包丢弃，并允许来自合法客户端的数据包进入保护目标的边界。其他通过配置网络带宽和检查数据包进行防御的机制不区分合法客户端和恶意客户端，可能会限制合法数据包，导致 SDP 成为在 TCP SYN 泛洪攻击下继续运行的更有效的解决方案（无论数据包数量如何）。

4.8.5　SDP 防御 UDP 反射攻击

SDP 防御 UDP 反射攻击如图 4-31 所示。

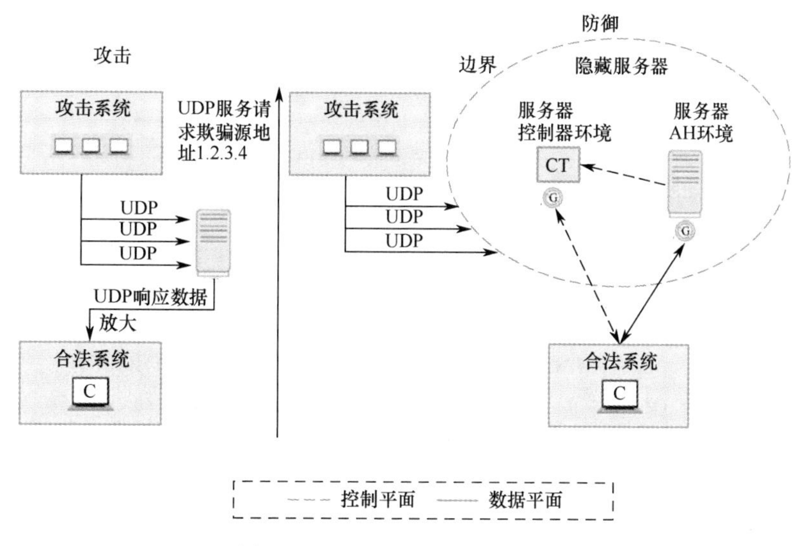

图 4-31　SDP 防御 UDP 反射攻击

作为一种无验证和连接协议的内在不安全协议，UDP 的数据包很容易被伪造，因此 UDP 请求的响应从攻击者“反射”到受害者。攻击者通常选择具有放大因子的服务，以更有效地攻击受害者。

放大因子的范围从 ICMP ping 命令的 1（没有放大）到 DNS 攻击的 28～54 倍，再到网络时间协议（Network Time Protocol，NTP）放大攻击的 550 倍。其他服务可能导致更大的增大倍数，最明显的是更高性能的缓存系统，根据数据库内容的不同，其放大因子可达 50000。

UDP 反射攻击有效且隐秘，因为攻击者不需要与目标进行任何直接沟通。这些攻击通常由一群分散的僵尸网络发起，模糊了攻击的实际来源。

无法对基于 UDP 的服务进行保护，因为 UDP 本质上是一种无须验证或授权就能传递数据包的开放机制，一些面向公众的 UDP 服务（如 NTP 或 DNS）必须公开。但非公开的服务，即只被可识别的用户或服务器消费的服务，非常适合使用 SDP 进行保护。

企业可以通过将这些服务放在网关后方来强化访问控制，只有授权设备和服务器才能向这些服务发送 UDP 数据包，攻击者无法使用这些服务进行 UDP 反射攻击。

需要注意的是，运行恶意软件的授权客户端设备可能用于启动 UDP 反射攻击。

4.8.6 网络层次结构与 DDoS 攻击

OSI 模型与 TCP/IP 模型的层次结构及逻辑协议如表 4-37 所示。

表 4-37 OSI 模型与 TCP/IP 模型的层次结构及逻辑协议

<table>
<tr><th>OSI 模型</th><th>TCP/IP 模型</th><th colspan="12">逻辑协议</th></tr>
<tr><td>应用层</td><td rowspan="3">应用层</td><td rowspan="3">Telnet/SSH</td><td rowspan="3">FTP/SFTP/SCP</td><td rowspan="3">SMTP/POP3</td><td rowspan="3">HTTP/HTTPS</td><td rowspan="3">BGP</td><td rowspan="3"></td><td rowspan="3">DNS</td><td rowspan="3">SNMP</td><td rowspan="3">Syslog</td><td rowspan="3">NTP</td><td rowspan="3">GSM</td><td rowspan="3">RIP/RIP2/RIPng</td></tr>
<tr><td>表示层</td></tr>
<tr><td>会话层</td></tr>
<tr><td>传输层</td><td>传输层</td><td colspan="5">TCP</td><td></td><td colspan="6">UDP</td></tr>
<tr><td rowspan="2">网络层</td><td rowspan="2">网络层</td><td colspan="3"></td><td colspan="2"></td><td rowspan="2">IP</td><td colspan="3">IGMP</td><td colspan="3">ICMP</td></tr>
<tr><td colspan="3">ARP</td><td colspan="2">RARP</td><td colspan="3"></td><td colspan="3"></td></tr>
<tr><td>数据链路层</td><td rowspan="2">网络接入层</td><td colspan="12">物理协议</td></tr>
<tr><td>物理层</td><td>以太网</td><td>令牌环</td><td>帧中继</td><td>ATM</td><td>Sonet</td><td>SDH</td><td>PDH</td><td>CDMA</td><td colspan="4">GSM</td></tr>
</table>

OSI 模型和 TCP/IP 模型的相同点包括：①均采用层次结构；②均包含应用层，尽管它们在该层的服务有很大差异；③均包含对应的网络层和传输层；④均需要被网络专业人员了解；⑤均假设数据包是可交换的，即各数据包可以通过不同的路径到达相同的目的地，这与所有数据包都走相同路径的电路交换网络不同。

OSI 模型和 TCP/IP 模型的不同点包括：①TCP/IP 模型将会话层和表示层的问题归并到应用层；②TCP/IP 将 OSI 的物理层和数据链路层归并到网络接入层；③TCP/IP 模型看

起来更简单，这是因为它的层数更少；④TCP/IP 协议是支撑互联网发展的标准协议，TCP/IP 模型因其协议而获得认可，相反，网络通常不构建在 OSI 协议上，即使在采用 OSI 模型的情况下。

OSI 模型和 TCP/IP 模型各层的 DDoS 攻击如表 4-38 所示。表中 X 表示各攻击所在的层。

表 4-38　OSI 模型和 TCP/IP 模型各层的 DDoS 攻击

OSI 模型	应用层	表示层	会话层	传输层	网络层	数据链路层	物理层
TCP/IP 模型	应用层			传输层	网络层	网络接入层	
Smurf 攻击			不适用		X	不适用	不适用
ICMP 泛洪攻击			不适用		X	不适用	不适用
IP/ICMP 分片攻击			不适用		X	不适用	不适用
TCP SYN 泛洪攻击			不适用	X		不适用	不适用
UDP 泛洪攻击			不适用	X		不适用	不适用
其他 TCP 泛洪攻击（如 Spoof/Non）			不适用	X		不适用	不适用
TCP 连接耗尽攻击			不适用	X		不适用	不适用
IPSec 泛洪攻击与 IKE/ISAKMP 相关			不适用	X		不适用	不适用
满传输速率攻击			不适用	X		不适用	不适用
长连接 TCP 会话攻击			不适用	X		不适用	不适用
其他连接泛洪攻击			不适用	X		不适用	不适用
SSL 耗尽攻击		X	不适用			不适用	不适用
伪造证书攻击		X	不适用			不适用	不适用
中间人攻击		X	不适用			不适用	不适用
反射攻击（如 DNS、NTP）	X		不适用			不适用	不适用
应用请求泛洪攻击	X		不适用			不适用	不适用
其他泛洪攻击（如 SMTP、DNS、SNMP、FTP、SIP 等）	X		不适用			不适用	不适用
有针对性的应用攻击	X		不适用			不适用	不适用
数据库连接池资源耗尽攻击	X		不适用			不适用	不适用
资源耗尽攻击	X		不适用			不适用	不适用
HTTP POST 请求耗尽攻击	X		不适用			不适用	不适用
HTTP Get 请求耗尽攻击	X		不适用			不适用	不适用
模拟用户访问攻击	X		不适用			不适用	不适用
慢速读攻击	X		不适用			不适用	不适用
慢速 POST 攻击	X		不适用			不适用	不适用
Slowloris 攻击	X		不适用			不适用	不适用

4.8.7 针对 Memcached 的大规模攻击

Memcached 是一套基于内存的分布式高速缓存系统，通常用于动态 Web 应用，以减小数据库负载。Memcached 通过在内存中缓存数据和对象来减少读取数据库的次数，以提高动态数据库驱动网站的响应速度。它本身没有权限控制模块，旧版 Memcached 客户端可以通过 TCP 或 UDP 端口号 11211 访问 Memcached 服务器，无须验证。因此，对公网开放的 Memcached 服务很容易被攻击者扫描发现，攻击者可以通过命令直接读取 Memcached 中的敏感信息。此类服务器应该部署在受信任的网络中。

2018 年，曾暴发过两轮大规模针对 Memcached 服务器的攻击，当时约有 5 万台 Memcached 服务器暴露，后续约有 3.1 万台 Memchached 服务器暴露。

下列措施可以弱化其危害。

（1）将服务器迁移至受信任的网络。

（2）安装默认禁用 UDP 协议的新版 Memcached。

（3）关闭端口 11211。

近年来，发生的大规模 DDoS 攻击如表 4-39 所示。

表 4-39 大规模 DDoS 攻击

日 期	攻 击 目 标	攻击流量/(TB/s)	被攻击的设备	设备漏洞触发点	攻 击 手 段
2018 年 3 月	US SP	1.7	Memcached 服务器	访问验证	“反射放大型” DDoS 攻击
2018 年 2 月	GitHub	1.3	Memcached 服务器	访问验证	“反射放大型” DDoS 攻击
2016 年 10 月	DynDNS	1.2	数百万 IoT 设备	认证	TCP SYN、UDP 泛洪攻击

第 5 章　微隔离（MSG）

零信任安全针对传统边界安全架构思想进行了重新评估和审视，以“持续信任评估，动态访问控制”为核心原则，基于软件定义边界（SDP）、增强身份管理与访问控制（IAM）和微隔离（MSG）构成了零信任领域的 3 个技术基石，以减少暴露面和攻击面，控制非授权访问，实现长期的网络安全保障。

SDP 技术用于实现南北向安全（用户与服务器间的安全），微隔离技术用于实现东西向安全（服务器与服务器间的安全），IAM 技术用于主体对客体的访问关系授权。

将微隔离技术与零信任架构相结合，可以实现进程级别的访问控制与隔离，防止攻击者使用未经批准的连接或恶意代码，从已经受到攻击的应用程序或进程横向移动感染其他进程。

如果不法人员已经攻击了一个服务器，那么他就可以利用这个服务器做跳板，进一步攻击网络中的其他服务器。微隔离可以阻止这种来自内部的横向攻击。微隔离通过服务器间的访问控制，阻断勒索病毒在内部网络中的蔓延，降低不法人员的攻击面。这正好符合零信任的原则。

（1）假设已经被攻破。

（2）持续验证，永不信任。

（3）只授予必需的最小权限。

5.1　网络安全挑战

数据中心往往需要与大量网络互联，将面临大量来自外部的网络威胁，在整个数据中心的出口处为数据中心南北向流量的安全部署防御边界。南北向安全防护由在数据中心核心和出口部署的高性能防火墙、IPS/IDS、抗 DDoS、应用交付等硬件设备处理。

数据中心大边界安全防护的建设需要同时考虑安全通信网络的要求和安全区域边界的要求，保障整个数据中心的正常运转，提升防御来自互联网的各类攻击和入侵行为的能力。这种传统的数据中心安全防护方式侧重于在外围进行边界防护，将威胁拒之门外。但随着数据中心的扩大和升级，现代数据中心只有少部分的流量是内外网之间的数据交换，而更为庞大的流量流转于内网主机之间。

这种边界防护模式的一个重大问题是：一旦攻击者绕过了边界防御，他们就能够在内网中横冲直撞，肆意妄为。如何有效控制内网中的东西向流量成为一个重大问题。解决这一问题的最佳方式是采用更严格的细粒度安全模型，将安全与工作负载紧密联系起来，灵活配置安全策略，而微隔离是最佳落地方式之一。

5.1.1 东西向流量安全面临的挑战

从传统数据中心到混合云环境，使得融合了内部网络和云服务的 IT 环境变得非常复杂，导致企业安全防御面临更大的挑战。从理论上说，最好的方式是企业需抽象出一定的方法来保护其混合 IT 环境安全，并简化基础设施以方便安全措施的部署。很多公司最大的混合云问题就是摊子铺得太大、铺得太快，造成安全被远远甩在身后的状况。有些公司连试水过程都省了，直接全面铺开，恨不得一口吃成胖子，结果却使得云项目开展得万般挣扎。

多数公司已经开始担心数据在云端的安全程度了。但也正是这些公司，依然假定自己内部基础设施中的数据不会遭到攻击者染指。然而，不得不承认，攻击者总会在某个时候进入原以为安全的内部网络。公司或企业在安全认知上的最大错误，就是以为内部环境是安全的。

当企业认为自己运营在混合环境中时，就已经偏离了正确的认知路线。正确的假定应该是：我拥有的所有东西都暴露在互联网面前，必须在零信任环境中运营。零信任思维应在应用程序上有所反映，所有应用程序都应验证来自其他 App 的全部通信。随着设备的激增，业务类型、业务数据越来越大。这中间除了传统的南北向流量的问题，也有大量的东西向流量的问题。

云数据中心的“南北”与“东西”含义如图 5-1 所示。

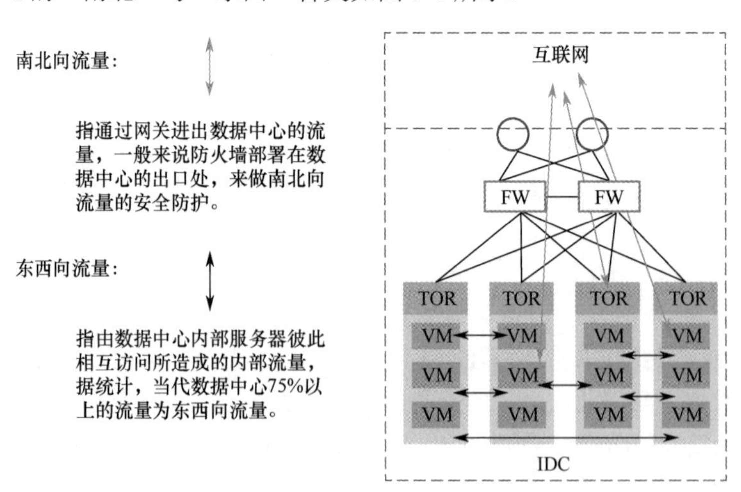

图 5-1 数据中心的“南北”与“东西”含义

5.1.2 东西向流量常见安全问题

随着云计算由大规模基础设施建设进入行业深化应用阶段，数据中心基础架构的巨变引发了安全管控能力与新型基础设施安全需求的脱节。

研究表明，云化数据中心中有 75%以上的流量发生于其内部，由工作负载间的横向连接而产生。对侧重边界防护、面向基础设施、主要针对南北向流量进行管控防护的传统安全技术而言，东西向流量已然成为难以覆盖的“空白地带”。

1. 数据泄露

近年来，数据泄露事件不断升级，攻击者从以破坏为主逐渐转向有明确经济目的的高级可持续攻击，通过对攻击事件的研究，发现其都存在相似的特征。

2. 病毒传播

勒索病毒、挖矿病毒等恶意软件利用东西向大二层网络的特性，在内部进行传播，造成宿主机计算资源耗尽，网络瘫痪。

3. 内鬼

根据金雅拓（Gemalto）2017 年发布的一份报告《2017 年糟糕的国际网络安全做法造成的损失》（*2017 Poor International Security Practices Take a Toll*）显示，尽管很多数据泄露来自外部黑客攻击，但所造成的数据被盗或遗失，仅占 13%；相比之下，内部恶意泄露、员工疏忽无意泄露等，却占被盗数据的 86%。

5.1.3　传统安全模型的弊端

现有传统安全模型存在防护缺陷，非法访问者使用层层边界防护授信后，就可以随意访问，利用数据中心传统安全模型的缺陷进行内部数据非法访问和获取等。一旦边界的防线被攻破或绕过，攻击者就可以在数据中心内部横向移动，而数据中心内部基本没有安全控制的手段可以阻止攻击。传统安全模型的弊端及非法访问者的攻击思路如图 5-2 所示。

传统安全思路
- 信任但认证
- 层层边界防护
- 授信后安全域内随意访问

传统安全模型屡被穿透：
- 无线网络和移动办公
- 分支办公室
- 远程员工

一旦边界的防线被攻破或绕过，攻击者就可以在数据中心内部横向移动，而数据中心内部基本没有安全控制的手段可以阻止攻击。

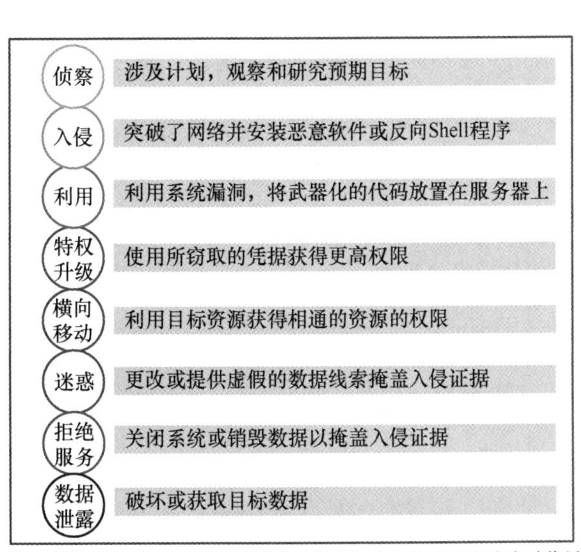

注：著名的Lockheed（洛克希德-马丁公司提出的网络攻击杀伤链）

图 5-2　传统安全模型的弊端及非法访问者的攻击思路

5.1.4 微隔离顺势出现

在云时代，网络安全急需一种新的安全模型解决东西向流量安全问题，即云时代下的网络隔离技术——微隔离。微隔离（又称软件定义隔离、微分段）最早由 Gartner 在其软件定义数据中心（Software Defined Data Center，SDDC）的相关技术体系中提出：

微隔离是一种网络安全技术，它使安全架构师能够在逻辑上将数据中心划分为不同的安全段，一直到各个工作负载级别，然后为每个独特的段定义安全控制和所提供的服务。微隔离多采用软件方式，而不是安装多个物理防火墙，可以在数据中心深处部署灵活的安全策略。

在 Gartner 的 2016—2018 年发布的十大安全技术/项目中都提到了微隔离，如表 5-1 所示。

表 5-1 Gartner 发布的十大安全技术/项目

安全类别	2016 年	2017 年	2018 年
IAM			特权账户管理 PAM
端点安全	端点检测与响应（EDR）	端点检测与响应（EDR）	检测与响应之 EPP+EDR
	基于非签名方法的端点防御技术		
			服务器工作负载的应用控制
云安全		软件定义边界（SDP）	软件定义边界（SDP）
	云访问安全代理（CASB）	云访问安全代理（CASB）	云访问安全代理（CASB）
	微隔离	微隔离	微隔离
		云工作负载保护平台（Cloud Workload Protection Platform，CWPP）	
		容器安全	
			云安全配置管理（Cloud Security Posture Management，CSPM）
应用安全	DevOps 的安全测试技术	面向开发、安全和运营（DevSecOps）的运营支撑系统（Operation Support Systems，OSS）的安全扫描与软件成分分析	自动安全扫描：面向 DevSecOps 的开源软件成分分析
安全运营	情报驱动的安全运营中心及编排解决方案技术	可管理检测与响应（Manage Detection Response，MDR）	检测与响应之 MDR
			弱点管理
网络安全	远程浏览器隔离	远程浏览器隔离	
	欺骗技术	欺骗技术	检测与响应的欺骗技术
		网络流量分析（Network Traffic Analysis，NTA）	
	用户和实体行为分析（User and Entity Behavior Analytics，UEBA）		检测与响应的 UEBA
			积极反钓鱼
IoT	普适信任服务		

根据 Gartner“网络安全技术成熟度曲线”对微隔离在国外市场的演进，2018 年微隔离首次超过 Web 安全网关，进入主流市场，目前国内属于发展初期，主要以头部用户为主。2018 年，Gartner 发布的网络安全技术成熟度曲线如图 5-3 所示。

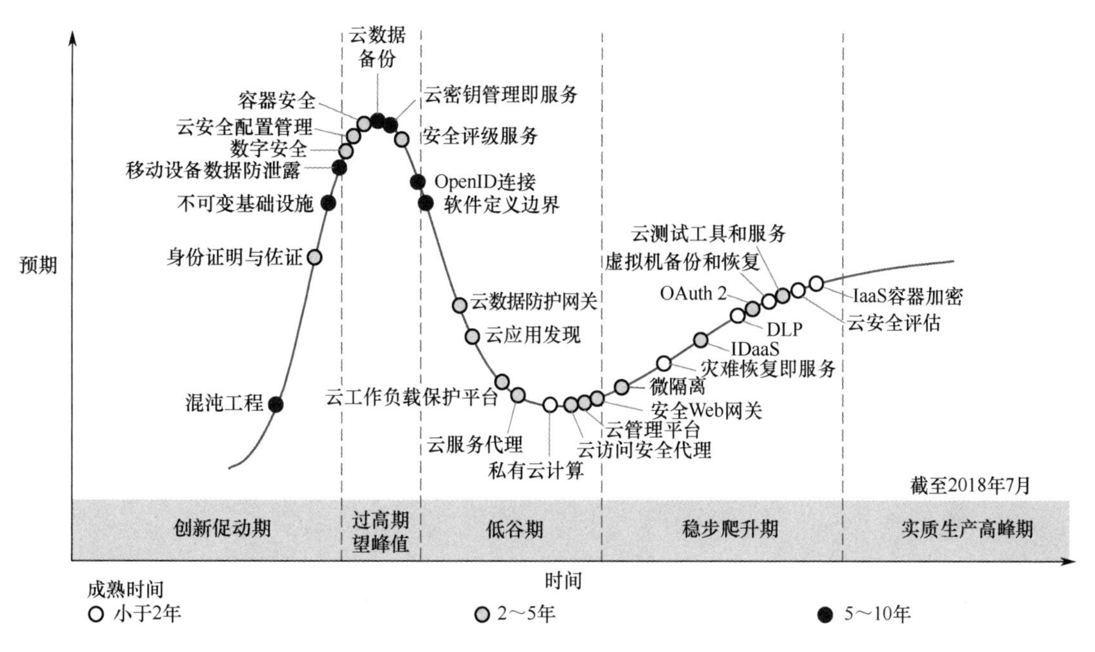

图 5-3　Gartner 发布的网络安全技术成熟度曲线

5.2　微隔离的基本概念及其技术的发展趋势

微隔离（MSG），也称微分段、软件定义分段、基于身份的分段、零信任分段、逻辑分段等。

微隔离基于工作负载身份，通过访问控制策略或加密规则，对位于本地或云端数据中心的工作负载（物理机/虚拟机/容器等）、应用、程序进行细粒度隔离和精细化访控，从而实现缩减暴露面、阻止攻击横向侧移的安全目的。

微隔离是面向新型基础设施的基础安全能力，一方面，新型基础设施架构和持续恶化的威胁环境催生了微隔离需求的激增，微隔离是云工作负载保护、容器安全等的基础能力；另一方面，从安全能力叠加演进的视角来看，微隔离提供了最为基础的“架构安全”和“被动防御” 安全能力。此外，微隔离被认为是零信任架构中的核心结构性要求，用于对数据中心东西向流量进行管理。

本节主要介绍微隔离的基本概念，以及微隔离技术的发展趋势。

5.2.1　微隔离的基本概念

微隔离是指通过将单个资源或资源组放置在由网关安全组件保护的自身网段上，企业可以实现零信任网络。在这种方法中，企业放置 NGFW 或网关设备作为 PEP，来保护每个资源或资源组。这些网关设备动态地授予对来自客户端资产的单个请求的访问权。根据模型的不同，网关可以是唯一的 PEP 组件，也可以是由网关和客户端代理组成的多部件 PEP 的一部分。

这就好像 2020 年全球新冠疫情期间每个人戴的口罩。为了避免新冠病毒的携带者进入国内，各个国家在边境都进行了强审核，这就好比网络上的防火墙。但是一旦患病者漏网进入国内，最有效的防护措施就变成了戴口罩，口罩可以阻止病毒横向传染，或者限制病毒在有限范围内扩散。

微隔离参考架构如图 5-4 所示。数据中心网络通常与互联网和办公网相隔离，但是在数据中心内部，网络结构通常是平的——默认全通。任何数据中心内的设备都可以对内部的其他设备进行访问。攻击者一旦获得内部的落脚点就很容易进行东西向平移。就像潜水艇中的隔离舱一样，数据中心需要逻辑的、软件定义的“口罩”(也就是微隔离)。

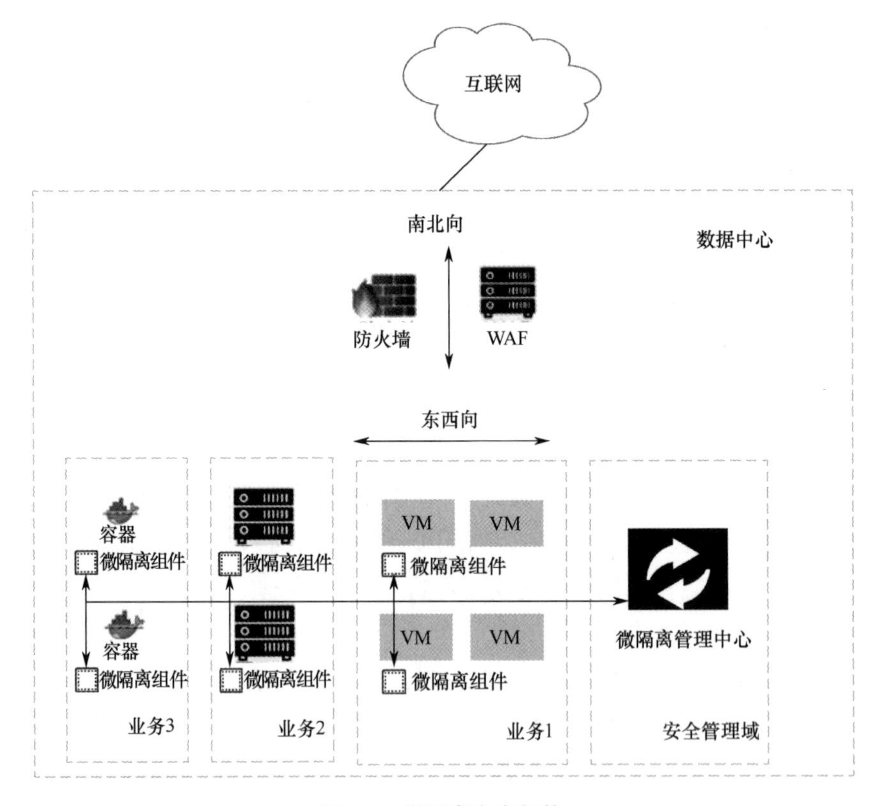

图 5-4　微隔离参考架构

当渗透不可避免地发生时，微隔离可以对其进行控制，将之限制在最小范围内。与过去基于 IP 的策略设计不同，微隔离的策略设计是基于逻辑特征的。不仅如此，高级的微隔离产品还可以对流量进行可视化分析并建立行为基线，并且可以基于这个基线对异常行为进行侦测。

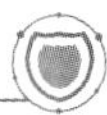

5.2.2　微隔离技术的发展趋势

网络隔离并不是新的概念，而微隔离技术是 VMware 在应对虚拟化隔离技术时提出来的，但真正让微隔离受到大家关注是从 2016 年起连续 3 年微隔离技术都进入了 Gartner 年度安全技术榜单开始的。在 2016 年的 Gartner 安全与风险管理峰会上，Gartner 的副总裁、知名分析师 Neil MacDonald 提出了微隔离技术的概念："安全解决方案应当为企业提供流量的可见性和监控。可视化工具可以让安全运维与管理人员了解内部网络信息流动的情况，使得微隔离能够更好地设置策略并协助纠偏。"

从微隔离的概念和技术诞生以来，对其核心的能力要求是聚焦在东西向流量的隔离上（当然对南北向隔离也能发挥作用），一是有别于防火墙的隔离作用；二是在云计算环境中的真实需求。

微隔离系统的工作范围：微隔离，顾名思义，是细粒度更小的网络隔离技术，能够应对传统环境、虚拟化环境、混合云环境、容器环境下对于东西向流量隔离的需求，重点用于阻止攻击者进入企业数据中心网络内部后的横向平移（或者称为东西向移动）。

微隔离系统的组成：有别于传统防火墙单点边界上的隔离（策略控制平台和隔离策略执行单元都是耦合在一台设备系统中的），微隔离系统的策略控制平台和策略执行单元是分离的，具备分布式和自适应的特点。

（1）策略控制平台：微隔离系统的中心大脑，需要具备以下几个重要的能力。

① 能够可视化展现内部系统之间和业务应用之间的访问关系，让平台使用者能够快速厘清内部访问关系。

② 能够按角色、业务功能等多维度标签对需要隔离的工作负载进行快速分组。

③ 能够灵活地配置工作负载、业务应用之间的隔离策略，策略能够根据工作组和工作负载进行自适应配置和迁移。

（2）策略执行单元：执行流量数据监测和隔离策略的工作单元，可以是虚拟化设备，也可以是主机 Agent（客户端）。

目前，市面上对于微隔离产品还没有统一的产品检测标准，属于一种比较新的产品形态。Gartner 给出了评估微隔离的几个关键衡量指标。

（1）是基于代理的、基于虚拟化设备的还是基于容器的？

（2）如果是基于代理的，那么对宿主的性能影响性如何？

（3）如果是基于虚拟化设备的，那么它如何接入网络中？

（4）该解决方案支持公共云 IaaS 吗？

Gartner 还给用户提出了如下几点建议。

（1）欲建微隔离，先从获得网络可见性开始，可见才可隔离。

（2）谨防过度隔离，从关键应用开始。

（3）鞭策 IaaS、防火墙、交换机厂商原生支持微隔离。

从技术层面看，微隔离产品实现主要采用虚拟化设备和主机 Agent 两种模式。这两种模式的技术对比如表 5-2 所示。

表 5-2 虚拟化设备和主机 Agent 的技术对比

对 比 项	模 式	
	虚拟化设备模式	主机 Agent 模式
策略执行单元	虚拟化设备自身的防火墙功能	调用主机自身的防火墙或内核自定义防火墙
策略智能管理中心	基于 SDN 的策略控制面板	自研的智能策略管控平台
采用的协议	实现（类）虚拟扩展局域网（Virtual eXtensible Local Area Network，VXLAN）相关协议	沿用系统自带的 IP 协议栈
对网络的改造	需要引入 SDN 相关的技术设备	无须改造
是否支持容器场景	较难支持	支持容器场景的隔离
是否支持混合云场景	较难支持，无法跨越多个云环境进行统一管控	容易支持，不受环境限制
是否支持漏洞风险关联	较难支持	可以与主机应用资产进行关联，快速定位漏洞风险
成本	成本较高	成本适中

总体来说，两种模式各有优缺点。

（1）在环境中租户数量较少且有跨云的情况下，主机 Agent 模式可以作为第一选择。

（2）在环境中有较多租户分隔的需求且不存在跨云的情况下，采用虚拟化设备模式是较优的选择，主机 Agent 模式作为补充。

（3）另外，主机 Agent 模式还可以与主机漏洞风险发现、主机入侵检测能力相结合，形成更立体化的解决方案，顺带提一句，目前我们的工作负载安全解决方案已经可以完全覆盖这个场景的需求了。

5.3 微隔离的价值

在微隔离的架构中，不再有内网、外网的概念，而是将数据中心网络隔离成了很多微小的计算单元，简称节点。每个节点要访问其他节点的资源，都需要经过微隔离客户端的认证，如果节点身份认证不通过，或者不具备访问权限，就会被客户端拦截。

节点可以是门户网站，也可以是数据库、审计设备，甚至是一个文件服务器，只要具备一定的数据处理能力的单元，都可以成为一个节点。它们不再因处于内网而被认为是“可信的”，所有节点都被逻辑隔离，节点之间的访问都是受控的。节点划分越细致，控制中心对整个数据中心网络的流量可视化就越清晰。

将微隔离技术与零信任架构相结合可以实现进程级别的访问控制和隔离，防止攻击者使用未经批准的连接或恶意代码从已经受到攻击的应用程序或进程横向移动感染其他进程（容器）。零信任架构下的通信需要认证和授权，并建立安全通信隧道，这使得事后审计与追溯更加方便。

5.3.1　微隔离正改变网络安全架构

传统边界安全通过防火墙、IPS 等边界安全产品/设备对企业网络边界进行防护，将攻击者尽可能挡在非信任网络边界的外面，并假定边界内是默认可信任的，对边界内的操作基本不做过多限制。传统以网络位置划分的安全边界示意图如图 5-5 所示。

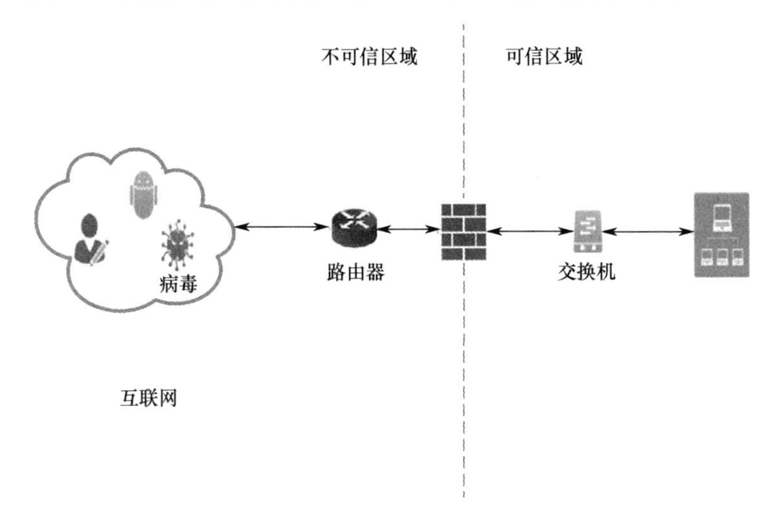

图 5-5　传统以网络位置划分的安全边界示意图

零信任安全下传统的边界（网络位置）已经不再重要，即便你在信任网络中同样处于“不可信”状态，每次对资源的请求，都要经过信任关系的校验和建立，如图 5-6 所示。

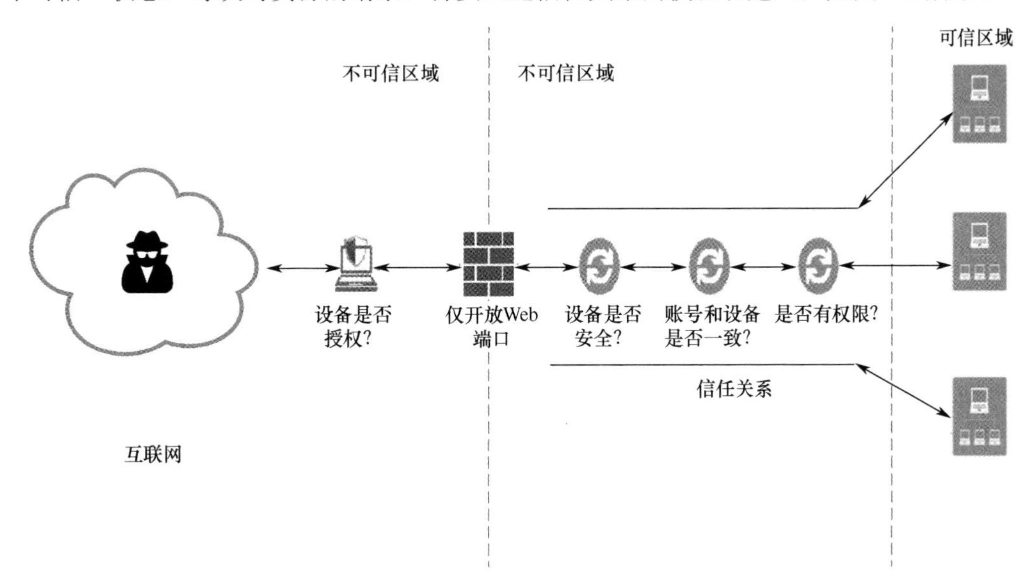

图 5-6　零信任下的安全边界

如图 5-6 所示，传统基于物理位置粗粒度划分网络隔离区已经不适应当前云数据中心内部业务的细粒度隔离需求。传统数据中心依靠物理防火墙从外向内依据边界以及内部不同业务物理部署位置划分网络区域，不同区域必须通过防火墙，这种架构适应早期数据中心以南北向流量为主的时代。但是该架构在业务快速增长的当下无法适应，最终要么导致全放通出现安全隔离问题，要么由于策略不能及时变更阻碍新业务或特性上线。

当前云数据中心内大部分流量都是东西向流量，业务架构也逐步微服务化、原生化，这样具有不同信任的微服务业务集合共同在一个物理区域内，它们之间的隔离需要新的隔离技术，即微隔离，如图 5-7 所示。

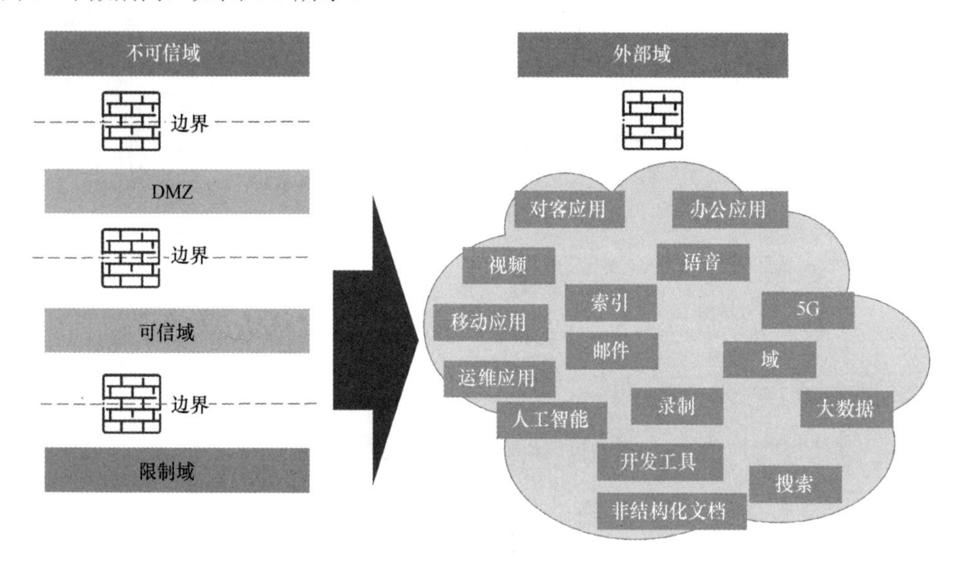

图 5-7　微隔离正在改变网络安全架构

微隔离是解决当前云数据中心面临的微服务可见性和微服务之间的信任管理挑战的技术，通过微隔离把业务分为可控的细分区间，也能有效解决未经授权的横向移动挑战，实现细粒度的保护。

5.3.2　微隔离助力云计算走向零信任

业界多个标准和技术趋势分析研究组织都明确了微隔离是零信任的关键核心技术之一。

（1）Gartner 在 2018 年的《零信任是 CARTA[①]路线图上的第一步》报告中将微隔离技术纳入“预测、防御、检测、响应”（Predict、Prevent、Detect、Respond，PPDR）体系的“防御”中，作为基础技术之一。Gartner 的自适应攻击保护架构如图 5-8 所示。

“可信”数据中心中往往为大二层网络，主机之间网络互通。在一台服务器上获得立足点的攻击者可以很容易地横向（东/西）传播到其他系统。策略是基于逻辑（而非物理）

① CARTA 英文全称为 Continuous Adaptive Risk and Trust Assessment，即持续自适应风险与信任评估。

属性的，不是使用 IP 地址作为分段策略的基础。更先进的网络微隔离解决方案基于工作流的监视和基线，并对异常情况发出警报。

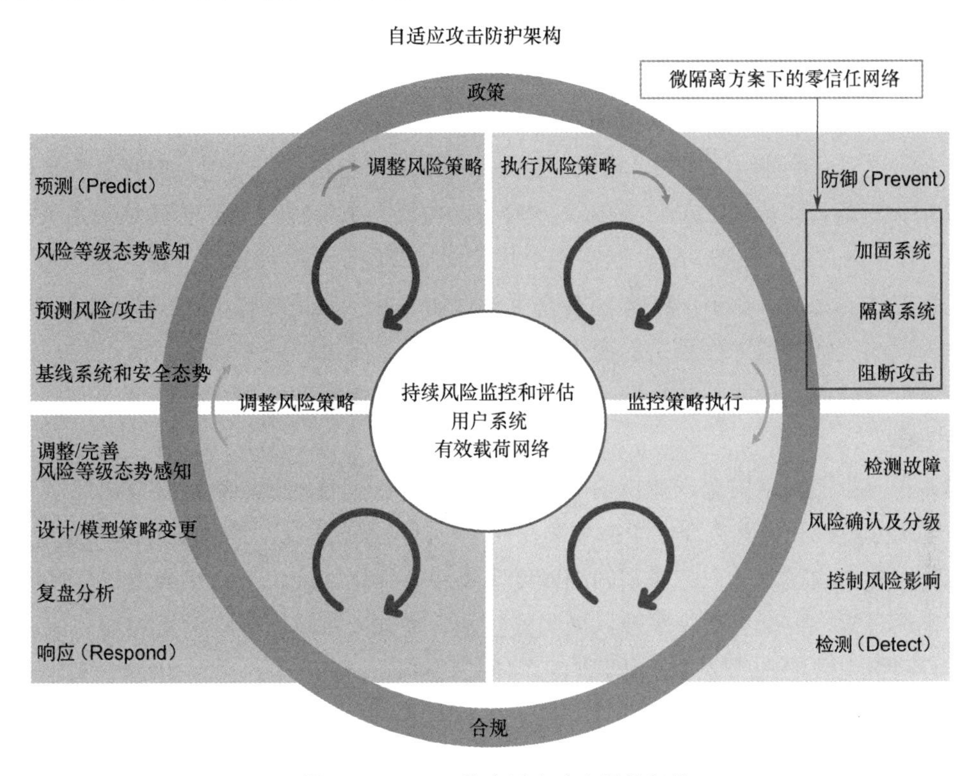

图 5-8　Gartner 的自适应攻击保护架构

（2）NIST 在 SP 800-207 中介绍了基于微隔离的零信任架构，如图 5-9 所示。

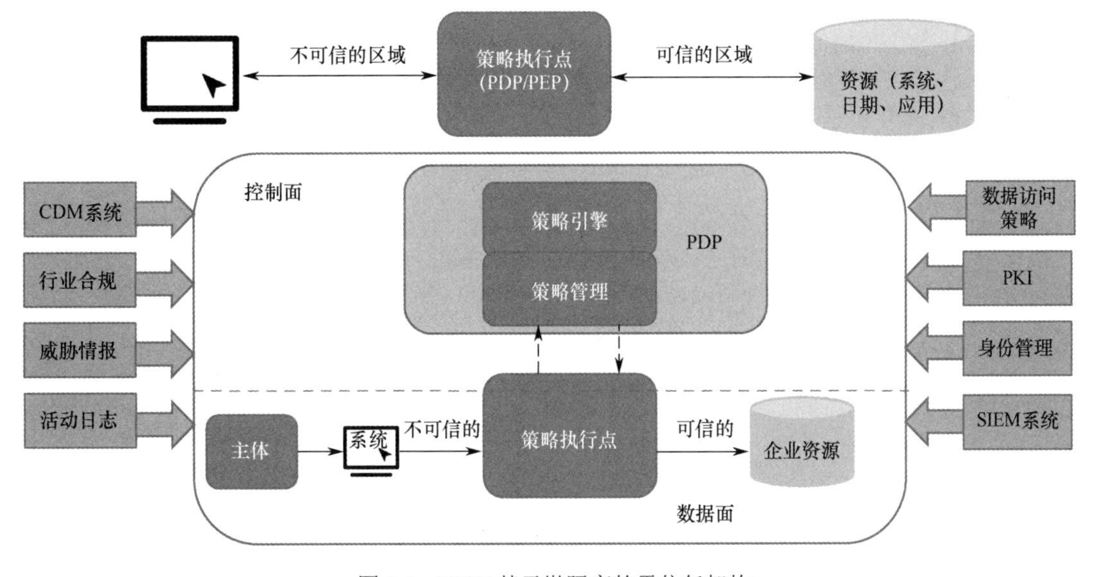

图 5-9　NIST 基于微隔离的零信任架构

通过将单个资源或资源组放置在由网关安全组件保护的自身网段上，企业可以实现零信任架构（Zero Trust Architecture，ZTA）。在这种方法中，企业放置 NGFW 或网关设备作为 PEP，来保护每个资源或资源组。这些网关设备动态地授予对来自客户端资产的单个请求的访问权。根据模型的不同，网关可以是唯一的 PEP 组件，也可以是由网关和客户端代理组成的多部件 PEP 的一部分（SP 800-207 的 3.2.1 节）。

此方法适用于各种用例和部署模型，因为保护设备充当 PEP，而对这些设备的管理者充当策略引擎/策略管理员（PE/PA）组件。这种方法需要一个身份治理程序/计划来完全发挥作用，但依赖于网关组件充当 PEP，这些 PEP 用于保护资源免受未经授权的访问和/或发现。

这种方法的关键点在于：PEP 组件是受管理的，并且应该能够根据需要做出反应和重新配置，以响应威胁或工作流中的变更。虽然使用不太先进的网关设备甚至无状态防火墙也可以实现微分段企业的某些特性，但管理成本和难以快速适应变化将使之成为一个非常糟糕的选择。

（3）在《中国网络安全产业白皮书（2019 年）》中认为，微隔离是虚拟化环境下网络隔离的优选方案，其中着重介绍了微隔离在安全自适应平台和东西向流量隔离中的优势。

微隔离技术实现对工作流级别的细粒度隔离和可视化管理，正在成为虚拟化环境下网络隔离优选方案。安全自适应平台以微隔离技术为基础，在隔离策略配置方面，应用人工智能学习网络流量模式，提供多种便捷配置模式和可视化展示。

东西向流量的微隔离：以虚拟主机安全防护为核心，采用软件定义的安全资源池，通过配置终端防病毒软件、主机 FW 和主机 IPS，实现东西向流量之间的微隔离，构建主机安全防护，重点解决虚拟网络层面的边界防护、虚拟网络可视化等问题，同时实现虚拟机迁移过程的安全策略跟随。

（4）Forrester 对微隔离的分析、研究、总结。

2019 年，Forrester 在《2019 年第四季度零信任扩展生态系统平台提供商评估》（*The Forrester Wave™: Zero Trust eXtended Ecosystem Platform Providers，Q4 2019*）中指出，目前不是需不需要微隔离的问题，而是微隔离具体如何去落地的问题。

创建微隔离是零信任解决方案的关键功能。一些供应商关注用户或身份作为细分点；一些供应商则在网络层推动细分；少数供应商在设备层面提供微细分。好的方面是，所有这些方法在实现零信任上都是有效和有用的。不好的方面是，由于许多不同的方法，会使隔离有一些差异。每种方法都有特定的优点来实现零信任，并且可以对不同规模的不同组织进行最佳的矢量化。最重要的是，现在没有理由不为任何公司或基础设施启用微细分。能否做这件事已不再是问题，现在的问题是如何去做。

5.3.3 微隔离的价值总结

微隔离解决了以下 3 个方面的核心诉求。

（1）面向业务而不是面向物理网络建立信任边界，有助于业务人员定义。

基于业务设计策略，基于业务管理策略，提升策略的稳定性，安全设计与网络设计分离，网络变化不影响策略执行。

（2）信任边界随业务弹性伸缩，自动化适应业务变化而不是人工配置。

海量的节点，频繁的变化，都不适合通过人工来做网络安全配置；否则必将大大降低云的敏捷性，提高了策略错误配置的可能性。

自动化的难点在于如何根据网络变化自动做出正确的决策。由于变化是不可预知的，因此没办法通过预定义的静态脚本来做，只能由一个自适应的策略计算引擎来做。

（3）信任策略的管理必须是集中管理，以方便人机界面操作。

网络策略的设计、维护与策略的执行相分离，不必在每个控制点上分别编写策略。

5.4　微隔离的 4 种技术路线

微隔离技术作为零信任架构的核心组成技术之一，在 Forrester、Gartner、NIST 的报告中均有提及。本书中对微隔离技术的实现方式，主要参考 Gartner 的相关报告，在介绍 Gartner 的实现方式之前，简单地说明 NIST 早期对内部隔离方式的划分。与 Gartner 定义的 4 种实现方式不同，NIST 将其分为 5 种。

（1）基于虚拟化宿主机的隔离（Segmentation based on Virtualized Hosts），将不同安全级别的应用部署在不同宿主机的虚拟机中，然后将宿主机连接至不同物理交换机上，再通过防火墙进行控制。

（2）基于虚拟交换机的隔离（Segmentation using Virtual Switches）。

（3）基于虚拟化防火墙的隔离（Network Segmentation using Virtual Firewalls）。

（4）在虚拟化网络中使用 VLAN 进行隔离（Network Segmentation using VLAN in Virtual Network）。

（5）基于跨平台的网络隔离（Network Segmentation using Overlay-based Virtual Networking）。

从以上的划分中可以看出，NIST 将多种传统的隔离方式进行了列举，由于该报告是 2015 年发布的，所以具有一定的局限性。数据中心基础架构的变化以及东西向计算密度的增加都驱动了东西向隔离技术的快速发展，2017 年 Gartner 总结了更符合现代数据中心内部隔离的 4 种方式，而随着零信任研究的不断深入，这 4 种方式被广泛接受及引用。本节主要以 Gartner 报告的分类为主，介绍云自身控制（Native Cloud Control）、第三方防火墙（Third-Party Firewall）、代理（Overlay）模式、混合（Hybrid）模式。

5.4.1　云自身控制

利用云基础架构实现微隔离技术指的是利用自身虚拟化架构的内在技术来完成隔离，在虚拟化平台、IaaS、Hypervisor 或基础设施中比较常见，如阿里云、VMware、AWS

等。这种隔离早期往往只是简单的“隔离”技术，无法对流量进行有效的安全控制，其类似于虚拟私有云（Virtual Private Cloud，VPC）。但是近年来，很多云供应商也提供了类似“安全组”的能力，最基本的功能类似于配置单个主机，更高级的功能往往提供了复杂分组和名称的抽象能力。

这种方式的主要优点是不需要额外的部署，隔离能力和基础设施是紧密耦合的，在控制台和管理方面使用了类似的外观，并且比添加其他供应商的安全工具更便捷。其缺点也比较明显，控制能力只能在自身平台上使用，无法进行移植，无法适用于混合环境的数据中心。

5.4.2 第三方防火墙

此技术路线主要基于第三方防火墙供应商提供的虚拟防火墙（与虚拟基础设施供应商提供的防火墙不同）。此种方式有两种部署模式，一种模式为在虚拟化环境的每台宿主机上运行一台虚拟化防火墙，通过与底层架构的对接，使此台宿主机上虚拟机的流量先由此虚拟化防火墙处理，从而实现对工作负载的控制，如图 5-10 所示。

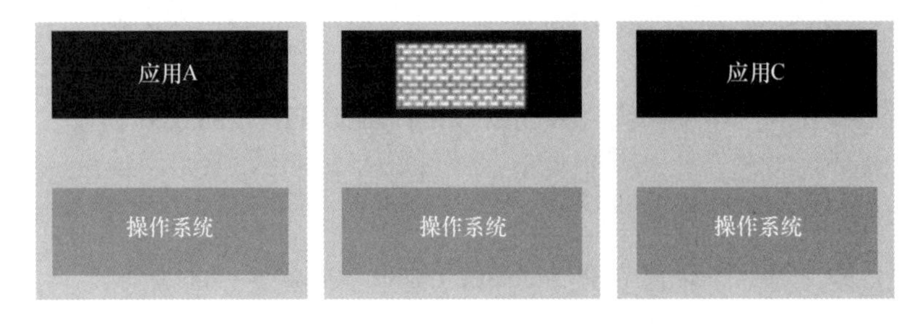

图 5-10　基于虚拟机部署的第三方防火墙

另一种模式为利用与网元 NFV 的技术相结合来进行控制，NFV 的启用使得虚拟防火墙有了更强的控制力，这是因为它们主要与网络活动交互，而不是嵌入到主机中，如图 5-11 所示。

与常见的南北向防火墙一样，虚拟化防火墙具有良好的安全性，并可以提供丰富的安全能力及报告，其相当于将防火墙/下一代防火墙功能移植到虚拟化环境内部。而这种模式的不足在于它需要与虚拟化架构的底层对接，更多的功能也会带来更高的性能损耗。

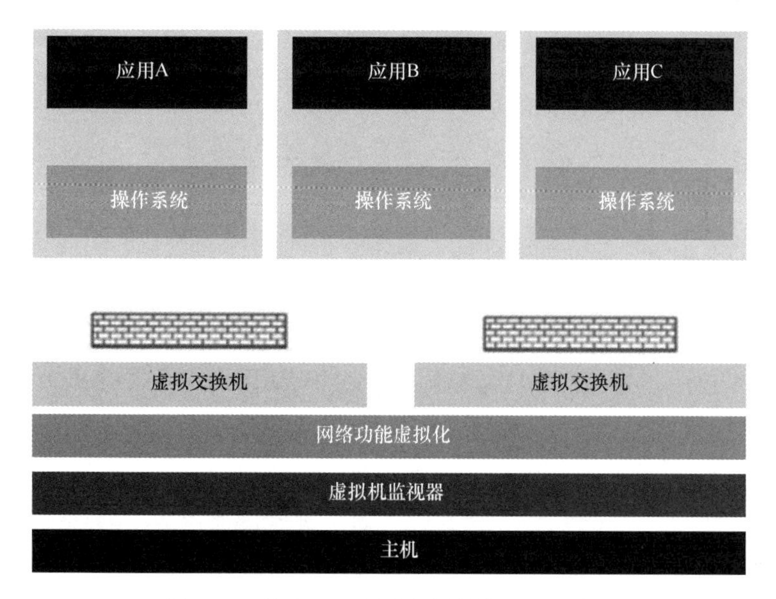

图 5-11　基于 NFV 技术部署的第三方防火墙

5.4.3　代理模式

大多数代理（Overlay）模式使用某种形式的代理或软件，这些代理或软件必须部署在每个主机（虚拟机）中，而不是像防火墙那样在外部控制通信。在软件定义隔离的过程中，其他模型大多数关注在主机周围形成虚拟墙的类似网络的抽象，而代理模式通常以一种更加动态的方式控制启用代理的主机之间的通信，中央控制器用于维护策略配置并与代理通信，如图 5-12 所示。

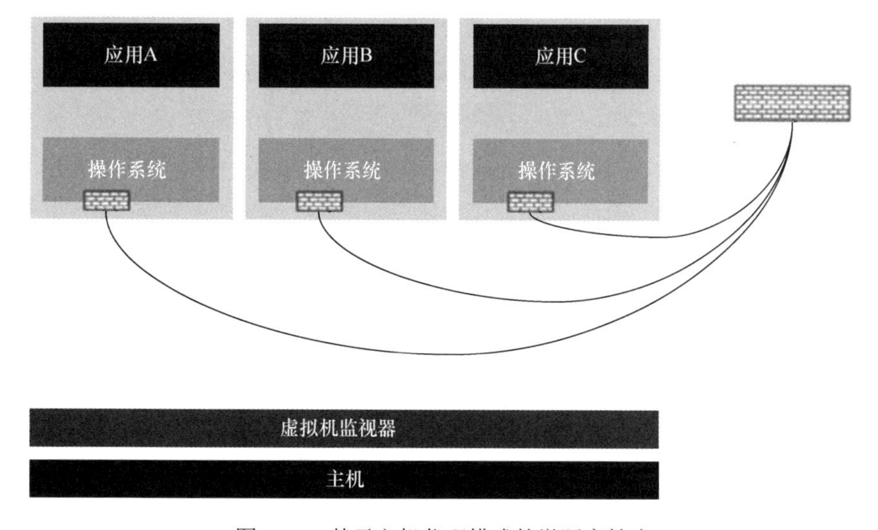

图 5-12　基于主机代理模式的微隔离技术

此种模式除使用主机墙作为控制手段外，还有部分供应商利用工作负载之间的协商加密方式进行通信控制。同时，在零信任架构下，也存在为每台工作负载赋予特定身份标识的方式，需先验证身份才可进行通信。

基于主机代理模式的最大优点在于可以覆盖几乎所有环境，包括物理环境、任何底层架构的私有云、公有云以及容器环境；而缺点是需要安装代理，功能主要以访问控制为主。

5.4.4 混合模式

混合模式一般是将不同模式进行组合使用，如使用本地控件和第三方控件进行组合。使用第三方控件进行南北通信（如在 Web 服务器和应用程序服务器之间），使用本地控件进行东西连接（如数据服务器到数据服务器），如图 5-13 所示。

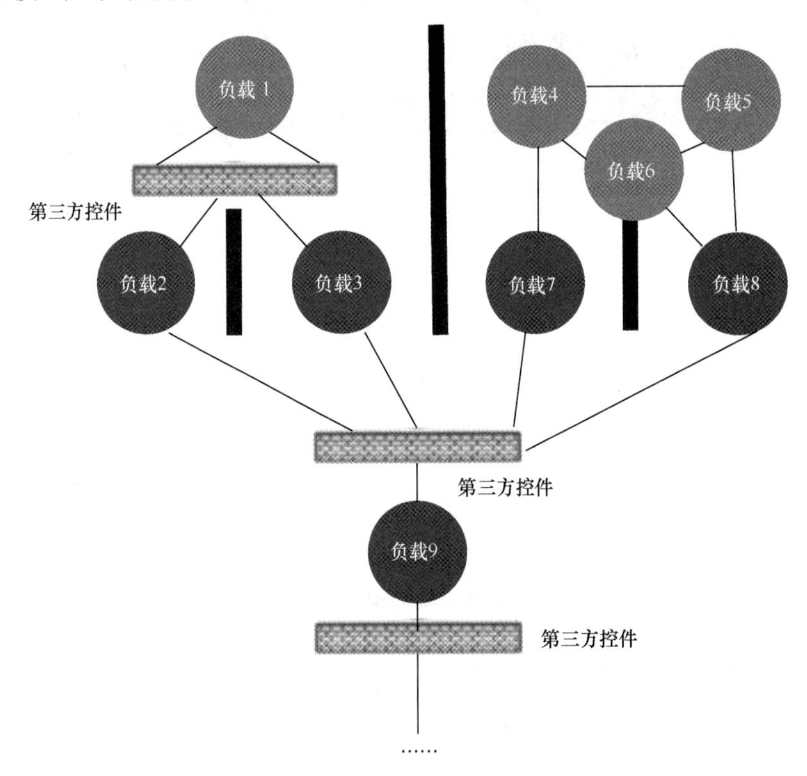

图 5-13　基于混合模式的微隔离技术

基于混合模式的优势在于可以基于已有的工作继续发展，在不同位置使用不同模式的优势。而无法统一管理以及云厂商往往对第三方产品支持度不高是其主要缺点。

5.5 微隔离的技术趋势

微隔离技术相比传统网络隔离技术的优势主要是在策略管理上是面向业务而不是面向网络，通过对业务的分类抽象来定义隔离策略；策略执行自动适应业务负载的状态变化而不是大量人工配置；策略由随业务分散部署管理变为软件定义后集中管理。

5.5.1　面向业务的策略模型

现代云数据中心安全运维复杂，策略不易调整的很大一个原因就是沿用了传统安全运维中基于 IP 的管理体系。例如，业务 1 中有 10 台 Web 服务器和 10 台数据库（DB）服务器，从业务逻辑上说，安全规则应该是 Web 服务器可以访问 DB 服务器的 3306 端口，但基于 IP 的安全策略却需要配置 100 条规则。反观现代数据中心，动辄几百上千台虚拟机，甚至是近万个容器，内部安全管理让管理者望而却步。其背后的逻辑在于，规划策略和配置策略时，思维需要在业务与 IP 之间进行切换。

从 Gartner 报告中可以看到，近年来，内部的访问控制逐渐在弱化 IP 的概念，提出了基于角色、基于属性的访问控制。在零信任的快速发展中，数据中心内部的零信任互联也在强调基于 ID 的访问控制。

这样做的好处可总结为以下几点。

（1）从基于网络的安全管理走向基于业务的用业务语言定义安全，使安全策略更简化和便于理解。

（2）基于业务进行策略设计与管理安全设计与网络设计解耦，网络变化不影响策略执行，提升策略的稳定性。

5.5.2　自适应的执行策略

当代数据中心的一个重要的管理场景就是应用迁移及拓展，可能有很多原因触发这一过程，如从物理机迁移到虚拟机、新的数据中心建设、新的业务上线、应对短期流量高峰等。尤其在容器技术引入后，业务的快速发布，以及 Pod 的动态启停更加频繁。使用传统基于网络的解决方案（通过固定 VLAN 及 IP 绑定，对资源进行划分），往往限制了敏捷性，而且没有满足保护应用程序和数据的安全要求。

（1）数据中心海量节点频繁变化，应采用自动化而非人工方式配置策略，否则必将大大降低云的敏捷性及策略准确性。

（2）云内变化不可预知，无法通过预定义配置满足云的敏捷性，只能通过自适应策略引擎自动适应云环境的改变。

5.5.3　软件定义的策略管理

企业从业务可用性、安全性及可靠性等角度考虑，往往会采用多个云平台构建自己的混合云。例如，本地数据中心运行核心业务及存储核心数据，利用公有云建立对外的服务平台，同时存在另一个云来搭建灾备平台。而安全往往是割裂的，每个云平台均有自己的一套安全运维工具及产品，管理人员通常只能采取较为宽松的管理方式，从而留下了较大的攻击风险。

除此之外，传统的隔离手段多采用在每个控制节点进行分散配置，如在不同的网络防火墙/主机防火墙上配置策略，而这种方式对大型数据中心来说已经很难实现了。

综上所述，策略管理正从分散决策走向软件定义。

（1）网络策略的设计与实现相解耦。

（2）统一的策略管理中心、统一的策略计算中心。

（3）分布式的策略执行点。

（4）自动化安全编排，与配置管理数据库、安全事件管理系统及漏洞管理平台等系统对接，让微隔离具备更多想象空间。

5.6 微隔离的部署实施

从部署实践方面来讲，尽管“访问控制”已经存在许多年，并且有着丰富的实践经验，但区别于过去长期实践的南北向流量访问控制，微隔离的系统架构是不一样的，访问控制模式是不一样的，策略管理框架也是不一样的。

微隔离是要做到更细粒度的分段控制，而不是像南北向的“内”与“外”之分，这意味着微隔离必须能够实现全部东西向流量的统一管理，因此微隔离的系统架构必须从独立部署、分散决策走向软件定义的系统架构。软件定义的系统架构，使得微隔离的策略可以集中决策、分布执行，即全局的策略均由计算中心统一控制、计算和更新，然后针对性地分发到位于工作负载运行环境的策略控制点各自执行，基于这样的架构才实现了微隔离既要统管全局，又要精细控制的基本要求。

微隔离在概念模型上必须做出对应的创新设计，来满足全新的架构、策略体系和管理运行逻辑的实现，从“0”到“1”的研发难度是极大的。

5.6.1 微隔离的五步法实施过程

微隔离的五步法是：定义资产、梳理业务模型、实施保护、细化安全策略、持续监控。定义资产和梳理业务模型步骤解决的是零信任的基本问题，即流量是什么、从哪里来、到哪里去，这两步通常被称为可视化，它们不仅仅能够为后面微隔离实施保护步骤的策略制定提供依据，更重要的是能够坚定用户实施微隔离项目的决心；实施保护和细化安全策略步骤解决的是控制什么、怎么控制的问题，精细的控制能力是微隔离项目成功的关键；最后的持续监控步骤解决的是闭环问题，任何项目都需要持续优化，持续改进。微隔离的五步法实施过程如图 5-14 所示。

图 5-14　微隔离的五步法实施过程

1. 定义资产

定义资产是指从云平台或业务系统同步资产的信息，并根据需要进行分组，以便于后

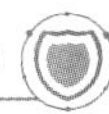

续步骤做流量可视化和微隔离策略，流量可视化和微隔离策略是面向资产信息或分组开展的。微隔离实施过程的定义资产如图 5-15 所示。

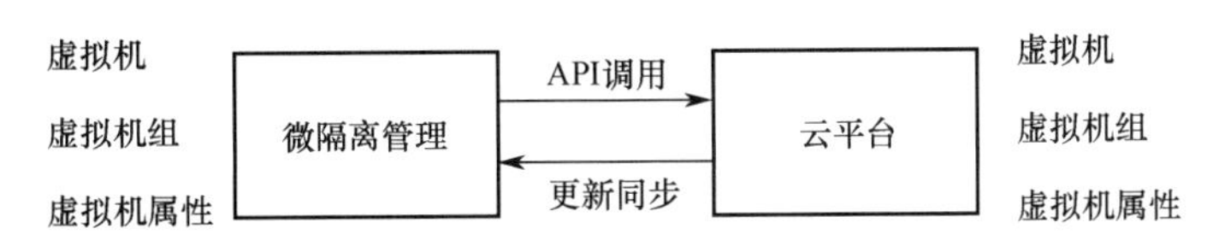

图 5-15　微隔离实施过程的定义资产

1）从业务角度对资产进行梳理

微隔离与传统网络安全不同，所有安全策略都要围绕业务资产进行配置，因此首先要梳理需要做微隔离的业务环境中都有哪些业务资产。安全管理员需要与业务管理员充分沟通，对业务资产进行详细梳理，尽力做到不遗漏、不重复，这对后面梳理业务模型和做微隔离策略都非常重要，资产信息的完备和准确决定了业务模型的准确以及微隔离策略的正确配置和实施。在一般业务环境下，业务资产都是用虚机名字来进行标识的，这就涉及资产信息从业务平台向微隔离平台的同步与更新的问题。

2）资产信息从业务平台向微隔离平台的同步与更新

资产信息从业务平台向微隔离平台的同步与更新是为了让微隔离平台上的资产信息能够与业务平台实时保持一致，这样后面围绕信息资产做的梳理业务模型和微隔离策略配置才能够做到合理正确。通常是当微隔离平台首次被部署安全时，微隔离平台会根据管理员配置的业务平台访问认证信息去调用业务平台的 API 对当前业务平台上的全部业务资产进行同步。而业务平台上的业务资产信息并不是一直静态不变的，后面业务平台上的资产信息有更新变动时，微隔离平台也要通过相应机制实时感知这些更新变动，并增量同步，让自己这边看到的业务资产信息始终与业务平台保持一致。

3）从安全角度对资产进行分组

通常情况下，微隔离平台直接以从业务平台同步过来的业务资产为对象配置安全策略，有时安全管理的逻辑可能也会与业务管理的逻辑不同。例如，在安全管理上需要对 Web 服务都配置使用相同的 WAF 策略，而 Web 服务在业务平台上并不是按照 Web 协议来分组分类的。这时，为了安全管理的便利，就需要安全管理员在微隔离平台上为 Web 服务虚拟机单独建立安全属性分组，再统一对这个安全属性分组配置一致的安全防护策略。

2. 梳理业务模型

微隔离实施过程的梳理业务模型示意图如图 5-16 所示。

1）在微隔离平台上按需对资产进行流量监控

业务模型的梳理能够为微隔离策略的制定提供重要依据，原则上需要对哪些业务资产进行微隔离策略实施，就要提前对哪些业务资产进行业务模型的梳理，因此微隔离平台需要对业务资产进行流量监控。对于网络型微隔离方案，需要通过特定技术方法将业务资产的流量引到微隔离平台的流量监控模块上；而对于主机型微隔离方案，则需要在业务资产（虚拟机）上安装流量监控软件。

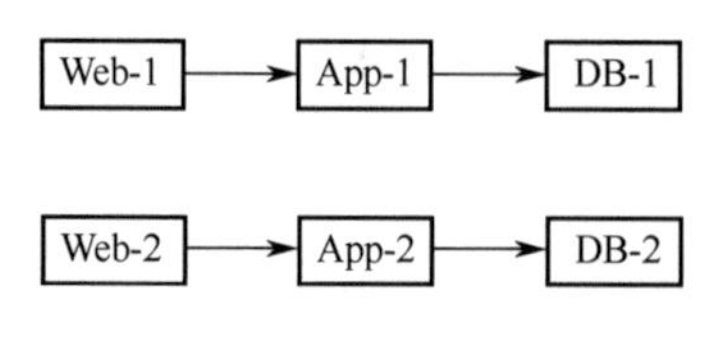

……

图 5-16　微隔离实施过程的梳理业务模型示意图

2）在微隔离平台上定义要梳理业务模型的业务分组

微隔离平台的资源总是有限的，包括处理性能和存储，对所有业务资产都进行独立业务模型梳理是不现实的。因此，通常情况下，管理员仅需对重点关注的业务资产进行业务模型梳理。更常见的实践是，把确定有业务关系的业务资产放到同一个业务分组里，对每个业务分组进行业务模型梳理，这样就能够充分地利用微隔离的资源，对更多的业务资产进行业务梳理。

3）对微隔离平台梳理出来的业务模型进行确认

所谓的业务模型，就是要看到业务资产之间以及业务资产与业务环境外部的业务交换关系，流量从哪里来，到哪里去，流量用的什么协议。微隔离平台通常要为业务模型描绘出网络拓扑。微隔离平台管理员要根据业务平台管理员提供的信息对梳理出来的业务模型进行确认，这是后面做微隔离策略的依据。在业务模型梳理的过程中，微隔离平台管理员通常都能看到微隔离平台梳理出的业务模型中有超出业务平台管理员确认的正常访问关系，不管这样的流量是否是威胁，总之是不合规的，就要被控制，这就是微隔离平台的核心价值体现。

3. 实施保护

微隔离实施过程的实施保护示意图如图 5-17 所示。

1）在微隔离平台上为资产配置明细的访问控制策略

通过资产的梳理和资产业务模型的梳理，管理员就清楚了业务环境内都有什么流量，从哪里来，到哪里去，哪些是合法的，哪些是非法的。给资产配置明细的访问控制策略有两种模式，也代表了两种不同的安全思维，即黑名单和白名单。在黑名单模式下，默认策略是全部允许的，管理员仅对非法的流量配置策略进行控制；而在白名单模式下，默认策略是全部阻断的，管理员仅对合法的流量配置策略进行放行。白名单模式符合最小权限原则和零信任的理念，成熟的系统中通常使用白名单模式。

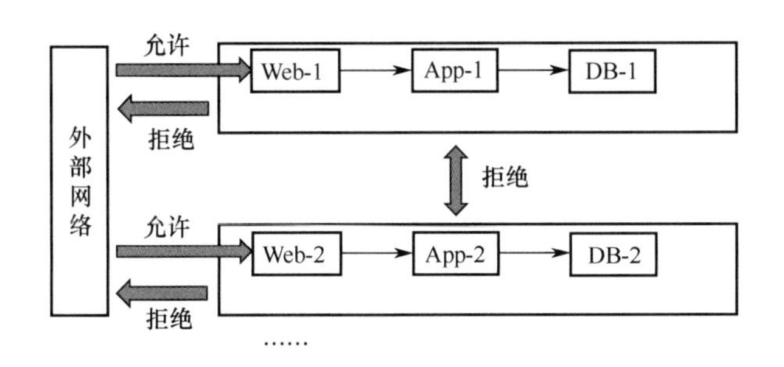

图 5-17　微隔离实施过程的实施保护示意图

2）在微隔离平台上建立业务安全组

通过前面的业务模型梳理，微隔离平台上能够得到不同业务虚拟机之间的业务互访关系，有业务互访关系的业务虚拟机自然就组成了业务组，自然需要微隔离平台管理员定义这个业务安全组，并把具有业务互访关系的业务虚拟机放到相同的业务安全组里。没有业务互访关系，或者经过业务管理员确认属于非法访问的关系，就需要通过策略进行隔离了，这里确实需要真正的隔离，因为业务安全组之间没有通路。

3）为业务安全组配置明细的访问控制策略

与单个业务资产配置安全策略的逻辑一样，业务安全组的配置策略也可以按黑名单和白名单的模式进行。例如，一个业务安全组里有 Web、App、DB 这 3 台业务虚拟机，业务模型是外网访问 Web、Web 访问 App、App 访问 DB，那么对整个业务安全组来说，可以配置组内允许互访，并且外网允许访问组内 80 和 443 端口的白名单策略，由于 Web 业务也可能需要访问外网 80 和 443 端口，这里可以通过对 Web 业务虚拟机单独配置允许访问外网 80 和 443 端口的白名单策略，也可以先配置整个业务安全组允许访问外网 80 和 443 端口的白名单策略，再配置阻断 App 和 DB 业务虚拟机访问外网 80 和 443 端口的黑名单策略。对整个微隔离系统来说，黑名单和白名单要想共存，黑名单策略就要在白名单策略之上，能够被优先匹配到。

4．细化安全策略

微隔离实施过程的细化安全策略示意图如图 5-18 所示。

1）细化安全策略的必要性

例如，我们开车上高速，高速上已经给我们规定了明确的行驶路线，但每隔一段要有摄像头进行监控。类比到网络业务，管理员虽然为 Web 业务配置安全策略放开了 80 端口，但 80 端口里运行的不一定是 HTTP，就算是 HTTP，里面也可能有跨站、注入等攻击，这就需要微隔离平台在实施保护的网络访问控制策略上继续上手段，通过深度报文检测（Deep Packet Inspection，DPI）功能，基于真实业务而不是基于服务端口进行管控，并对正常访问的业务内存在的攻击行为进行应用层攻击识别和控制。

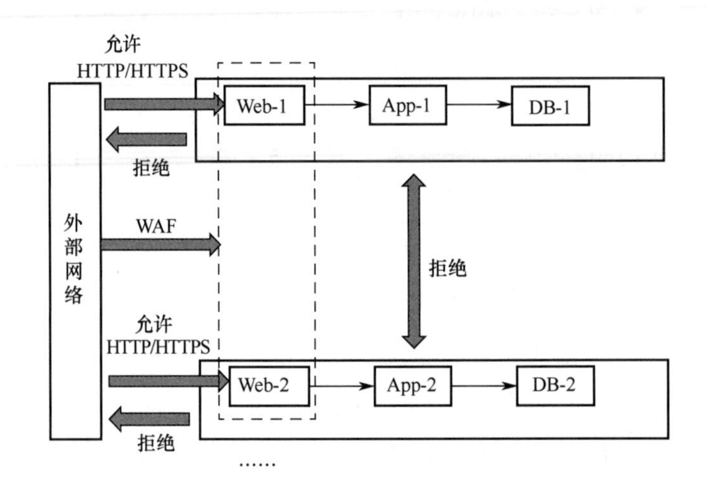

图 5-18　微隔离实施过程的细化安全策略示意图

2）在微隔离平台上建立应用属性安全组

这里说的是安全管理的逻辑，与业务管理的逻辑有所不同。例如，安全管理上需要对 Web 服务都配置使用相同的 WAF 策略，而 Web 服务在业务平台上并不是按照 Web 协议来分组分类的，而且不同的 Web 业务虚拟机属于不同的业务安全组。这时，为了安全管理方便的需要，安全管理员应在微隔离平台上为 Web 服务虚拟机单独建立应用属性安全组，然后统一对这个应用属性安全组配置一致的安全防护策略。这个应用属性安全组也可以是一种逻辑属性，如所有带 Web 字样的虚拟机名称，管理员可以对“*Web*”的资产名称配置统一 WAF 策略，而不是真的建立一个安全组把每一个的 Web 资产加入进来。

3）为应用属性安全组配置明细的应用安全控制策略

应用安全控制策略与网络安全控制策略不同，首先要基于真实业务而不是基于服务端口进行管控，这要求微隔离平台支持 DPI，能够按照报文特征进行应用识别。例如，对于一个 Web 应用安全组，我们要放通的是外网访问这个安全组的 HTTP 和 HTTPS 业务，而不是 80 和 443 端口，这样即使 HTTP 和 HTTPS 不是运行在 80 和 443 端口，只要它是 HTTP 和 HTTPS 业务，也能放行，而即使运行在 80 和 443 端口上，但不是 HTTP 和 HTTPS 的业务，也不会被放行。另外，对于 HTTP 和可被代理的 HTTPS 业务需要再增加配置 WAF 能力的安全防护策略，来对 Web 应用层攻击进行防御。

5. 持续监控

微隔离实施过程的持续监控示意图如图 5-19 所示。

1）对攻击行为进行持续监控

攻击行为被监控到并被监控界面展示，意味着管理员配置允许的访问控制策略放行的业务出了问题，不管是攻击行为已经被微隔离平台阻断，还是仅配置了告警，都需要得到微隔离平台管理员的重点关注。微隔离平台管理员可以直接查看攻击日志对攻击的情况进行了解，通常需要协调业务平台管理员直接到业务虚拟机上进行确认和定位，并及时进行处理。微隔离平台的威胁日志也可以配置发送到 SIEM 平台进行关联分析，对攻击者进行溯源。

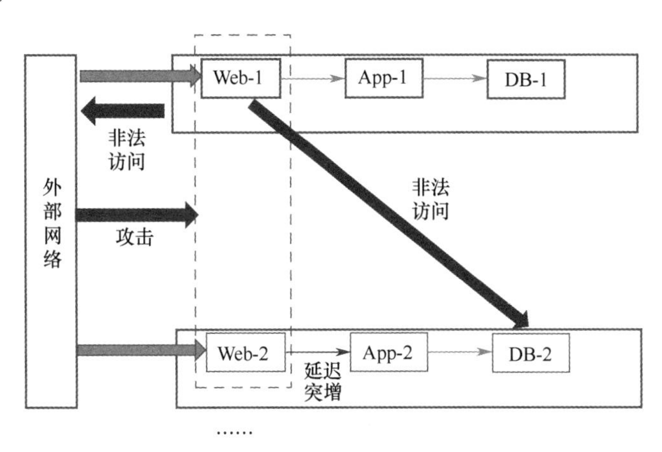

图 5-19 微隔离实施过程的持续监控示意图

2）对异常流量进行持续监控

异常流量有两种情况：一种是微隔离平台管理员配置微隔离策略可能有疏漏，不能把所有流量完全覆盖，此时通过监控界面展示出与之前相比有不同的流量访问关系，经过与业务平台管理员确认，如果确认是非法访问，就需要及时添加黑/白名单策略对其进行封堵；另一种是在一些微隔离平台上，因为策略被阻断的流量，也会有日志被记录下来，相关的业务虚拟机为什么会产生非法流量，同样需要像对待威胁日志一样，微隔离平台管理员可以协调业务平台管理员帮忙去业务虚拟机上进行确认和定位，也许会有意外收获。

3）对业务质量的变化进行持续监控

在持续监控过程中，不仅要关注威胁流量和异常流量，正常流量的业务质量的变化也应该得到关注，通过微隔离平台的网络性能管理功能可以完成这个工作。例如，一个业务安全组，外网访问 Web、Web 访问 App、App 访问 DB，外网访问 Web 变慢，通过对业务安全组业务质量的监控就能很快定位是外网访问 Web 慢了，还是 Web 访问 App 慢了，还是 App 访问 DB 慢了，然后微隔离平台管理员可以及时将信息同步给业务平台管理员，能够帮助业务平台管理员快速响应和解决问题。

5.6.2 微隔离实施过程的实例解析

下面讲述微隔离实施过程的实例。微隔离实施过程的实例解析示意图如图 5-20 所示。

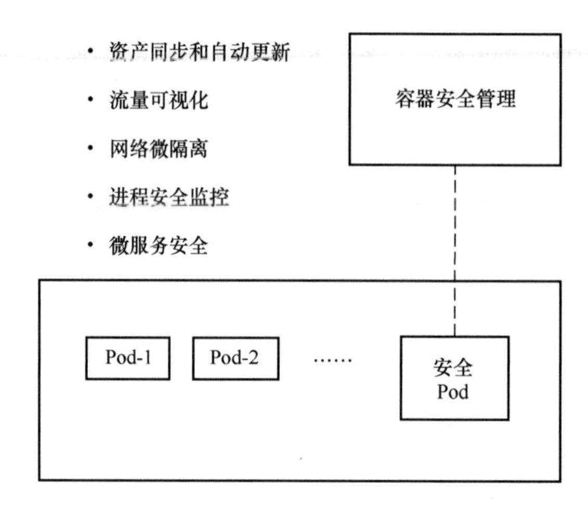

图 5-20　微隔离实施过程的实例解析示意图

以基于 Kubernetes 的云原生环境为例，来看一下具体的五步法的实施过程。首先是微隔离平台需要调用 Kubernetes 的 API 把业务资产都同步过来，业务资产包括 Pod、Deployment、Service、Ingress、Namespace、Cluster 等，这就在微隔离平台上完成了第一步，定义资产；第二步是梳理业务模型，需要先在微隔离平台上开启微隔离需要的引流功能，对所有业务资产进行至少一个业务周期的流量监控，这样能够梳理出各业务资产之间的网络互访关系，微隔离平台的管理员需要与业务管理员确认每条互访关系的合法性，以便后面配置微隔离控制策略；第三步是实施保护，微隔离平台管理员需要先选择默认允许还是默认拒绝，如果是默认允许，那么需要根据业务梳理出来的非法访问配置相应的阻断策略，如果是默认阻断，那么需要根据业务梳理出合法访问配置相应的允许策略；对于基于 Kubernetes 的云原生环境，第四步的细化安全策略通常需要通过针对微服务的应用层防火墙功能来配置，也就是配置 URL/API 级别的访问控制；第五步是持续监控，根据业务需要不断更新微隔离策略，并对策略阻止的异常访问保持关注，调查溯源。

5.6.3 微隔离的实施过程小结

5.6 节详细讲述了微隔离的五步法实施过程，即定义资产、梳理业务模型、实施保护、细化安全策略、持续监控。在这个过程中，微隔离平台管理员需要与很多业务平台的管理员进行沟通，才能保证微隔离策略的有效性。由于业务环境的不同，并考虑业务效率和安全的平衡，微隔离项目组可以集体决策对五步法中提及的部分能力进行删减和重新组织，以达到适合自己业务环境的目的。

5.7 微隔离最佳实践

本节主要讲述微隔离的最佳实践，如从云原生控制、第三方防火墙、基于代理的模式、混合模式等角度进行落地实践。

5.7.1　云原生控制

微隔离技术基于云原生控制的最佳实践示意图如图 5-21 所示。

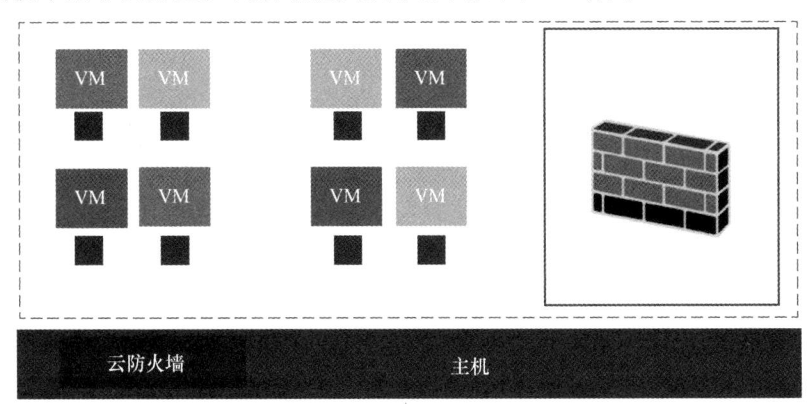

图 5-21　微隔离技术基于云原生控制的最佳实践示意图

1. 需求描述

在云环境下，东西向有两类流量（VPC 间或 VPC 和南北向间的流量）需要隔离和防护，这通常用于解决不同（跨组织）业务功能之间的防护或南北向边界流量的防护场景。

2. 解决方案

针对 VPC 间流量的不同保护需求，业界有各自对应的实现技术，如安全组和网络 ACL，用于解决不同 VM 的访问隔离（L4 及以下），其一般通过宿主机上部署的虚拟交换机+IPtables 来实现，云原生控制（样例）L4 及以下如图 5-22 所示。

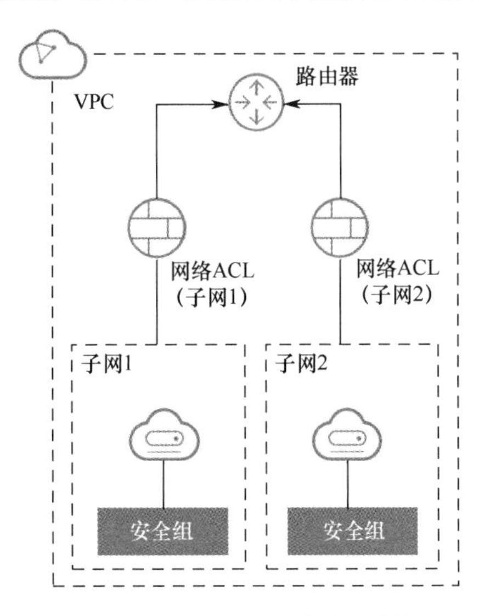

图 5-22　微隔离最佳实践——云原生控制（样例）L4 及以下

对 VM 之间网络流量有深度检测（L4~L7）保护要求的场景，即云原生控制（样例）L4～L7 如图 5-23 所示。

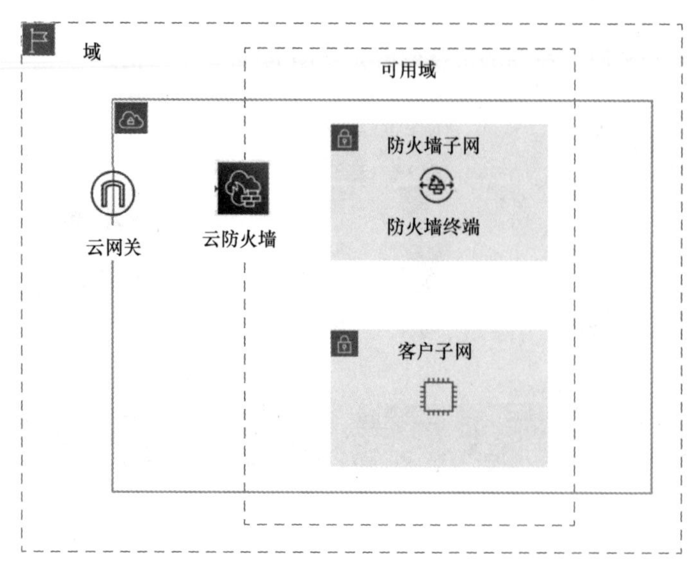

图 5-23 微隔离最佳实践——云原生控制（样例）L4～L7

针对 VPC 间或 VPC 和南北向间的流量防护需求，一般是部署一个功能比较完备的虚拟化 NGFW，具体实现可以是在集中区域部署或分布式部署，通过不同的路由策略引流，针对 VPC 间的流量防护的拓扑，云原生控制（样例）VPC 间如图 5-24 所示。

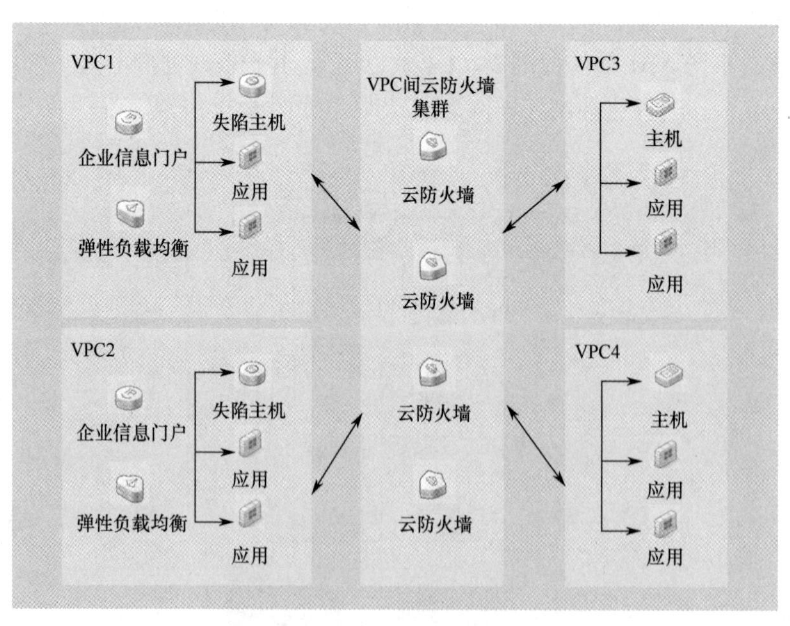

图 5-24 微隔离最佳实践——云原生控制（样例）VPC 间

云原生控制（样例）南北向流量隔离如图 5-25 所示。

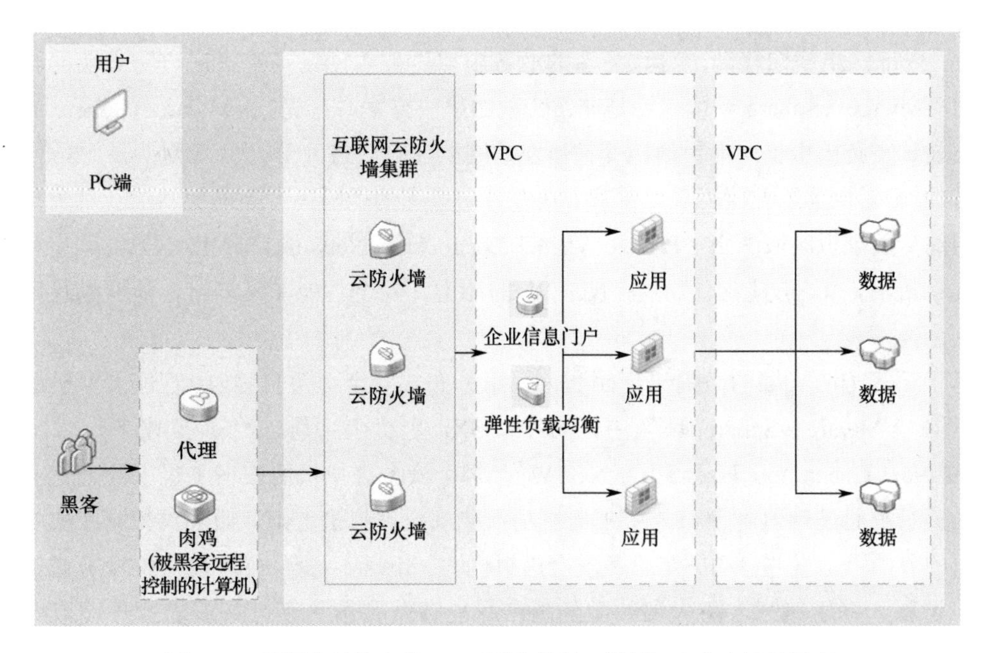

图 5-25　微隔离最佳实践——云原生控制（样例）南北向流量隔离

3. 特点

微隔离云原生实现控制可以更好地和其他业务或安全服务生态融合，统一的控制策略语言让租户使用体验更好，天然适应云服务弹性扩展要求，可以做到随外部攻击态势自动策略编排。

5.7.2　第三方防火墙

基于第三方防火墙的微隔离最佳实践的逻辑示意图如图 5-26 所示。

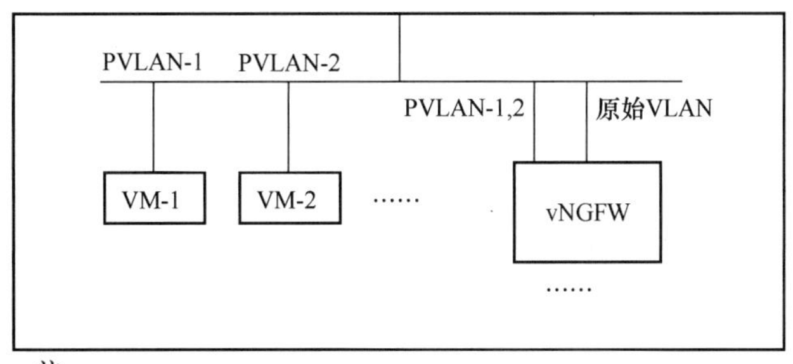

注：
PVLAN：Private VLAN，专用虚拟区域网
VM：Virtual Manufacturing，虚拟机技术，这里是VMware主机的简称
vNGFW：virtual Next-Generation Firewall虚拟化下一代防火墙

图 5-26　基于第三方防火墙的微隔离最佳实践的逻辑示意图

VMware vSphere 是一种典型的无内建租户隔离能力的虚拟化环境，用户通常仅使用很少的 VLAN 承载业务虚拟机，有很多用户直接使用默认的无 VLAN 承载所有虚拟机。这样，当某个业务虚拟机出现安全漏洞而被外部入侵时，恶意程序就可以轻易地在 VMware vSphere 内部网络横向移动，导致更多的业务虚拟机被入侵。基于第三方防火墙的微隔离产品对 VMware vSphere 环境来说是非常合适的解决方案。首先，VMware vSphere 的虚拟化网络设计支持虚拟机网卡灵活地变换所在的网络（端口组）；其次，VMware vSphere 支持完备的 API 供第三方使用，以使基于第三方防火墙的微隔离产品能够将给业务虚拟机换端口组的专用虚拟区域网络（Private Virtual Local Area Network，PVLAN）方案完全做到自动化；最后，第三方防火墙具有 NGFW 的能力，安全功能非常丰富，能够满足用户更多的安全需求。

基于第三方防火墙的微隔离产品通常采用分布式安全虚拟机+集中管理虚拟机的架构设计，在 VMware vSphere 环境中，每个 ESXi 主机上部署一台虚拟化下一代防火墙（virtual Next-Generation Firewall，vNGFW），每个安全虚拟机所在宿主机上的其他业务虚拟机的流量都通过自动化 PVLAN 的方式引流到安全虚拟机上来，微隔离策略在集中管理虚拟机的界面上定义并自动同步给各安全虚拟机。VMware vSphere 环境中的业务虚拟机经常动态迁移，基于第三方防火墙的微隔离产品能够做到微隔离策略跟随业务虚拟机的迁移，一直保证安全防护的有效性。

5.7.3 基于代理的模式

下面介绍数据中心基于代理模式的微隔离技术的 DevSecOps 实践。

1. 需求描述

基于代理的模式适用于大型数据中心场景，传统方式通常采用对数据中心网络分级分域的方式进行管理。但由于业务的发展，一个网络区域内部的虚拟机数量可能会大幅增加，需要通过更快捷的方式实现数据中心内部东西向流量之间的隔离和访问管理，缩减内部攻击面。

2. 存在的问题

大型数据中心在没有采用微隔离技术和 DevSecOps 技术时存在下列问题。

（1）大型数据中心已有业务系统，由于长时间运行，业务关系复杂，很难通过人工形式进行有效梳理，因此导致东西向安全策略的配置工作无从下手。

（2）与南北向的访问控制策略相比，东西向的访问控制策略条数随着工作负载的数量呈指数上升，在高计算密度下，通过人工方式配置策略不再可行。

（3）新业务上线前，需要安全或运维部门进行访问控制策略的配置，如果配置效率低，则将影响业务交付速度。

3. 解决方案

对于已有系统，通过微隔离组件与配置管理数据库（Configuration Management Data Base，CMDB）对接，实现业务流学习与精细化策略配置。

通过与 CMDB 的对接，将工作负载的属性信息读取到微隔离管理中心组件上，并自动

生成对应的工作组（微隔离能够按角色、业务功能等多维度对需要隔离的工作负载进行快速分组）及标签。通过自动化运维工具批量部署微隔离客户端组件，以 IP 作为媒介，安装好客户端的工作负载会自动接入微隔离管理中心组件的对应工作组中并配置相应标签。

微隔离客户端会自动学习工作负载间的访问关系，绘制业务流量拓扑，同时将学习到的业务关系转换为业务流信息上传到 CMDB 中，即可实现对已有系统的业务梳理。再由业务部门对业务流信息进行审核，审核通过的即可回传至微隔离管理中心，微隔离管理中心将确定的业务流信息自动生成安全策略下发到各工作负载上，基于微隔离技术的 DevSecOps 示意图如图 5-27 所示。

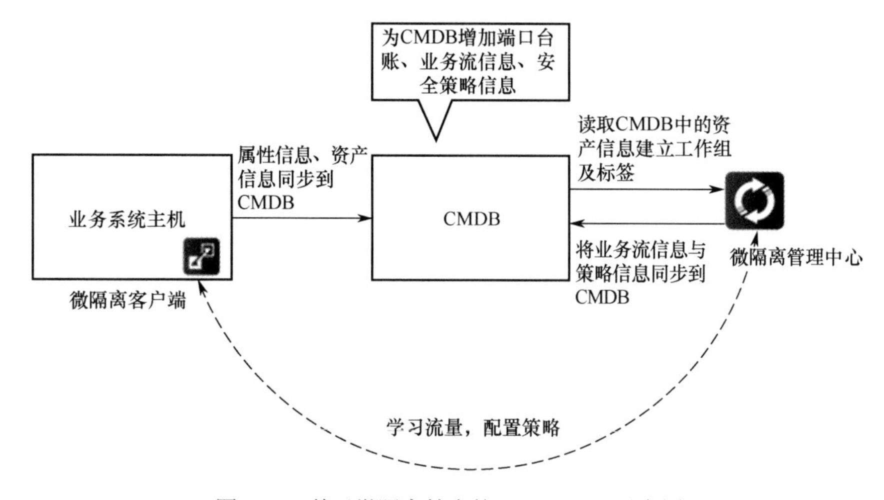

图 5-27　基于微隔离技术的 DevSecOps 示意图

对于新建系统，通过微隔离组件与 CMDB 对接，实现安全与业务的同步交付。

微隔离客户端默认安装在虚拟机操作系统的镜像中，业务部门需要在 CMDB 中说明新建系统内部、新建系统与已有系统的业务流信息。当新业务上线时，微隔离管理中心除了读取 CMDB 中工作负载的属性信息，还将读取业务流信息，并基于业务流信息自动生成新的安全策略且覆盖原有安全策略，从而实现业务与安全的同步交付。在几百上千台虚拟机的情况下，这种方案可以大幅减少安全策略管理的工作量，而且提升内部安全等级。

4. 实施风险提示

本方案依赖于 CMDB 系统，对于 CMDB 的标准化建设有一定的要求。对于已有系统，如果业务未经过梳理，那么在开始阶段需要业务部门参与，存在一定工作量。

5.7.4　混合模式

本节介绍“两地三中心”混合环境零信任隔离实践。

1. 需求描述

在金融行业或关键基础设施相关企业中，两地三中心是常见的数据中心架构。其中，三中心是指生产数据中心、同城灾备中心、异地灾备中心。在这种模式下，两个城市的 3 个数据中心互联互通，如果一个数据中心发生故障或灾难，其他数据中心可以正常运行并对关键业务或全部业务实现接管。

在两地三中心中，同城双活数据中心存在频繁的业务通信，而异地灾备中心也存在定时的数据同步需求。为保障业务的快速变更需求，企业也在寻求网络架构的变化，如采用大二层网络、微服务架构等。

面对目前复杂的安全环境，很多企业的安全管理者基本具备一个共识——“容忍单点突破，杜绝全面失守”，在这种思维下，数据中心内部东西向也希望采用零信任互联的方式来构建“最后一道防线”。

2. 存在的问题

两地三中心的数据中心架构推行零信任微隔离方案存在以下问题。

传统安全设备主要集中在边界，对于东西向安全无能为力，存在内部大范围失陷的风险。

东西向零信任互联意味着精细化的访问控制策略，而在高计算密度下（几万甚至几十万），安全策略呈指数型增长，带来运维及管理难度。

虚拟化技术、容器技术的应用导致 IP 变化、弹性拓展等动态变化的情况成为常态，基于 IP 的策略模型不再适用。

从计算节点看，不同数据中心均是多年建设而成的，内部的工作负载形态不同，存在物理服务器、虚拟机（不同虚拟化架构）、容器等。对于东西向的零信任互联，尤其是统一平台管理的挑战较大。

从整体看，不同数据中心之间采用防火墙进行控制是主要手段，但业务向微服务化转变后，业务变更频繁，如果防火墙策略配置过细，则会导致需要经常变更，带来误操作风险，且工作量较大。

3. 解决方案

本实践中采用防火墙+代理模式来实施。

防火墙用于不同数据中心之间的访问控制，控制粒度主要为 IP 段级别，同时满足监管要求。

数据中心内部不同计算节点采用基于代理的方式实现零信任互联。在此方案中，策略计算中心分为主节点和分布式节点。分布式节点用于与本数据中心内的工作负载进行连接，然后将信息汇总后与主节点进行传输，从而减轻带宽压力。

对于策略的审核以及自动化配置，仍然借助 CMDB 进行。业务流信息经过审批后，自动下发给策略计算中心，策略计算中心再负责将策略动态下发给相关工作负载，混合模式（样例）如图 5-28 所示。

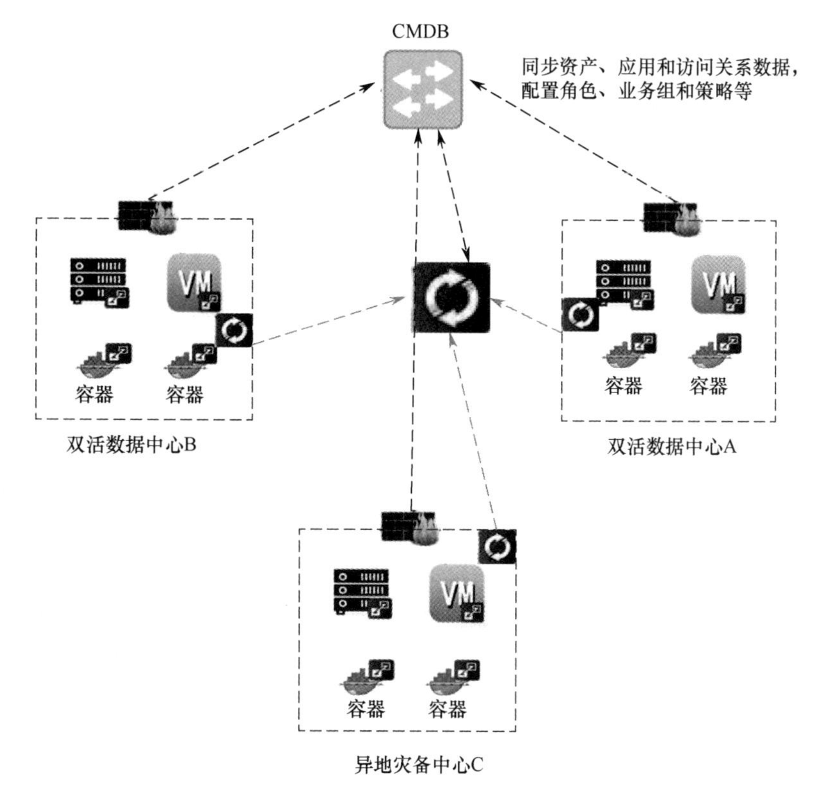

图 5-28　微隔离最佳实践——混合模式（样例）

4. 实施风险提示

复杂数据中心的零信任互联并非一蹴而就，在实施之前应做好规划，确定各阶段实施范围及目标。建议前期对零信任策略适当放宽，避免由于策略过严导致运维难度增加，尽可能采用自动化方式实现内部零信任策略的维护。

5.7.5　微隔离最佳实践小结

5.7 节介绍了 4 种微隔离技术在业界的部署案例，应该说这 4 种微隔离技术方案的划分本身也体现了该技术对企业不同场景的适应性。基于传统数据中心向微隔离演进的一般采用第三方防火墙通过集中引流到外部防火墙来实现细粒度的隔离，而大型云厂商出于责任能力分担和灵活性上考虑更多地采用云原生控制，用户如果对云厂商提供的隔离有进一步诉求，则可以部署代理式方案。如果业务隔离场景比较复杂，以上多种场景都有，可以采用混合模式。当然，以上结论也是暂时的，4 种微隔离技术部署的比例随着计算架构的演进也会出现一些变化。例如，基于当前趋势我们应该可以预测，随着传统数据中心向云演进以及云原生控制的增强，云原生控制会逐步占据主流，其他隔离技术作为某一个特殊场景的补充。

第 6 章 零信任应用场景

数字化在为企业降本增效的同时，为企业 IT 架构带来新的安全挑战。零信任安全理念及架构能够有效应对企业数字化转型过程中的安全痛点。在企业人员访问、企业组织机构运营、新技术新模式等诸多场景，零信行业应用正在不断拓展。

零信任理念自 2010 年由 Forrester 提出之后，发展形态逐步成熟，基本原则逐步清晰，包括默认一切参与因素不受信、最小权限、持续信任评估、动态访问控制四大原则，涉及身份安全、网络安全、终端安全、工作负载安全、数据保护、安全管理等核心能力。

政府机构、信息技术服务业、金融业、制造业作为排头兵，零信任应用试点占比靠前。一方面，信息技术服务业是新一代信息技术发展的最大推手，作为原生数字化企业，对零信任等新理念、新技术的接受程度高；另一方面，政务、金融、制造业进入数字化转型加速阶段，云计算等新技术应用程度深，安全需求较为迫切，也积极拥抱零信任安全。

不同行业在零信任的应用上有着不同的关注点。对政府机构，一是关注零信任的实施改造与合规要求之间的协调性；二是因存储大量关于国计民生的重要数据，故通过零信任实现数据安全防护也是政务的重点。对信息技术服务业，一是涉及大量开发运维工作，且外包人员众多，远程办公、远程运维是零信任实施的重要场景；二是大型企业探索业务出海，分支机构分布于全球，多分支机构的零信任接入体验是行业关注的重要方向。对金融业，因受较强的监督管理，故更加关注零信任在实现行业合规要求方面的意义和作用。对制造业，信息化设备尤其是物联网设备众多，用户希望通过零信任对各类设备进行统一安全管理。

6.1 应用场景概述

早期零信任架构主要应用于远程访问场景，后来随着云计算、大数据、物联网等新技术的出现，业务安全上云、服务器间数据交换、物联网安全组网等场景也逐渐开始采用零信任架构。零信任架构中的“访问主体”可以是内部员工、外部人员、服务器，也可以是物联网设备等，按主体类型的不同，可以将零信任的应用场景分为以下 4 类。

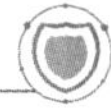

（1）企业内部员工的安全访问场景。

（2）外部人员与企业协作场景。

（3）系统间的安全访问场景。

（4）物联网安全连接场景。

此外，因为合规是企业安全建设的重要驱动力，所以对企业来说，练好基本功后，需要考虑如何更好地满足合规要求，本章将介绍零信任如何满足等保合规要求，同时介绍零信任如何解决数据安全问题。场景分类速查表如表 6-1 所示。

表 6-1　场景分类速查表

场 景 分 类	场 景 名 称	章　节　号
企业内部的安全访问场景	分支机构的远程接入	6.2.1
	出差员工的远程办公	6.2.2
	基于 C/S 应用的远程接入	6.2.3
	开发人员从企业内部访问后端系统	6.2.4
	从外部访问企业后端系统	6.2.5
	同时访问企业内部与云上资源	6.2.6
	启动云端服务实例	6.2.7
	启动服务实例并访问云上后端系统	6.2.8
	访问服务商提供的硬件管理平台	6.2.9
	移动端远程办公	6.2.10
企业与外部的协作场景	外包人员/访客对企业资源的访问	6.3.1
	跨企业边界的协作	6.3.2
	抗 DDoS 攻击	6.3.3
系统间的安全访问	多云管理	6.4.1
	微隔离防止内网横向攻击	6.4.2
	API 数据交换	6.4.3
物联网安全连接	物联网安全面临的挑战	6.5.1
	物联网的零信任安全组网	6.5.2
安全与合规要求	SDP 助力满足等保 2.0	6.6.1
	IAM 助力满足等保 2.0	6.6.2
	微隔离助力满足等保 2.0	6.6.3
敏感数据的零信任方案	敏感数据安全防护的挑战	6.7.1
	基于零信任的敏感数据保护方案	6.7.2

6.1.1　员工远程访问

零信任最典型的应用场景就是员工远程办公场景。传统的 VPN 接入方式已经不再适用于当今复杂、危险的网络环境。零信任可以通过更严格的认证和授权策略，替代传统 VPN，保护企业业务资源，实现安全的远程访问。

根据用户身份的不同，远程访问场景可以分为以下几类。

（1）出差员工的远程访问。例如，出差员工通过互联网来访问企业内部邮箱的场景。企业无法通过网络 IP 来区分用户是否可信，只能通过零信任身份认证来识别用户是否可信。

（2）分支机构员工的远程访问。例如，分公司员工访问总部 OA 系统的场景。针对分支机构与总部之间不同的组网方式，零信任架构需要进行相应的调整。

（3）开发、运维人员的远程访问。例如，服务器运维人员通过 SSH、远程桌面等方式登录 Linux 或 Windows 服务器，进行系统管理操作的场景。运维人员的权限比普通用户更高，风险也更大，所以需要更严格的身份认证、访问控制以及安全审计。

根据用户的终端类型不同，远程访问场景可以进一步细分为以下两类。

（1）PC 端的远程访问。例如，用户使用笔记本电脑访问公司的文档中心等应用场景。

（2）移动端的远程访问。例如，用户通过手机访问公司销售管理系统查看业务数据或进行审批操作等。

根据业务系统架构的不同，远程访问场景可进一步细分为以下两类。

（1）B/S 应用的远程访问。例如，用户打开浏览器访问公司内部的论坛社区或发帖。客户端与服务端的主要通信协议为 HTTPS，零信任需要支持应用层的流量转发和检测。

（2）C/S 应用的远程访问。例如，用户打开企业管理解决方案的客户端登录企业的 ERP 系统查看库存。客户端与服务端之间可能是特殊的网络通信协议，零信任需要支持网络层的流量转发和检测。

根据业务系统的位置不同，远程访问场景可以分为以下两类。

（1）企业内部资源的远程访问。例如，用户访问部署在企业机房中的财务管理系统。

（2）云端资源的远程访问。例如，用户访问部署在云端的用户营销系统。

6.1.2 外部人员远程访问

随着企业业务复杂度和开放性的增加，企业面临的风险威胁越来越多元化。企业对外部开放业务访问之后，可以促进企业间的业务协同，提升合作的效率，但也会引入更多不可控的风险。

与内部员工的远程访问相比，外部人员也有类似的远程访问需求，具体来说，可以分为以下两种场景。

（1）外包或访客的访问。例如，外包人员访问内部测试系统，或者外部供应商访问内部的供应商管理系统查看订单。

（2）企业间的协作。例如，企业间协作完成某个项目，双方都需要访问某个系统。

外部人员的设备和行为都更不可控，向外部人员开放的入口很可能会成为企业网络安全的漏洞。所以，外部协作场景的管控逐渐成为企业建设的重点。

6.1.3 服务器间数据交换

随着企业信息化程度的提高和企业数据资产的积累，为了实现系统之间的数据传输和共享，数据中心与数据中心之间、系统与系统之间的数据交换不可避免。数据交换可以发生在多个云或数据中心之间，也可以发生在同一个网络环境内。

（1）多云数据交换。例如，企业内网调用公有云上的大数据服务，或者在部、省、市等多级数据中心之间进行数据交换。

（2）内网系统间数据交换。内网系统之间有一条持续开放的网络通信路径，如果路径的一端被黑客攻陷，那么整个网络都存在安全威胁。在这种场景下，横向攻击的防护尤为重要。

此外，无论在云上还是在内网，API 都是系统间数据交换的主要形式，针对 API 的安全防护，是零信任架构的一个重要组成部分，6.4.3 节将单独介绍零信任针对 API 的防护方案。

6.1.4　物联网组网

物联网包括工业物联网、智能家居、可穿戴设备、安防监控、智慧城市等多种场景。不同场景下物联网的架构不尽相同。但通常来说，物联网系统都会包含感知层、网络层、应用处理层等几部分。物联网感知设备通常部署在室外，更容易受到物理攻击，容易被黑客篡改。而且由于成本、功耗等原因，物联网设备的计算、存储能力通常较弱，其中分配给安全的资源更少，对安全方案的挑战更大。因此，物联网场景下的零信任方案更注重对物联网终端设备的防护。物联网场景的零信任方案除了标准的能力，还要与实际结合。在有限的资源条件下，保证物联网设备的身份可信、行为可信。

6.1.5　安全合规要求的满足

《信息安全技术 网络安全等级保护基本要求》（GB/T 22239—2019）（简称等保 2.0）是国内非常重要的安全合规标准，理论上所有网站都需要过等保。等保的覆盖面非常广，企业的系统必须具有安全物理环境、安全通信网络、安全区域边界、安全计算环境、安全管理中心、安全管理制度、安全管理机构、安全管理人员、安全建设管理、安全运维管理等。

零信任架构虽然不能满足等保的所有要求，但零信任架构可以在边界安全、主机安全、身份安全等网络安全的最重要的几个方面帮助企业达标。具体来说，零信任的 SDP 框架可以帮助业务系统满足边界安全、通信安全和访问控制方面的要求；零信任的 IAM 系统可以帮助业务系统满足身份鉴别和认证授权方面的要求；零信任的微隔离系统可以帮助业务系统满足主机和通信方面的要求。

6.1.6　保护敏感数据

企业的用户名单、核心软件产品的源代码、用户的隐私信息等都属于企业的敏感数据。企业的敏感数据一旦泄露，就可能造成严重的经济和社会影响。保护企业的敏感数据是企业安全建设的重要一环。

零信任架构可以对敏感数据的访问进行管控，对访问者的身份和权限进行持续的验证。在终端设备上可以结合终端沙箱、终端管控等安全技术，保证终端的数据安全。从系统到网络，再到终端形成一个完整的数据安全闭环。

6.2 企业内部的安全访问场景

企业内部员工在访问内网资源的场景中，从安全的角度来说，主要考虑访问主体（访问用户、用户使用设备）是否可信，以及访问过程中的数据是否会被监听、截获、篡改、重放。通常，当企业内部员工直接访问内部资源时，访问的账号均为公司内合法账号，不存在外部第三方账号及虚拟账号情况，所以在接下来讨论的几个企业内部安全访问的场景中，不探讨第三方接入情况。

6.2.1 分支机构的远程接入

一个中等规模以上的企业，出于业务开展及人才工作地点需要的要求，除设立一个较大的总部外，还会在国内或国外的各个城市设立分支机构。由于工作需要，分支机构一般需要访问总部资源。

1．传统方案

方案一：通过专线、IPSec VPN 方式访问

如果人员规模较大，且需要网络互通，大部分公司会使用专线或 IPSec VPN 方式将分支机构联通。这种方式最大的好处是用户无感知，感觉上是在同一个网络环境里，但其缺点是成本较高，并且企业如果想把所有分支机构的网络安全做到和总部相同的水平，管理难度极大。在真实网络攻击中，分支机构的网络就成为攻击的主要目标，并通过分支机构访问总部网络，达到获取总部数据的目的。

方案二：使用 SSL VPN 访问

当分支结构人员规模较小时，可以通过 SSL VPN 方式接入企业内网，接入后网络环境与办公网相同。该方式存在 VPN 账号泄露风险，且由于登录 VPN 后网络环境与办公网相同，因此该方式经常被攻击者攻击。

方案三：服务直接开放至公网

如果考虑外网访问，则最简单的想法是直接将服务暴露在公网中，但服务暴露得越多，存在被攻击的可能性越大，统一做安全防控越困难。如果该服务存在漏洞，那么可能影响整个企业的安全性。

2．零信任方案

在此方案中，零信任的实施可极大地提高公司整体安全性，并可以从一定程度上降低网络接入成本。根据具体场景可以使用两种方案，如果分支机构访问的服务几乎全部是

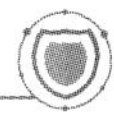

B/S 架构的 Web 服务，且总部网络安全可以得到保障，则可以针对分支机构用户使用基于资源门户的部署方式；如果分支机构需要访问远程字典服务（Remote Dictionary Server，Redis）、MySQL 等 C/S 架构的服务，就需要采用基于 SDP 的 C/S 实现的方式。

方案一：基于资源门户的部署

基于资源门户的部署方式一般适用于仅访问 B/S 架构的服务需求。基于资源门户的部署（分支机构的远程接入）如图 6-1 所示。

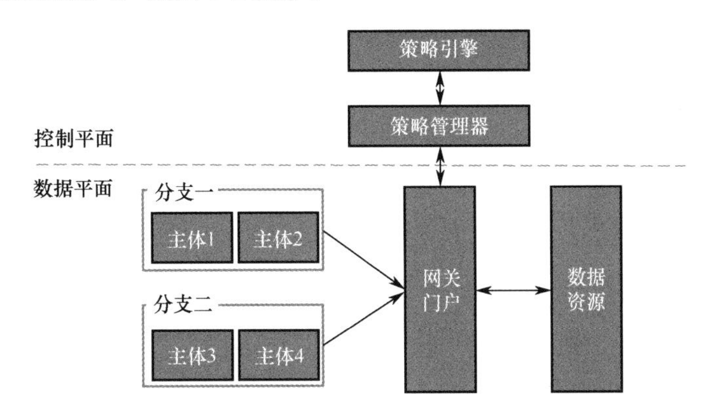

图 6-1　基于资源门户的部署（分支机构的远程接入）

优点：

在此部署方式中，PEP（即图 6-1 中的网关门户）是单个组件，充当用户请求的网关。网关门户可以用于单个资源，也可以用于单个业务功能的资源集合的安全区域，并且在零信任建设和推广上压力较小。

缺点：

（1）可以从请求访问的设备推断出有限的信息。此部署方式只能在资产和设备连接到 PEP 门户后对其进行扫描和分析，并且可能无法持续监视它们的恶意软件和适当的配置。

（2）没有本地代理可以处理请求，企业可能没有完全可见性或对资产的任意控制权，这是因为它只有在连接到门户网站时才能看到/扫描资产。

（3）企业可能采用如浏览器隔离之类的措施来减轻或补偿网关门户资源暴露带来的安全风险。在这些会话之间，企业可能看不到资产。

（4）此部署方式还允许攻击者发现并尝试访问门户，或者尝试对门户进行拒绝服务（DoS）攻击。门户系统应配置齐全，以提供针对 DoS 攻击或网络中断的可用性。

方案二：基于 SDP 的 C/S 实现

基于 SDP 的 C/S 实现的方式是通过终端安装流量代理将终端访问内部服务的数据通过加密隧道的方式转发至服务器网关的，访问登录及访问控制策略统一由策略管理器控制，基于 SDP 的 C/S 实现（分支机构的远程接入）如图 6-2 所示。

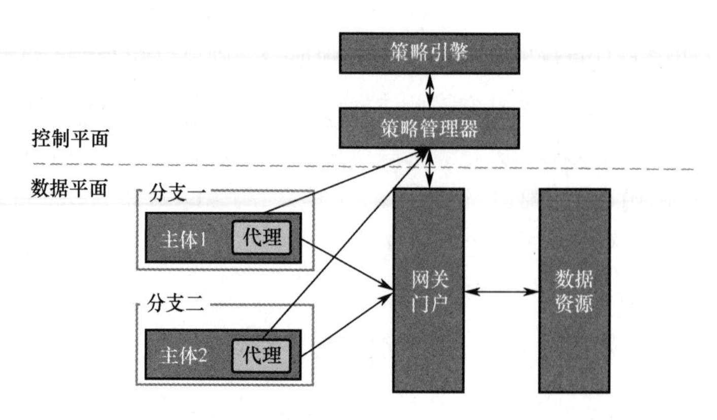

图 6-2　基于 SDP 的 C/S 实现（分支机构的远程接入）

优点：

（1）由于需要安装客户端，可基于客户端下发唯一证书和识别终端指纹的方式标识终端信息，并基于用户和终端配置访问控制策略。

（2）由于其使用 4 层流量代理技术，可以满足 C/S 架构的服务的访问需求。

（3）可通过终端软件检测终端基线是否满足企业要求，以及检测终端安全性，如病毒、木马等。

缺点：

（1）客户端需适配各操作系统、各机型，有一定的研发成本。

（2）由于需要将客户端推广至所有员工，推广成本较高。

（3）BYOD 场景下可能存在一定的法律限制。

6.2.2　出差员工的远程办公

随着商业活动越来越频繁，出差成为当前职场人习以为常的一件事。当出差在外时，老板或用户需要某个重要资料，如果需要到指定职场连接公司内网访问服务下载，就太不人性化了。

1．传统方案

方案一：使用 VPN 访问

传统方案一般是通过 VPN 等方式接入公司内网的，接入后网络环境与办公网相同。该方式存在 VPN 账号泄露风险，且由于登录 VPN 后网络环境与办公网相同，缺乏细粒度的权限控制，一旦黑客控制账号，就可以迅速形成横向移动攻击。VPN 本身也存在暴露攻击面问题。因此，该方式经常被攻击者攻击。

方案二：服务直接开放至公网

如果考虑外网访问，则最简单的想法是直接将服务暴露在公网中，但服务暴露得越多，存在被攻击的可能性越大，统一做安全防控越困难。如果该服务存在漏洞，那么可能

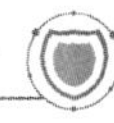

影响整个公司的安全性。（注：同名方案的内容基本相同，为便于读者阅读，重复列出了具体内容，下同。）

2. 零信任方案

方案一：基于资源门户的部署

基于资源门户的部署方式一般适用于仅访问 B/S 架构的服务需求。基于资源门户的部署（出差员工的远程办公）如图 6-3 所示。

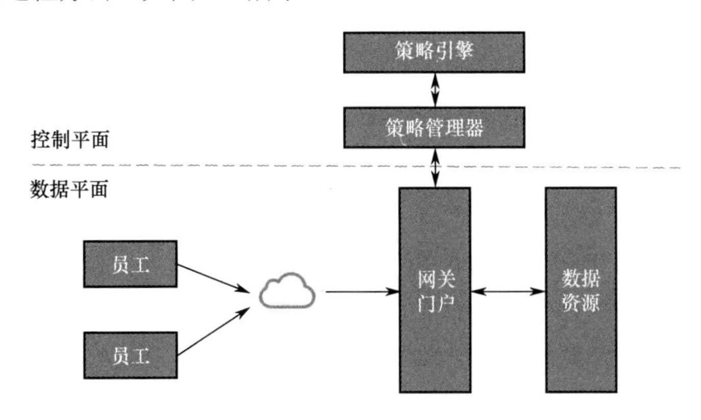

图 6-3　基于资源门户的部署（出差员工的远程办公）

优点：

在此部署方式中，PEP（即图 6-3 中的网关门户）是单个组件，充当用户请求的网关。网关门户可以用于单个资源，也可以用于单个业务功能的资源集合的安全区域，并且在零信任建设和推广上压力较小。

缺点：

（1）可以从请求访问的设备推断出有限的信息。此部署方式只能在资产和设备连接到 PEP 门户后对其进行扫描和分析，并且可能无法持续监视它们的恶意软件和适当的配置。

（2）没有本地代理可以处理请求，企业可能没有完全可见性或对资产的任意控制权，这是因为它只有在连接到门户网站时才能看到/扫描资产。

（3）企业可能采用如浏览器隔离等的措施来减轻或补偿网关门户资源暴露带来的安全风险。在这些会话之间，企业可能看不到资产。

（4）此部署方式还允许攻击者发现并尝试访问门户，或者尝试对门户进行拒绝服务（DoS）攻击。门户系统应配置齐全，以提供针对 DoS 攻击或网络中断的可用性。

方案二：基于 SDP 的 C/S 实现

基于 SDP 的 C/S 实现的方式是通过终端安装流量代理将终端访问内部服务的数据通过加密隧道的方式转发至服务器网关的，访问登录及访问控制策略统一由策略管理器控制，基于 SDP 的 C/S 实现（出差员工的远程办公）如图 6-4 所示。

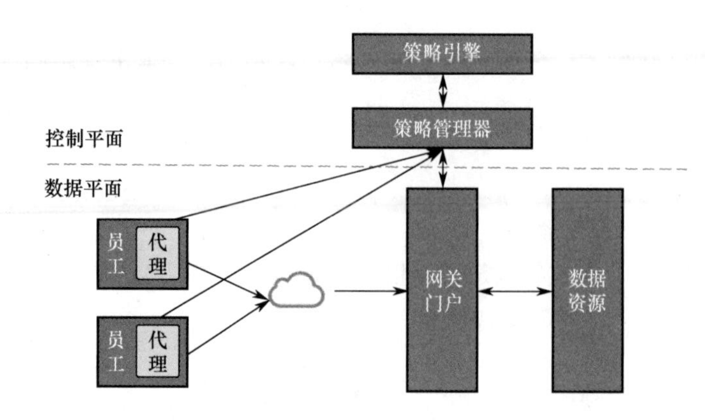

图 6-4　基于 SDP 的 C/S 实现（出差员工的远程办公）

优点：

（1）由于需要安装客户端，可基于客户端下发唯一证书和识别终端指纹的方式标识终端信息，并基于用户和终端配置访问控制策略。

（2）由于其使用 4 层流量代理技术，可以满足 C/S 架构的服务的访问需求。

（3）可通过终端软件检测终端基线是否满足企业要求，以及检测终端安全性，如病毒、木马等。

缺点：

（1）客户端需适配各操作系统、各机型，有一定的研发成本。

（2）由于需要将客户端推广至所有员工，推广成本较高。

（3）BYOD 场景下可能存在一定的法律限制。

方案三：终端设备应用沙箱

当出差人员 BYOD 且使用公司某个终端的程序访问公司资源时，终端设备应用沙箱应该是最好的实现方式，这种实现方式是让可信应用在终端上隔离运行。这种隔离可以是 VM、容器或其他实现，但目标是相同的，即保护应用不受主机和资源上运行的其他程序的影响，并且可以监控在该应用的所有操作，包括复制、粘贴等，即可以实现一定的 DLP 能力，终端设备应用沙箱如图 6-5 所示。

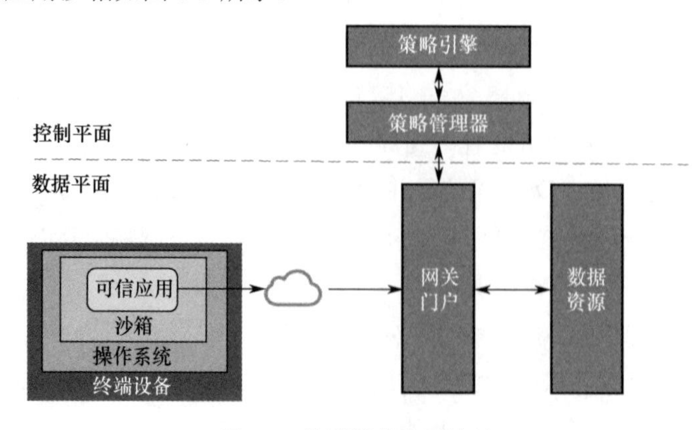

图 6-5　终端设备应用沙箱

 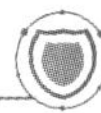

优点：

（1）通过下发证书或终端指纹的方式，可标识唯一沙箱或终端设备。

（2）当无法通过扫描整个系统来检测脆弱性时，使用这种方式可以保护这些单独的沙箱应用，使其免受主机上潜在的恶意软件感染。

（3）由于可信应用在沙箱内运行，即任何从沙箱内复制出的操作都是违法的，因此具备一定的 DLP 能力。

（4）对 BYOD 场景友好。

缺点：

（1）沙箱的开发有一定的研发成本。

（2）访问场景灵活度差，任何需要访问的服务均需将客户端放入沙箱中运行。

（3）需要确保每个沙箱应用程序是安全的，这就增加了工作量。

6.2.3　基于 C/S 应用的远程接入

虽然目前企业的服务基本上是基于 B/S 架构的，但对大多数偏技术的人员来说，工作中依然需要使用一些具备 C/S 架构客户端的服务，甚至有人更喜欢通过命令行操作服务，这部分需求普遍存在于具备一定研发能力的企业中。

1. 传统方案——使用 SSL VPN 访问

传统方案一般是通过 SSL VPN 方式接入公司内网的，接入后网络环境与办公网相同。该方式存在 VPN 账号泄露风险，且由于登录 VPN 后网络环境与办公网相同，因此该方式经常被攻击者攻击。

2. 零信任方案——基于 SDP 的 C/S 实现

基于 SDP 的 C/S 实现的方式是通过终端安装流量代理将终端访问内部服务的数据通过加密隧道的方式转发至服务器网关的，访问登录及访问控制策略统一由策略管理器控制，基于 SDP 的 C/S 实现（基于 C/S 应用的远程接入）如图 6-6 所示。

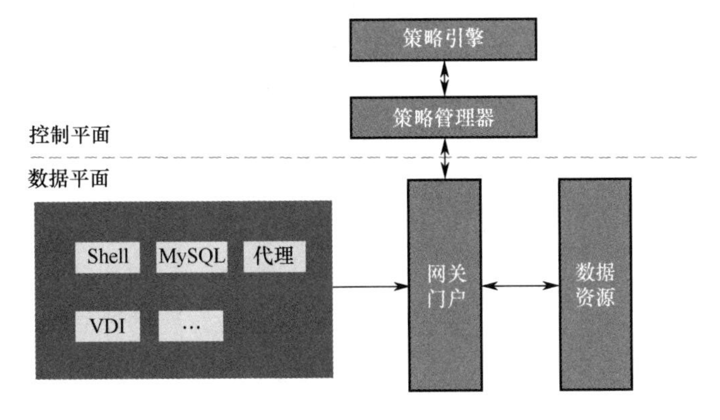

图 6-6　基于 SDP 的 C/S 实现（基于 C/S 应用的远程接入）

优点：

（1）由于需要安装客户端，可基于客户端下发唯一证书和识别终端指纹的方式标识终端信息，并基于用户和终端配置访问控制策略。

（2）由于其使用 4 层流量代理技术，可以满足 C/S 架构的服务的访问需求。

（3）可通过终端软件检测终端基线是否满足企业要求，以及检测终端安全性，如病毒、木马等。

缺点：

（1）客户端需适配各操作系统、各机型，有一定的研发成本。

（2）由于需要将客户端推广至所有员工，推广成本较高。

（3）BYOD 场景下可能存在一定的合规限制。

6.2.4 开发人员从企业内部访问后端系统

开发人员在进行日常的研发工作时，通常会访问系统依赖服务，如 Kafka、MySQL 等，这些服务基本上是 C/S 架构的服务，所以其场景基本可以等同于 6.2.3 节的场景。

1. 传统方案——基于 IP 地址的 ACL 控制

通常情况下，企业会将企业自身网络划分成几个大的区域，并且在各区域之间架设防火墙，以保证各区域之间有限的联通性。基于这种网络环境下，一般仅让公司人员访问指定服务，如堡垒机、7 层服务网关等。这样的一刀切导致开发人员在研发过程中效率十分低下。

2. 零信任方案——基于 SDP 的 C/S 实现

基于 SDP 的 C/S 实现的方式是通过终端安装流量代理将终端访问内部服务的数据通过加密隧道的方式转发至服务器网关的，访问登录及访问控制策略统一由策略管理器控制，基于 SDP 的 C/S 实现（从企业内部访问后端系统）如图 6-7 所示。

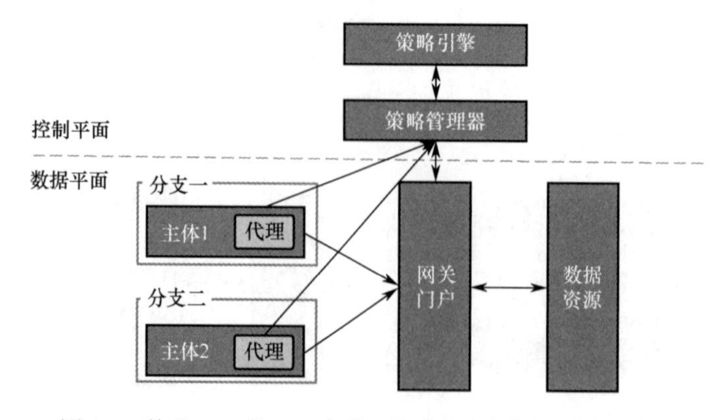

图 6-7 基于 SDP 的 C/S 实现（从企业内部访问后端系统）

优点：

（1）由于需要安装客户端，可基于客户端下发唯一证书和识别终端指纹的方式标识终端信息，并基于用户和终端配置访问控制策略。

（2）由于其使用 4 层流量代理技术，可以满足 C/S 架构的服务的访问需求。

（3）可通过终端软件检测终端基线是否满足企业要求，以及检测终端安全性，如病毒、木马等。

缺点：

（1）客户端需适配各操作系统、各机型，有一定的研发成本。

（2）由于需要将客户端推广至所有员工，推广成本较高。

（3）BYOD 场景下可能存在一定的合规限制。

6.2.5 从外部访问企业后端系统

突如其来的新冠疫情，导致大家无法统一到办公室办公，居家办公成为刚需，虽然后来疫情有所缓解，但居家办公慢慢成为部分公司的一项基础制度，如 Google 就宣布 20%的员工可以永久居家办公。这就面临一个问题：外部网络环境如何访问企业后端系统。

1. 传统方案——使用 SSL VPN 访问

传统方案一般是通过 SSL VPN 方式接入公司内网的，接入后网络环境与办公网相同。该方式存在 VPN 账号泄露风险，且由于登录 VPN 后网络环境与办公网相同，因此该方式经常被攻击者攻击。

2. 零信任方案——基于 SDP 的 C/S 实现

基于 SDP 的 C/S 实现的方式是通过终端安装流量代理将终端访问内部服务的数据通过加密隧道的方式转发至服务器网关的，访问登录及访问控制策略统一由策略管理器控制，基于 SDP 的 C/S 实现（从外部访问企业后端系统）如图 6-8 所示。

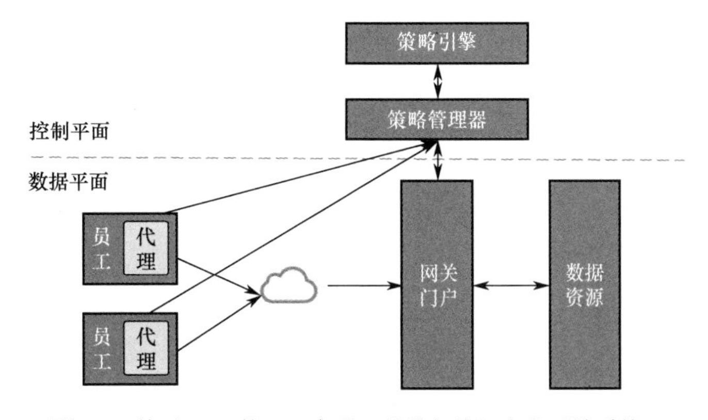

图 6-8 基于 SDP 的 C/S 实现（从外部访问企业后端系统）

优点：

（1）由于需要安装客户端，可基于客户端下发唯一证书和识别终端指纹的方式标识终端信息，并基于用户和终端配置访问控制策略。

（2）由于其使用4层流量代理技术，可以满足C/S架构的服务的访问需求。

（3）可通过终端软件检测终端基线是否满足企业要求，以及检测终端安全性，如病毒、木马等。

缺点：

（1）客户端需适配各操作系统、各机型，有一定的研发成本。

（2）由于需要将客户端推广至所有员工，推广成本较高。

（3）BYOD场景下可能存在一定的合规限制。

6.2.6 同时访问企业内部与云上资源

随着云技术的发展，当前很多公司为减少成本，会选择使用公有云作为服务的载体，这就给研发和运营人员访问云上资源造成了一定的困难。尤其同时访问内部资源和云上资源时，来回网络切换导致工作效率下降。

1. 传统方案

方案一：通过专线方式访问

一般来说，如果云上资源与内部服务器量级较大，就可以通过专线的方式将两个网络联通，用户在接入内部网络后，可直接访问到云上资源，在使用过程中完全无感。但其缺点是成本较高。

方案二：服务直接开放至公网

如果考虑外网访问，则最简单的想法是直接将服务暴露在公网中，但服务暴露得越多，存在被攻击的可能性越大，统一做安全防控越困难。如果该服务存在漏洞，那么可能影响整个公司的安全性。

2. 零信任方案

方案一：基于资源门户的部署

基于资源门户的部署方式一般适用于仅访问B/S架构的服务需求。基于资源门户的部署（同时访问企业内部与云上资源）如图6-9所示。

优点：

在此部署方式中，PEP（即图6-9中的网关门户）是单个组件，充当用户请求的网关。网关门户可以用于单个资源，也可以用于单个业务功能的资源集合的安全区域，并且在零信任建设和推广上压力较小。

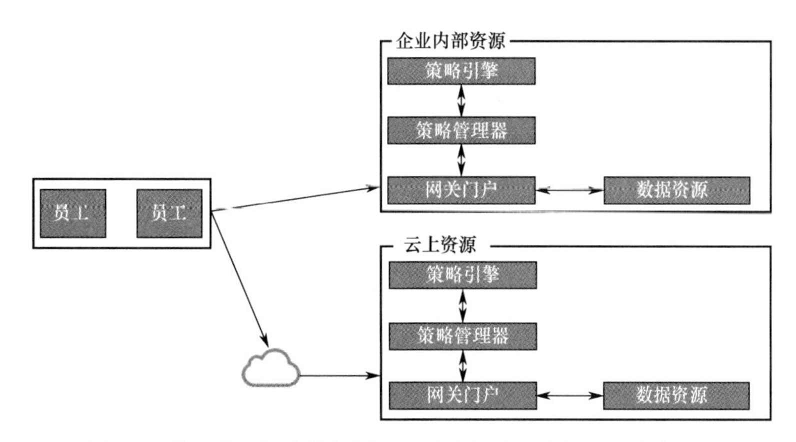

图 6-9　基于资源门户的部署（同时访问企业内部与云上资源）

缺点：

（1）可以从请求访问的设备推断出有限的信息。此部署方式只能在资产和设备连接到 PEP 门户后对其进行扫描与分析，并且可能无法持续监视它们的恶意软件和适当的配置。

（2）没有本地代理可以处理请求，企业可能没有完全可见性或对资产的任意控制权，这是因为它只有在连接到门户网站时才能看到/扫描资产[4]。

（3）企业可能采用如浏览器隔离等的措施来减轻或补偿网关门户资源暴露带来的安全风险。在这些会话之间，企业可能看不到资产。

（4）此部署方式还允许攻击者发现并尝试访问门户，或者尝试对门户进行拒绝服务（DoS）攻击。门户系统应配置齐全，以提供针对 DoS 攻击或网络中断的可用性。

方案二：基于 SDP 的 C/S 实现

基于 SDP 的 C/S 实现的方式是通过终端安装流量代理将终端访问内部服务的数据通过加密隧道的方式转发至服务器网关的，访问登录及访问控制策略统一由策略管理器控制，基于 SDP 的 C/S 实现（同时访问企业内部与云上资源）如图 6-10 所示。

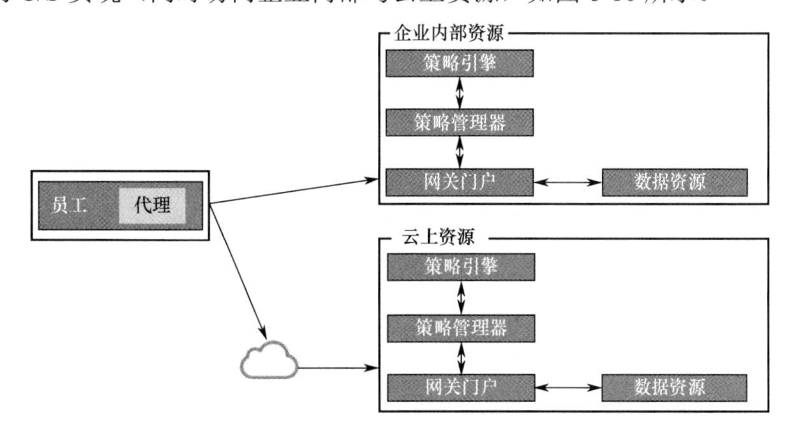

图 6-10　基于 SDP 的 C/S 实现（同时访问企业内部与云上资源）

优点：

（1）由于需要安装客户端，可基于客户端下发唯一证书和识别终端指纹的方式标识终端信息，并基于用户和终端配置访问控制策略。

（2）由于其使用 4 层流量代理技术，可以满足 C/S 架构的服务的访问需求。

（3）可通过终端软件检测终端基线是否满足企业要求，以及检测终端安全性，如病毒、木马等。

缺点：

（1）客户端需适配各操作系统、各机型，有一定的研发成本。

（2）由于需要将客户端推广至所有员工，推广成本较高。

（3）BYOD 场景下可能存在一定的合规限制。

6.2.7 启动云端服务实例

当前云服务技术已经非常成熟，一些中小型公司为了节约成本，会使用云服务作为公司的服务环境。在这种场景下，运维人员会直接访问云端服务实例的远程控制服务，如 SSH 或虚拟网络控制台（Virtual Network Console，VNC）等。

1. 传统方案

方案一：基于 IP 地址的 ACL 控制

在设置访问权限时，传统方案一般是通过基于 IP 地址的 ACL 方式限制固定的 IP 地址访问，但这种方式在云环境下，一般来说，由于普通用户的出口 IP 地址会不定期变化，并且地理位置相同的部分人的出口 IP 地址相同，因此会导致访问控制过为粗放，存在巨大的安全隐患。

方案二：Web Terminal 方式

一般来说，云服务厂商均会提供 Web Terminal 方式访问云端实例，在一些基础功能的实现上与终端几乎相同，但一些需要持续数据交互的功能，如使用文件传输工具 rzsz 命令进行文件传输时，Web Terminal 无法实现。虽然该功能需要强校验，但仍无法保证终端安全、可控，存在一定的安全风险。

2. 零信任方案——基于 SDP 的 C/S 实现

基于 SDP 的 C/S 实现的方式是通过终端安装流量代理将终端访问内部服务的数据通过加密隧道的方式转发至服务器网关的，访问登录及访问控制策略统一由策略管理器控制，基于 SDP 的 C/S 实现（启动云端服务）如图 6-11 所示。

优点：

（1）由于需要安装客户端，可基于客户端下发唯一证书和识别终端指纹的方式标识终端信息，并基于用户和终端配置访问控制策略。

（2）由于其使用 4 层流量代理技术，可以满足 C/S 架构的服务的访问需求。

（3）可通过终端软件检测终端基线是否满足企业要求，以及检测终端安全性，如病毒、木马等。

缺点：

（1）客户端需适配各操作系统、各机型，有一定的研发成本。

（2）由于需要将客户端推广至所有员工，推广成本较高。

（3）BYOD 场景下可能存在一定的合规限制。

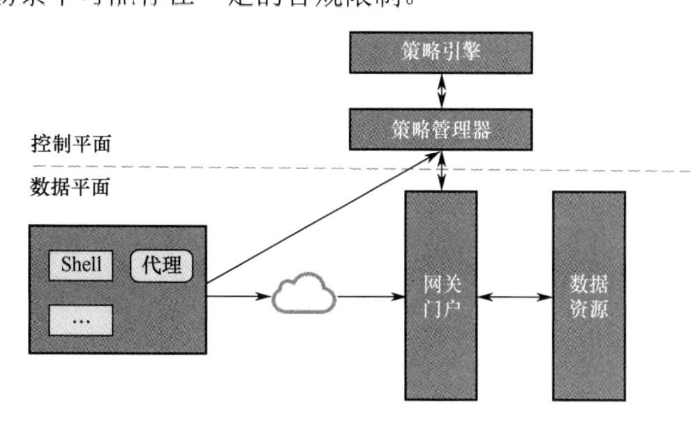

图 6-11　基于 SDP 的 C/S 实现（启动云端服务）

6.2.8　启动服务实例并访问云上后端系统

访问云上后端系统在用户场景下与访问公司内部后端系统相似，但网络环境差异很大。

1. 传统方案——基于 IP 地址的 ACL 控制

在设置访问权限时，传统方案一般是通过基于 IP 地址的 ACL 方式限制固定的 IP 地址访问，但这种方式在云环境下，一般来说，由于普通用户的出口 IP 地址会不定期变化，并且地理位置相同的部分人的出口 IP 地址相同，因此会导致访问控制过为粗放，存在巨大的安全隐患。

2. 零信任方案——基于 SDP 的 C/S 实现

基于 SDP 的 C/S 实现的方式是通过终端安装流量代理将终端访问内部服务的数据通过加密隧道的方式转发至服务器网关的，访问登录及访问控制策略统一由策略管理器控制，基于 SDP 的 C/S 实现（访问云上后端系统）如图 6-12 所示。

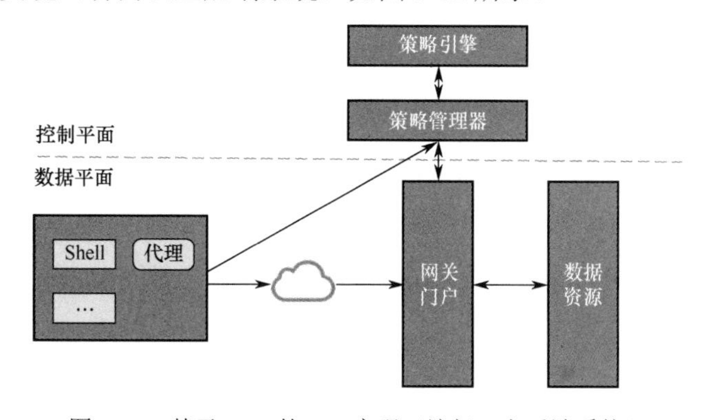

图 6-12　基于 SDP 的 C/S 实现（访问云上后端系统）

优点：

（1）由于需要安装客户端，可基于客户端下发唯一证书和识别终端指纹的方式标识终端信息，并基于用户和终端配置访问控制策略。

（2）由于其使用 4 层流量代理技术，可以满足 C/S 架构的服务的访问需求。

（3）可通过终端软件检测终端基线是否满足企业要求，以及检测终端安全性，如病毒、木马等。

缺点：

（1）客户端需适配各操作系统、各机型，有一定的研发成本。

（2）由于需要将客户端推广至所有员工，推广成本较高。

（3）BYOD 场景下可能存在一定的合规限制。

6.2.9 访问服务商提供的硬件管理平台

硬件管理平台是内置于许多硬件平台的网络，通常基于智能平台管理接口（Intelligent Platform Management Interface，IPMI）的规范构建。这通常称为底板管理控制器，或者非正式地称为“熄灯网络”。这些 IPMI 服务因许多漏洞而众所周知，包括不修改的默认账号密码以及无法抵御简单攻击。

安全管理员往往需要访问各种端口上的 IPMI。此访问必须具有强身份验证，并且出于安全性和合规性报告的目的而被记录。在理想情况下，管理员需要全天候访问这个网络。但是，这种按需访问通常具有时间敏感性，因为 IT 可能会响应服务器中断。同时，应该有业务流程（如请求和批准）来控制访问，并且使用闭环机制确保一旦不再需要访问就被删除。

1．传统方案——基于 IP 地址的 ACL 控制

在设置访问权限时，传统方案一般是通过基于 IP 地址的 ACL 方式限制固定的 IP 地址访问，但这种方式在云环境下，一般来说，由于普通用户的出口 IP 地址会不定期变化，并且地理位置相同的部分人的出口 IP 地址相同，因此会导致访问控制过为粗放，存在巨大的安全隐患。

2．零信任方案——基于 SDP 的 C/S 实现

基于 SDP 的 C/S 实现的方式是通过终端安装流量代理将终端访问内部服务的数据通过加密隧道的方式转发至服务器网关的，访问登录及访问控制策略统一由策略管理器控制，基于 SDP 的 C/S 实现（访问服务商提供的硬件管理平台）如图 6-13 所示。

优点：

（1）由于需要安装客户端，可基于客户端下发唯一证书和识别终端指纹的方式标识终端信息，并基于用户和终端做访问控制策略。

（2）由于其使用 4 层流量代理技术，可以满足 C/S 架构的服务的访问需求。

（3）可通过终端软件检测终端基线是否满足企业要求，以及检测终端安全性，如病毒、木马等。

缺点：

（1）客户端需适配各操作系统、各机型，有一定的研发成本。

（2）由于需要将客户端推广至所有员工，推广成本较高。

（3）BYOD 场景下可能存在一定的合规限制。

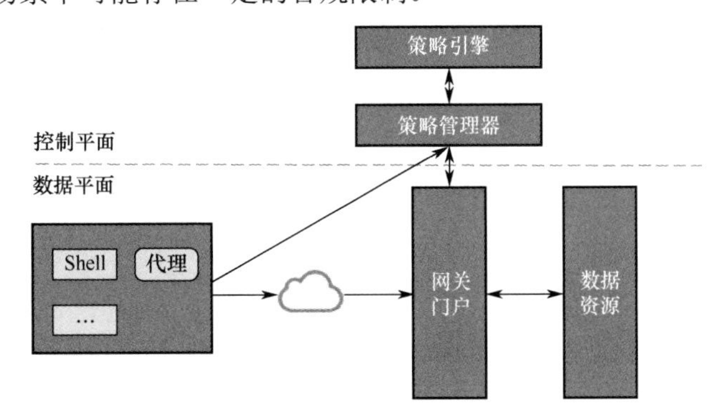

图 6-13　基于 SDP 的 C/S 实现（访问服务商提供的硬件管理平台）

6.2.10　移动端远程办公

随着移动终端的性能越来越强，手机、iPad 等产品慢慢成为办公终端的新选择，尤其是在办公场景单一、需要高便捷性的场景下，移动端的优势非常明显。例如，公司的小型营业网点、经常出差的人员等。

1. 传统方案

方案一：使用 SSL VPN 访问

传统方案一般是通过 SSL VPN 方式接入公司内网的，接入后网络环境与办公网相同。该方式存在 VPN 账号泄露风险，且由于登录 VPN 后网络环境与办公网相同，因此该方式经常被攻击者攻击。

方案二：服务直接开放至公网

如果考虑外网访问，则最简单的想法是直接将服务暴露在公网中，但服务暴露得越多，存在被攻击的可能性越大，统一做安全防控越困难。如果该服务存在漏洞，那么可能影响整个公司的安全性。

2. 零信任方案

方案一：基于资源门户的部署

基于资源门户的部署方式一般适用于仅访问 B/S 架构的服务需求。基于资源门户的部署（移动端远程办公）如图 6-14 所示。

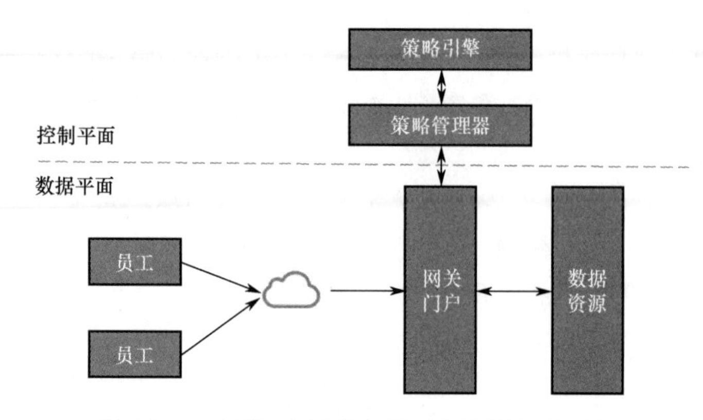

图 6-14　基于资源门户的部署（移动端远程办公）

优点：

在此部署方式中，PEP 是单个组件，充当用户请求的网关。网关门户可以用于单个资源，也可以用于单个业务功能的资源集合的安全区域，并且在零信任建设和推广上压力较小。

缺点：

（1）可以从请求访问的设备推断出有限的信息。此部署方式只能在资产和设备连接到 PEP 门户后对其进行扫描和分析，并且可能无法持续监视它们的恶意软件和适当的配置。

（2）没有本地代理可以处理请求，企业可能没有完全可见性或对资产的任意控制权，这是因为它只有在连接到门户网站时才能看到/扫描资产。

（3）企业可能采用如浏览器隔离等的措施来减轻或补偿网关门户资源暴露带来的安全风险。在这些会话之间，企业可能看不到资产。

（4）此部署方式还允许攻击者发现并尝试访问门户，或者尝试对门户进行拒绝服务（DoS）攻击。门户系统应配置齐全，以提供针对 DoS 攻击或网络中断的可用性。

方案二：基于 SDP 的 C/S 实现

基于 SDP 的 C/S 实现的方式是通过终端安装流量代理将终端访问内部服务的数据通过加密隧道的方式转发至服务器网关的，访问登录及访问控制策略统一由策略管理器控制，基于 SDP 的 C/S 实现（移动端远程办公）如图 6-15 所示。

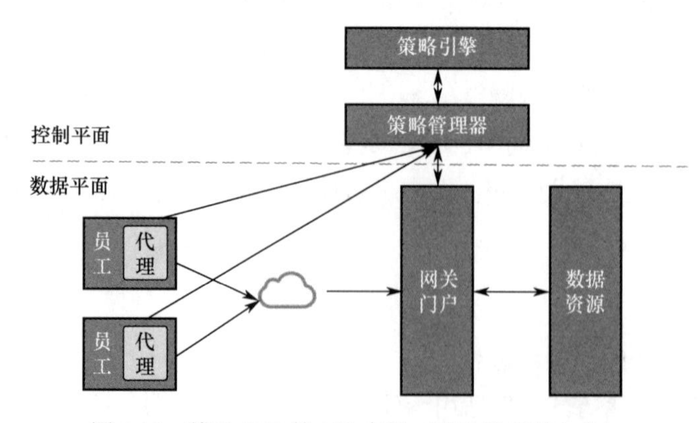

图 6-15　基于 SDP 的 C/S 实现（移动端远程办公）

优点：

（1）由于需要安装客户端，可基于客户端下发唯一证书和识别终端指纹的方式标识终端信息，并基于用户和终端配置访问控制策略。

（2）由于其使用 4 层流量代理技术，可以满足 C/S 架构的服务的访问需求。

（3）可通过终端软件检测终端基线是否满足企业要求，以及检测终端安全性，如病毒、木马等。

缺点：

（1）客户端需适配各操作系统、各机型，有一定的研发成本。

（2）由于需要将客户端推广至所有员工，推广成本较高。

（3）BYOD 场景下可能存在一定的合规限制。

6.3 企业与外部的协作场景

当前，产业数字化使得组织成员面临更大的不确定性与新发展可能性，因此对企业而言，需要展开共享协作的场景大大增加。那么，企业要构建协同共生场景，需要做到 3 个方面的协同：组织内外的协同、与外部伙伴的协同及与用户的协同。数字化带来企业成长场景重塑，使得协同共生价值实现的可能性变大。

企业处在更多场景中，不仅仅是线下转移到线上的场景变化，更重要的是将原来割裂的场景联通联动起来。通过数字技术的穿透，很多企业把企业外部成员设计到企业共生战略与实践中，形成全新的发展场景。协同共生场景中的关键词不再是命令和权力，而是共同进化，集合彼此智慧，利用数字技术和市场变化找到新的成长可能性。

6.3.1 外包人员/访客对企业资源的访问

1. 场景描述

随着整个社会的信息化程度、移动化程度、智能化程度不断提高，企业“内部业务资源”逐步成为组织的核心资产，外包人员/访客随时随地处理企业资源的信息变得越来越普遍和重要。外包人员/访客有职场内（公司场所）、职场外（远程）灵活办公的需求。职场内，以防止企业资源威胁为主；职场外，当企业员工因疫情、恶劣天气等原因需在家临时办公或长期出差在外，以及外包人员/访客因业务合作需要访问企业资源时，需要确保企业员工和外包人员/访客访问企业资源过程的安全，以减少企业资源被从职场外部入侵的风险。同时，如何在保障外包人员/访客访问企业资源过程安全的同时兼顾效率，也成为一个越来越现实的问题和挑战。

一家企业包括需要有限访问企业资源以进行工作的现场访问或服务提供商。例如，企业具有自己的内部应用程序、数据库和资产，以及外包给提供商的服务，这些服务提供商会在现场提供维护任务。这些外包人员/访客和服务提供商需要网络来执行任务。外包人员访问企业资源场景示意图如图 6-16 所示。

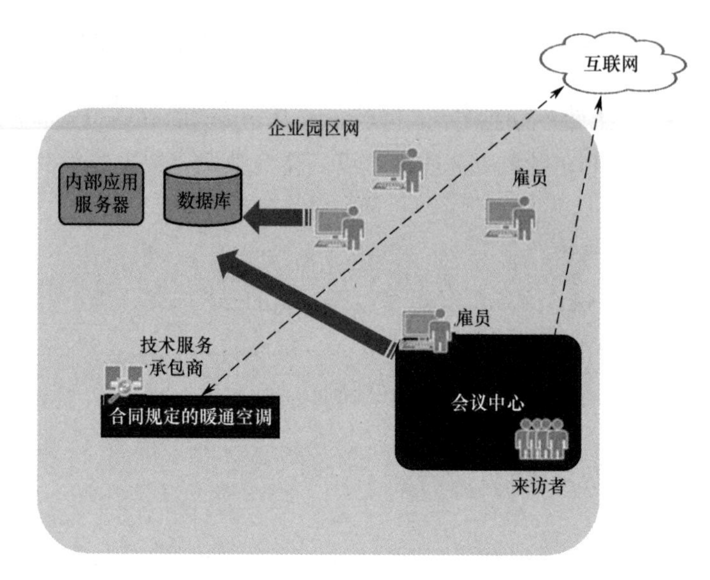

图 6-16　外包人员访问企业资源场景示意图

从外包人员/访客访问企业资源的业务需求上看，主要有以下业务场景。

（1）普通办公需求：主要需求是访问企业 CRM、软件配置管理（Software Configuration Management，SCM）、审批系统、知识管理系统，以及企业的邮件、即时通信、视频会议系统等。

（2）开发测试需求：主要需求是访问企业的测试环境、数据仓库、持续集成系统等。

（3）运维需求：主要需求是能远程访问运维管理平台、远程服务器登录维护等。

职场内部，传统安全架构下企业资源完全暴露在企业职场办公网络中，一旦外包人员/访客办公终端设备被植入木马或未知威胁的恶意代码，攻击者可以直接进行企业内网扫描和横向移动，快速掌握企业内网的所有企业资源。职场外部，外包人员/访客所处的网络环境安全无法保障，BYOD 的流行使得外包人员/访客访问企业资源的终端设备不再安全可靠。而传统外包人员/访客访问企业资源，多数企业采用 VPN 方案，但 VPN 方案已经越来越无法满足当前的安全和效率需求，并暴露出来一些先天的缺陷，主要体现在以下几个方面。

（1）无法判断来源系统环境的安全性，存在以来源终端为跳板攻击企业内网的风险。

（2）无法进行精细化、动态化的权限控制。

（3）缺乏安全感知能力，只能基于网络流量进行审计。

（4）扩展能力较差，无法满足大规模的突发外包人员/访客访问企业资源需求。

2．解决方案

在新的需求和安全形势下，使用零信任安全架构的外包人员/访客访问企业资源方案可以很好地解决传统 VPN 方案的种种弊端。

通过零信任系统提供统一的企业资源安全访问通道，取消企业内部终端直连企业资源的网络策略，尽可能避免企业资源完全暴露在办公网络中的情况。所有的终端访问都需要进行用户身份校验和终端/系统/应用的可信确认，并进行细粒度的权限访问控制，然后通过零信任网关访问具体的企业资源，这样能极大地减少企业资源被非授权访问的行为。外包人员/访客访问企业资源场景示意图如图 6-17 所示。

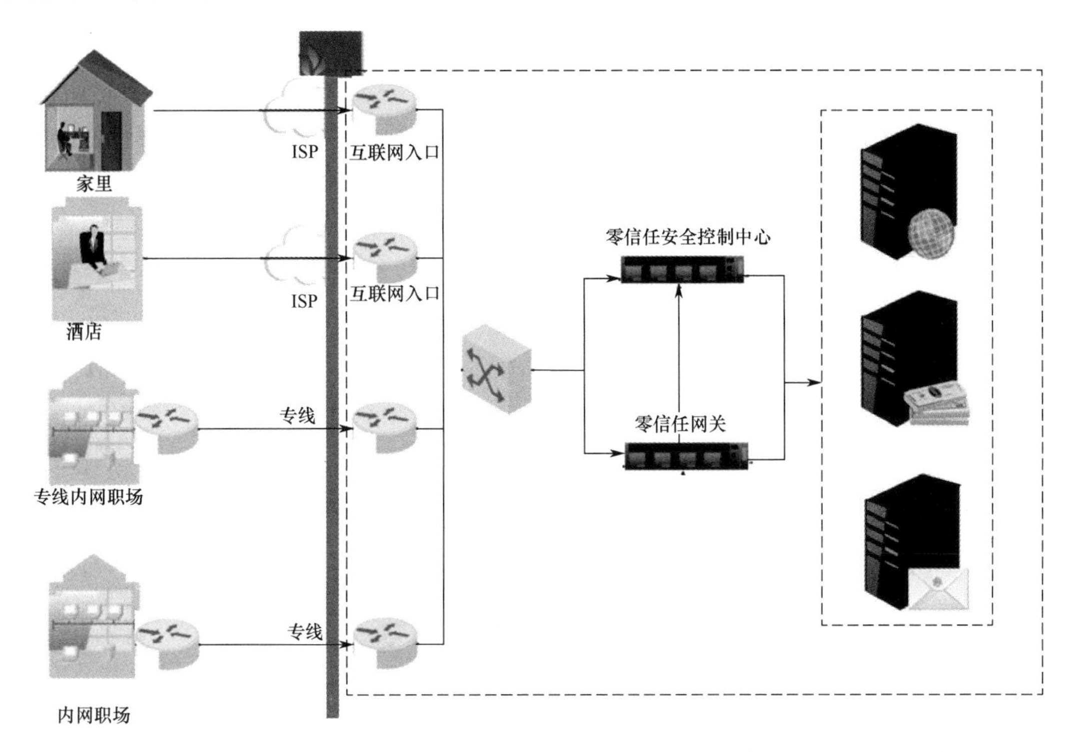

图 6-17　外包人员/访客访问企业资源场景示意图

外包人员访问场景解决方案在零信任外包人员/访客访问企业资源方案中，零信任网关暴露在外网而企业内部业务资源被隐藏，通过可信身份、可信设备、可信应用、可信链路，建立信任链的方式来访问资源。该方案中比较重要的核心模块功能如下。

（1）零信任 Agent。在用户终端安装的零信任 Agent 实现了对设备的注册、安全状态上报、基线修复等功能，通过 Agent 实现用户与终端的绑定和信任的建立，让零信任访问控制和防护引擎可以动态评估终端环境安全风险。

（2）零信任网关。零信任网关提供对外访问入口，通过 7 层 HTTP 代理或 4 层网络流量代理等方式，实现将企业内部业务资源代理到外部访问中。

（3）零信任访问控制和防护引擎。该模块主要实现认证与授权两个功能，认证可以通过多因素认证方式解决用户身份可信问题，还有设备信任、应用信任等，通过零信任的终端、用户、资源、链路的信任链和动态校验机制，来确保对企业资源的可信访问。

（4）内部系统。内部系统在零信任网关防护的后面，只有通过零信任的认证和授权后才可以被访问使用。

职场外可通过多运营商 DNS 解析不同的 IP 入口保障外包人员/访客访问企业资源可达，通过负载均衡入口减少对外暴露 IP 的资源消耗，并能够实现网关处理能力的快速扩展。职场内可以通过同样的 DNS 解析到内部网关，或者通过控制通道提供网关列表给终端，进行探测选择。

6.3.2 跨企业边界的协作

1. 场景描述

大集团公司中企业员工分布在全国/全球的多个分支子公司或办事处，他们有跨企业边界安全访问集团内部资源的需求。另外，还存在并购公司、合作（协作）公司员工的跨企业边界访问需求。

分支子公司、办事处等地的职场网络，不一定有专线到集团内网，经常通过公网 VPN 连接，存在安全性不足和访问效率低等问题。同时，并购公司、协作公司的网络安全管理机制与集团公司很难保持一致，当其跨企业边界访问集团内部资源时，存在人员身份验证和设备安全可信等问题。

通常企业有一个总部，一个或多个位置分散的分支机构，这些机构没有通过企业自有的物理网络进行连接，跨企业边界员工可以通过公网 VPN、VDI 或直连方式访问企业内部或云端的应用，也需要在出差时通过网络访问企业资源。跨企业协作场景如图 6-18 所示。

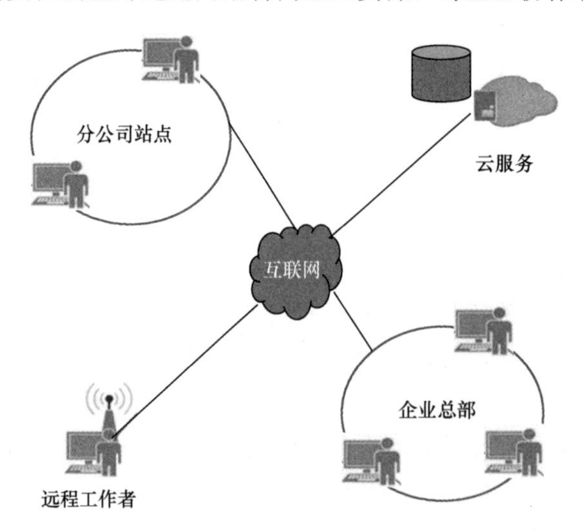

图 6-18　跨企业协作场景

1）常规解决方案

（1）直接连接。在直接访问的情况下，应用系统通常是一个 Web 应用程序，配置到公共互联网环境下，不考虑访问限制。

（2）VPN 连接。通过 VPN，建立安全连接访问企业内网资源。

（3）VDI 连接。通过 VDI，业务人员可以操作虚拟计算机（通常是 Windows 操作系

统），这个虚拟计算机可以用作企业应用系统的启动平台。业务应用系统通常是一个需要“胖 Windows 客户端”的 C/S 应用程序。用户的大部分操作会在本地终端进行运算，并且很少通过网络传输与服务端交互。

2）潜在风险

（1）直接连接。应用系统会暴露于各种安全威胁下，易受到各种形式的攻击，包括暴力破解、DDoS、XSS 和任何 TLS 漏洞。

（2）VPN 连接。内网及其所有的资源都将对该业务人员的设备开放。

（3）VDI 连接。一旦网络连接不稳定，则所有资源均不可访问，所有资源都是开放可见的。

跨企业边界的员工可能无法完整地进行企业本地网络接入，但仍需要访问企业资源才能执行其工作任务，同时跨企业边界员工可以使用企业拥有的或个人拥有的设备进行远程办公。在这种情况下，企业希望授予对某些资源（如员工个人信息、电子邮件）的访问权限，但拒绝对更敏感的资源（如 HR 数据库）的访问授权。

2．解决方案

针对以上多分支机构跨企业边界的员工远程安全办公协作应用场景，基于零信任安全架构设计提供以下两套解决方案。

（1）基于零信任安全架构的 C/S 实现。

（2）基于资源门户的部署实现。

基于 C/S 方式实现的逻辑架构如图 6-19 所示。

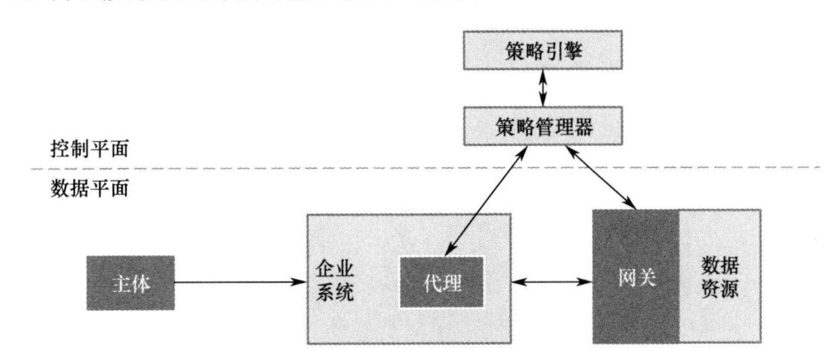

图 6-19　基于 C/S 方式实现的逻辑架构

（1）具有企业发放的便携式计算机或可信设备的用户希望连接到企业资源，访问请求由本地代理接收，并且请求被发送到策略管理器。

（2）策略管理器和策略引擎可以是企业本地资产或云托管服务。策略管理器将请求转发到策略引擎进行评估。如果请求被授权，那么策略管理器将通过控制平面配置设备代理与相关资源网关之间的通信通道。

（3）该架构可能包括一个 IP 地址端口信息、会话密钥或类似的安全构件。然后设备代理和网关连接，并且加密的应用程序数据流开始通信。

（4）当工作流完成或策略管理器触发安全事件（如会话超时、重新认证失败等）时，设备代理与资源网关之间的连接将被终止。

基于资源门户的部署方式实现的逻辑架构如图 6-20 所示。

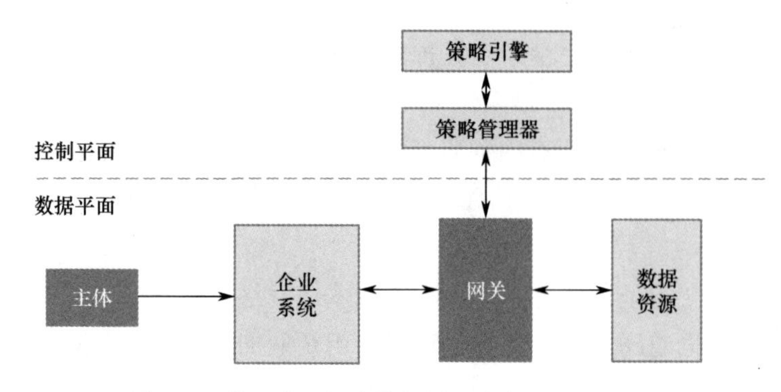

图 6-20　基于资源门户的部署方式实现的逻辑架构

（1）在此部署方式中，策略执行引擎是单个组件，充当用户请求的网关。网关门户可以用于单个资源，也可以用于单个业务功能的资源集合的安全区域。

（2）不必在所有终端设备上都安装客户端软件。对于 BYOD 策略和组织间协作项目，该部署方式也更加灵活。企业管理员无须在使用前确保每个设备都具有适当的设备代理。

整体的零信任安全架构设计不再区分集团内网、专线、公网等接入方式，通过将跨企业边界访问流量统一接入零信任网关、零信任访问控制与保护引擎，实现在跨企业边界网络环境下的内部资源访问。跨企业协作场景示意图如图 6-21 所示。

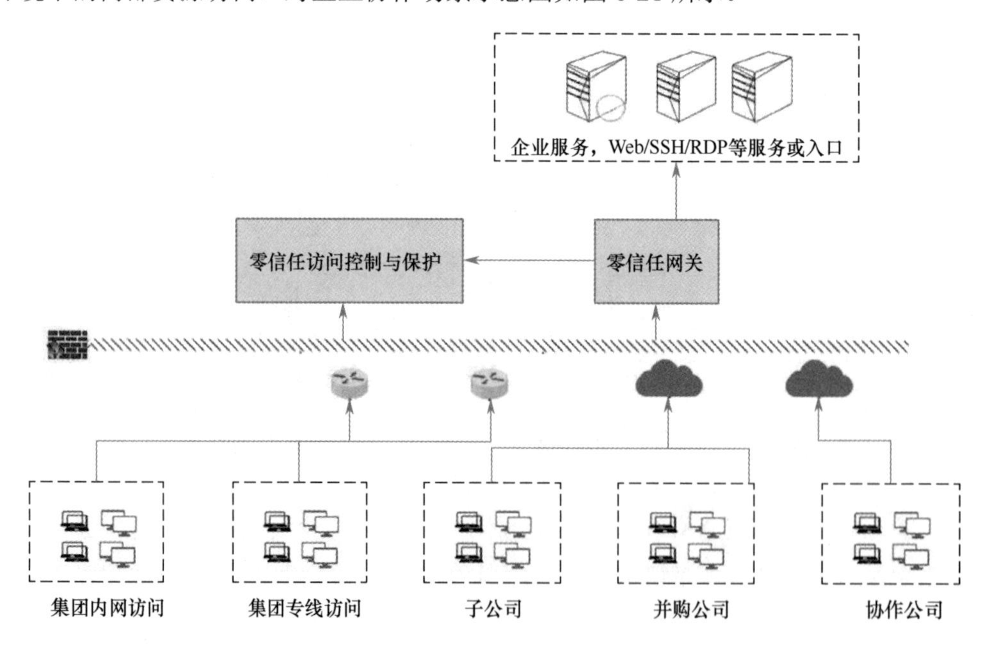

图 6-21　跨企业协作场景示意图

针对集团、子公司的组织架构或员工角色设置访问控制策略，企业员工可以访问的内部系统仅限于指定业务，不能越界。应保障跨企业边界访问人员身份、设备、链路、应用的安全，同时子公司的终端或账户如果有异常就要及时阻断访问。

另外，在多数情况下，并购或协作公司的内部安全建设标准并不统一，因此应加强终端设备的安全管理和保护能力，标准化终端的安全配置。针对并购或协作企业用户的授权，还可以设置有效时间，超时后就无法再跨企业边界访问内部资源了。

6.3.3 抗 DDoS 攻击

1. 场景描述

DDoS 攻击起源于 20 世纪 90 年代，历经了几十年的发展而经久不衰，已经成为网络安全领域影响最为深远的威胁之一。伴随着人工智能、云计算、物联网等技术的发展，DDoS 攻击技术也在随着新技术而不断演进，所形成的灰色产业链越发成熟且顽固。2014 年，被确认为大规模 DDoS 的攻击已达平均每小时 28 次。攻击发起者一般针对重要服务和知名网站进行攻击，如银行、信用卡支付网关，甚至根域名服务器等。DDoS 的攻击策略侧重于通过很多“僵尸主机”向受害主机发送大量看似合法的网络包，从而造成网络阻塞或服务器资源耗尽而导致拒绝服务，DDoS 攻击一旦被实施，攻击网络包就会犹如洪水般涌向受害主机，从而把合法用户的网络包淹没，导致合法用户无法正常访问服务器的网络资源，常见的 DDoS 攻击手段有 SYN Flood、ACK Flood、UDP Flood、ICMP Flood、TCP Flood、Connections Flood、Script Flood、Proxy Flood 等。根据阿里云安全发布的《2019 年 DDoS 攻击态势报告》可知，2019 年云上 DDoS 攻击发生近百万次，日均攻击 2000 余次，与 2018 年整体持平，但相比 2019 年上半年有所下降。同时，应用层 DDoS 攻击成为常见的攻击类型，与 2018 年相比，攻击手法也更为复杂多变。①

DDoS 攻击是一种大规模攻击。在这种攻击中，攻击者使用多个不同的源 IP 地址（通常有数千个）对单一目标进行同时攻击，目的是使（被攻击者的）服务（或网络）过载，使其不能提供正常服务。DDoS 场景示意图如图 6-22 所示。

2. 解决方案

传统的 DDoS 防御方案，是通过增加入口带宽并在机房部署 DDoS 防护设备，基于已知的特征库，对访问服务器的流量进行规则匹配检测，并依靠网络带宽进行清洗来实现防御。同时，通过检测、转移、过滤和分析等技术对 DDoS 攻击相关的大量数据包提供防御机制。但与资源损耗 DDoS 攻击相关的许多小型畸形数据包却很难被检测到，这类攻击手段通常会绕过这些技术，因此很难被检测到。零信任安全架构被设计为在丢弃所有攻击数据包的同时仅允许正常的数据包通过。对于零信任安全架构，主机是隐藏的，客户端与边

① 2020 年 4 月，FreeBuf 咨询发布《2020 国内抗 DDoS 产品研究报告》；2020 年 1 月，阿里云安全发布《2019 年 DDoS 攻击态势报告》。

界协作，从而使正常数据包能够被知晓而上游路由器能获知要被阻止的坏数据包。DDoS 场景解决方案如图 6-23 所示。

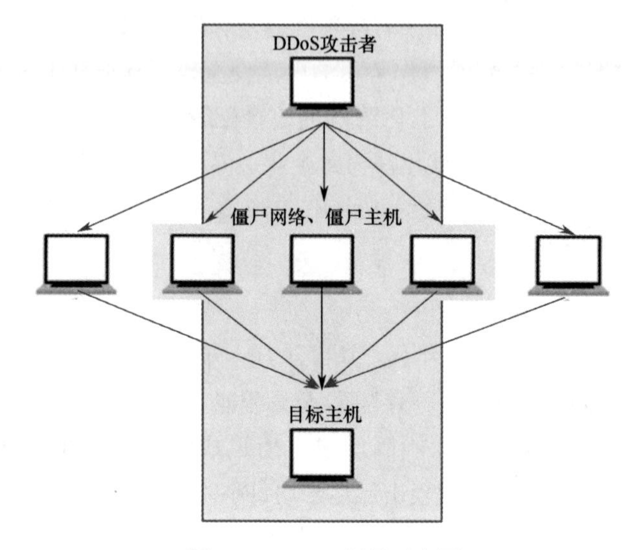

图 6-22　DDoS 场景示意图

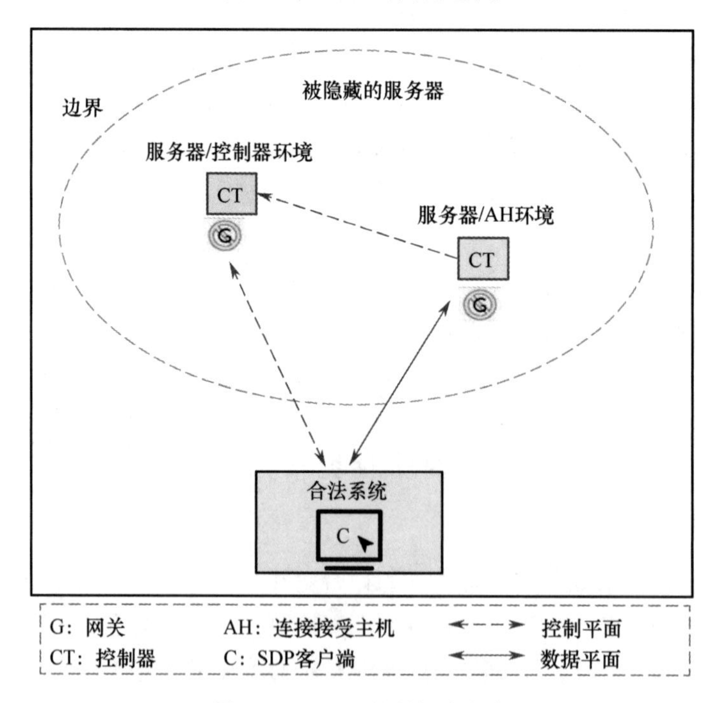

图 6-23　DDoS 场景解决方案

参考零信任安全架构设计标准，服务器所有面向互联网的接口（AH 环境）只有在向零信任安全架构的控制器（CT）和网关（G）环境中注册后才可用。通常遵循以下顺序，建立一个配置为 DDoS 防御机制的零信任安全架构。

（1）设置控制器环境和网关以建立边界，隐藏服务/服务器。

（2）希望连接到这些隐藏服务器的用户登录并获得唯一的 ID（每台设备）、一个客户端证书和加密密钥。

① 作为一种选择，用户可以通过自助服务网站自行注册，该网站也会确认他们（用户）用于连接到隐藏服务器的设备。

α 作为一种选择，用户的地理位置将被零信任安全架构所记录，并用作多因素认证的一个属性。

（3）用户通过使用设备上零信任安全架构的客户端建立与隐藏服务器的连接。

（4）客户端发送一个初始的单包授权（SPA）数据包，并由零信任安全架构中的控制器和网关进行合法性校验，以匹配注册时提供的用户信息。

（5）SPA 数据包中的信息被验证，并与在注册过程中收集的客户端信息进行匹配。

（6）如果设备验证和用户信息有效，则用户将被授予访问边界内服务的权限。

（7）接收主机网关打开防火墙相应端口以允许连接隐藏服务器。

针对 DDoS 攻击手段中 3 类典型攻击场景，基于零信任安全架构设计提供以下防御方案。

1）防御 HTTP 泛洪攻击

（1）攻击者的僵尸网络无法识别目标 Web 服务器，因为僵尸网络设备尚未注册到零信任安全架构的控制器中。

（2）僵尸网络，即使可以找到隐藏服务器的零信任安全架构网关，也无法将其连接到零信任安全架构网关，因为其设备没有安装将所有通信定向到零信任安全架构控制器的零信任安全架构客户端。

（3）除了将通信定向，缺少的零信任安全架构客户端还包含唯一 ID（每个设备）、客户端证书和加密密钥。

（4）僵尸网络永远无法连接，是因为零信任安全架构的控制器需要证明/验证其中包含提供给授权设备的用户信息的单数据包授权。

（5）僵尸网络在零信任安全架构控制器上永远无法验证和匹配所需的客户端信息。

（6）缺少安装在可信设备上并注册过的零信任安全架构客户端（带有 ID、证书和加密密钥），零信任安全架构控制器和零信任安全架构网关将不会授权对边界进行访问。

（7）除非被零信任安全架构控制器授权，否则保护 Web 服务器的零信任安全架构网关将不会打开防火墙以允许连接隐藏服务器。

2）防御 TCP SYN 泛洪攻击

零信任安全架构网关提供了一种防护，将来自恶意客户端的所有数据包丢弃，同时允许来自合法客户端的数据包进入保护目标的边界。其他通过配置网络带宽和检查数据包的防御机制，不区分合法客户端和恶意客户端，即使是合法的数据包也会受到限制，从而使零信任安全架构成为在 SYN 泛洪攻击下继续运行的更有效的解决方案。

3）防御 UDP 反射攻击

基于 UDP 的服务自身不能被保护起来，因为 UDP 本质上是一种无须验证或授权就进行数据包传递的开放机制。一些面向公众的 UDP 服务，如 NTP 或 DNS，则必须保持公开，因此可能会被利用而参与这种类型的 DDoS 攻击。但是，非公开的服务，即只被可识别的用户群或服务器群消费的服务，非常适合使用零信任安全架构进行防护。

通过将这些服务放在零信任安全架构网关之后，组织能够强化访问控制使得只有授权的用户（或设备及服务器）才能发送 UDP 数据包到这些服务。这就消除了攻击者使用这些 UDP 服务进行反射攻击的能力。

零信任安全架构从设计上只允许“合法”报文进入，丢弃“非法”报文。在零信任安全网络中，主机是被隐藏起来的，零信任客户端和零信任边缘节点互相配合来识别“合法” 报文。零信任安全架构在设备验证能力上，就是要把控制层扩展到设备级。终端用户在请求中需携带唯一的硬件标识码和客户端证书才能获得授权进入，未经过验证的设备不具有可信度。相比之下，使用常用的可信设备进行访问，则可信度较高。

零信任安全架构在报文验证能力上采用应用创新的报文基因技术，确保每条报文都具备唯一的基因标识，零信任安全网关对每条报文进行可信验证，拒绝重放报文通过零信任安全代理网关进入网络。通过创新的报文基因技术，在用户与防护节点之间建立加密隧道，准确识别合法报文，阻止非法流量进入，因此能防御 DDoS 攻击、CC 攻击（Challenge Collapsar Attack）等资源消耗型攻击。

6.4 系统间的安全访问

企业有一个本地网络，但使用两个（或更多）云服务提供商来承载应用程序和数据。有时，应用程序，而非数据源，托管在一个独立的云服务上。为了提高性能和便于管理，托管在云提供商 A 中的应用程序，应该能够直接连接到托管在云提供商 B 中的数据源，而不是强制应用程序通过隧道返回企业网络。

同时，不仅云间资源互相访问较常见，企业服务间互相访问也很常见。企业服务通常有不同的服务器相互通信，如 Web 服务器与应用服务器通信。应用服务器与数据库通信将数据检索回 Web 服务器。这涉及多服务器之间访问，需要零信任安全架构的防护。

6.4.1 多云管理

云管理平台的主要能力包含混合云、多云环境的统一管理和调度、提供系统映像、计量计费以及通过既定策略优化工作负载，更先进的产品还可以与外部企业管理系统集成，包括服务目录、支持存储和网络资源的配置，允许通过服务治理加强资源管理，并提供高级监控，提高性能和可用性。

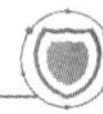

具体来说，云管理平台可以在以下几个方面体现其在多云管理中的作用。

1. 云管理平台可以实现多云的统一管理

企业的 IT 人员管理多个不同的云平台，让云服务的用户登录多个不同的云平台进行操作显然是件困难的事情。

通过使用云管理平台，管理员可以设定跨云统一的管理策略、审批流程、资源配额以及镜像模板等，并统一管理和维护多云应用和基础架构模板，通过管理门户管理整个环境。

云服务消费者从自助服务门户中选择多云模板进行部署和使用。

2. 云管理平台可以实现跨云资源调度和编排需要

对于企业 IT 应用的不同需要，管理员和开发者需要根据具体需求调度和编排跨云资源，此时云管理平台不可或缺。

对于特点的应用，开发人员期望将基础架构和应用程序服务部署到多个平台，部署后配置这些服务，并通过工作流设计界面控制生命周期操作（启动、停止等）。

例如，标准的 Web、App、DB 架构应用部署时，借助公有云 CDN 的能力，把 Web 层部署在公有云上，把 App 集群部署在私有云的容器或虚拟机上，把 DB 部署在私有云物理机上。

通过云管理平台跨云编排能力，将这些公有云服务、私有云的资源进行统一的编排，辅以流程引擎形成跨云服务。

3. 云管理平台可以实现多云治理

多云需要统一的治理能力。云管理平台提供的治理和控制功能使管理员能够定义角色和权限层次结构，与企业和公有云目录与身份验证服务（单点登录等）集成，设置和执行成本与其他配额和限制，并使用标记的资源跟踪更改历史记录，以执行合规性策略。

4. 云管理平台可以实现多云的统一监控和运维

管理员和运维者都需要监控告警与利用率报告来优化正在进行的多云管理。

在与企业级用户交流时经常听到的抱怨就是，为了管理云数据中心、管理某个云环境都要登录多个系统分别进行操作虚拟化、网络、存储、业务等的管理，以及对 IT 流程的管理、对监控告警系统的管理等。

云管理平台集成企业内部 IT 环境，使管理员和运维人员能在统一的 Portal 完成对于云的管理和运维操作。

5. 云管理平台可以实现多云的统一成本分析和优化

云系统的管理员、财务人员、云服务的消费者都需要考虑成本和服务/资源利用率报告来优化正在进行的多云管理。

云管理平台提供的基于云环境、云服务和资源类型、服务消费实体构建的成本分摊模型，提供的到期日期和性能/使用情况分析，不仅有助于控制使用情况，还可以引导消费者使用最佳的云平台，优化整体成本。

此外，云管理平台提供的成本优化能力，能帮助管理员分析存在的僵尸主机和资源利用率低的主机，以便选择成本及性价比更好的服务，进行资源调度。

当某个公有云调整价格时，云管理平台的动态资源调度和优化能力可以灵活地在各云间调配高性价比的服务，节省企业云消费成本。

6. 云管理平台可以帮助开发人员实现基于 API 构建跨云的应用

IaaS、PaaS 和 DaaS 服务为企业应用提供了良好的集成支撑，通过 API 控制应用程序和基础架构元素对云管理员与开发人员都很重要。云管理平台提供统一的 API 网关，抽象各云平台的 API 差异，提供了一系列的鉴权、API 生命周期管理、API 服务消费及管理能力，简化了对于各云平台的集成及企业内部 IT 服务管理工具和产品的使用。

通过构建多云，企业可以实现统一管理公有云和私有云、跨国跨区域的业务系统部署、关键数据的云灾备、应对短时的云激增业务需求、全局的高可用性和性能需求、各云服务提供商的优势或高性价比服务选择、成本分摊及优化能力等。

但多云带来的最大问题是服务异构，多云也意味着必然有大量数据同步，带宽、时间延迟、数据一致性方面都有很大挑战，管理成本也会增加。所以可以优先考虑单云内同城和异地建设，这样基础层面同构，可以更好地专注在业务容灾和双活建设上。

这是一个云安全联盟（CSA）的 SDP 服务器–服务器实现场景，如图 6-24 所示。当企业转向使用更多云托管的应用程序和服务时，很明显，依靠企业边界的安全性已成为一种负担。零信任原则认为企业拥有和运营的网络基础架构与任何其他服务提供商拥有的基础架构之间应该没有区别。

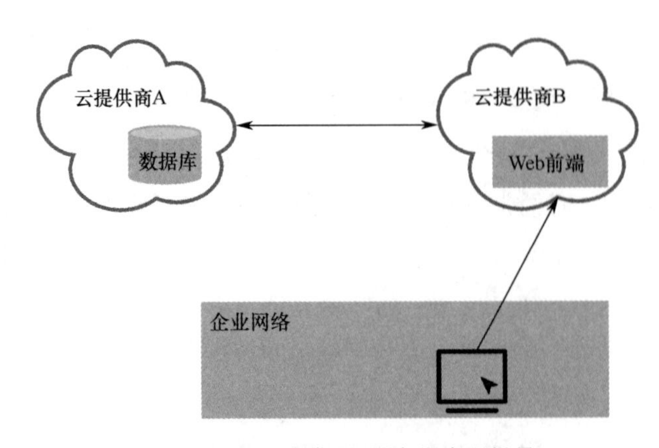

图 6-24　SDP 服务器–服务器实现场景

多云使用的零信任方法是将 PEP 放置在每个应用程序和数据源的访问点。PE 和 PA 服务可能是位于云中或位于第三方云提供商中，然后客户端（通过门户或本地安装的代理）

直接访问 PEP。这样即使托管在企业外部，企业仍然可以管理对资源的访问。

在服务器–服务器的实施模型中，可以保护提供代表性状态传输（Representational State Transfer，REST）服务、简单对象访问协议（SOAP）服务、远程过程调用（Remote Procedure Call，RPC）或互联网上任何类型的应用程序编程接口（API）的服务器，使其免受网络上所有未经授权的主机的攻击。

例如，对于 REST 服务，启动 REST 调用的服务器是 SDP 连接发起主机（IH），提供 REST 服务的服务器是可以连接接受主机（AH）。为这个用例实施一个软件定义边界，可以显著地减少这些服务的负载，并减轻许多类似于上面提到的攻击。这个概念可以用于任何服务器–服务器的通信。

6.4.2　微隔离防止内网横向攻击

传统安全架构基于网络边界进行防护，一旦攻击者越过边界，进入组织网络内部，则传统安全架构无法进行流量追踪与安全防御，内部系统完全暴露，如图 6-25 所示。

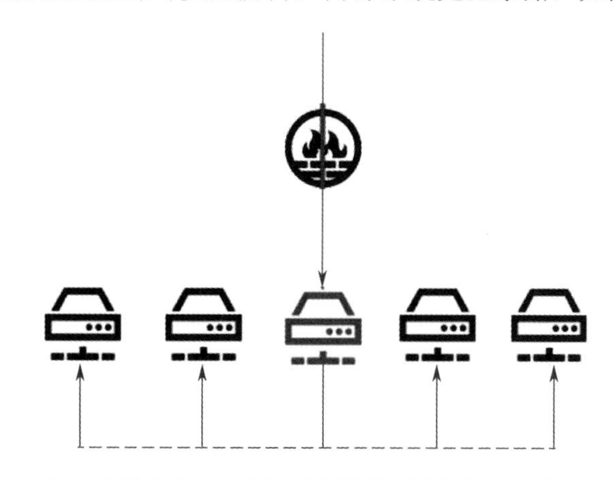

图 6-25　传统的基于网络边界的防护无法阻挡内网横向攻击

攻击者通过网络钓鱼等方式，进行恶意软件入侵，找到漏洞实施攻击、指挥和控制，并使数据中心流量的横向移动不受约束。

微隔离可以基于工作负载（如服务器、虚拟机、容器）、应用程序（如 WordPress、Oracle、SAP）或流量本身（如 TCP X、UDP Y 和 IP Z）来构建。安全边界的渗透破坏一个主机或工作负载，恶意流量会被微隔离阻断，这样可以防止攻击的进一步传播，如图 6-26 所示。

微隔离不应该被视为边界安全的替代品，而是一种增强品。它提供了边界内的安全，在某些情况下，它可以简化而不是取代边界安全架构。

传统基于边界的网络安全的访问控制需要部署防火墙等应用设备，同时没有便捷的方式管理大量的分布式防火墙规则或访问控制列表，无论以哪种方式来划分，都是复杂的。复杂性在增加风险、成本和降低可管理性的同时，会削弱灵活性。

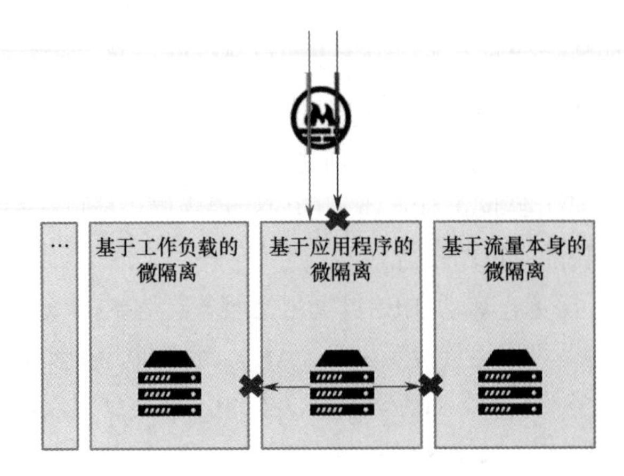

图 6-26　基于微隔离的零信任网络

基于微隔离的零信任网络是所有流量均可见的，访问请求需要经过授权。基于主机的安全隔离是基于软件的，并且与网络无关。统一集中地进行策略设计、管理和维护，易于在部署之前进行测试，并且可以在数小时内进行更新，降低应用程序和服务中断的风险。微隔离相比传统边界安全的优势如表 6-2 所示。

表 6-2　微隔离相比传统边界安全的优势

对　比　项	传统基于边界的网络安全	基于微隔离的零信任网络
可见性	对哪些流量可以/不能被阻断的判断方法有限	所有流量均可见，访问请求都需要经过授权
成本	防火墙等硬件设备	基于主机的安全隔离是基于软件的，并且与网络无关
可管理性	没有便捷的方式管理大量的分布式防火墙规则或访问控制列表（ACL）	统一集中地进行策略设计、管理和维护
复杂性	无论以哪种方式来划分，都是复杂的； 复杂性在增加风险、成本和降低可管理性的同时，会削弱灵活性	易于在部署之前进行测试，并且可以在数小时内进行更新；降低应用程序和服务中断的风险

6.4.3　API 数据交换

随着企业信息化程度的提高和企业数据资产的积累，越来越多的不同系统之间需要进行数据交换。通过 API 进行数据交换是最常见的使用方式之一。

在数据交换时，系统通过 API 服务获取数据。数据是企业的重要资产，核心数据一旦泄露，就会产生严重的经济、社会，甚至政治影响。

1. 十大 API 安全风险

API 安全风险可能造成 API 服务不可用和敏感数据泄露等严重后果。OWASP 在 2019 年就将 API 安全列为最受关注的十大安全问题。OWASP 总结的十大 API 安全风险如下。

（1）缺少对象级授权。很多 API 的暴露面太大，应考虑对象级别授权检查。

（2）失效的用户身份验证。攻击者可以窃取身份令牌或利用漏洞伪造其他用户的身份。系统识别用户的能力被破坏就会大大损害API的整体安全性。

（3）开发人员常常在API中返回所有的对象属性，依靠API用户执行数据过滤，不考虑用户是否真正需要哪些数据。这样往往会导致资产的过度暴露，增加数据被窃取的风险。

（4）缺少资源和速度限制机制。如果不限制用户请求资源的大小或数量，很可能会影响API服务器的性能，进而导致DDoS攻击，或者导致暴力破解等身份验证漏洞类攻击。

（5）缺少功能级授权。访问控制策略和管理功能中存在授权漏洞。利用漏洞，攻击者可以访问其他用户的资源。

（6）过度授权。有时为了管理方便可能会发布整个API目录，没有基于白名单或基于身份属性做访问控制。这会导致对用户的过度授权，使攻击者可以通过猜测数据属性，更新他们无权访问的对象属性。

（7）安全配置错误。例如，使用了不安全的默认配置、错误配置了HTTP标头、使用了不必要的HTTP方法、跨域资源共享以及包含敏感信息的错误消息等。

（8）SQL注入。攻击者将恶意代码作为命令或查询的一部分发送到程序解释器中，诱使执行恶意攻击代码，让攻击者获得未授权访问的数据。

（9）资产管理不当。API服务版本和文档更新不及时，或者测试环境的暴露，会被攻击者利用并进行攻击。

（10）日志和监控不足。日志和监控不足以及风险事件响应的缺失，使攻击者可以长期驻留，并进一步横向攻击更多系统。大量入侵的调查表明，检测到入侵的平均时间多于200天，而且其中不少入侵都不是企业自己发现的。

2. 零信任API安全方案

零信任架构可以有效对抗OWASP的十大API安全风险。依据零信任架构可以构建以身份为中心的可信API安全防护体系，减少权限滥用，保证API可用性、完整性和数据保密性。基于零信任的API安全架构如图6-27所示。

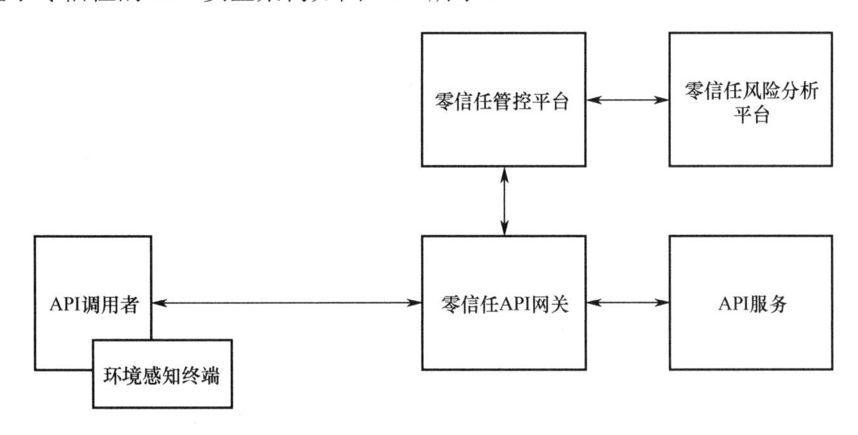

图6-27 基于零信任的API安全架构

零信任 API 安全架构包括零信任管控平台、终端环境感知组件、零信任风险分析平台、零信任 API 网关四部分。

1）零信任管控平台

零信任管控平台是安全策略的管理中心，主要职责是建立 API 调用者和 API 服务的身份，配置访问安全策略，为零信任 API 网关提供身份、认证、权限等基础服务。

零信任管控平台从风险分析平台获取实时风险事件及设备信任等级等分析结果，依据安全策略进行动态授权，实现对 API 访问的阻断、限流、限速等形式的管控。

2）终端环境感知组件

终端环境感知组件以 Agent 形式装在 API 调用者终端上。采集 API 调用者的运行环境信息，如主机的账号和密码安全级别是否较弱、是否存在木马远控迹象等。

终端环境感知组件将感知结果上报给零信任风险分析平台。零信任风险分析平台对 API 调用者的设备可信程度进行评估。

3）零信任风险分析平台

零信任风险分析平台依据 API 调用者的身份信息、终端信息及访问日志，进行终端可信等级评估以及异常行为分析。

零信任风险分析平台基于机器学习模型，持续分析 API 调用行为，及时发现 API 服务中常见的安全威胁。例如，暴力破解、网络爬虫、不安全的对象级和功能级授权、身份认证行为异常、敏感数据泄露、负载及速率异常等。

零信任风险分析平台汇总终端环境感知组件上传的终端信息，结合近期发生的异常行为事件，对终端进行综合可信等级评估，并将结果发送给管控平台进行安全策略管控。

4）零信任 API 网关

零信任 API 网关是数据交换过程中的核心组件。零信任 API 网关位于 API 调用者和 API 服务之间，提供 API 的统一代理、传输加密、安全防护等能力，是认证和鉴权的执行者、访问行为日志的收集者。

零信任 API 网关具备 SDP 端口隐藏能力。API 网关默认不暴露任何端口，只有当 API 调用者通过了身份认证，并且具有合法授权时，API 网关才会对调用者的 IP 开放指定端口，允许进行后续的通信连接。

零信任 API 网关还应该支持对 API 请求响应格式/内容校验，检查流量内容中是否存在恶意攻击，是否存在敏感信息泄露。

3. 工作流程

在进行 API 访问控制之前，首先确定保护的 API 资源列表，确认要访问 API 资源的 API 调用者列表，并对不同的 API 调用者授予不同的 API 权限。

管理员可以通过 API 管理平台，完成 API 服务和 API 调用者的身份创建和管理。

（1）管理平台需要给 API 调用者生成身份凭证，如 ID 和密钥。

（2）管理平台需要定义 API 的授权关系。

（3）管理平台需要定义 API 资源的准入条件，如符合什么可信等级才允许访问，或者什么时间、什么 IP 允许访问。

在零信任架构下的 API 数据交换场景的主要工作流程如下。

（1）API 调用者对 API 网关发起端口敲门。

（2）通过端口敲门后，API 调用者通过 API 网关对 API 服务发起调用请求。

（3）零信任 API 网关接收 API 调用请求，向零信任管控平台发起身份认证请求。

（4）认证成功后，管控平台对 API 调用者进行权限校验，检查 API 调用者的信任等级、环境信息、授权权限是否满足安全策略。

（5）API 网关根据零信任管控平台的授权结果，转发或阻断 API 调用者的访问请求。

（6）API 网关向风险分析平台上报调用行为日志及请求内容。

（7）风险分析平台对日志和内容进行分析，将分析结果上报给管控平台。

（8）管控平台收到风险事件的告警后，立即依照安全策略对 API 网关发出阻断或限速指令。

（9）终端环境感知组件在敲门成功后持续检查、上报 API 调用者的环境信息。

4．关键能力

零信任 API 安全方案需要具备终端安全能力、动态访问控制能力、网络攻击识别能力、网络隐身能力、API 代理转发能力等。

1）终端安全能力

新型病毒、木马攻击技术不断发展，逐渐形成自动化、产业化趋势。攻击者通过各种方式制作、传播病毒、木马以获取巨大的经济利益和达成不可告人的政治目的。

零信任 API 安全方案需要应对病毒、木马的非法安装和传播，对主机系统进行安全加固。在网络层建设安全准入、身份认证等安全能力，避免未知设备的非法接入，降低非受控设备对敏感数据发起非授权访问的风险。

2）动态访问控制能力

为了保证数据交换过程中的安全，需要对 API 调用者进行持续的身份和权限校验，实时监控调用者的访问行为，当 API 调用者的终端安全状态发生变化或发现异常调用行为时，可以实时阻断 API 调用，阻止安全威胁的传播。

API 管控平台需要实时监控 API 网关的负载情况，保障数据访问的正常运行，提供访问时段、访问频率、访问流量、熔断等限制保护措施，避免过载。

3）网络攻击识别能力

零信任管控平台会记录 API 调用的时间、API 资源、API 调用者的身份等信息，进行安全审计。但攻击者可以通过技术手段进行伪装，或者在实施攻击活动之后会刻意隐藏攻击痕迹、擦除系统访问日志，给取证分析工作带来困难。所以，风险分析平台必须对攻击活动进行持续的监测和深度分析，以便及时发现攻击者、攻击事件和攻击路径。

4）网络隐身能力

零信任 API 网关需要具备端口隐藏能力，让攻击者无法发现被保护的资源。API 网关需要对重放攻击、中间人攻击等攻击行为进行防护。

5）API 代理转发能力

零信任 API 网关需要支持同步或异步完成的 API 服务，支持异步完成时的身份校验。此外，支持横向扩展能力，支持“高并发”。

5. 方案价值

零信任 API 安全方案可以通过事前、事中、事后 3 个阶段确保 API 的安全访问。

（1）事前：通过网络隐身和动态访问控制能力，确保只有可信的 API 调用者才可以接触到 API 资源，而且只能获取他所必需的最小资源。

（2）事中：通过网络攻击识别和异常行为分析，及时发现攻击者和攻击行为，及时阻断安全威胁。

（3）事后：通过信任评估机制动态调整安全策略，通过安全审计机制，追查攻击者的攻击路径，发现系统存在的漏洞、不安全的配置、管理不当的资产。

零信任 API 安全方案可以对整个 API 调用过程全周期进行管控，可以解决“认证、调用、返回”等过程中各个阶段存在的安全问题。

（1）保证 API 调用者的身份有效性，避免身份仿冒和伪造。

（2）限制 API 调用者的访问频率、时段、流量，防爬、防过载。

（3）校验 API 调用者输入参数的合法性。

（4）细粒度管控 API 调用者的权限，避免权限滥用。

（5）保证 API 调用者终端具备基本安全防护能力。

（6）校验 API 请求返回数据的合法性。

6.5 物联网安全连接

物联网是一种物与物、人与物进行联网的技术。物联网通过特定的信息传感设备收集物理世界的信息，通过特定协议进行设备间的通信，最终完成对信息的处理，并做出反应。

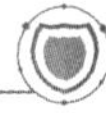

零信任架构可以应用在物联网中，增强物联网的设备认证、身份认证、访问控制、加密通信、平台暴露面收缩等多个方面的安全能力。

6.5.1　物联网安全面临的挑战

物联网已经广泛应用于多种场景之中。不同场景的物联网系统通常都遵循类似的通用架构，一般都面临身份安全、设备安全、数据安全、安全管理等多方面的挑战。

1．行业应用

随着物联网行业的发展，物联网设备和数据量激增，物联网技术已经应用于生活中的各类场景。

1）智能家居

智能家居系统是以住宅为平台，综合利用各类传感、控制技术，管理家居生活设施，提升生活安全性、便利性、舒适性的管理系统。

智能家居终端设备可以直接通过互联网接入云端管理平台，也可以通过智能家居网关进行统一管理、互联互通。

2）可穿戴式设备

可穿戴式设备是物联网发展的重要方向，将给人们的生活带来巨大变化；可穿戴式设备可以直接穿在身上，或者整合到用户的衣服或配件中，可连接手机或其他便携计算设备。主流的产品形态包括手表、眼镜等。

3）车联网

车联网以汽车为信息感知对象，借助新一代通信技术，实现车与人、车与环境之间的互联，提升车辆的智能驾驶水平，为用户提供安全、舒适的驾驶体验，同时为整个社会提升交通运行效率。AI、大数据、云已经成为新一代汽车的标配。

随着自动驾驶技术的发展，车联网所产生的数据越来越多。自动驾驶对网络的低延迟和实时性要求很高。车载系统连接到云平台进行统一管理，云平台下发服务和算法到车载系统。各类车载设备之间也需要进行互联互通。

4）视频监控

视频监控是安防体系的重要一环。在社区、商场、超市、银行、地铁等各种场景下，通过智能摄像头录制监控视频并实时上传。在终端或云端进行人脸识别、行为监控等智能分析与处理，实现各种场景下的安全告警。

5）工业物联网

工业物联网将各类传感器、控制器融入工业生产的各个环节，对工业生产信息进行智能分析，进而提高制造效率、降低成本。

工业互联网需兼容各类生产设备以及设备支持的通信协议。通常，工业物联网都需要一个物联网网关对设备进行统一管理和协议对接，甚至进行一部分边缘计算。工业物联网的应用管理平台对大数据进行分析、处理，对设备进行远程控制。

2. 物联网的构成

物联网的构成通常包括处理应用层、网络传输层、感知层 3 层架构，如图 6-28 所示。

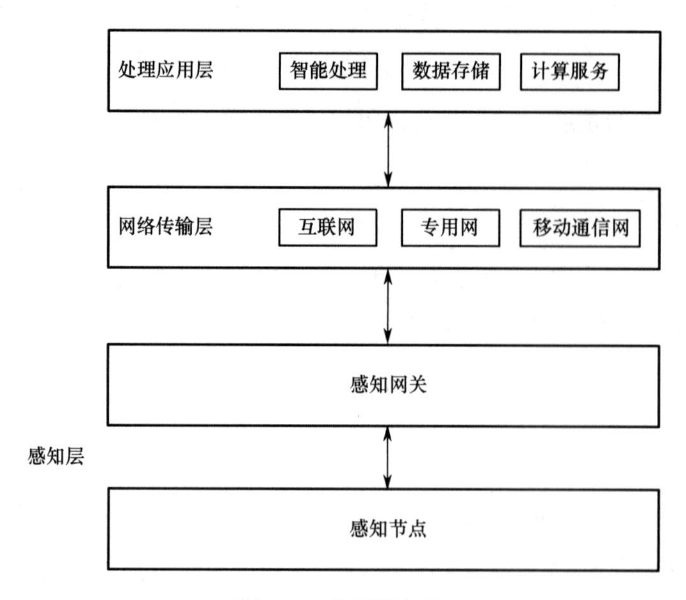

图 6-28　物联网架构

1）处理应用层

处理应用层是对感知数据进行存储和智能处理的平台。该应用平台可以对物联网感知终端上传的数据进行存储、预处理，进一步智能分析形成决策，向终端下发远程控制指令。

2）网络传输层

感知层采集的数据需要通过网络传输层远距离传输到处理应用层。智能家居等场景通常采用互联网或移动网络传输，工业物联网或安全摄像头更多的是通过安全的专网通信。

3）感知层

感知层包括感知节点和感知网关。感知节点采集环境数据并发送给感知网关。感知网关统一管理附近所有感知节点，对接不同类型传感器的不同通信协议，收到采集的数据后，转换协议将数据发送给处理应用层。

感知节点通常在户外现场部署。感知节点设备多种多样，其协议也存在多种方式，但目前智能化设备大部分支持的协议有窄带物联网（Narrow Band Internet of Things，NB-

IoT）、LoRa 等。智能化设备的操作系统逐步转向 Android。

感知网关也可以用于边缘计算。数据在感知网关进行预处理后，再传输到云端，可以节省大量带宽。在某些场景下，感知网关可以在本地处理一些数据，实时满足感知节点的需求，不依赖云端。云端只负责实时性要求低的大数据处理与分析。

3. 使用场景

物联网平台的用户主要包括普通用户、管理员和运维人员。普通用户仅使用物联网终端。管理员负责整个物联网平台的管理，包括物联网设备的管理、感知网关的管理、云端数据的管理等。运维人员负责整个物联网平台服务器的运维。

不同用户的物联网使用场景不同，具体来说，物联网使用场景可以分为以下 4 类。

（1）业务访问：普通用户使用物联网终端的场景。

（2）数据交换：物联网网关与物联网平台进行数据交换的场景。

（3）远程控制：管理员使用物联网平台对感知终端或感知网关进行远程管理或监控的场景。

（4）特权运维：运维人员对物联网网关、物联网感知设备、物联网应用平台服务器进行运维工作的场景。

4. 典型安全问题

随着物联网在无人驾驶、智慧城市、智能家居、工业物联网等领域广泛使用，物联网攻击事件越来越多。例如，美国在 Mirai 物联网僵尸网络攻击事件中，黑客可以通过渗透进入物联网设备，利用物联网设备发起 DDoS 攻击，造成网络的大面积瘫痪。

未来物联网安全面临的威胁将越来越大。随着物联网进入人们的日常生活，物联网攻击很可能直接威胁人类生命。例如，针对车联网的攻击很可能使汽车偏离路线；针对医疗行业的攻击可以使生命维持设备停止工作。

物联网是一门综合性的学科，物联网安全的挑战包括从物理层到网络层、应用层等各个方面的问题。

1）物理安全

很多物联网设备部署在户外的开放环境中，非常容易受到人为或自然因素的破坏。例如，物理设备的损坏；物联网设备网线被拔掉，被黑客直连入侵；伪造设备接入网络等。

2）网络安全

网络安全主要包括两个方面，即感知节点与感知网关间通信的安全、感知网关与应用平台间通信的安全。

如果感知网关和应用平台开放在互联网中，就可能受到窃听攻击、伪造数据包、接口探测等方面的攻击。

如果感知网关和应用平台在内部专网中，则主要的安全威胁是 APT 攻击、勒索病毒等内部威胁。

3）应用安全

针对物联网应用系统的攻击与传统安全场景类似，如 DDoS 攻击、挖掘漏洞、绕过认证、权限滥用、身份假冒等。

针对管理员和运维人员的使用场景，物联网应用还存在用户恶意操作、数据泄露等安全问题。

4）数据安全

物联网数据存在感知节点、感知网关和物联网应用平台等各个组件中。数据的传输、存储、访问都存在安全挑战。

6.5.2 物联网的零信任安全组网

零信任架构可以直接应用在物联网各类场景中，保护物联网终端设备和物联网应用平台。对物联网设备进行统一管理和访问控制，收缩物联网系统的暴露面，降低网络攻击风险。

1. 方案架构

物联网场景的典型零信任方案可以套用 SDP 模型，将物联网组件与零信任架构的组件融合，零信任物联网架构如图 6-29 所示。

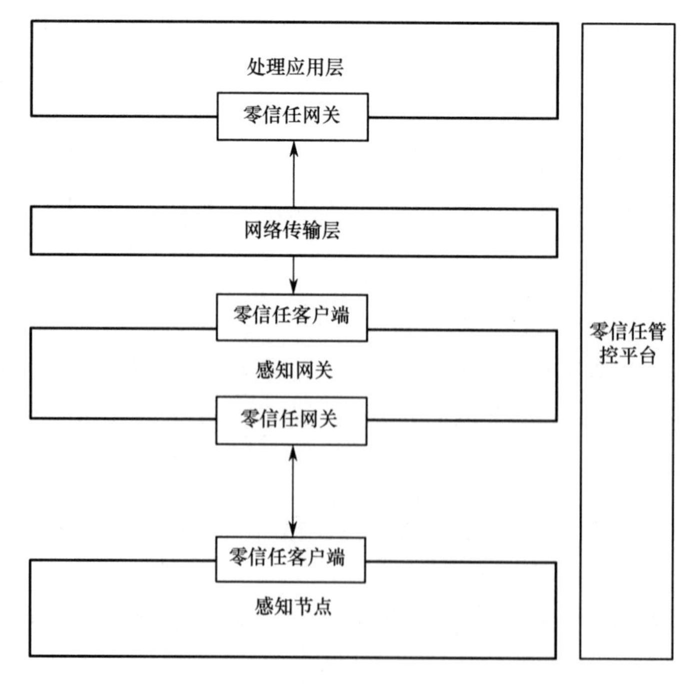

图 6-29 零信任物联网架构

1）感知节点到感知网关

在物联网的感知节点上安装零信任客户端，通过零信任网关的身份认证、设备认证、权限验证后，连接到物联网的感知网关。感知节点与感知网关之间使用 SPA，没经过验证授权的请求一律不做响应。

另外，感知网关与感知终端设备可以进行白名单机制的增强双向设备验证（设备ID/MAC/固件或OS内核完整性等多因子验证）。

感知节点如果是智能设备，就可以进行上述完整认证流程。感知节点如果是非智能设备，就可以进行一定程度的裁剪和变通。

2）感知网关到物联网应用

物联网感知网关与处理应用层之间也通过类似的机制连接，通过 SPA 完成鉴权并建立加密连接，然后才能进行正常通信，保障感知网关与远程数据中心的身份安全和通信安全。

3）管理员到物联网应用

管理员需要安装零信任客户端，然后通过零信任网关的验证后，才能访问物联网应用平台。

4）零信任管控平台

零信任管控平台负责管理零信任客户端和零信任网关，提供统一认证服务，提供授权服务，并对整个流程进行管理和审计。

零信任管控平台构建一个覆盖用户、设备、服务的完整的身份管理体系，管理身份的生命周期。

零信任管控平台校验用户身份之后，依据后台配置的安全策略向客户端和网关实时下发访问控制指令。

2. 关键能力

物联网零信任方案的关键能力包括全面的身份管理及认证能力、动态信任评估能力、数据安全能力等。

1）全面的身份管理及认证能力

物联网场景与其他场景相比，最大的不同就是对物联网感知设备的身份管理。除了给每个设备都建立数字化身份，还应该对设备的注册、绑定、冻结、注销等整个生命周期进行管理。

零信任管控平台应该提供基于密码技术的身份鉴别机制。物联网设备的身份可以通过设备证书等形式进行认证。对用户可以提供多因素认证等身份鉴别机制，保障用户身份真实可信。

零信任管控平台应该具备跨网络统一管理能力，同时管理各地的物联网设备、网关和物联网应用系统，降低系统的管理成本。

2）动态信任评估能力

物联网终端设备数量众多，而且可能部署在户外，更容易被攻击者入侵，并进一步攻击物联网系统，窃取敏感数据。

零信任客户端应该对物联网智能设备的运行环境进行检测。例如，操作系统安全配置的检测、异常进程的检测、端口开放的检测、外接设备的检测、恶意网络的检测等。管控平台制定设备安全的基线规则，下发到物联网设备中。如果设备环境不符合基线，就立即对设备进行隔离，禁止接入零信任网络。

物联网零信任方案应该具备动态信任评估能力，实时监测物联网设备行为是否存在异常，综合评估设备的身份、行为、环境等因素。当发现设备存在入侵迹象或设备做出可疑行为时，降低设备信任度，及时隔离信任等级较低的设备。

3）数据安全能力

物联网感知设备会产生海量数据，支持各类顶层业务的运营。一旦数据被篡改，出现错误，就可能导致业务的不可用，给企业造成损失。物联网数据中可能包含企业的敏感信息或用户的个人隐私，一旦被窃取将造成严重的影响。因此，物联网场景的数据安全非常重要。

物联网的零信任方案应当具备一定的数据安全能力。通过加密传输对抗通信拦截和数据破解；对数据的分级分类实施访问控制机制，保证数据访问的合法性；通过对隐私数据的脱敏来加强对用户隐私的保护。

一些物联网网关具有边缘计算能力，大量数据在边缘进行计算，不在网络中传输。边缘网关一旦被入侵，将导致大量数据泄露。针对这种情况，可以通过加密存储来保护终端数据的安全；通过终端环境检测，及时发现数据窃取行为，管理员通过平台的告警信息及时对终端进行锁定和隔离。

4）密钥管理能力

加密技术的重点是密钥的管理。给每个物联网设备分发一个密钥，可以让身份认证、传输加密过程更加安全，难以破解。物联网设备数量众多，密钥的分发和管理是一个重要的挑战。

5）安全运营能力

零信任管理平台需要对管理员的行为进行监控、定期审计，保证管理员不会通过自身的权限窃取用户数据。对重要的操作设置分级审批流程，降低管理员恶意操作或人为失误的风险。

6）联动其他平台能力

零信任平台应该与网络流量分析、用户行为分析、安全威胁情报、安全态势感知等其他平台进行联动，综合评估设备的信任等级，在发现风险时，通过零信任网关及时响应，阻断威胁的扩散。

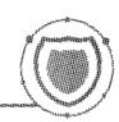

6.6　安全与合规要求

2019 年 5 月，《信息安全技术 网络安全等级保护基本要求》（GB/T 22239—2019）（简称等保 2.0）正式发布，实施时间为 2019 年 12 月。等保 2.0 的标准体系较等保 1.0 最大的变化是，等保 2.0 充分体现了“一个中心三重防御”的思想。一个中心是指“安全管理中心”，三重防御是指“安全计算环境、安全区域边界、安全网络通信”。等保 2.0 更注重整体动态的防御效果，强调事前预防、事中响应、事后审计。等保 2.0 分为 5 级，安全要求逐级增强，具体各级内容如表 6-3 所示。

表 6-3　等保 2.0 标准级别及内容

信息系统安全保护等级	内　容
第一级：自主保护级	适用于一般的信息系统，其受到破坏后，会对公民、法人和其他组织的合法权益产生损害，但不损害国家安全、社会秩序和公共利益
第二级：指导保护级	适用于一般的信息系统，其受到破坏后，会对社会秩序和公共利益造成轻微损害，但不损害国家安全
第三级：监督保护级	适用于涉及国家安全、社会秩序和公共利益的重要信息系统，其受到破坏后，会对国家安全、社会秩序和公共利益造成损害
第四级：强制保护级	适用于涉及国家安全、社会秩序和公共利益的重要信息系统，其受到破坏后，会对国家安全、社会秩序和公共利益造成严重损害
第五级：专控保护级	适用于涉及国家安全、社会秩序和公共利益的重要信息系统的核心系统，其受到破坏后，会对国家安全、社会秩序和公共利益造成特别严重的损害

如图 6-30 所示，等保 2.0 包括安全通用要求和安全扩展要求。安全通用要求包括安全物理环境、安全通信网络、安全区域边界、安全计算环境、安全管理中心、安全管理制度、安全管理机构、安全管理人员、安全建设管理、安全运维管理等方面；安全扩展要求包括云计算、移动互联网、物联网和工业控制系统。

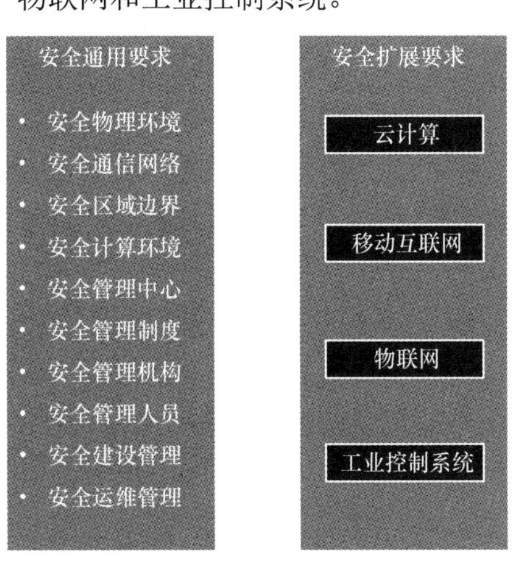

图 6-30　等保 2.0 主要方向

6.6.1 SDP 助力满足等保 2.0

等保 2.0 将等保 1.0 的被动式和传统防御思路转变为主动式防御，覆盖工业控制系统、云计算、大数据、物联网等新技术和新应用，为落实信息系统安全工作提供了方向和依据。SDP 是实施零信任安全架构的解决方案，SDP 将基于传统静态边界的被动防御转化为基于动态边界的主动防御，与等保 2.0 的防御思路非常吻合，成为满足等保 2.0 合规要求的优选解决方案。

1. SDP 满足等保 2.0 安全通用要求

1）二级安全通用要求

（1）二级安全通用要求概述。

在等保 2.0 的二级安全通用要求中，明确了二级安全通用要求的保护能力，即“能够防护系统免受来自外部小型组织的，拥有少量资源的威胁源发起的恶意攻击，一般的自然灾害，以及其他相当危害程度的威胁所造成的重要资源损害，能够发现重要的安全漏洞和安全事件，在自身遭到损害后，能够在一段时间内恢复部分功能”。

由于二级安全通用要求是常见的相对基础层级的要求，在安全通用要求方面，主要针对多个领域，如安全物理环境、安全通信网络、安全区域边界、安全计算环境、安全管理中心、安全管理制度、安全管理机构、安全管理人员和安全运维管理。通过对 SDP 的应用有效地提高了安全管理效率，降低了安全运维的成本与耗费，为真正的安全边界防护打开了起点。

等保 2.0 的二级安全通用要求中有多个方面的技术要求，其中 SDP 针对二级安全通用要求满足情况，如表 6-4 所示。

表 6-4 SDP 针对二级安全通用要求满足情况

要 求 项	要 求 子 项	SDP 适用情况
7.1.1 安全物理环境	7.1.1.1～7.1.1.10	不适用
7.1.2 安全通信网络	7.1.2.1 网络架构	适用 AP1[1]
	7.1.2.2 通信传输	适用 AP2
	7.1.2.3 可信验证	不适用
7.1.3 安全区域边界	7.1.3.1 边界防护	适用 AP3
	7.1.3.2 访问控制	适用 AP4
	7.1.3.3 入侵防范	适用 AP5
	7.1.3.4 恶意代码防范	不适用
	7.1.3.5 安全审计	适用 AP6
	7.1.3.6 可信验证	不适用
7.1.4 安全计算环境	7.1.4.1 身份鉴别	适用 AP7
	7.1.4.2 访问控制	适用 AP8

① AP 英文全称为 Applicable strategy，即适用策略。

（续表）

要 求 项	要 求 子 项	SDP 适用情况
7.1.4 安全计算环境	7.1.4.3 安全审计	适用 AP9
	7.1.4.4 入侵防范	适用 AP10
	7.1.4.5 恶意代码防范	不适用
	7.1.4.6 可信验证	不适用
	7.1.4.7 数据完整性	适用 AP11
	7.1.4.8 数据备份恢复	不适用
	7.1.4.9 剩余信息保护	不适用
	7.1.4.10 个人信息保护	不适用
7.1.5 安全管理中心	7.1.5.1 系统管理	不适用
	7.1.5.2 审计管理	不适用
7.1.6 安全管理制度	7.1.6.1～7.1.6.4	不适用
7.1.7 安全管理机构	7.1.7.1～7.1.7.4	不适用
7.1.8 安全管理人员	7.1.8.1～7.1.8.4	不适用
7.1.9 安全建设管理	7.1.9.1～7.1.9.10	不适用
7.1.10 安全运维管理	7.1.10.1～7.1.10.14	不适用

（2）SDP 适用策略。

① 对“7.1.2.1 网络架构”的适用策略。

a. 要求。

（a）应划分不同的网络区域，并按照方便管理和控制的原则为各网络区域分配地址。

（b）应避免将重要网络区域部署在边界处，重要网络区域与其他网络区域之间应采取可靠的技术隔离手段。

b. 适用策略（AP1）。

针对第（a）条要求：SDP 不改变原来的网络区域划分规则，而是部署在重要网络区域前/边界处。

针对第（b）条要求：SDP 对重要区域的网络资源进行隐身，起到保护重要区域网络资源的目的，作为可靠的技术隔离手段实现重要网络区域与其他网络区域之间的联通防护。

② 对“7.1.2.2 通信传输”的适用策略。

a. 要求。

应采用校验技术保证通信过程中的数据完整性。

b. 适用策略（AP2）。

针对要求“应采用校验技术保证通信过程中数据的完整性”，SDP 传输过程采用双向 TLS（mTLS）加密传输，防止被篡改，保障数据的完整性。

③ 对“7.1.3.1 边界防护”的适用策略。

a. 要求。

应保证跨越边界的访问和数据流通过边界设备提供的受控接口进行通信。

b. 适用策略（AP3）。

SDP 可有效地提供跨越边界的安全访问以及跨越边界数据流的受控接口。由于独特的SDP 三组件关系，数据流仅能通过特定的客户端和网关，且经合法授权后，方可进入另一个内部网络。

④ 对“7.1.3.2 访问控制”的适用策略。

a. 要求。

（a）应在网络边界或区域之间根据访问控制策略设置访问控制规则，默认情况下，除允许通信之外，受控接口拒绝所有通信。

（b）应删除多余或无效的访问控制规则，优化访问控制列表，并保证访问控制规则数量最小化。

（c）应对源地址、目标地址、源端口、目的端口和协议等进行检查，以允许/拒绝数据包进出。

（d）应根据会话状态信息为进出数据或提供明确的允许/拒绝访问的能力。

b. 适用策略（AP4）。

对访问控制来说，应根据具体情况部署 SDP 网关和控制器来保证对应的访问控制，SDP 的优势是对请求验证的会话进行有效的验证和对应的访问控制。

针对第（a）条要求：SDP 默认不信任任何网络、人、设备，均需进行验证，默认拒绝一切连接，只有验证合法的访问请求才被允许。根据控制策略进行访问控制，仅对验证合法用户，允许受控接口进行通信。即便是合法的用户，也需要根据自己的权重分配账户和访问权限。

针对第（b）条要求：SDP 基于用户身份与授权进行精细化、颗粒度访问控制。

针对第（c）条要求：SDP 会对源地址、目的地址、源端口、目的端口和协议等进行检查，会基于上述信息进行访问控制，允许符合条件的数据包通过，并拒绝不符合条件的数据包。

针对第（d）条要求：SDP 以身份化为基础，所有的访问请求都需要经过身份认证并植入会话状态信息，对所有访问流量会检测会话状态信息的合法性，仅允许携带合法会话状态信息的流量到达业务系统，拒绝非法访问。

⑤ 对“7.1.3.3 入侵防范”的适用策略。

a. 要求。

应在关键网络节点监视网络攻击行为。

b. 适用策略（AP5）。

可以通过 SDP 控制器来监控所有对资源的访问日志以及异常行为，若对应的故障场景发生异常，则根据异常的严重程度来匹配对应的安全策略，以帮助有效监控并控制网络攻击行为。

⑥ 对“7.1.3.5 安全审计”的适用策略。

a. 要求。

（a）应在网络边界、重要网络节点进行安全审计，审计覆盖到每个用户，对重要的用户行为和重要安全事件进行审计。

（b）审计记录应包括事件的日期和时间、用户、事件类型、事件是否成功及其他与审计相关的信息。

（c）应对审计记录进行保护，定期备份，避免受到未预期的删除、修改或覆盖等。

b. 适用策略（AP6）。

SDP 的审计内容覆盖到每个终端用户，对行为和重要事件进行记录，包括日期、时间、事件等，并保存于管控平台，进行定期备份，以防止未预期的删除、修改和覆盖等。

针对第（a）、（b）条要求：SDP 审计日志默认记录所有用户的所有访问日志，SDP 审计日志详细记录日期、时间、用户、事件详情信息。

针对第（c）条要求：SDP 控制器上支持设置审计日志的保存时间，并且定期备份。

⑦ 对“7.1.4.1 身份鉴别”的适用策略。

a. 要求。

（a）应对登录的用户进行身份标识和鉴别，身份标识具有唯一性，身份鉴别信息具有复杂度要求并定期更换。

（b）应具有登录失败处理功能，应配置并启用结束会话、限制非法登录次数和当登录连接超时自动退出等相关措施。

（c）当进行远程管理时，应采取必要措施防止鉴别信息在网络传输过程中被窃听。

b. 适用策略（AP7）。

针对第（a）条要求：SDP 支持多因素认证，保证身份不易被冒用，并对密码复杂度有强制要求。

针对第（b）条要求：SDP 对登录认证有防爆破保护，以及连接超时自动注销保护。

针对第（c）条要求：SDP 对所有数据都使用双向 TLS（mTLS）加密传输，防止数据在网络传输过程中被窃听，并且能防止中间人攻击。

⑧ 对“7.1.4.2 访问控制”的适用策略。

a. 要求。

（a）应对登录的用户分配账户和权限。

（b）应重命名或删除默认账户，修改默认账户的默认口令。

（c）应及时删除或停用多余的、过期的账户，避免共享账户的存在。

（d）应授予管理用户所需的最小权限，实现管理用户的权限分离。

b. 适用策略（AP8）。

SDP 属于访问控制类别产品，具备账号管理功能，能够分配账户访问与配置权限。即便是合法的用户，也需要根据自己的角色确定账户和访问权限。

针对第（a）、（b）条要求：SDP 对所有用户的访问连接都会进行授权校验。

针对第（c）、（d）条要求：SDP 控制器对账号会设置过期时间，对于长时间不登录的账号会禁止登录。

⑨ 对“7.1.4.3 安全审计”的适用策略。

a. 要求。

（a）应启用安全审计功能，审计覆盖到每个用户，对重要的用户行为和重要安全事件进行审计。

（b）审计记录应包括事件的日期和时间、用户、事件类型、事件是否成功及其他与审计相关的信息。

（c）应对审计记录进行保护，定期备份，避免受到未预期的删除、修改或覆盖等。

b. 适用策略（AP9）。

针对第（a）、（b）条要求：SDP 审计日志默认记录所有用户的所有访问日志，SDP 审计日志详细记录日期时间、用户、事件详情信息。

针对第（c）条要求：SDP 控制器上支持设置审计日志的保存时间，并且定期备份。

⑩ 对“7.1.4.4 入侵防范”的适用策略。

a. 要求。

（a）应遵循最小安装的原则，仅安装需要的组件和应用程序。

（b）应关闭不需要的系统服务、默认共享和高危端口。

（c）应通过设定终端接入方式或网络地址范围对通过网络进行管理的管理终端进行限制。

（d）应提供数据有效性检验功能，保证通过人机接口输入或通过通信接口输入的内容符合系统设定要求。

（e）应能发现可能存在的已知漏洞，并在经过充分测试评估后，及时修补漏洞。

b. 适用策略（AP10）。

针对第（a）、（b）条要求：SDP 本身的特性就是默认关闭所有端口，拒绝一切连接，不存在共享和高危的端口，应用网关仅面向授权客户端开放访问权限，极大地控制了使用范围，减小了暴露面。通过客户端和控制器，可检测到入侵的行为，并在发生严重入侵事件时提供预警。

针对第（c）条要求：SDP 客户端在连接网关之前需要先去控制器进行身份和设备的验证，控制器可以对终端的接入方式或网络地址范围进行有效控制。

针对第（d）条要求：SDP 客户端和 SDP 网关之间使用特殊的通信协议以及加密（mTLS）的数据传输，以保证数据的正确性和有效性。

针对第（e）条要求：SDP 三组件（客户端、网关、控制器）支持自动更新和升级，保证可以及时修补漏洞。

⑪ 对“7.1.4.7 数据完整性”的适用策略。

a. 要求。

应采用校验技术或密码技术保证重要数据在传输过程中的完整性，包括但不限于鉴别数据、重要业务数据、重要审计数据、重要配置数据、重要视频数据和重要个人信息等。

b. 适用策略（AP11）。

SDP 通过密码技术（mTLS 双向 TLS 加密）对网络传输进行数据加密，保障数据的完整性。

2）三级安全通用要求

（1）三级安全通用要求概述。

三级安全通用要求是我国最权威的信息产品安全等级资格认证，由公安机关依据《中华人民共和国计算机信息系统安全保护条例》及相关制度规定，按照管理规范和技术标准，对各机构的信息系统安全等级保护状况进行认可及评定。其中，三级是国家对非银行机构的最高级认证，属于“监管级别”，由国家信息安全监管部门进行监督、检查，认证需要测评内容涵盖等级保护安全技术要求的 5 个层面和安全管理要求的 5 个层面，主要包括信息保护、安全审计、通信保密等在内的近 300 项要求，共涉及测评分类 73 类，要求十分严格。SDP 针对三级安全通用要求满足情况如表 6-5 所示。

表 6-5 SDP 针对三级安全通用要求满足情况

要 求 项	要 求 子 项	SDP 适用情况
8.1.1 安全物理环境	8.1.1.1～8.1.1.10	不适用
8.1.2 安全通信网络	8.1.2.1 网络架构	适用 AP12
	8.1.2.2 通信传输	适用 AP13
	8.1.2.3 可信验证	不适用
8.1.3 安全区域边界	8.1.3.1 边界防护	适用 AP14
	8.1.3.2 访问控制	适用 AP15
	8.1.3.3 入侵防范	适用 AP16
	8.1.3.4 恶意代码防范	不适用
	8.1.3.5 安全审计	适用 AP17
	8.1.3.6 可信验证	不适用
8.1.4 安全计算环境	8.1.4.1 身份鉴别	适用 AP18
	8.1.4.2 访问控制	适用 AP19
	8.1.4.3 安全审计	适用 AP20
	8.1.4.4 入侵防范	适用 AP21
	8.1.4.5 恶意代码防范	不适用
	8.1.4.6 可信验证	不适用
	8.1.4.7 数据完整性	适用 AP22
	8.1.4.8 数据保密性	适用 AP23
	8.1.4.9 数据备份恢复	不适用
	8.1.4.10 剩余信息保护	不适用
	8.1.4.11 个人信息保护	不适用

（续表）

要 求 项	要 求 子 项	SDP 适用情况
8.1.5 安全管理中心	8.1.5.1 系统管理	不适用
	8.1.5.2 审计管理	不适用
	8.1.5.3 安全管理	不适用
	8.1.5.4 集中管控	适用 AP24
8.1.6 安全管理制度	8.1.6.1～8.1.6.4	不适用
8.1.7 安全管理机构	8.1.7.1～8.1.7.4	不适用
8.1.8 安全管理人员	8.1.8.1～8.1.8.4	不适用
8.1.9 安全建设管理	8.1.9.1～8.1.9.10	不适用
8.1.10 安全运维管理	8.1.10.1～8.1.10.14	不适用

（2）SDP 适用策略。

① 对“8.1.2.1 网络架构”的适用策略。

a. 要求。

（a）应保证网络设备的业务处理能力满足业务高峰期需要。

（b）应该保证网络各个部分的带宽满足业务高峰期需要。

（c）应划分不同的网络区域，并按照方便管理和控制的原则为各网络区域分配地址。

（d）应避免将重要网络区域部署在边界处，重要网络区域与其他网络区域之间应采取可靠的技术隔离手段。

（e）应提供通信线条、关键网络设备和关键计算设备的硬件冗余，保证系统的可用性。

b. 适用策略（AP12）。

针对第（a）、（b）、（e）条要求：属于硬件和网络运营商能力范畴，SDP 不适用。

针对第（c）条要求，SDP 不改变原来的网络区域划分规则。

针对第（d）条要求，SDP 提供应用层的边界防护，应用网关起到技术隔离作用。SDP 的应用对不同的网络分区有特别的应用，由于 SDP 是通过 SDP 控制器来控制对应链接的，所以可以通过 SDP 控制器来管理和控制对应的区域，同时对应的链接通过 SDP 客户端和 SDP 网关进行交互，大大提高了访问的可靠性和安全性。

对于安全边界的确定，SDP 有效地将其灵活性提高了，SDP 提供云平台和私有化部署，可以根据需要进行选择部署。SDP 实现的是边界防护，应用网关起到技术隔离的作用，将应用服务器保护在网关后面，使外界扫描工具和攻击来源无法探测到服务器地址和端口。SDP 将原本固化的边界模糊化以建设攻击面。

② 对“8.1.2.2 通信传输”的适用策略。

a. 要求。

（a）应采用校验技术保证通信过程中数据的完整性。

（b）应采用密码技术保证通信过程中数据的保密性。

b. 适用策略（AP13）。

针对第（a）、（b）条要求：SDP 组件之间的传输过程使用 mTLS 进行加密传输，防止被篡改，以保障数据的完整性，同时能防止被监听、窃取。mTLS 基于常见的密码学算法（如数字签名、散列、对称加密）。国际上使用 RSA、AES、SHA256 等通用算法来实现，而国内可以使用 SM2、SM3、SM4 等国密算法来实现。

③ 对“8.1.3.1 边界防护”的适用策略。

a. 要求。

（a）应保证跨越边界的访问和数据流通过边界设备提供的受控接口进行通信。

（b）应能够对非授权设备私自联到内部网络的行为进行检查或限制。

（c）应能够对内部用户非授权联到外部网络的行为进行检查或限制。

（d）应限制无线网络的使用，保证无线网络通过受控的边界设备接入内部网络。

b. 适用策略（AP14）。

针对第（a）条要求：SDP 作为软件定义的边界安全隔离产品，可以有效地提供跨越边界的安全访问以及跨越边界数据流的受控接口。由于独特的 SDP 三组件关系，数据流仅能通过特定的客户端和网关，且经合法授权后，方可进入另一个内部网络。

针对第（b）、（c）条要求：SDP 秉承“先验证后连接”的原则，所有的终端设备首先要到 SDP 控制器上进行身份和设备的验证，才能被允许连接网关。当 SDP 网关部署在内部网络以及外部网络的边界上时，无论是外部的非授权设备私自联到内部网络，还是内部用户非授权联到外部网络，都可以被 SDP 网关阻止。

针对第（d）条要求：SDP 网关可以部署在无线网络以及企业资源所在网络的中间，只有通过 SDP 网关才能访问企业的资源，对于非授权用户，企业资源完全不可见，这可以有效地防止非授权设备进入企业内部网络访问资源。

④ 对“8.1.3.2 访问控制”的适用策略。

a. 要求。

（a）应在网络边界或区域之间根据访问控制策略设置访问控制规则，默认情况下，除允许通信之外，受控接口拒绝所有通信。

（b）应删除多余或无效的访问控制规则，优化访问控制列表，并保证访问控制规则数量最小化。

（c）应对源地址、目的地址、源端口、目的端口和协议等进行检查，以允许/拒绝数据包进出。

（d）应能根据会话状态信息为进出数据流提供明确的允许/拒绝访问的能力。

（e）应对进出网络的数据流实现基于应用协议和应用内容的访问控制。

b. 适用策略（AP15）。

针对第（a）条要求：SDP 默认不信任任何网络、人、设备，均需进行验证，默认拒绝一切连接，只有验证合法的访问请求才被允许。根据控制策略进行访问控制，仅对验证合法用户，允许受控端口进行通信。即便是合法的用户，也需要根据自己的权重分配账户和访问权限。

针对第（b）条要求：SDP 基于用户身份与授权进行精细化、颗粒度访问控制。

针对第（c）条要求：SDP 会对源地址、目的地址、源端口、目的端口和协议等进行检查，会基于上述信息进行访问控制，允许符合条件的数据包通过，并拒绝不符合条件的数据包。

针对第（d）条要求：SDP 以身份化为基础，所有的访问请求都需要经过身份认证并植入会话状态信息，对所有访问流量会检测会话状态信息的合法性，仅允许携带合法会话状态信息的流量到达业务系统，拒绝非法访问。

针对第（e）条要求：SDP 以身份化为基础，对所有的访问会检测应用协议及应用内容，包括 HTTPS、RDP 等检测，以对不同应用协议的访问进行不同的安全检查。

⑤ 对“8.1.3.3 入侵防范”的适用策略。

a. 要求。

（a）应在关键网络节点处检测、防止或限制从外部发起的网络攻击行为。

（b）应在关键网络节点处检测、防止或限制从内部发起的网络攻击行为。

（c）应采取技术措施对网络行为进行分析，实现对网络攻击，特别是新型网络攻击行为的分析。

（d）当检测到攻击行为时，记录攻击源 IP、攻击类型、攻击目标、攻击时间，在发生严重入侵事件时应提供报警。

b. 适用策略（AP16）。

针对第（a）、（b）、（c）条要求：SDP 网关部署在网络资源的关键位置，并且记录所有的资源访问日志，日志上传到 SDP 控制器，控制器对访问行为进行分析，发现并自动阻断网络攻击行为。

针对第（d）条要求：SDP 网关实时记录所有访问日志，日志内容包括源 IP 和端口、目标 IP 和端口，访问设备、访问时间等信息，同时对这些日志进行大数据智能分析并发出预警。

⑥ 对“8.1.3.5 安全审计”的适用策略。

a. 要求。

（a）应在网络边界、重要网络节点进行安全审计，审计覆盖到每个用户，对重要的用户行为和重要安全事件进行审计。

（b）审计记录应包括事件的日期和时间、用户、事件类型、事件是否成功及其他与审计相关的信息。

（c）应对审计记录进行保护，定期备份，避免受到未预期的删除、修改或覆盖等。

（d）应能对远程访问的用户行为、访问互联网的用户行为等单独进行行为审计和数据分析。

b. 适用策略（AP17）。

SDP 的审计内容覆盖到每个终端用户，对行为和重要事件进行记录，包括日期、时间、

事件等，并保存于管控平台，进行定期备份，以防止未预期的删除、修改和覆盖等。

针对第（a）、（b）、（d）条要求：SDP 审计日志默认记录所有用户的所有访问日志，SDP 审计日志详细记录日期时间、用户、事件详情信息。

针对第（c）条要求：SDP 控制器上支持设置审计日志的保存时间，并且定期备份。

⑦ 对“8.1.4.1 身份鉴别”的适用策略。

a. 要求。

（a）应对登录的用户进行身份标识和鉴别，身份标识具有唯一性，身份鉴别信息具有复杂度要求并定期更换。

（b）应具有登录失败处理功能，应配置并启用结束会话、限制非法登录次数和当登录连接超时自动退出等相关措施。

（c）当进行远程管理时，应采取必要措施防止鉴别信息在网络传输过程中被窃听。

（d）应采用口令和密码技术、生物技术等两种或两种以上组合的鉴别技术对用户进行身份鉴别，且其中一种鉴别技术至少应使用密码技术来实现。

b. 适用策略（AP18）。

针对第（a）条要求：SDP 支持多因素认证，保证身份不易被冒用，并对密码复杂度有强制要求。

针对第（b）条要求：SDP 对登录认证有防爆破保护，以及连接超时自动注销保护。

针对第（c）条要求：SDP 对所有数据都使用双向 TLS（mTLS）加密传输，防止数据在网络传输过程中被窃听。

针对第（d）条要求：SDP 支持多因素认证，包括口令、短信、动态令牌、证书、电子钥匙（USB Key，UKey）、生物特征等。这些鉴别技术可以采用密码技术来实现。

⑧ 对“8.1.4.2 访问控制”的适用策略。

a. 要求。

（a）应对登录的用户分配账户和权限。

（b）应重命名或删除默认账户，修改默认账户的默认口令。

（c）应及时删除或停用多余的、过期的账户，避免共享账户的存在。

（d）应授予管理用户所需的最小权限，实现管理用户的权限分离。

（e）应由授权主体配置访问控制策略，访问控制策略规定主体对客体的访问规则。

（f）访问控制的粒度应达到主体为用户级或进程级，客体为文件、数据库表级。

（g）应对重要主体和客体设置安全标记，并控制主体对有安全标记信息资源的访问。

b. 适用策略（AP19）。

SDP 属于访问控制类别产品，具备账号管理功能，能够分配账户访问与配置权限。即便是合法的用户，也需要根据自己的角色确定账户和访问权限。

针对第（a）、（b）条要求：SDP 对所有用户的访问都会进行授权校验。

针对第（c）、（d）条要求：SDP 控制器对账号会设置过期时间，对于长时间不登录的账号会禁止登录。

针对第（e）条要求：SDP 通过授权策略实现主体（用户）访问客体（业务系统）的访问控制。

针对第（f）条要求：SDP 的主体为用户，能实现用户级的访问控制，同时支持进程级的安全检查，基于检查结果进行访问控制。客体为业务系统，并支持控制粒度细致到 URL 级别。

针对第（g）条要求：SDP 为用户设置身份标识（或从其他用户源同步用户信息），对客体进行资源标识，并根据不同的授权访问模型进行授权主体对客体的访问权限，同时网关和客户端作为执行访问策略的节点。

⑨ 对“8.1.4.3 安全审计”的适用策略。

a. 要求。

（a）应启用安全审计功能，审计覆盖到每个用户，对重要的用户行为和重要安全事件进行审计。

（b）审计记录应包括事件的日期和时间、用户、事件类型、事件是否成功及其他与审计相关的信息。

（c）应对审计记录进行保护，定期备份，避免受到未预期的删除、修改或覆盖等。

（d）应对审计进程进行保护，防止未经授权的中断。

b. 适用策略（AP20）。

针对第（a）、（b）条要求：SDP 审计日志默认记录所有用户的所有访问日志，SDP 审计日志详细记录日期时间、用户、事件详情信息。

针对第（c）条要求：SDP 控制器上支持设置审计日志的保存时间，并且定期备份。

针对第（d）条要求：SDP 审计模块通过监控程序相互保护，在发生异常中断时会通过监控程序拉起。

⑩ 对“8.1.4.4 入侵防范”的适用策略。

a. 要求。

（a）应遵循最小安装的原则，仅安装需要的组件和应用程序。

（b）应关闭不需要的系统服务、默认共享和高危端口。

（c）应通过设定终端接入方式或网络地址范围对通过网络进行管理的管理终端进行限制。

（d）应提供数据有效性检验功能，保证通过人机接口输入或通过通信接口输入的内容符合系统设定要求。

（e）应能发现可能存在的已知漏洞，并在经过充分测试评估后，及时修补漏洞。

（f）应能够检测到对重要节点进行入侵的行为，并在发生严重入侵事件时提供报警。

b. 适用策略（AP21）。

针对第（a）、（b）条要求：SDP 本身的特性就是默认关闭所有端口，拒绝一切连接，不存在共享和高危的端口，应用网关仅面向授权客户端开放访问权限，极大地控制了使用

 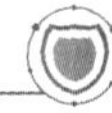

范围，减小了暴露面。通过客户端和控制器可检测到入侵的行为，并在发生严重入侵事件时提供预警。

针对第（c）条要求：SDP 客户端在连接网关之前需要先去控制器进行身份和设备的验证，控制器可以对终端的接入方式或网络地址范围进行有效控制。

针对第（d）条要求：SDP 客户端和 SDP 网关之间使用特殊的通信协议以及加密（mTLS）的数据传输，以保证数据的正确性和有效性。

针对第（e）条要求：SDP 三组件（客户端、网关、控制器）支持自动更新和升级，保证可以及时修补漏洞。

针对第（f）条要求：SDP 会实时分析用户行为，发现异常入侵行为，并阻断和告警。

⑪ 对“8.1.4.7 数据完整性”的适用策略。

a. 要求。

（a）应采用校验技术或密码技术保证重要数据在传输过程中的完整性，包括但不限于鉴别数据、重要业务数据、重要审计数据、重要配置数据、重要视频数据和重要个人信息等。

（b）应采用校验技术或密码技术保证重要数据在存储过程中的完整性，包括但不限于鉴别数据、重要业务数据、重要审计数据、重要配置数据、重要视频数据和重要个人信息等。

b. 适用策略（AP22）。

针对第（a）条要求：SDP 通过密码技术对网络传输进行数据加密（mTLS，双向 TLS），有效保障数据的完整性和保密性。

针对第（b）条要求：SDP 对重要数据采用密码学技术进行完整性保障。

⑫ 对“8.1.4.8 数据保密性”的适用策略。

a. 要求。

（a）应采用密码技术保证重要数据在传输过程中的保密性，包括但不限于鉴别数据、重要业务数据和重要个人信息等。

（b）应采用密码技术保证重要数据在存储过程中的保密性，包括但不限于鉴别数据、重要业务数据和重要个人信息等。

b. 适用策略（AP23）。

针对第（a）条要求：SDP 通过密码技术对网络传输进行数据加密（mTLS，双向 TLS），有效保障数据的完整性和保密性。

针对第（b）条要求：SDP 对重要数据采用密码学技术进行加密存储。

⑬ 对“8.1.5.4 集中管控”的适用策略。

a. 要求。

（a）应划分出特定的管理区域，对分布在网络中的安全设备或安全组件进行管控。

（b）应能够建立一条安全的信息传输路径，对网络中的安全设备或安全组件进行管理。

（c）应对网络链路、安全设备、网络设备和服务器等的运行状况进行集中监测。

（d）应对分散在各个设备上的审计数据进行收集汇总和集中分析，并保证审计记录的留存时间符合法律法规要求。

（e）应对安全策略、恶意代码、补丁升级等安全相关事项进行集中管理。

（f）应能对网络中发生的各类安全事件进行识别、报警和分析。

b. 适用策略（AP24）。

针对第（a）条要求：SDP 控制器对所有接入的 SDP 网关和 SDP 客户端进行集中管控，SDP 网关作为边界隔离设备，可以有效对网络资源进行分区域管理。

针对第（b）条要求：SDP 控制器和所有 SDP 网关和 SDP 客户端之间的通信都基于双向 TLS（mTLS），保障信息传输的安全。

针对第（c）条要求：SDP 控制器实时监控所有接入的客户端、网关以及自身的服务器状态，并且可以在后台提供集中检测的用户界面。

针对第（d）条要求：SDP 控制器上支持设置审计日志的保存时间，并且定期备份。

针对第（e）条要求：SDP 有专门的安全策略管理组件，可以对安全策略进行集中管理。

针对第（f）条要求：SDP 审计日志会基于身份进行上下文分析，识别安全事件，并告警。

3）四级安全通用要求

（1）四级安全通用要求概述。

《信息安全等级保护管理办法》规定，国家信息安全等级保护坚持自主定级、自主保护的原则。信息系统的安全保护等级应当根据信息系统在国家安全、经济建设、社会生活中的重要程度，信息系统遭到破坏后对国家安全、社会秩序、公共利益以及公民、法人和其他组织的合法权益的危害程度等因素确定。

四级安全通用要求指出："适用于涉及国家安全、社会秩序和公共利益的重要信息系统，其受到破坏后，会对国家安全、社会秩序和公共利益造成损害。"SDP 针对四级安全通用要求满足情况如表 6-6 所示。

表 6-6　SDP 针对四级安全通用要求满足情况

要　求　项	要 求 子 项	SDP 适用情况
9.1.1 安全物理环境	9.1.1.1～9.1.1.10	不适用
9.1.2 安全通信网络	9.1.2.1 网络架构	适用 AP25
	9.1.2.2 通信传输	适用 AP26
	9.1.2.3 可信验证	不适用
9.1.3 安全区域边界	9.1.3.1 边界防护	适用 AP27
	9.1.3.2 访问控制	适用 AP28
	9.1.3.3 入侵防范	适用 AP29
	9.1.3.4 恶意代码防范	不适用
	9.1.3.5 安全审计	适用 AP30
	9.1.3.6 可信验证	不适用

（续表）

要 求 项	要 求 子 项	SDP 适用情况
9.1.4 安全计算环境	9.1.4.1 身份鉴别	适用 AP31
	9.1.4.2 访问控制	适用 AP32
	9.1.4.3 安全审计	适用 AP33
	9.1.4.4 入侵防范	适用 AP34
	9.1.4.5 恶意代码防范	不适用
	9.1.4.6 可信验证	不适用
	9.1.4.7 数据完整性	适用 AP35
	9.1.4.8 数据保密性	适用 AP36
	9.1.4.9 数据备份恢复	不适用
	9.1.4.10 剩余信息保护	不适用
	9.1.4.11 个人信息保护	不适用
9.1.5 安全管理中心	9.1.5.1 系统管理	不适用
	9.1.5.2 审计管理	不适用
	9.1.5.3 安全管理	不适用
	9.1.5.4 集中管控	适用 AP37
9.1.6 安全管理制度	9.1.6.1～9.1.6.4	不适用
9.1.7 安全管理机构	9.1.7.1～9.1.7.4	不适用
9.1.8 安全管理人员	9.1.8.1～9.1.8.4	不适用
9.1.9 安全建设管理	9.1.9.1～9.1.9.10	不适用
9.1.10 安全运维管理	9.1.10.1～9.1.10.14	不适用

（2）SDP 适用策略。

① 对“9.1.2.1 网络架构”的适用策略。

a. 要求。

（a）应保证网络设备的业务处理能力满足业务高峰期需要。

（b）应该保证网络各个部分的带宽满足业务高峰期需要。

（c）应划分不同的网络区域，并按照方便管理和控制的原则为各网络区域分配地址。

（d）应避免将重要网络区域部署在边界处，重要网络区域与其他网络区域之间应采取可靠的技术隔离手段。

（e）应提供通信线路、关键网络设备和关键计算设备的硬件冗余，保证系统的可用性。

（f）应按照业务服务的重要程度分配带宽，优先保证重要业务。

b. 适用策略（AP25）。

针对第（a）、（b）、（e）条要求：属于硬件和网络运营商能力范畴，SDP 不适用。

针对第（c）、（d）条要求：SDP 提供应用层的边界防护，应用网关起到技术隔离作用。SDP 的应用对不同的网络分区有特别的应用，由于 SDP 是通过 SDP 控制器来控制对应链接的，所以可以通过 SDP 控制器来管理和控制对应的区域，同时对应的链接通过 SDP 客户端和网关进行交互，大大提高了访问的可靠性和安全性。

对于安全边界的确定，SDP 有效地将其灵活性提高了，SDP 提供云平台和私有化部署，可以根据需要进行选择部署。SDP 实现的是边界防护，应用网关起到技术隔离的作用，将应用服务器保护在网关后面，使外界扫描工具和攻击来源无法探测到服务器地址和端口。SDP 将原本固化的边界模糊化以减少攻击面。

针对第（f）条要求：“应按照业务服务的重要程度分配带宽，优先保障重要业务”，可通过 SDP 网关定义业务流量的带宽分配；当出现带宽瓶颈时，对非关键业务系统进行限速，优先保障关键业务系统的带宽。

② 对“9.1.2.2 通信传输”的适用策略。

a. 要求。

（a）应采用校验技术保证通信过程中数据的完整性。

（b）应采用密码技术保证通信过程中数据的保密性。

（c）应在通信前基于密码技术对通信的双方进行验证或认证。

（d）应基于硬件密码模块对重要通信过程进行密码运算和密钥管理。

b. 适用策略（AP26）。

针对第（a）条要求：SDP 组件之间的传输过程使用双向 TLS（mTLS）加密传输，防止被篡改，以保障数据的完整性。

针对第（b）条要求：SDP 组件之间的传输过程使用双向 TLS（mTLS）加密传输，防止被监听、窃取。mTLS 基于常见的密码学算法（如数字签名、散列、对称加密）。国际上使用 RSA、AES、SHA256 等通用算法来实现，而国内可以使用 SM2、SM3、SM4 等国密算法来实现。

针对第（c）条要求：SDP 组件之间的传输过程使用双向 mTLS 进行加密传输，采用基于密码技术的数字证书及数字签名来进行双向身份认证；具体应用为，在建立 TLS 握手过程中要求终端提交用户数字证书，服务端检测终端用户证书的合法性，同时终端检测服务器数字证书的合法性。

针对第（d）条要求：需启用支持国家规定的密码算法和密钥管理标准的 SDP 软件或设备，同时对密码算法和密钥管理功能，应由国家密码管理部门认证通过的硬件密码模块提供。SDP 客户端和网关建立加密通信，SDP 客户端内置支持国密算法的 UKey 等硬件密码模块，SDP 网关内置符合国家商用密码算法要求的加密卡，密码运算使用加密卡内置加密算法，且使用加密卡进行密钥管理。

③ 对“9.1.3.1 边界防护”的适用策略。

a. 要求。

（a）应保证跨越边界的访问和数据流通过边界设备提供的受控接口进行通信。

（b）应能够对非授权设备私自联到内部网络的行为进行检查或限制。

（c）应能够对内部用户非授权联到外部网络的行为进行检查或限制。

（d）应限制无线网络的使用，保证无线网络通过受控的边界设备接入内部网络。

（e）应能够在发现非授权设备私自联到内部网络的行为或内部用户非授权联到外部网

络的行为时，对其进行有效阻断。

（f）应采用可信验证机制对接入到网络中的设备进行可信验证，保证接入网络的设备真实可信。

b. 适用策略（AP27）。

针对第（a）条要求：SDP 作为软件定义的边界安全隔离产品，可以有效地提供跨越边界的安全访问以及跨越边界数据流的受控接口。由于独特的 SDP 三组件关系，数据流仅能通过特定的客户端和网关，且经合法授权后，方可进入另外一个内部网络。

针对第（b）、（c）条要求：SDP 秉承“先验证后连接”的原则，所有的终端设备首先要到 SDP 控制器上进行身份和设备的验证，才能被允许连接网关。当 SDP 网关部署在内部网络以及外部网络的边界上时，无论是外部的非授权设备私自联到内部网络，还是内部用户非授权联到外部网络，都可以被 SDP 网关阻止。

针对第（d）条要求：SDP 网关可以部署在无线网络以及企业资源所在网络的中间，只有通过 SDP 网关才能访问企业的资源，对于非授权用户，企业资源完全不可见，这可以有效地防止非授权设备进入企业内部网络访问资源。

针对第（e）条要求：SDP 的智能大脑可以监控用户异常行为，对用户的行为进行风险信任评估，根据评估结果进行动态权限调整，阻断越权或恶意访问行为。

针对（f）条要求：SDP 控制器对所有接入的设备进行终端环境检查、用户行为检查、身份认证，保证接入到网络的设备是身份可信、终端可信、行为可信。

④ 对“9.1.3.2 访问控制”的适用策略。

a. 要求。

（a）应在网络边界或区域之间根据访问控制策略设置访问控制规则，默认情况下，除允许通信之外，受控接口拒绝所有通信。

（b）应删除多余或无效的访问控制规则，优化访问控制列表，并保证访问控制规则数量最小化。

（c）应对源地址、目的地址、源端口、目的端口和协议等进行检查，以允许/拒绝数据包进出。

（d）应能根据会话状态信息为进出数据流提供明确的允许/拒绝访问的能力。

（e）应在网络边界通过通信协议转换或通信协议隔离等方式进行数据交换。

b. 适用策略（AP28）。

针对第（a）条要求：SDP 默认不信任任何网络、人、设备，均需进行验证，默认拒绝一切连接，只有验证合法的访问请求才被允许。根据控制策略进行访问控制，仅对验证合法用户，允许受控端口进行通信。即便是合法的用户，也需要根据自己的权重分配账户和访问权限。

针对第（b）条要求：SDP 基于用户身份与授权进行精细化、颗粒度访问控制。

针对第（c）条要求：SDP 会对源地址、目的地址、源端口、目的端口和协议等进行检查，会基于上述信息进行访问控制，允许符合条件的数据包通过，并拒绝不符合条件的数据包。

针对第（d）条要求：SDP 以身份化为基础，所有的访问请求都需要经过身份认证并植入会话状态信息，对所有访问流量会检测会话状态信息的合法性，仅允许携带合法会话状态信息的流量到达业务系统，拒绝非法访问。

针对第（e）条要求：应在网络边界部署 SDP 代理软件或网关设备，按照所部署访问策略对通信协议进行转换或隔离。

⑤ 对“9.1.3.3 入侵防范”的适用策略。

a. 要求。

（a）应在关键网络节点处检测、防止或限制从外部发起的网络攻击行为。

（b）应在关键网络节点处检测、防止或限制从内部发起的网络攻击行为。

（c）应采取技术措施对网络行为进行分析，实现对网络攻击，特别是新型网络攻击行为的分析。

（d）当检测到攻击行为时，记录攻击源 IP、攻击类型、攻击目标、攻击时间，在发生严重入侵事件时应提供报警。

b. 适用策略（AP29）。

针对第（a）、（b）、（c）条要求：SDP 网关部署在网络资源的关键位置，并且记录所有的资源访问日志，日志上传到 SDP 控制器，控制器对访问行为进行分析，发现并自动阻断网络攻击行为。

针对第（d）条要求：SDP 网关实时记录所有访问日志，日志内容包括源 IP 和端口、目标 IP 和端口，访问设备、访问时间等信息，同时对这些日志进行大数据智能分析并发出预警。

⑥ 对“9.1.3.5 安全审计”的适用策略。

a. 要求。

（a）应在网络边界、重要网络节点进行安全审计，审计覆盖到每个用户，对重要的用户行为和重要安全事件进行审计。

（b）审计记录应包括事件的日期和时间、用户、事件类型、事件是否成功及其他与审计相关的信息。

（c）应对审计记录进行保护，定期备份，避免受到未预期的删除、修改或覆盖等。

b. 适用策略（AP30）。

针对第（a）、（b）条要求：SDP 审计日志默认记录所有用户的所有访问日志，SDP 审计日志详细记录日期和时间、用户、事件详情信息。

针对第（c）条要求：SDP 控制器上支持设置审计日志的保存时间，并且定期备份。

⑦ 对“9.1.4.1 身份鉴别”的适用策略。

a. 要求。

（a）应对登录的用户进行身份标识和鉴别，身份标识具有唯一性，身份鉴别信息具有复杂度要求并定期更换。

（b）应具有登录失败处理功能，应配置并启用结束会话、限制非法登录次数和当登录

连接超时自动退出等相关措施。

（c）当进行远程管理时，应采取必要措施防止鉴别信息在网络传输过程中被窃听。

（d）应采用口令和密码技术、生物技术等两种或两种以上组合的鉴别技术对用户进行身份鉴别，且其中一种鉴别技术至少应使用密码技术来实现。

b. 适用策略（AP31）。

针对第（a）条要求：SDP 支持多因素认证，保证身份不易被冒用，并对密码复杂度有强制要求。

针对第（b）条要求：SDP 对登录认证有防爆破保护，以及连接超时自动注销保护。

针对第（c）条要求：SDP 对所有数据都使用双向 TLS（mTLS）加密传输，防止数据在网络传输过程中被窃听。

针对第（d）条要求：SDP 支持多因素认证，包括口令、短信、动态令牌、证书、UKey 等。

⑧ 对“9.1.4.2 访问控制”的适用策略。

a. 要求。

（a）应对登录的用户分配账户和权限。

（b）应重命名或删除默认账户，修改默认账户的默认口令。

（c）应及时删除或停用多余的、过期的账户，避免共享账户的存在。

（d）应授予管理用户所需的最小权限，实现管理用户的权限分离。

（e）应由授权主体配置访问控制策略，访问控制策略规定主体对客体的访问规则。

（f）访问控制的粒度应达到主体为用户级或进程级，客体为文件、数据库表级。

（g）应对主体、客体设置安全标记，并依据安全标记和强制访问控制规则确定主体对客体的访问。

b. 适用策略（AP32）。

针对第（a）、（b）条要求：SDP 属于访问控制类别产品，对所有用户的访问都会进行授权校验。

针对第（c）、（d）条要求：SDP 控制器对账号会设置过期时间，对于长时间不登录的账号会禁止登录。

针对第（e）条要求：SDP 通过授权策略实现主体（用户）访问客体（业务系统）的访问控制。

针对第（f）条要求：SDP 的主体为用户，能实现用户级的访问控制，同时支持进程级的安全检查，基于检查结果进行访问控制。客体为业务系统，并支持控制粒度细致到 URL 级别。

针对第（g）条要求：应基于 SDP 的认证机制，对网络中的主体和客体定义基于身份的安全标记，并按照主体和客体的访问关系设置访问控制规则。

⑨ 对“9.1.4.3 安全审计”的适用策略。

a. 要求。

（a）应启用安全审计功能，审计覆盖到每个用户，对重要的用户行为和重要安全事件进行审计。

（b）审计记录应包括事件的日期和时间、用户、事件类型、事件是否成功及其他与审计相关的信息。

（c）应对审计记录进行保护，定期备份，避免受到未预期的删除、修改或覆盖等。

（d）应对审计进程进行保护，防止未经授权的中断。

b. 适用策略（AP33）。

针对第（a）、（b）条要求：SDP 审计日志默认记录所有用户的所有访问日志，SDP 审计日志详细记录日期和时间、用户、事件详情信息。

针对第（c）条要求：SDP 控制器上支持设置审计日志的保存时间，并且定期备份。

针对第（d）条要求：SDP 审计模块通过监控程序相互保护，在发生异常中断时会通过监控程序拉起。

⑩ 对“9.1.4.4 入侵防范”的适用策略。

a. 要求。

（a）应遵循最小安装的原则，仅安装需要的组件和应用程序。

（b）应关闭不需要的系统服务、默认共享和高危端口。

（c）应通过设定终端接入方式或网络地址范围对通过网络进行管理的管理终端进行限制。

（d）应提供数据有效性检验功能，保证通过人机接口输入或通过通信接口输入的内容符合系统设定要求。

（e）应能发现可能存在的已知漏洞，并在经过充分测试评估后，及时修补漏洞。

（f）应能够检测到对重要节点进行入侵的行为，并在发生严重入侵事件时提供报警。

b. 适用策略（AP34）。

针对第（a）、（b）条要求：SDP 本身的特性就是默认关闭所有端口，拒绝一切连接，不存在共享和高危的端口，应用网关仅面向授权客户端开放访问权限，极大地控制了使用范围，减小了暴露面。通过客户端和控制器可检测到入侵的行为，并在发生严重入侵事件时提供预警。

针对第（c）条要求：SDP 客户端在连接网关之前需要先去控制器进行身份和设备的验证，控制器可以对终端的接入方式或网络地址范围进行有效控制。

针对第（d）条要求：SDP 客户端和 SDP 网关之间使用特殊的通信协议以及加密（mTLS）的数据传输，以保证数据的正确性和有效性。

针对第（e）条要求：SDP 三组件（客户端、网关、控制器）支持自动更新和升级，保证可以及时修补漏洞。

针对第（f）条要求：SDP 会实时分析用户行为，发现异常入侵行为，并阻断的告警。

⑪ 对“9.1.4.7 数据完整性”的适用策略。

a. 要求。

（a）应采用校验技术或密码技术保证重要数据在传输过程中的完整性，包括但不限于鉴别数据、重要业务数据、重要审计数据、重要配置数据、重要视频数据和重要个人信息等。

（b）应采用校验技术或密码技术保证重要数据在存储过程中的完整性，包括但不限于鉴别数据、重要业务数据、重要审计数据、重要配置数据、重要视频数据和重要个人信息等。

（c）在可能涉及法律责任认定的应用中，应采用密码技术提供数据原发证据和数据接收证据，实现数据原发行为的抗抵赖和数据接收行为的抗抵赖。

b. 适用策略（AP35）。

针对第（a）条要求：SDP 通过双向 TLS（mTLS）进行数据加密传输，mTLS 基于密码技术，可以有效保障数据的完整性。

针对第（b）条要求：SDP 对重要数据采用密码学技术进行完整性保障。

针对第（c）条要求：在网络边界通过部署 SDP 网关，记录访问过程，并增加对访问过程的主体基于密码学的数字签名机制，以满足可追溯的抗抵赖特性。

⑫ 对“9.1.4.8 数据保密性”的适用策略。

a. 要求。

（a）应采用密码技术保证重要数据在传输过程中的保密性，包括但不限于鉴别数据、重要业务数据和重要个人信息等。

（b）应采用密码技术保证重要数据在存储过程中的保密性，包括但不限于鉴别数据、重要业务数据和重要个人信息等。

b. 适用策略（AP36）。

针对第（a）条要求：SDP 通过密码技术对网络传输进行数据加密（mTLS，双向 TLS），有效保障数据的完整性和保密性。

针对第（b）条要求：SDP 对重要数据采用密码学技术进行加密存储。

⑬ 对“9.1.5.4 集中管控”的适用策略。

a. 要求。

（a）应划分出特定的管理区域，对分布在网络中的安全设备或安全组件进行管控。

（b）应能够建立一条安全的信息传输路径，对网络中的安全设备或安全组件进行管理。

（c）应对网络链路、安全设备、网络设备和服务器等的运行状况进行集中监测。

（d）应对分散在各个设备上的审计数据进行收集汇总和集中分析，并保证审计记录的留存时间符合法律法规要求。

（e）应对安全策略、恶意代码、补丁升级等安全相关事项进行集中管理。

（f）应能对网络中发生的各类安全事件进行识别、报警和分析。

（g）应保证系统范围内的时间由唯一确定的时钟产生，以保证各种数据的管理和分析在时间上的一致性。

b. 适用策略（AP37）。

针对第（a）条要求：SDP 控制器对所有接入的 SDP 网关和 SDP 客户端进行集中管控，SDP 网关作为边界隔离设备，可以有效对网络资源进行分区域管理。

针对第（b）条要求：SDP 控制器和所有 SDP 网关和 SDP 客户端之间的通信都基于双向 TLS（mTLS），保障信息传输的安全。

针对第（c）条要求：SDP 控制器实时监控所有接入的客户端、网关以及自身的服务器状态，并且可以在后台提供集中检测的用户界面。

针对第（d）条要求：SDP 控制器上支持设置审计日志的保存时间，并且定期备份。

针对第（e）条要求：SDP 有专门的安全策略管理组件，可以对安全策略进行集中管理。

针对第（f）条要求：SDP 审计日志会基于身份进行上下文分析，识别安全事件，并告警。

针对第（g）条要求：SDP 的时钟采用国家标准时钟，可以保证各种数据的管理和分析在时间上的一致性。

2. SDP 满足等保 2.0 云计算安全扩展要求

1）概述

在云计算环境中，由于计算、存储和网络等元素都被资源池化，虚拟机所在的物理位置和网络位置都可能频繁地发生变化，因此造成了传统的网络安全防护手段无法有效应对云计算环境的情况。云计算环境中由于其资源规模决定了承载业务的种类和数量非常庞大，多租户资源共享也决定了不能像已有的技术按照资源的物理位置、固定的网络访问接入以及静态的身份信任验证体系来架构云计算环境的安全。因此，在等保 2.0 的技术合规要求中，除了基本要求，针对云计算还有单独的扩展要求。

除了在云计算环境内部，云的用户还与传统环境有着显著的不同。云的用户总是来自云外，这意味着用户都是远程接入到云中来的，很难保证他们都有固定的网络地址，需要能够动态赋予用户访问权限。

云环境本身和云的用户都存在很大的不确定性，使得安全通信网络成为等保 2.0 中最具挑战性的部分之一。

SDP 恰好给这种情况提供了一种行之有效的应对思路。与一般的先建立连接，然后进行鉴权的方式不同，SDP 要求首先进行身份鉴别，确定对应的访问权限和策略，然后才允许与相对应的服务建立连接。SDP 是以用户为中心的，而没有基于预设的连接发起主机（IH）和连接接受主机（AH）的地址，因而能够在内外部环境，尤其是在网络地址和拓扑都持续发生变化的情况下，提供可靠的隔离和访问控制手段。CSA 提出采用以身份体系代替物理位置、网络区域的 SDP 零信任架构逐渐获得业界认可。

虽然 SDP 的具体实现方式不在本节的讨论范围之内，但是 SDP 控制器和 SDP 网关的形态确实对其部署位置有较大的影响，而这又进而关系到 SDP 在什么层面上，实现了什么粒度的访问控制能力。因此，在叙述 SDP 在云计算环境中的适用策略之前，需要根据 SDP 网关的形态和部署位置，将 SDP 在云计算环境下的部署分为以下几种方式。

（1）内嵌式部署：SDP 网关以插件的形式部署在每个虚拟机上。在这种部署方式下，用户能够定义任意两台虚拟机之间的访问策略，从而实现虚拟机级别的细粒度隔离和访问控制。但这种部署方式需要将 Agent 内嵌到用户的系统中，并占用部分用户计算资源。

（2）虚拟网元部署：SDP 网关作为单独的网元部署在云计算环境中。可以虚拟化部署在每台宿主机上（可为不同宿主机上的虚拟机提供隔离和访问控制）或每个租户私有网络内（可为不同租户间的虚拟机提供隔离和访问控制），这取决于用户所需的访问策略需求。

（3）物理网元部署：SDP 网关以单独形态部署在云边界。这种部署方式提供的隔离和访问控制粒度较粗，能够实现云内、云外互访的访问策略需求。

用户可以根据实际环境需要，选择其中的一种方式或组合使用几种方式部署 SDP 网关。

下面分别介绍 SDP 在等保 2.0 中对云计算安全扩展二级、三级、四级要求的适用情况和具体适用策略。

2）云计算安全扩展二级要求

在等保 2.0 二级要求中，SDP 针对云计算安全扩展二级要求满足情况如表 6-7 所示。

表 6-7　SDP 针对云计算安全扩展二级要求满足情况

要 求 项	要 求 子 项	SDP 适用情况
7.2.1 安全物理环境	7.2.1.1 基础设施位置	不适用
7.2.2 安全通信网络	7.2.2.1 网络架构	适用
7.2.3 安全区域边界	7.2.3.1 访问控制	适用
	7.2.3.2 入侵防范	适用
	7.2.3.3 安全审计	适用
7.2.4 安全计算环境	7.2.4.1 访问控制	适用
	7.2.4.2 镜像和快照保护	不适用
	7.2.4.3 数据完整性和保密性	不适用
	7.2.4.4 数据备份恢复	不适用
	7.2.4.5 剩余信息保护	不适用
7.2.5 安全建设管理	7.2.5.1 云服务商选择	不适用
	7.2.5.2 供应链管理	不适用
7.2.6 安全运维管理	7.2.6.1 云计算环境管理	不适用

3）云计算安全扩展三级要求

在等保 2.0 三级要求中，SDP 针对云计算安全扩展三级要求满足情况如表 6-8 所示。

表 6-8　SDP 针对云计算安全扩展三级要求满足情况

要 求 项	要 求 子 项	SDP 适用情况
8.2.1 安全物理环境	8.2.1.1 基础设施位置	不适用
8.2.2 安全通信网络	8.2.2.1 网络架构	部分适用
8.2.3 安全区域边界	8.2.3.1 访问控制	适用
	8.2.3.2 入侵防范	适用
	8.2.3.3 安全审计	适用

（续表）

要　求　项	要 求 子 项	SDP 适用情况
8.2.4 安全计算环境	8.2.4.1 身份鉴别	适用
	8.2.4.2 访问控制	适用
	8.2.4.3 入侵防范	适用
	8.2.4.4 镜像和快照保护	不适用
	8.2.4.5 数据完整性和保密性	不适用
	8.2.4.6 数据备份恢复	不适用
	8.2.4.7 剩余信息保护	不适用
8.2.5 安全管理中心	8.2.5.1 集中管控	部分适用
8.2.6 安全建设管理	8.2.6.1 云服务商选择	不适用
	8.2.6.2 供应链管理	不适用
8.2.7 安全运维管理	8.2.7.1 云计算环境管理	不适用

4）云计算安全扩展四级要求

在等保 2.0 四级要求中，SDP 针对云计算安全扩展四级要求满足情况如表 6-9 所示。

表 6-9　SDP 针对云计算安全扩展四级要求满足情况

要　求　项	要 求 子 项	SDP 适用情况
9.2.1 安全物理环境	9.2.1.1 基础设施位置	不适用
9.2.2 安全通信网络	9.2.2.1 网络架构	适用
9.2.3 安全区域边界	9.2.3.1 访问控制	适用
	9.2.3.2 入侵防范	适用
	9.2.3.3 安全审计	部分适用
9.2.4 安全计算环境	9.2.4.1 身份鉴别	适用
	9.2.4.2 访问控制	适用
	9.2.4.3 入侵防范	适用
	9.2.4.4 镜像和快照保护	不适用
	9.2.4.5 数据完整性和保密性	不适用
	9.2.4.6 数据备份恢复	不适用
	9.2.4.7 剩余信息保护	不适用
9.2.5 安全管理中心	9.2.5.1 集中管控	适用
9.2.6 安全建设管理	9.2.6.1 云服务商选择	不适用
	9.2.6.2 供应链管理	不适用
9.2.7 安全运维管理	9.2.7.1 云计算环境管理	不适用

3．SDP 满足等保 2.0 移动互联安全扩展要求

1）概述

等保 2.0 对移动互联应用场景进行了说明，指出采用移动互联技术的等级保护对象的移动互联部分由移动终端、移动应用和无线网络三部分组成，移动终端通过无线通道连接无线接入设备，无线接入网关通过访问控制策略限制移动终端的访问行为，后台的移动终端管理系统负责对移动终端的管理，包括向客户端软件发送移动设备管理、移动应用管理

和移动内容管理等。

移动互联应用架构如图 6-31 所示。

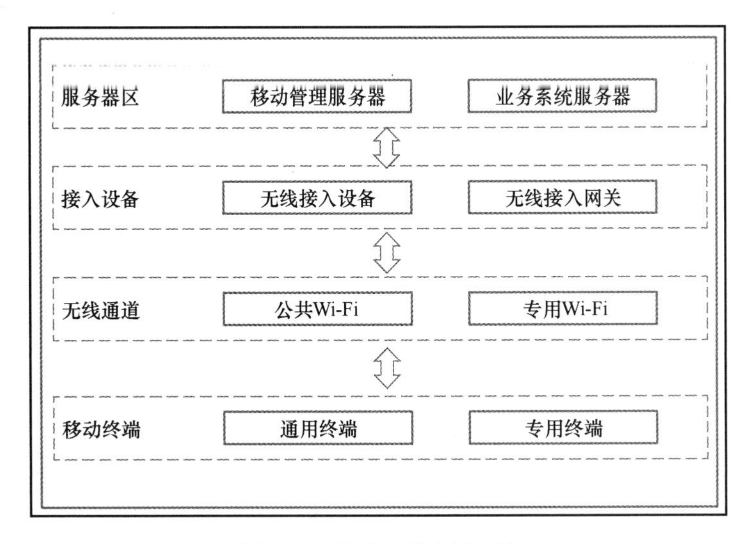

图 6-31　移动互联应用架构

移动互联安全扩展要求是针对移动终端、移动应用和无线网络提出的特殊安全要求，它们与安全通用要求一起构成针对采用移动互联技术的等级保护对象的完整安全要求。移动互联安全扩展要求涉及的控制点包括无线接入点的物理位置、无线和有线网络之间的边界防护、无线和有线网络之间的访问控制、无线和有线网络之间的入侵防范，移动终端管控、移动应用管控、移动应用软件采购、移动应用软件开发和配置管理。

SDP 基于零信任安全理念，可以很好地保护跨网络的安全性。与一般的先建立连接，然后进行鉴权的方式不同，SDP 要求首先进行身份鉴别，确定对应的访问权限和策略，然后才允许与相对应的服务建立连接，无论是在固定网络还是在移动网络，都能提供可靠的隔离和访问控制。

在移动互联网扩展中，可以采用多种 SDP 部署方式。

（1）内嵌式部署：SDP 功能以插件的形式部署在移动互联网终端和移动应用服务端。在这种部署方式下，用户能够定义任意两台设备之间的访问策略，从而实现终端级别的细粒度隔离和访问控制。但这种部署方式需要将 Agent 内嵌到用户的系统中，并占用部分用户计算资源。

（2）应用侧网关部署：SDP 网关作为单独的网元部署在移动互联网环境中，部署在移动应用服务端前端位置。SDP 网关和移动互联网服务端通过可信网络连接。SDP 网关可以方便地实现应用侧的过渡，而不需要服务端更改。

（3）移动互联网侧网关部署：SDP 网关作为单独的网元部署在移动互联网环境中，部署在移动互联网网络汇聚出口处。SDP 网关和移动终端通过一定的安全机制保障网络隔离和访问控制。汇聚网关模式可以支持未安装 SDP 客户端的移动终端连接互联网应用时，也能够享受 SDP 的安全防护。

用户可以根据实际环境需要，选择其中的一种方式或组合使用几种方式部署 SDP 网关。

下面介绍 SDP 对标移动互联安全扩展要求。

对标《信息安全技术 网络安全等级保护基本要求》（GB/T 22239—2019）中“7.3 移动互联安全扩展要求（二级）”部分内容、“8.3 移动互联安全扩展要求（三级）”部分内容、“9.3 移动互联安全扩展要求（四级）”部分内容，按照 SDP 标准规范描述，SDP 能够帮助用户满足或部分满足的条目，详细说明如下。

2）移动互联安全扩展二级要求

在等保 2.0 二级要求中，规定了多个方面的具体技术要求。其中，SDP 针对移动互联安全扩展二级要求满足情况如表 6-10 所示。

表 6-10 SDP 针对移动互联安全扩展二级要求满足情况

要 求 项	要 求 子 项	SDP 适用情况
7.3.1 安全物理环境	7.3.1.1 无线接入点的物理位置	不适用
7.3.2 安全区域边界	7.3.2.1 边界防护	适用
	7.3.2.2 访问控制	适用
	7.3.2.3 入侵防范	部分适用
7.3.3 安全计算环境	7.3.3.1 移动应用管控	不适用
7.3.4 安全建设管理	7.3.4.1 移动应用软件采购	不适用
	7.3.4.2 移动应用软件开发	不适用

3）移动互联安全扩展三级要求

在等保 2.0 三级要求中，规定了针对移动互联安全扩展多个方面的具体技术要求。其中，SDP 针对移动互联安全扩展三级要求满足情况如表 6-11 所示。

表 6-11 SDP 针对移动互联安全扩展三级要求满足情况

要 求 项	要 求 子 项	SDP 适用情况
8.3.1 安全物理环境	8.3.1.1 无线接入点的物理位置	不适用
8.3.2 安全区域边界	8.3.2.1 边界防护	适用
	8.3.2.2 访问控制	适用
	8.3.2.3 入侵防范	部分适用
8.3.3 安全计算环境	8.3.3.1 移动终端管控	部分适用
	8.3.3.2 移动应用管控	部分适用
8.3.4 安全建设管理	8.3.4.1 移动应用软件采购	部分适用
	8.3.4.2 移动应用软件开发	部分适用
8.3.5 安全运维管理	8.3.5.1 配置管理	适用

4）移动互联安全扩展四级要求

在等保 2.0 四级要求中，规定了针对移动互联安全扩展多个方面的具体技术要求。其中，SDP 针对移动互联安全扩展四级要求满足情况如表 6-12 所示。

表 6-12　SDP 针对移动互联安全扩展四级要求满足情况

要求项	要求子项	SDP 适用情况
9.3.1 安全物理环境	9.3.1.1 无线接入点的物理位置	不适用
9.3.2 安全区域边界	9.3.2.1 边界防护	适用
	9.3.2.2 访问控制	适用
	9.3.2.3 入侵防范	部分适用
9.3.3 安全计算环境	9.3.3.1 移动终端管控	部分适用
	9.3.3.2 移动应用管控	部分适用
9.3.4 安全建设管理	9.3.4.1 移动应用软件采购	部分适用
	9.3.4.2 移动应用软件开发	部分适用
9.3.5 安全运维管理	9.3.5.1 配置管理	适用

4．SDP 满足等保 2.0 物联网安全扩展要求

1）概述

物联网面临着错综复杂的安全风险。从管理角度来看，物联网应用涉及国家重要行业、关键基础设施，产业合作链条长、数据采集范围广、业务场景多，各类应用场景的业务规模、责任主体、数据种类、信息传播形态存在差异，为物联网安全管理带来挑战。从技术角度来看，物联网涉及通信网络、云计算、移动 App、Web 等技术，本身沿袭了传统互联网的安全风险，加之物联网终端规模巨大、部署环境复杂，传统安全问题的危害在物联网环境下会被急剧放大。

我国政府早在 2013 年就将安全能力建设纳入物联网发展规划。近年来，随着物联网技术应用的不断成熟，物联网安全标准化得到进一步重视，成为国家促进关键信息基础设施保护、行业应用安全可控的重要抓手。值此物联网产业发展的关键时期，加快研制应用物联网安全基础标准和关键技术标准，尤其是工业互联网、车联网、智能家居等产业急需的物联网安全服务标准，已成为尤为紧迫的一项工作。

大量的新设备正在连接到互联网上。管理这些设备或从这些设备中提取信息抑或两者兼有的后端应用程序的任务很关键，因为它们要充当私有或敏感数据的保管人。SDP 可用于隐藏这些服务器及其在互联网上的交互，以最大限度地提高安全性和正常运行时间。

在等保 2.0 附录 F 中，描述了物联网应用场景。物联网从结构上可分为 3 个逻辑层，即感知层、网络传输层和处理应用层，如图 6-32 所示。其中，感知层包括 RFID 系统和传感网络；网络传输层包括将这些感知数据远距离传输到处理中心的网络；处理应用层包括对感知数据进行存储与智能处理的平台，并对业务应用终端提供服务。

下面对等保 2.0 每一级别的物联网安全与 SDP 的试用策略进行详细描述。

2）物联网安全扩展二级要求

在物联网场景中，感知节点通常不是集中化部署在数据中心的，并且在能源、交通等行业中，感知节点往往还会在户外部署，进而通过有线或无线的方式与远程数据中心或云平台进行数据交互。分布式部署在数据中心外部的感知节点及其与远程数据中心的通信渠

道是物联网场景下的重要攻击面，攻击者有可能利用物理接触等手段对感知节点设备做深入的分析研究，从而发现其中可被利用的漏洞。此外，攻击者还可以通过通信渠道将含有恶意代码的设备或攻击者的计算机连入远程数据中心。由于具有相同功能的感知节点设备的型号与配置通常区别不大，因此攻击者一旦掌握了某个感知节点设备的漏洞，便可以获得批量攻击整个物联网系统的能力，而这通常是攻击者对物联网系统的最终攻击目的。

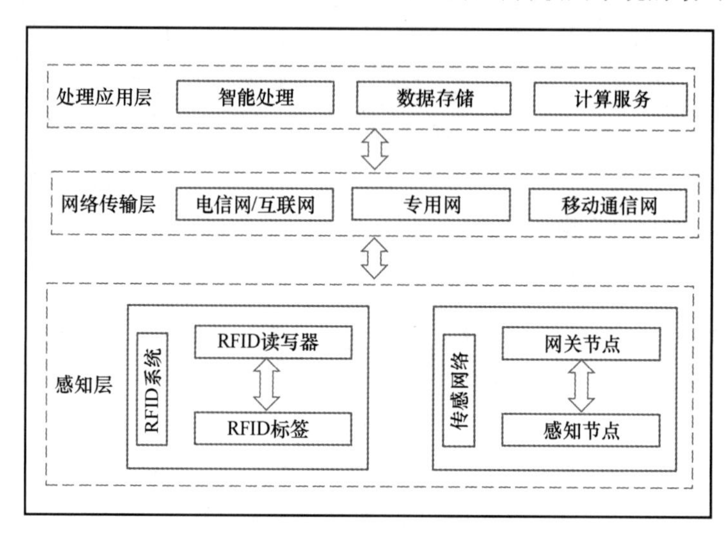

图 6-32 物联网的构成

对此，SDP 将通过零信任框架，重构物联网系统的安全机制，并利用强化身份验证（多因素/逐步验证）、身份与设备的双向验证、网络微隔离、安全远程访问等技术手段实现增强物联网安全。物联网感知节点通常遵循“服务器–服务器”的 SDP 部署方式，但是由于物联网感知节点还分为感知层终端和感知层网关，因此从连接方式上可以进一步分为如下两种情况。

（1）感知层终端–远程数据中心（服务器–服务器模式）：感知层终端设备与远程数据中心均属于 SDP 部署方式中的“服务器”。服务器之间的连接都是加密的，无论底层网络或 IP 结构如何，SDP 模型都要求服务器部署轻量级 SPA（单包授权）技术，即服务器之间首先通过 SPA 完成鉴权并建立加密连接，然后才进行正常通信，任何未授权的访问都不会得到服务器的回应。

（2）感知层终端–感知层网关–远程数据中心的模式（客户端–网关–服务器模式）：这类连接方式通常是由于感知层终端计算或存储资源不够，或者感知层终端设备需要快速的实时响应，因此通过感知层网关设备提供边缘计算能力。此类连接方式要求感知层网关与感知层终端设备进行白名单机制的增强双向设备验证（设备 ID/MAC/固件或 OS 内核完整性等多因素认证），同时感知层网关与远程数据中心均使用单包授权（SPA），确保感知层终端与感知层网关，以及感知层网关与远程数据中心进行通信前，应当首先完成授权验证，否则不做任何响应。

在等保 2.0 二级要求中，规定了多个方面的具体技术要求。其中，SDP 针对物联网安全扩展二级要求满足情况如表 6-13 所示。

表 6-13　SDP 针对物联网安全扩展二级要求满足情况

要　求　项	要 求 子 项	SDP 适用情况
7.4.1 安全物理环境	7.4.1.1 感知节点设备物理防护	不适用
7.4.2 安全区域边界	7.4.2.1 接入控制	适用
	7.4.2.2 入侵防范	适用
7.4.3 安全运维管理	7.4.3.1 感知节点管理	适用

3）物联网安全扩展三级要求

根据《信息安全技术 网络安全等级保护基本要求》（GB/T 22239—2019）中“8.4 物联网安全扩展要求”的描述，物联网安全扩展三级要求主要包括安全物理环境、安全区域边界、安全计算环境、安全运维管理 4 个部分。

根据等保 2.0 附录 F（物联网应用场景说明）的描述：物联网通常从架构上可分为 3 个逻辑层，即感知层、网络传输层和处理应用层。对物联网的安全防护应包括感知层、网络传输层和处理应用层，由于网络传输层和处理应用层通常是由计算机设备构成的，因此这两部分按照安全通用要求提出的要求进行保护，此标准的物联网安全扩展要求针对感知层提出特殊安全要求，与安全通用要求一起构成对物联网的完整安全要求。

其中，感知层包括传感器节点和传感网络网关节点，或者射频识别（Radio Frequency Identification，RFID）标签和 RFID 读写器，也包括这些感知设备及传感网络网关、RFID 标签与阅读器之间的短距离通信（通常为无线）部分。

在感知层的各组件中，只有感知网关节点（如 IoT 网关）具备底层计算系统，可以部署 SDP 功能模块。

在等保 2.0 三级要求中，规定了多个方面的具体技术要求。其中，SDP 针对物联网安全扩展三级要求满足情况如表 6-14 所示。

表 6-14　SDP 针对物联网安全扩展三级要求满足情况

要　求　项	要 求 子 项	SDP 适用情况
8.4.1 安全物理环境	8.4.1.1 感知节点设备物理防护	不适用
8.4.2 安全区域边界	8.4.2.1 接入控制	不适用
	8.4.2.2 入侵防范	适用
8.4.3 安全计算环境	8.4.3.1 感知节点设备安全	不适用
	8.4.3.2 网关节点设备安全	部分适用
	8.4.3.3 抗数据重放	不适用
	8.4.3.4 数据融合处理	不适用
8.4.4 安全运维管理	8.4.4.1 感知节点管理	不适用

4）物联网安全扩展四级要求

在等保 2.0 四级要求中，规定了多个方面的具体技术要求。其中，SDP 针对物联网安全扩展四级要求满足情况如表 6-15 所示。

表 6-15　SDP 针对物联网安全扩展四级要求满足情况

要求项	要求子项	SDP 适用情况
9.4.1 安全物理环境	9.4.1.1 感知节点设备物理防护	不适用
9.4.2 安全区域边界	9.4.2.1 接入控制	适用
	9.4.2.2 入侵防范	适用
9.4.3 安全计算环境	9.4.3.1 感知节点设备安全	适用
	9.4.3.2 网关节点设备安全	适用
	9.4.3.3 抗数据重放	适用
	9.4.3.4 数据融合处理	适用
9.4.4 安全运维管理	9.4.4.1 感知节点管理	适用

5. SDP 满足等保 2.0 工业控制系统安全扩展要求

1）概述

工业控制系统涉及应用层、控制层和实时操作层，与传统的信息系统不同，其具有实时性、集成性、稳定性、高可用性和人机互操作性要求，工业控制系统网络组件涉及传统网络系统组件（如 OS、网络及网络设备、数据库等），同时包括工业控制专用设备或系统，如数据采集与监视控制系统（Supervisory Control And Data Acquisition，SCADA）、可编程逻辑控制器（Programmable Logic Controller，PLC）、分散控制系统（Distributed Control System，DCS）等，系统投入运营后不会轻易变更（如一般工业控制系统使用生命周期至少 25 年）。因此，随着运营年限增长，各系统的漏洞、缺陷越来越多，易被病毒、恶意代码攻击，造成工业控制系统风险。另外，由于工业控制系统稳定性要求，安全防护措施实施均要求对环境及业务零影响，传统的安全防护措施不太适用于工业控制系统防护，因此安全防护措施不足。

随着国家提出的工业互联网发展战略，传统封闭式工业控制系统网络逐步走向外网、互联网，网络安全面临更大的挑战。

SDP 的功能与技术在工业控制系统中有较好的应用环境，是工业控制系统（特别是工业互联网）安全加强的轻量级可选技术，包括 SDP 实现工业控制网络中的白名单机制（如应用白单名、设备白单名、用户白单名），可有效提升对网络安全的管理；通过先认证再连接，实现对接入用户与设备安全的管理；通过基于用户策略安全防护，实现用户身份鉴别、资源授权等；通过加密实现对工业系统指令与数据安全传输等。

根据《软件定义边界（SDP）标准规范 2.0》，SDP 的部署可以分为以下 3 种方式。

（1）客户端-网关模式：一个或多个服务器位于 SDP 连接接受主机（AH）后面，SDP 连接接受主机（AH）充当客户端和受保护服务器之间的网关。这种模式将受保护的服务器与未经授权的用户隔离开，同时减轻了常见的横向移动攻击风险。

（2）客户端-服务器模式：在这种情况下，受保护的服务器将直接运行可连接接受主机（AH）的软件，而无须通过运行该软件服务器前面的网关，从而建立了客户端和服务器之间的直接联系。

（3）服务器–服务器模式：这种模式可以保护提供 REST、SOAP、RPC 等服务或 API 的服务器免受网络上未经授权的主机的攻击。

结合工业控制系统环境网络的特殊情况，推荐 SDP 部署如下。

（1）实时生产控制区与非实时生产控制区。实时生产控制区与非实时生产控制区部署 SDP，利用先认证再连接对所有访问实时生产控制区、非实时生产控制区资源实现接入准入；采用基于用户策略防护针对操作人员、运维人员、临时运维人员等进行严格授权与控制。

（2）管理信息区。在管理信息区部署 SDP，实现对网络关键资源安全保护，降低病毒、木马等安全威胁，同时，针对外部网络的远程接入、临接接入及访问等提供资源隐身、访问控制、传输加密、身份鉴别、资源授权等功能。

（3）工业互联网。工业互联网为全新的工业控制系统网络，可与 SDP 安全架构进行整合，利用 SDP 的准入、授权、动态、隐身、加密等安全功能与特性，实现对工业互联网实时控制系统、非实时控制系统、信息管理系统等提供多方位的安全保护，为工业互联网应用提供安全支撑。

2）工业控制系统安全扩展一级要求

在等保 2.0 一级要求中，规定了多个方面的具体技术要求。其中，SDP 针对工业控制系统安全扩展一级要求满足情况如表 6-16 所示。

表 6-16　SDP 针对工业控制系统安全扩展一级要求满足情况

要　求　项	要　求　子　项	SDP 适用情况
6.5.1 安全物理环境	6.5.1.1 室外控制设备物理防护	不适用
6.5.2 安全通信网络	6.5.2.1 网络架构	适用
6.5.3 安全区域边界	6.5.3.1 访问控制	适用
	6.5.3.2 无线使用控制	适用
6.5.4 安全计算环境	6.5.4.1 控制设备安全	不适用

3）工业控制系统安全扩展二级要求

二级工业控制系统信息安全保护环境的设计目标是在一级工业控制系统信息安全保护环境的基础上，增加系统安全审计等安全功能，并实施以用户为基本粒度的自主访问控制，使系统具有更强的自主安全保护能力。在等保 2.0 二级要求中，规定了多个方面的具体技术要求。其中，SDP 针对工业控制系统安全扩展二级要求满足情况如表 6-17 所示。

表 6-17　SDP 针对工业控制系统安全扩展二级要求满足情况

要　求　项	要　求　子　项	SDP 适用情况
7.5.1 安全物理环境	7.5.1.1 室外控制设备物理防护	不适用
7.5.2 安全通信网络	7.5.2.1 网络架构	适用
	7.5.2.2 通信传输	适用
7.5.3 安全区域边界	7.5.3.1 访问控制	适用
	7.5.3.2 拨号使用控制	适用
	7.5.3.3 无线使用控制	适用

（续表）

要 求 项	要 求 子 项	SDP 适用情况
7.5.4 安全计算环境	7.5.4.1 控制设备安全	不适用，
7.5.5 安全建设管理	7.5.5.1 产品采购和使用	不适用
	7.5.5.2 外包软件开发	不适用

4）工业控制系统安全扩展三级要求

在等保 2.0 三级要求中，规定了多个方面的具体技术要求。其中，SDP 针对工业控制系统安全扩展三级要求满足情况如表 6-18 所示。

表 6-18 SDP 针对工业控制系统安全扩展三级要求满足情况

要 求 项	要 求 子 项	SDP 适用情况
8.5.1 安全物理环境	8.5.1.1 室外控制设备物理防护	不适用
8.5.2 安全通信网络	8.5.2.1 网络架构	适用
	8.5.2.2 通信传输	适用
8.5.3 安全区域边界	8.5.3.1 访问控制	适用
	8.5.3.2 拨号使用控制	适用
	8.5.3.3 无线使用控制	适用
8.5.4 安全计算环境	8.5.4.1 控制设备安全	适用
8.5.5 安全建设管理	8.5.5.1 产品采购和使用	不适用
	8.5.5.2 外包软件开发	不适用

5）工业控制系统安全扩展四级要求

在等保 2.0 四级要求中，规定了多个方面的具体技术要求。其中，SDP 针对工业控制系统安全扩展四级要求满足情况如表 6-19 所示。

表 6-19 SDP 针对工业控制系统安全扩展四级要求满足情况

要 求 项	要 求 子 项	SDP 适用情况
9.5.1 安全物理环境	9.5.1.1 感知节点设备物理防护	不适用
9.5.2 安全通信网络	9.5.2.1 网络架构	部分适用
	9.5.2.2 通信传输	适用
9.5.3 安全区域边界	9.5.3.1 访问控制	适用
	9.5.3.2 拨号使用控制	适用
	9.5.3.3 无线使用控制	部分适用
9.5.4 安全计算环境	9.5.4.1 控制设备安全	部分适用
9.5.5 安全建设管理	9.5.5.1 产品采购和使用	不适用
	9.5.5.2 外包软件开发	不适用

6.6.2 IAM 助力满足等保 2.0

在等保 2.0 中，规定了多个方面的具体技术要求。其中，IAM 针对等保 2.0 合规要求满足情况如表 6-20 所示。

表 6-20　IAM 针对等保 2.0 合规要求满足情况

要　求　项	要 求 子 项	IAM 适用情况
安全通信网络	通信传输	适用
	可信验证	适用
	访问控制	适用
	可信验证	适用
安全计算环境	身份鉴别	适用
	访问控制	适用
	可信验证	适用
安全管理中心	系统管理	适用

6.6.3　微隔离助力满足等保 2.0

微隔离作为零信任安全架构的重要分支，也可以助力满足等保 2.0 要求，微隔离针对等保 2.0 合规要求满足情况如表 6-21 所示。

表 6-21　微隔离针对等保 2.0 合规要求满足情况

要　求　项	要 求 子 项	适 用 情 况
安全区域边界	访问控制	适用
	入侵防范	适用

1．安全通用安全

（1）对“8.1.3.2 访问控制”的适用策略。

① 应在网络边界或区域之间根据访问控制策略设置访问控制规则，默认情况下，除了允许通信外，受控接口拒绝所有通信。

说明：微隔离支持网络白名单，可快速实现环境隔离、域间隔离、应用隔离、端到端隔离。

② 应删除多余或无效的访问控制规则，优化访问控制列表，并保证访问控制规则数量最小化。

说明：微隔离支持自动学习主机之间的访问关系，并通过红绿线标识出业务流量与现有安全策略的匹配程度，从而帮助运维人员删除多余或无效的访问控制规则。

③ 应对源地址、目的地址、源端口、目的端口和协议等进行检查，以允许/拒绝数据包进出。

说明：微隔离支持基于源地址、目的地址、源端口、目的端口和协议的访问控制能力。

（2）对“8.1.3.3 入侵防范”的适用策略。

① 应在关键网络节点处检测、防止或限制从内部发起的网络攻击行为。

说明：微隔离可以实现端到端的流量识别，可以快速发现内部不合规的访问流量，同时可在网络层直接阻断异常流量的连接，从而实现检测、防止、限制从内部发起的网络攻击。

② 应采取技术措施对网络行为进行分析，实现对网络攻击特别是新型网络攻击行为

的分析。

说明：微隔离可以自动学习主机之间的业务流，并形成业务流基线，当内部出现偏离业务流的访问行为时，产品即可快速发现并阻断，这可以有效地阻止攻击者在内部横移，减少高级可持续攻击行为。

③ 当检测到攻击行为时，记录攻击源 IP、攻击类型、攻击目标、攻击时间，在发生严重入侵事件时应进行告警。

说明：微隔离支持记录攻击源 IP、被攻击主机、时间等信息，并可自定义进行告警。

（3）对“8.1.4.4 入侵防范”的适用策略。

① 应关闭不需要的系统服务、默认共享和高危端口。

说明：微隔离支持识别每台主机开放的服务及端口，并能在网络层直接关闭，可快速有效地关闭不需要的系统服务、默认共享及高危端口。

② 应通过设定终端接入方式或网络地址范围对通过网络进行管理的管理终端进行限制。

说明：微隔离支持配置精细化的访问控制策略，可以帮助实现堡垒机的绕过问题。

2. 云计算拓展要求

（1）对“8.2.3.2 入侵防范”的适用策略。

应能检测到虚拟机与宿主机、虚拟机与虚拟机之间的异常流量。

说明：微隔离支持识别主机之间的流量，并能与安全策略进行匹配，对异常流量进行检测并阻断。

（2）对“8.2.4.2 访问控制”的适用策略。

① 应保证当虚拟机迁移时，访问控制策略随其迁移。

说明：微隔离支持客户端部署在主机的操作系统上，当虚拟机迁移时，访问控制策略仍然会自动变化。

② 应允许云服务用户设置不同虚拟机之间的访问控制策略。

说明：微隔离支持配置端到端的访问控制策略。

6.7 敏感数据的零信任方案

随着越来越多的企业不断发展新型业务，新型业务模式也逐渐被采用，数据泄露的威胁以及随之而来的规则和规范也在增加。公司和机构需要预测并适应不断变化的数据和 IT 环境，数据安全和隐私的零信任方法可能是理想的框架。基于零信任模型理念，任何访问都可以构成威胁，不能被信任。零信任原则要求对用户和进程进行持续的信任检查，且是基于上下文的。这种实时、上下文感知的零信任框架可确保安全控制始终处于用户计划的前沿。

6.7.1 敏感数据安全防护的挑战

随着信息化的不断深入，基于互联网及各种专网部署的办公业务应用系统已非常普及，

如何确保这些办公业务应用和敏感数据的安全访问是当前网络安全的基础性问题之一。

近年来，数据安全事件频发，通过远程办公导致敏感数据泄露而造成极大的经济损失和隐私泄露。由 2020 年 7 月 IBM Security 发布的《2020 年数据泄露成本报告》中可知，敏感数据泄露的平均总成本为 386 万美元（约合人民币 2521 万元），敏感数据泄露风险已呈现“内忧”高于“外患”趋势。

当前远程办公对传统敏感数据安全防护方案提出挑战。

（1）传统敏感数据安全防护方案（如 AD 域、DLP 等）不适用于 BYOD 场景。

① DLP 和桌面管理软件因为有录屏、远程控制、行为审计等管控功能，BYOD 场景用户担心个人计算机的隐私被侵犯，所以对此类软件抵触心理很强，管理员推广难度较大。

② 传统 AD 域和 DLP 的统一管理方式存在兼容性差，运维复杂的问题。

（2）移动办公场景，内网敏感数据防泄密是 IT 建设中的难题。

① 在远程办公大背景下，用户对所有 VPN 产品的安全性担忧显著上升，并衍生出对使用 VPN 后敏感数据流转安全性的担忧。

② 勒索病毒事件影响，用户对因 VPN 带来的可能导致内网病毒感染敏感数据的担忧。

③ Windows 7 停止更新后，国内商用 PC 在未来 3 年内仍然会有大量 Windows 7 的计算机存在，如何在可能存在大量高危漏洞的 PC 上安全办公是管理员面临的重要挑战。

（3）现有桌面云方案在成本和体验上面临较大挑战。

① 桌面云的部署成本较高，要考虑新增网络设备及硬件机柜成本。

② 体验受出口带宽影响大，只能覆盖最核心人员，如对于远程办公和广域网场景，个人网络环境不可控可能会导致桌面体验不佳的问题。

6.7.2　基于零信任的敏感数据保护方案

1．场景描述

目前存在的办公系统，需要在单位外访问内网进行系统访问。有业务系统给第三方访问，担心第三方随意保存敏感数据。单纯 VPN 缺少终端数据保护能力，登录 VPN 后可以任意下载敏感数据进行转存和外发，存在数据泄露风险。传统 DLP 方案不适合 BYOD 场景，对员工个人终端管控太严，用户使用体验差。

目前办公操作不涉及复杂的软件和外设，对数据安全有一定的要求，用户不希望对终端进行强管控或可以接受不对终端进行强管控。内部对安全规范和敏感数据保护有一定的要求，针对 HW 等事件驱动终端安全规划。

2．解决方案

越来越多业务对外发布，面向全体员工、供应商、合作伙伴，需要尽可能地缩小暴露面，降低被恶意扫描、攻击、入侵的风险，同时使用角色、群体复杂，需要通过双因素等手段进行身份认证强化。当访问环境、访问时间发生变化而进行强化认证时，应确保身份合法性。

远程办公接入终端的安全是薄弱的环节，需要持续检测终端环境是否安全，如是否安装了补丁、杀毒软件；是否存在危险的进程；访问敏感数据全周期环境是否都安全；远程接入用户角色众多，需要进行规范化、最小化的敏感数据访问权限设定，避免用户权限过大，暴露过多内网业务，从而带来核心业务被攻击的风险，同时用户接入内网后，访问敏感数据行为需要进行安全审计；访问高敏感度业务的敏感数据需要更安全的策略；发现可疑、异常访问行为需要及时阻断或二次确认用户身份。

利用零信任思想和技术实现满足远程办公的升级需求，零信任安全体系如图 6-33 所示。

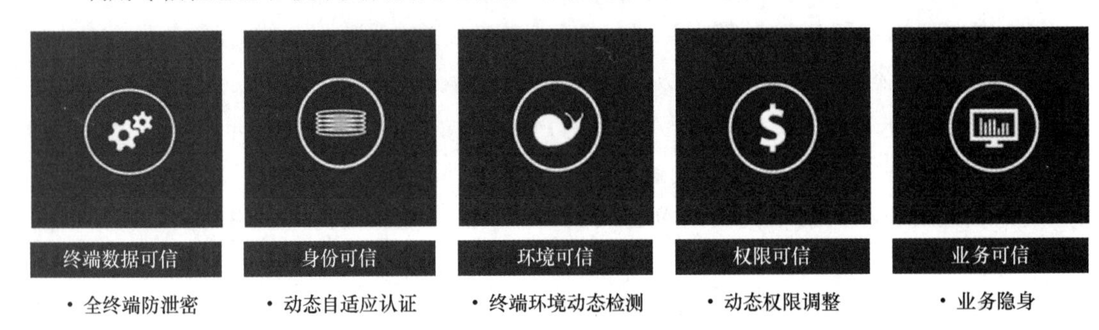

图 6-33　零信任安全体系

零信任安全体系主要以零信任技术为框架，构建从用户终端安全、身份识别、环境检测、权限评估、业务安全各个维度进行规划建设。其主要目的是通过使用零信任访问控制技术来实现最小化授权、精细化授权和安全稽查，从而鉴别和规范访问权限、缩小信息暴露面。通过零信任动态访问控制构建安全基线，实现业务系统的安全边界清晰化，为信息化安全提供最后一道防线。

零信任安全架构的基础是身份化，基于身份化实现先认证、再连接，保护业务系统敏感数据的安全。通过前置可信访问网关，强制所有访问都必须经过认证、授权和加密。通过与统一身份认证平台对接，实现统一账号管理、账号生命周期管理。同时，可信访问网关架设在用户与业务系统之间，会将 B/S 架构应用从 HTTP 转换成 HTTPS，会对 C/S 架构应用建立 SSL 加密隧道，防止局域网利用嗅探技术窃取他人会话信息，利用他人的会话身份窃取信息和篡改敏感数据的风险。

在零信任安全架构设计中，终端数据安全可信环境采用工作中敏感数据与个人数据分离机制，构建工作域和个人域双平面。个人域和工作域从驱动层进行隔离，可通过策略控制保障敏感数据不会流入个人域，达到数据安全效果（策略包含剪切板隔离、打印控制、防截屏、文件传输控制、打印管控、屏幕水印等）。

第7章　零信任的战略规划与实施

零信任为减少实施精确、最小权限策略时的不确定性，针对面临风险的网络和信息系统，提供了一系列访问决策的原则。也就是说，网络中可能存在可以拦截或发起通信的恶意用户。从本质上看，零信任由一组原则组成，并通过这些原则来指导信息技术架构的规划、部署和运营。零信任通过全局视角来衡量给定任务或业务流程中所有的潜在风险，以及考虑如何降低这些风险。因此，零信任不存在单一、特定的基础设施实现或架构，零信任解决方案取决于正在分析的工作流（企业任务的一部分）以及执行该工作流时使用的资源。零信任战略思想可用于规划和实施企业 IT 基础架构，该规划称为零信任架构（ZTA）。

ZTA 规划和部署的成功需要企业管理员和系统运维人员的参与。ZTA 规划需要系统所有者、业务部门以及安全架构师的参与和分析。零信任不能直接强加到现有的工作流上，而是需要在企业的各个方面进行集成。

7.1　零信任战略综述

有清晰的战略，才有清晰的业务。

“战略”是根据形势需要，在整体范围为经营和发展自身能力、扩展自身实力而制定的一种全局性的、长远的发展方向、目标、任务和策略。一个好战略的制定和执行，需要找出制定战略的最佳时刻，确保战略是连贯而有效的。战略实施是一个自上而下的动态管理过程，战略目标在高层达成一致后，向中层、下层传达，并在各项工作中得以分解、落实。

零信任在面向安全局势剧烈变革的背景下，颠覆了传统边界安全架构，终结了拼凑不同技术去保护和实现安全网络的时代，具有全面的战略意义。如何恰逢其时地推进零信任战略，最终实现零信任安全，需要遵循一定的方法论，结合现状，进行妥善规划并分步实施。

7.1.1　零信任战略的意义

从企业数字化转型和 IT 环境的演变来看，数字化转型的时代浪潮推动着信息技术的快速演进，云计算、大数据、物联网、移动互联等新兴 IT 技术的快速发展导致传统内外网边界模糊。一方面，云计算、移动互联等技术的采用让企业的人、业务、数据“走”出了企业的边界；另一方面，大数据、物联网等新业务的开放协同需求导致了外部人员、平台和服务“跨”过了企业的数字护城河。复杂的现代企业网络基础设施已经不存在单一的、易识别的、明确的安全边界，或者说，无法基于传统的物理边界构筑企业的安全边界。

同时，网络安全形势不容乐观。外部攻击和内部威胁愈演愈烈，有组织的、攻击武器化、以数据及业务为攻击目标的高级持续攻击仍然能轻易找到各种漏洞而突破企业的边界，同时，内部业务的非授权访问、员工犯错、有意的数据窃取等内部威胁层出不穷。面对如此严峻的安全挑战，业界的安全意识不可谓不到位，安全投入不可谓不高。然而，安全效果却不尽如人意，安全事件层出不穷。传统的基于边界的网络安全架构在某种程度上假设、或默认了内网的人和设备是值得信任的，认为安全就是通过防火墙、WAF、IPS 等边界安全产品/方案对企业网络边界进行重重防护，构筑企业的数字护城河就足够了。事实上，基于边界的网络安全架构和解决方案滥用边界安全架构下对“信任”的假设，需要全新的网络安全架构应对现代复杂的企业网络基础设施，应对日益严峻的网络威胁形势，零信任应运而生，采用更灵活的技术手段来对动态变化的人、终端、系统建立新的逻辑边界。通过对人、终端和系统都进行识别、访问控制、跟踪实现全面的身份化。这样，身份就成为网络安全新的边界，以身份为中心的零信任安全成为网络安全发展的必然趋势。

“零信任”如 John Kindervag 所定义的，是安全的哲学和策略。它的 ABCDE 原则中“随时检查一切”，不仅包括网络基础设施、数据、设备、工作负载、系统、应用程序、服务，而且最重要的是 IAM（特别是 PAM）。零信任将为今天和明天提供更好的安全、隐私、性能和可用性。零信任并不意味着零访问，它只为所需的资源（网络、数据、系统、应用程序、业务等）分配恰如其分的权限，实施“安全访问”。

零信任增强了传统边界安全架构信任基础，提出了新的安全架构思路和实施策略：默认情况下不应该信任网络内部和外部的任何人、设备、系统，需要基于认证和授权重构访问控制的信任基础。零信任安全作为一个演进式的框架，以体系化的架构组合不同技术实现安全网络。

7.1.2 零信任战略实施的关键基础

1. 零信任战略关键推进“时”

零信任是一种安全理念，因此，企业何时、如何实施零信任安全并无放之四海而皆准的金科玉律。零信任作为现今严峻的安全态势和数字化转型浪潮驱动下的新型安全理念，目前基本认为，企业引入零信任安全的最佳时机是和企业数字化转型进程保持相同的步伐，将零信任安全作为企业数字化转型战略的一部分，在企业进行云迁移战略或建设大数据平台时同步规划，比在基础设施建设完毕后再叠加零信任，节约建设成本，缩短建设周期。

对尚无基础设施转型计划的企业来说，企业遵循零信任安全基本理念，结合现状，逐步规划实施零信任，循序渐进地进行零信任能力建设，实施零信任安全。

无论企业进行全新建设还是迁移，都需要由内而外地基于零信任理念进行整体安全架构设计和规划，细致梳理人员、数据、系统、应用的逻辑边界及安全需求，制定符合企业安全策略的全面的应用级、功能级和数据级访问控制机制。这个过程难以一蹴而就。

2. 零信任战略关键推进“人”

零信任的建设和运营需要企业各相关方积极参与，直接涉及安全部门、业务开发部门、IT 技术服务部门和 IT 运营部门等，牵头单位通常是安全部门。需要特别注意的是，很多情况下企业安全部门话语权并不高，安全项目往往受到业务部门的阻碍甚至反对，而零信任实施的最佳时机是与业务实现同步规划、同步建设。因此，零信任项目的发起者需要从零信任的业务价值出发，说服业务部门和企业的高层决策者。如果企业数字化转型的关键决策者将基于零信任的新一代安全架构上升到战略层面，指派具有足够权限的负责人，如 CIO/CSO[①]或 CISO[②]级别的负责人进行整体推进，则零信任实施将会事半功倍。

建议针对零信任的推进，成立专门的组织（或虚拟组织），在负责人的领导下进行零信任迁移工作的整体推进。吸纳关键领域负责人，包括安全、身份、网络、访问控制、客户端和服务器平台软件、关键业务应用程序服务，以及任何第三方合作伙伴或 IT 外包等各类技术和管理负责人，实现多部门之间的配合和支持。

普通员工作为零信任项目的最终使用者，他们的支持至关重要，认同和沟通是零信任战略顺利实施的保障，尽量减少对员工工作的影响，取得所有参与人员的理解和支持。Google 的实施经验是通过公司级的持续的安全文化活动，加强全体人员对零信任安全的认可。

7.1.3　零信任战略的实施线路

在零信任实施计划中，大家都聚焦选用什么样的零信任产品和技术方案，而实际上，选择具体的零信任技术方案是由需要什么样的零信任能力确定的。Forrester 提出，在实施零信任安全的时候，零信任战略是最初始的驱动，战略比技术更为关键，技术的发展驱动来自战略，战略始终推动技术选择[③]。零信任战略实施路线如图 7-1 所示。

1. 零信任战略

零信任战略是实现特定目标的高层级计划，作为一个战略集结点，是一个明确而简洁的目标。

---

① CIO（Chief Information Officer），即“首席信息官”，属于企业的最高决策层，主要负责制定企业的信息政策、标准、程序，并对全企业的信息资源进行管理和控制；CSO（Chief Solution Officer），即“首席问题官”，是企业里负责挖掘问题、协调缓解问题和解决问题的高级管理人员。

② CISO（Chief Information Security Officer），即“首席信息安全官”，主要负责对企业内的信息安全进行评估、管理和实现。CISO 也称为 IT 安全主管，通常直接向 CIO 汇报。

③ Chase Cunningham，January 19，2018，The Zero Trust eXtended (ZTX) Ecosystem，Extending Zero Trust Security Across Your Digital Business。

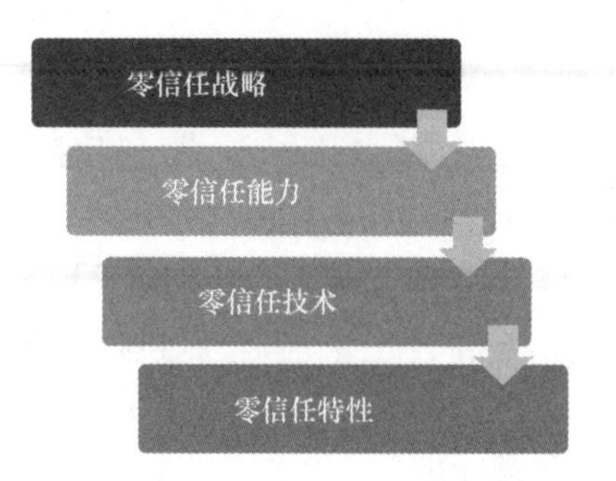

图 7-1 零信任战略实施路线

确定了零信任战略后，就可以通过设计零信任能力模型，采用相关组件来推动这些战略目标的实现了，而不是单纯购买零信任安全产品。

2. 零信任能力

零信任安全架构由多个能力支撑组件组成，这些组件包含要实现的特定能力。为支持这些能力，需要定义相应策略、流程和过程。零信任能力在战略实施框架中承上启下，安全能力与业务体系紧耦合，构建具有自适应能力的安全机制。

3. 零信任技术

在阐明了战略目标并确定了在每个零信任组件中需要开发的关键功能后，即可考虑对应于零信任关键能力，选择什么样的零信任技术，支持实现零信任战略的工具、软件项或平台。例如，在评估技术时，将面对这样的思考："此项技术支持哪些功能，具体如何实现我的团队的零信任能力？"

在考虑各自独立技术去实施零信任能力外，还要考虑这些技术是否支持 API 集成。

4. 零信任特性

使技术能够满足零信任战略的具体特性是什么？这是聚焦零信任战略框架的最后一点和最细粒度点的关键。

任何声称提供零信任相关解决方案的产品都必须描述其提供的特定功能如何与零信任实施战略所要求的功能特性保持一致。

7.2 确立零信任战略愿景

实施零信任战略前，需要先确定战略愿景。这对正确实施零信任战略树立旗帜和目标。

（1）企业确定了未来一定时期内的战略目标，可以使企业的各级人员都能够知晓企业的共同目标，进而可以增强企业的凝聚力和向心力。

（2）企业明确了未来各个阶段的工作重点和资源需求，从而使组织机构设计和资源整合更具有目的性和原则性，进而可以保持组织机构与战略的匹配性，可以更好地优化资源，有利于实现资源价值最大化。

（3）企业明确了未来各业务单元的职能战略，从而使各职能部门、各项目组织都能够清楚地了解自己该做什么，进而可以激励他们积极主动地完成目标。

7.2.1　建立零信任安全思维

在传统边界安全防护思维模式下，普遍认为认证手段越强越好、访问控制粒度越细越好、身份管理策略越明确越好。但是这种无所不用其极的安全手段，在当今用户多样化、设备多样化、业务多样化、平台多样化的安全形势下，无法面对愈演愈烈的内外部威胁，而零信任安全，并不希望一次性回答这些问题，并给出安全详尽的实施方案。实施零信任安全，就需要颠覆这种非黑即白的二元思维，建立零信任思维。在零信任看来，没有绝对的安全，也没有绝对的信任，对安全问题处理采用一刀切，会极大地影响易用性和可用性。

零信任安全以安全与易用平衡的持续认证改进了固化的一次性强认证手段，以基于风险和信任度量的动态授权逻辑替代简单的二值判定逻辑，以开放智能的身份治理优化封闭僵化的身份管理。零信任安全在实践中发现规律，通过有效的信任和风险评估，支撑持续进化的访问控制，从而得到相对稳定的安全态势。

下面详细分析针对零信任相关问题的解释和如何运用零信任安全思维。

1．认证手段

在认证手段上，零信任安全并不要求必须在各种场景下都一视同仁地采用强认证的手段，而是同时支持可选的多种认证手段，并且将认证手段的强弱作为一个信任度量因子。认证手段的强弱直接影响主体的信任度，影响后续的访问控制判定。例如，终端具备可信平台模块（Trusted Platform Module，TPM），使用了人脸识别可以得到一个较高的信任评分；反之，用户如果只使用了用户名口令进行登录，那么只能得到一个较低的信任评分，信任评分太低将禁止访问某些安全等级高的业务。

在零信任安全理念中，一次性的用户认证机制无法确保用户身份的持续合法，即便是采用了强度较高的多因素认证手段，也需要通过持续认证手段进行信任评估。例如，通过持续地对用户访问业务的网络行为、操作习惯等进行分析、识别和验证，动态地评估用户的信任度。

2．动态访问控制

零信任安全架构下的访问控制基于持续度量的思想，是一种微观判定逻辑。对主体的信任度、客体的安全等级和环境的风险进行持续评估并动态判定是否允许当前访问请求。

主体的信任度评估除前文提到的可以依据用户所采用的认证手段、用户所使用的终端是否具有 TPM 等安全硬件外，同时，终端的健康度、用户所使用的应用是否为企业分发的安全应用等也是很好的度量因子；客体的安全评估主要来自企业对客体（应用、系统、数据等）的安全等级，访问不同安全等级的客体要求主体具备不同的信任度；环境的评估则是动态对环境属性进行风险度量，环境属性可能包括访问时间、来源 IP、来源地理位置、访问频度、设备相似性等各种时空因素。

另外，在授权模型的选择上，不会单纯地采用一种，并且反复论证哪一种模型的优劣，而是考虑兼顾融合。例如，基于 RBAC 模型实现粗粒度授权，建立权限基线满足企业的最小权限原则；基于主体、客体和环境属性实现角色的动态映射和过滤机制，充分发挥基于属性的访问控制（Attribute-Based Access Control，ABAC）的动态性和灵活性等。

3. 身份管理

访问控制需要身份管理和授权策略的管理作为基础支撑。现代企业都会面临内部员工、用户、合作机构、外包人员等不同的身份，零信任安全并不寄希望于以一套大一统的管理逻辑和流程实施对全部实体身份的管理，而是对不同的身份进行分类分析和梳理，制定不同的身份生命周期管理流程。例如，对于内部员工，通过和企业的目录服务器、HR 服务器等现有身份源系统进行数据同步，统一建立员工数字身份；而对于用户，因为其具备未知性和动态性，无法为所有用户建立身份，而是提供技术手段方便用户按需注册使用。

在授权策略的管理上，零信任安全要求建设统一的认证与访问控制平台。但是对现代企业来说，很难一次性厘清信息化系统中各种用户、角色、系统的当前访问权限，因此，零信任安全的解决方案分步骤实施：首先，梳理常用的、公共的访问权限并进行基于角色的策略配置；其次，提供与一般工作流关联的自助服务机制，供各业务部门和用户自主发布和申请访问权限，并自动触发相关评估审批流程，实现安全与易用的平衡；最后，还要兼顾安全的可控性和自组织性。

另外，零信任安全会建议部署身份分析系统，对当前系统的权限、策略、角色进行智能分析，发现潜在的策略违规并触发工作流引擎进行自动或人工干预的策略调整，实现身份管理闭环。

7.2.2 认识零信任关键能力

1. ZTX 零信任能力模型

2018 年，Forrester 提出了零信任扩展（Zero Trust eXtended，ZTX）框架，将支撑零信任架构实现的能力从网络层面的微隔离扩展到人员、设备、网络、工作负载、数据、可见性与分析、自动化与编排等 7 个维度，这些维度的属性支撑零信任动态策略，构成零信任能力支柱。

网络安全能力是零信任关注的核心能力。在图 7-2 所示的 Forrester ZTX 模型中，主要关注的是如何实现网络隔离和分段，以及最终安全性的原理。零信任网络安全的关键架构组件包括网络分段网关、微内核和微边界。网络分段网关作为网络的核心，集成了各个独立安全设备的功能和特点，通过防火墙、IPS、WAF、NAC、VPN 等，可以高性能地检查所有流量。通过微内核和微边界，连接到网络分段网关的每个接口都有自己的交换区。每个交换区都有一个微内核和微周期（Microperiodier，MCAP），具有相同的安全信任级别。

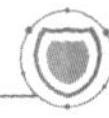

这实际上将网络划分为并行、安全的网段，这些网段都可以单独扩展，以满足特定的法律合规性要求或管理需求。

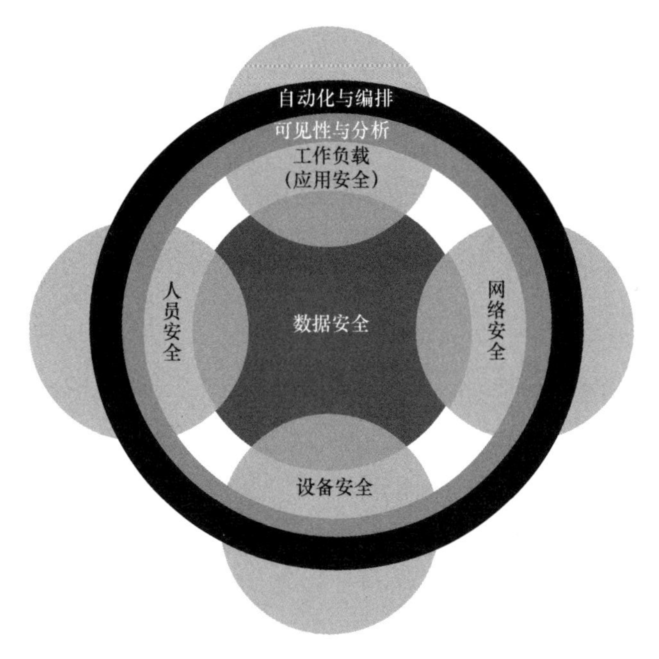

图 7-2　Forrester ZTX 模型

1）设备安全

设备安全能力是对网络上所有设备的持续发现和安全性检查的能力。根据预先收集的设备信息，对设备实施允许、拒绝或限制对内部网络资源的访问，从而强制让设备的行为符合执行预期。同时，可以根据已建立的策略发出通知启动设备修复，并持续监视设备，以确保设备行为不会偏离策略。

2）人员安全

人员安全也可以理解为身份安全，是关注使用网络和业务基础架构的人员安全，减少这些合法用户身份所带来或造成的威胁。一般人员安全主要通过身份管理与访问控制（IAM）服务来保证。

3）网络安全

网络安全是指采用“从不信任、始终验证”的理念，不管用户、设备所在的网络是什么样的，都要拒绝所有未经授权的访问，所有访问要先经过严格的认证后才能进行。同时，零信任可结合网络环境状态进行增强访问控制，网络环境不安全则拒绝接入。

4）工作负载（应用安全）

工作负载（应用安全）通过提供基于身份的代理网关，减少了应用和工作负载的暴露面，无论应用和工作负载所处于什么位置，对未经授权的人员和设备都不可见。

5）数据安全

数据安全的保护应用于数据本身，与数据的位置无关。为了保证数据安全的有效性，数据在进入组织的 IT 生态系统后应立即被自动标识出来，并应在整个数据生命周期中持续地实施数据的分类、隔离、加密和控制等安全措施。

6）可见性与分析

可见性与分析主要关注技术或解决方案并提供有用的分析和数据支撑，尽量消除系统和基础架构中存在的死角。它在不同的关注维度下有不同的支撑场景和实现，需要在对需求、用户、业务和技术多维度的综合认知指引下，定义产品自身的分析和可视化逻辑。

7）自动化与编排

自动化与编排是将重复和烦琐的安全任务转换为自动执行、计划执行或事件驱动的自定义工作流。其动态地将安全策略中的对象与外部系统关联，通过机器学习来自动识别安全事件，并更改访问策略规则，通过编排自动形成完整准确的分析与响应。

2. CISA 零信任能力支柱

基于能力支柱的描述，后续又出现了不同版本的优化调整，包括美国技术委员会-工业咨询委员会（ACT-IAC）的零信任模型等。最近，美国网络安全与基础设施安全局（CISA）在《零信任成熟度模型》（征求意见稿）中将 7 个支柱调整为 5 个支柱，如图 7-3 所示。

图 7-3　CISA 零信任能力支柱

横向的可见性与分析能力、自动化与编排能力以及治理能力作为共性能力，支撑身份、设备、网络环境、应用工作负载和数据等关键能力支柱，共同实现零信任架构。在零信任能力支柱基础上，开发零信任能力成熟度。

7.3 编制零信任战略行动计划

确定了零信任战略的愿景和目标后，还需要编制零信任战略的行动计划。

行动计划是实现目标的关键，它会帮助企业保持动力，确保目标在合理的时间内完成。一个有组织的行动计划可以让企业清楚地知道企业需要做什么，什么时候需要完成哪一项任务。当人们没有一个可靠的计划去完成一个大项目时，就会很容易地推迟它。编制了一个行动计划后，就可能会发现自己不再不知所措了，因为所有的任务都是有序的、按部就班的。

7.3.1 规划先行的意义

现今严峻的安全态势和数字化转型浪潮下的新安全需求促使了身份与访问控制成为信息系统架构安全的第一道关口。零信任安全正是顺应了这种技术趋势，其核心就是重构访问控制。从企业数字化转型和 IT 环境的演变来看，云计算、大数据、物联网、移动互联网的快速发展导致传统内外网边界模糊，企业无法基于传统的物理边界构筑安全基础设施，只能诉诸更灵活的技术手段来对动态变化的人、终端、系统建立新的逻辑边界，通过对人、终端和系统都进行识别、访问控制、跟踪实现全面的身份化，这样身份就成为网络安全新的边界。因此，以身份为中心的零信任安全成为网络安全发展的必然选择。

零信任安全不是单一的网络体系架构，而是一整套网络基础设施设计和运行的指导原则，可以用来提升任何级别或敏感级别的安全保障能力。现今，在许多组织的企业基础设施中已经有了零信任安全的元素，但是，过渡到零信任安全的历程不可回避地伴随着大规模的技术替代。零信任实施的规划过程，就是谋求逐步实现零信任原则、流程更改以及保护其数据资产和业务功能的技术解决方案落地的过程。在此期间，大多数企业基础设施将以零信任/遗留模式混合运行，同时继续致力于正在进行的 IT 现代化革新和改进组织业务流程。因此，对零信任和业务系统同步规划、同步实施，可以保证零信任核心能力相互配合、共同实现，确保信息系统整体安全性。

零信任作为一种安全理念，和企业现有的业务情况、安全能力、组织架构都有一定的关系，零信任实施也不可能一蹴而就，需要遵循一定的方法论，结合企业现状，统一目标和愿景后进行妥善规划并分步建设。

零信任安全鼓励安全团队在政府和企业领域使用简单但强有力的零信任原则作为战略规划和路线图的基础，推进零信任的战略实施。有了清晰的战略，才有清晰的业务。一个好战略的制定和执行，需要找出制定战略的最佳时刻，确保战略是连贯而有效的。

7.3.2 零信任成熟度模型

零信任实施是一项系统性的工程，并非通过部署单一网络架构或技术产品即可完成，需要长期规划和建设，包括明确零信任建设战略愿景、匹配所需资源、制定建设路线图等。零信任成熟度模型可将零信任成熟度评估从理论层面落实到用于指导实操的具体框架中，提供可落地的成熟度评估操作指引，帮助企业识别当前零信任的成熟度等级，并为企业下一阶段零信任能力演进的战略规划提供指导。

1. 零信任成熟度模型的价值

零信任安全在实施时，涉及多项关键技术以及多种实施技术路线：从客户端改造入手，将实现身份管理和访问控制作为第一阶段任务；从资源侧改造入手，将实施微隔离作为第一阶段任务。对信息化安全设施建设部门的零信任实践者而言，零信任安全架构的建设过程，是按照零信任思想，从应用系统和数据对接访问控制组件、动态分配资源访问权限、分步骤实现用户到应用系统和数据的安全访问的过程。

但是，零信任体系架构不仅仅是一个访问控制框架，用户最终希望获得一套保护数据和应用的零信任系统，且具有自我发现、自我完善的能力。零信任建设实践是一个持续演进的过程，需要经过多阶段的努力。零信任成熟度模型作为一种项目管理理念和实施手段，为企业项目管理水平的提高提供了一个评估与改进的框架，主要方式是将项目管理水平进行等级划分，形成一个逐步升级的平台，其中前一个等级是下一个更高等级的基础。借助零信任成熟度模型，可以帮助用户设计零信任应用实践的阶段性目标，了解自己目前所处的位置。同时，零信任成熟度模型的要素还包括改进的内容和改进的步骤，使用该模型的用户不仅知道自己现在所处的状态，还知道实现改进的路线图。因此，在建立零信任成熟度模型时，需要对零信任成熟度模型要素进行分析，分阶段设计要素评估等级。

借助项目管理零信任成熟度模型，企业用户可找出其项目管理中存在的缺陷并识别出项目管理的薄弱环节，同时通过解决对项目管理水平改进至关重要的几个问题，形成对项目管理的改进策略，从而稳步改善企业的项目管理水平，使企业的项目管理能力持续提高。

2. 零信任成熟度模型示例分析

零信任成熟度模型的设计并没有一定之规。零信任成熟度模型按照不同的指导思想，以里程碑方式进行展现，主要展示零信任规划阶段具体工作计划，方便多部门参与零信任建设时组织、跟踪、沟通与零信任相关、正在进行的工作，可以一目了然地看到目前工作的阶段和行动计划。下面以 Microsoft 的零信任成熟度模型和 ACT-IAC 的零信任成熟度模型为例，展开分析。

Microsoft 在 RSAC 2020 大会上发表的《真实世界的零信任》演讲中，发布了 Microsoft 的零信任成熟度模型，如图 7-4 所示。

在 Microsoft 的零信任成熟度模型中，对应于零信任建设能力，将零信任规划的实施阶段划分为三级，分别为传统、先进、优化。其中，传统对应零信任建设未开展阶段；先

进对应零信任完成基础能力建设阶段；优化对应零信任建设完成阶段。在每个阶段，都对身份认定、信任关系、应用和数据等资源进行微分割，以及网络暴露面、访问控制策略、威胁监测响应等能力进行分级描述，对应不同等级，在各个阶段进行不同的组合。将该模型特征进行总结归纳，零信任三级成熟度模型特征如表 7-1 所示。

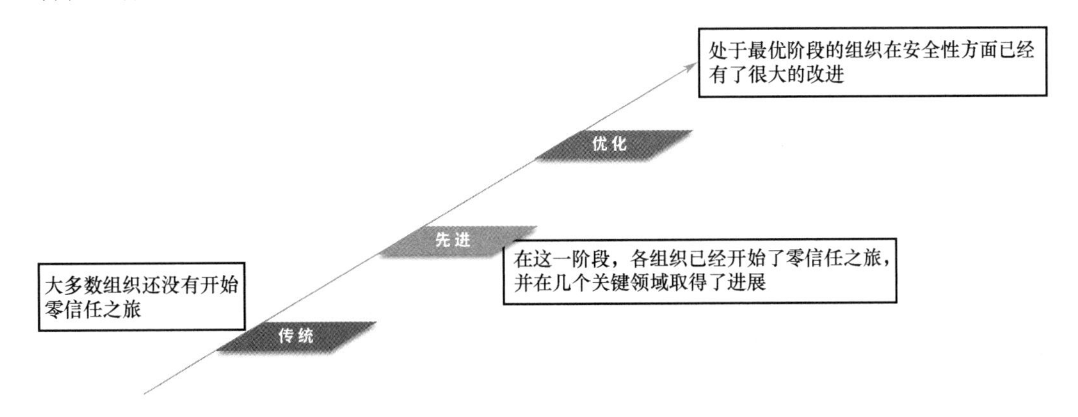

图 7-4　Microsoft 的零信任成熟度模型

表 7-1　零信任三级成熟度模型特征

成熟度等级	传　　统	先　　进	优　　化
特征描述	内部身份无法检测和挑战可疑行为； 扁平网络基础设施带来广泛的风险暴露面； 在设备遵从性、云环境和登录方面的可见性有限	网络已划分，云威胁保护已具备； 精心调整的访问策略正在限制对数据、应用和网络的访问； 设备已注册并符合 IT 安全策略； 分析开始用于评估用户行为和主动身份威胁	信任已完全从网络中移除，微云边界、微分割和加密已就位； 实时分析动态地控制对应用、工作负载、网络和数据的访问； 实现自动威胁检测响应； 数据访问决策由云安全策略引擎控制，数据共享通过加密和跟踪进行保护

美国技术委员会–工业咨询委员会（ACT-IAC）在《零信任网络安全当前趋势》白皮书中发表了 ACT-IAC 零信任成熟度模型，如图 7-5 所示。在 ACT-IAC 零信任成熟度模型中，将其分为 5 个阶段，对应于建立用户信任、获得设备和活动的可视性、确保设备可信、实施自适应策略、零信任。5 个阶段中的每个阶段内容是相互递进的，下一级是上一级项目内容的实施基础。在项目实施时，不是完成一个阶段后才开始第二个阶段，而是采用百分比评估标定，对每个阶段项目进行评估、跟踪。

3．零信任成熟度模型要素分解

在制定零信任能力建设里程碑时，需要围绕零信任核心能力，进行技术分析，按照阶梯化的能力分布，以及关键技术的可实施路线，组织阶梯化能力实现的支撑技术，包括工具、软件或平台。整个过程要结合应用场景和信息化建设现状，考虑阶段性实施的整体技术规划，包括业务发展的阶段性规划、技术发展的阶段性规划等重要因素。

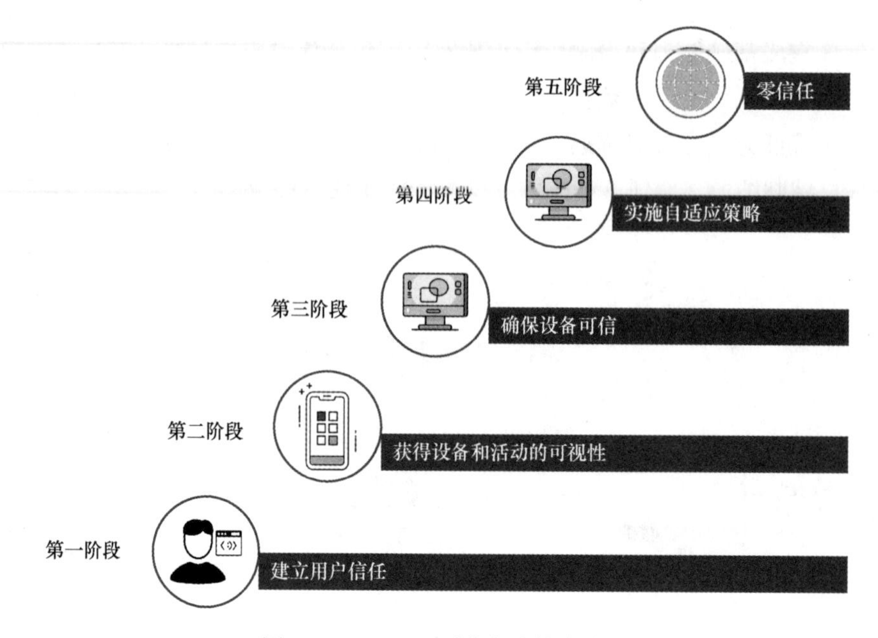

图 7-5 ACT-IAC 零信任成熟度模型

按照零信任的关键能力和信息化建设要素，可梳理零信任成熟度模型要素分解清单如下。

（1）企业资源和数据：资产清单、资产保护……

（2）用户：身份化、认证……

（3）设备：身份化、可信认证……

（4）网络：隔离、接入控制、加密……

（5）工作负载：微隔离……

（6）可见性与分析……

（7）自动化与编排……

清单中的每个要素分类都应该得到细化。下面以“用户”为例，进行分析。

零信任策略永远包括限制和严格执行用户的访问，并在用户与 Internet 交互时保护这些用户，包括对用户进行身份验证，以及持续监视和管理其访问和权限所需的所有技术。

用户的持续身份验证对零信任至关重要。它包括使用身份、凭证和访问管理（ICAM）及多因素认证（MFA）等技术，并持续监测和验证用户可信度，以管理其访问和权限，防止用户成为零信任策略的第一个沦陷对象。

分解“用户”要素为用户身份化、身份鉴别和认证、多因素认证等，按照阶段化能力建设要求，将其分解为三个阶段：第一阶段实现用户身份数字化管理和单点登录；第二阶段实现用户身份化管理和多因素自适应认证；第三阶段实现用户身份权限治理和风险监测强认证。

 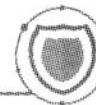

7.3.3　编制阶段性行动计划

现阶段零信任成熟度模型为零信任建设给出了建议，企业自身在建设零信任体系前需要编制阶段性行动计划，为建设零信任体系指明方向和行动步骤。行动计划一般包含：确立建设思路、厘清项目性质、拟定技术路线和制定分步建设方案。

1．确立建设思路

基于零信任成熟度模型，结合应用场景规划，就可以编制阶段性行动计划了，如图 7-6 所示。首先确立建设思路是能力优先型，还是范围优先型。作为工程实施问题，可以综合协调、梳理安全能力现状、需求、业务现状、优先级后，确定初步的总体建设路径。按照需求迫切度、能力完善程度进行组合。

（1）能力优先型：针对少量的业务构建从低到高的能力，通过局部业务场景验证零信任的完整能力，然后逐步迁移更多的业务，扩大业务范围。

（2）范围优先型：先在一个适中的能力维度上迁移尽量多的业务，再逐步对能力进行提升。

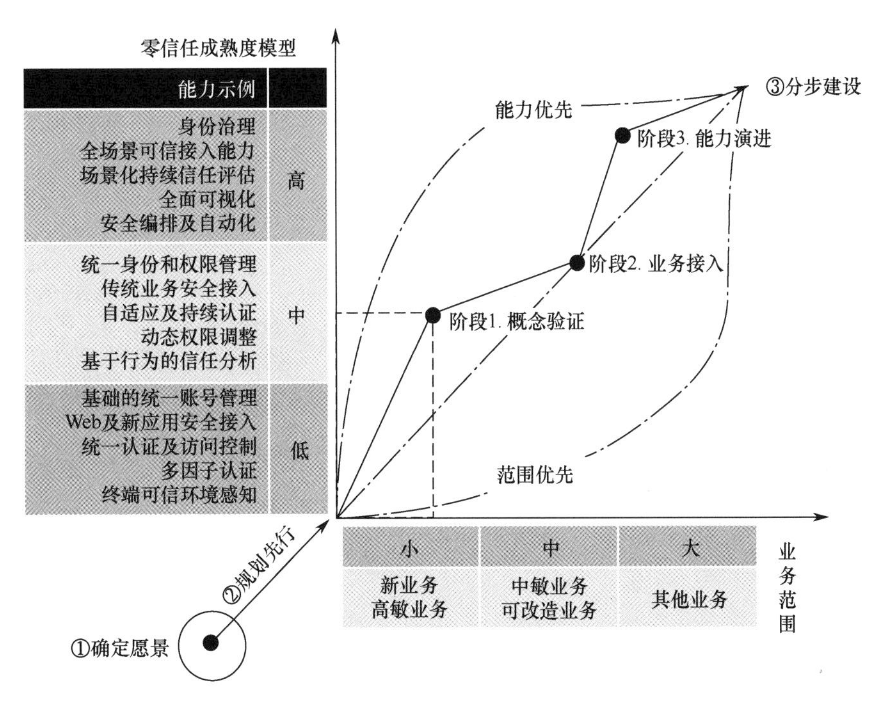

图 7-6　编制零信任阶段性行动计划示意图

2．厘清项目性质

根据需要，确定阶段性零信任建设项目性质是新建、扩建还是升级改造。考虑对接业务情况，将新建业务和核心业务作为第一优先级考虑。如果零信任架构与新建业务同步规划，那么构建一个纯零信任架构；如果零信任架构与核心业务升级改造同步规划，那么存在混合零信任和传统架构并存的情况。在不同情况下，对零信任能力要素的规划也将不同。

1）纯零信任架构：从头开始构建一个零信任架构网络

从企业的当前设置和运营方式，确定企业要操作的应用程序和工作流程，为这些工作流程生成基于零信任原则的体系结构。

确定了工作流程，企业就可以缩小所需组件的范围，并开始绘制各个组件的交互方式，构建基础结构以及配置组件的工程和组织工作。

2）混合零信任和传统架构共存

一段时间内，零信任工作流与传统企业架构共存。这是零信任迁移的重点，要保障现有业务和新建业务混合运行，平稳过渡。

企业向零信任方法的迁移，可以采取一次迁移一个业务流程的方式。在规划中，企业需要确保公共元素（如 ID 管理、设备管理、事件日志等）足够灵活，支持零信任在遗留混合安全架构中运行，并且为零信任候选解决方案，限制那些可以与现有组件接口连接的解决方案。

3. 拟定技术路线

在确定建设思路、厘清实施项目性质后，结合零信任成熟度模型，按照相关应用场景需求分析，就可以拟定如图 7-7 所示的实施技术路线了。

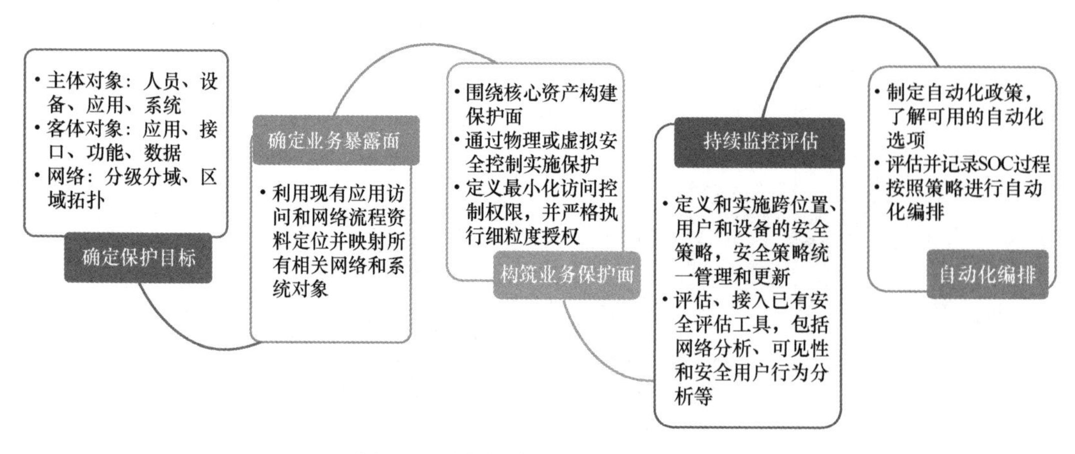

图 7-7　零信任实施技术路线示意图

1）确定保护目标

零信任始于企业资源和数据资产保护。零信任体系构建的第一步就是识别企业的资源和数据资产，了解谁、什么、何时、何地、为什么以及如何使用企业的资源和数据资产，充分考虑这个资源保护方案的现实情况和未来规划，确定零信任体系的保护目标，制定相关的保护模型，建立对应零信任能力要素清单。

2）确定业务暴露面

分析零信任体系中所有内部和外部流量，分析工作流的流动方式以及主体对象访问客体对象的方式，利用现有应用访问和网络流程资料，定位并映射所有相关网络和系统对象，结合资源保护方案的现实情况和未来规划，围绕保护对象的保护模型，确定业务暴露面。

3）构筑业务保护面

针对业务暴露面，设计零信任网络，限制并严格执行保护目标的保护模型，验证所有资源，强制执行访问控制和检查策略，构筑资源保护面。

4）持续监控评估

持续监视零信任架构是否有漏洞或其他恶意活动的迹象，对零信任业务保护面进行监控，对记录在案的安全策略进行监控，监控现在和未来的安全策略管理和更新，评估零信任架构运行状况。

5）自动化编排

鉴于安全编排自动化工具具有很强的场景化和剧本化要求，该步骤目前还处于初步阶段，可放入未来规划。

4．制定分步建设方案

制定分布建设方案是零信任从战略规划到行动计划的最后一个步骤。从零信任确定愿景到规划先行，再到分步骤制定建设方案，零信任终于走到了实施阶段。承接规划指导思想，如果是能力优先型建设思路，则需要针对少量的业务构建从低到高的能力，通过局部业务场景验证零信任的完整能力，然后逐步迁移更多的业务。范围优先型则先在一个适中的能力维度上，迁移尽量多的业务，再逐步对能力进行提升。该方案主要考虑划分为以下几个迭代的步骤。

（1）概念验证。按照技术实施方案，进行基础环境搭建，验证零信任架构自身能力。在最小化可控生产环境中进行概念验证，测试验证系统运行。

（2）业务接入。在零信任架构自身能力建设通过检测后，进行业务和终端的全面接入。

（3）能力演进。对验证过程的一些可优化点进行能力优化，基于验证结果规划后续能力演进阶段，逐步有序地提升各方面的零信任能力。

7.4　零信任建设成效评估

零信任的出现，使拼凑不同的技术去保护网络和信息化系统成为过去。零信任着力于提升信息化系统和网络的整体安全性，用户、应用和数据等要素的紧密结合，有助于改善和支撑安全和应用管理、优化流程、降低成本、提高经营绩效。对于零信任建设成效的评价首先应放在企业信息化评估总体框架内，与企业实际的业务范围和信息化建设、管理现状相结合，根据实际需求制定适用于企业自身的评估体系，并具有相对的稳定性和前瞻性。

7.4.1 基本原则

零信任建设成效评估框架不能仅着眼于零信任系统本身的建设、自身系统成熟度的衡量，还应与零信任支撑业务进行协同，实现业务创新，进而对实现企业竞争力和经济效益的提升、促进企业战略实现等方面进行综合评估。

因此，对企业零信任成效评估框架的制定应遵循实用性原则、融合性原则和前瞻性原则，以确保评估体系的科学性与合理性。

1. 实用性原则

零信任建设成效评估框架制定时应充分考虑企业业务访问和数据共享范围与特点、管理模式，形成的建设成效评估框架可以反映出企业管理和运营各个环节的零信任建设成效，以及对零信任成熟度中对应阶段的目标支撑情况。

2. 融合性原则

零信任建设成效评估框架应充分关注信息化战略、业务发展战略，与之保持一致。零信任成熟度模型在建立的时候，已经对此进行了目标融合，零信任建设成效评估框架主要是从成效评价的角度，关注融合共享情况。

3. 前瞻性原则

零信任建设成效评估框架将为未来几年建设规划指明方向，零信任建设成效评估框架的设计应始终从企业业务发展方式的视角看零信任，评价的着眼点是“零信任促进企业信息化发展”。

7.4.2 制定评估指标框架

零信任架构的建设渗透到信息化系统建设的多个管理领域和业务环节，为集约化安全管理和整体运维提供了支撑。零信任架构带来的效能、效率和效益将逐步显现。对零信任建设成效开展评估，在企业信息化建设整体评价框架下，提出符合自身需求的零信任评估体系总体框架，建立符合自身情况的详细指标评价体系，量化指标，评估企业零信任建设取得的成效及存在的问题与不足，配合零信任成熟度模型，为后续发展投入提供有效指导。

目前，评估信息化系统建设成效的安全监测办法是对所使用的产品进行产品安全性监测、信息安全系统通过网络安全等级保护测评、遵循各行业所采用的信息系统安全评估规范等，零信任建设成效评估框架在遵循现有信息系统安全监测要求的基础上，涵盖零信任各系统自身安全能力、与信息化系统的融合使用能力，在企业应用的基础上，强调零信任对企业创新发展、竞争力提升和企业文化营造方面的支撑作用。

在结合信息化企业和安全评估规范的基础上，对企业信息化实际情况进行分析后，可以建立零信任建设成效评估框架，划分评估维度，确定评估指标项。

7.4.3　评估内容分析

从大的方面看，零信任建设成效评估内容可划分为以下几个层次。

1．零信任建设安全保障能力

这个层次主要是评估零信任建设自身能力，主要评估内容应是零信任系统建设情况、运行情况，包括以下两个方面。

（1）零信任系统所提供的关键能力实现情况。

（2）零信任系统对信息化建设的保障能力实施情况。

2．零信任建设与信息化建设的结合能力

这个层次主要是评估零信任对所服务的业务应用和数据共享的应用水平和覆盖深度，主要评估内容包括以下几方面。

（1）业务应用和数据共享单项对接零信任的应用水平。

（2）业务应用和数据共享综合集成水平。

（3）零信任对业务应用和数据共享的管理等支撑水平。

（4）零信任与业务应用和数据共享整合与协同水平。

3．零信任建设对企业的社会、经济效益的支撑能力

这个层次主要是评估零信任对于企业竞争力、经济效益、产业创新与协同、企业文化等的支撑能力，主要评估内容包括以下几方面。

（1）零信任对企业竞争力提升的作用。

（2）采用零信任后，企业经济和社会效益增加。

（3）零信任对产业链的协同能力。

（4）零信任对企业管理能力的提升。

（5）零信任对企业文化的营造。

在调研确定零信任对企业自身、企业信息化建设作用的评估内容时，要充分考虑企业的实际情况和企业间的差异性。对于评估内容的指标项设计，必须根据企业的业务涵盖范围和划分维度进行设置，以保证零信任建设成效评估框架的完整性和实用性。

7.5　零信任实施问题及解决思路

在一个外部和内部威胁快速增长的时代，零信任的兴起，无疑给濒临崩溃的企业网络安全部门注入了一剂强心针。但是，虽然零信任方法优点显著，却并不完美，对有着大量遗留安全系统的大型企业来说更是如此。

转向零信任模式可能听起来很诱人，但企业的网络安全负责人还必须清醒地认识到这种转变的潜在风险，以及如何控制风险。

7.5.1　保护账户凭证等身份标识

零信任架构中实施多因子验证可以降低来自失陷账户的访问风险，但是并不能阻止攻击者使用网络钓鱼、社交工程或攻击手段来获取有价值账户的凭据，实施有效攻击。在零信任架构中，集成基于用户和实体行为分析（UEBA）的能力，或者接入外部流量行为分析平台的分析结果，共同纳入信任评估和策略生成过程，能够更容易检测到凭据盗取类型的攻击并对其做出快速响应，即分析组件或平台检测出异常行为的访问模式后，拒绝受到破坏的账户或内部人员对敏感资源实施有威胁性质的访问。

7.5.2　减轻加密流量的安全风险

零信任架构需要检查并记录网络上的所有流量，并对其进行分析，以识别和应对潜在攻击。流量的深度包解析是零信任架构实现资产梳理、异常行为识别、恶意流量识别等关键功能的基础。但是当企事业等单位网络中的部分流量被加密，零信任产品不具备检查该加密流量所需的密钥时（如针对来自组织外部系统的流量），零信任架构将失去对这些流量的精细控制能力。面向来自企业内网之外的基础设施网络流量，或者已实施安全通信的外部访问流量，由于深度报文检测（DPI）通信数据保护和信道数据加密，业界已有在NetFlow 层面利用机器学习方法来对其进行恶意性判断，以及通过威胁情报手段辅助检测的技术。为了实施对这部分流量的分析，可以通过收集有关流量的元数据，使用这些元数据检测网络上可能存在的恶意软件通信或者主动攻击者，也可以通过机器学习技术，分析无法解密和检查的流量。

当然，最坏的可能就是零信任架构无法采集这部分流量的有效信息，而必须另想办法进行持续评估。

7.5.3　零信任架构涉及的数据安全保护

在构建零信任架构，以及架构运行过程中，将产生大量的设计、运行、监测数据和日志，如采集的实时流量、历史的配置和策略信息等。同时，零信任架构依赖于多个不同来源的数据进行访问控制策略决策，其中包括有关发出请求的用户、所使用的资产、企业和外部情报、威胁分析等信息。这些数据和日志很可能直接反映组织网络和系统的关键信息，泄露后容易造成进一步的泄密或入侵。因此，零信任系统和平台所使用的相关的数据和日志视为组织核心敏感资产，必须进行最严格的保护。

7.5.4　零信任必须防范内部威胁

内部威胁是指具有一定权限的组织内部和第三方人员，有意或无意地滥用权限，对组织的系统、数据或网络造成的威胁。零信任架构通过更全面的身份认证和权限鉴别措施，以及对访问行为进行持续监测分析，增强了对内部威胁的抵抗力。但是，具有足够有效的身份凭据，并且富有经验的攻击者（或恶意内部人员）仍然具有一定的概率欺骗零信任架构的监测和控制措施。针对内部威胁需要多种措施进行综合管控，除了作为核心手段的零信任架构，持续有效的人员安全培训、分权分域、管操分离、对关键数据进行加密、数据防泄露措施、系统和网络层面的安全审计等，都是行之有效的手段。

7.5.5　零信任体系与外部系统对接

零信任架构在实施时，大多采用数据平面和控制平面的双层结构，数据平面的流量转发代理一旦出现错误，将无法建立对资源的访问连接；而控制平面的控制组件配置管理权限失控，攻击者可以执行所有未经批准的操作，具有毁灭性的后果。因此，必须正确配置所有的零信任组件，记录所有配置更改过程并接受审计，以对抗零信任组件分立带来的风险。

零信任架构依赖多种组件进行监测、控制和决策输入。目前并没有组件间交互和信息采集的标准。当某种关键组件，如身份认证系统，与零信任架构的策略决策点或策略执行点无法对接时，将对零信任的实施或运行造成严重影响。同时，组件的安全性与性能也与零信任架构的整体表现直接相关。因此，在进行零信任架构设计和选型时，需要对各组件供应商进行综合考虑，包括供应商接口开放性、供应商服务稳定性、供应商产品性能等。

7.5.6　微隔离实施面临的问题

微隔离是应用侧目前主要的零信任解决方案，微隔离技术主要有 3 种实现方案：基于 Hypervisor 的、基于网络的、基于主机代理的，每种实现方案在具体实施过程中都需要面对不同的问题。

1. 基于 Hypervisor 的实现方案

基于 Hypervisor 的实现方案是通过云平台自带的微隔离功能实现的，目前业内通常使用安全组功能来满足用户这方面的需求。安全组有个技术问题，就是不能灵活地控制不同子网之间、不同虚拟机之间的互访。因此，有的私有云平台就重新设计了微隔离功能，如 VMware NSX（VMware 的网络虚拟化平台），也有的私有云平台选择了跟第三方防火墙合作的方式。

公有云目前都还仅使用安全组来满足用户微隔离的需求，超出安全组能力的需求可以通过组网设计来解决，如子网之间的访问控制需求，需要把不同子网放到不同的 VPC 下，通过 VPC 之间的访问控制来满足需求，这样能够绕过同一条 VPC 下的子网之间无法访问控制的问题。当然也有公有云通过主机代理模式的微隔离方案来满足用户需求，或者自研，或者跟第三方合作。

2. 基于网络的实现方案

基于网络的实现方案使用第三方虚拟防火墙来实现，这种技术路线主要有两个问题：

一是自动化部署的问题；二是引流的问题。自动化部署要求微隔离平台支持云平台的 API 调用，用户需要在产品方案采购前确认清楚。引流是关键技术点，或者是微隔离平台直接利用了云平台既有的虚拟化网络功能，自行完成引流，或者是云平台给第三方提供了引流的生态接口，后者可以认为是一种混合模式。

第三方防火墙的优势在于能够提供成熟丰富的安全功能，劣势是单防火墙虚拟机的性能有限。在实施过程中，用户通常需要按需对业务资产进行引流，以避免出现单防火墙虚拟机性能瓶颈的问题。

3. 基于主机代理的实现方案

基于主机代理的模式最灵活，只要是操作系统就能安装。部署过程中的问题主要有两个：一是用户的意愿，有些用户是不愿意在虚机内安装第三方代理软件的，这样的用户通常根据平台的情况来选择第三方防火墙的技术路线；二是允许在虚拟机内安装第三方代理软件，需要考虑的就是运维工作量的问题，当虚拟机规模较大时，逐台逐虚拟机安装代理软件也是件很痛苦的事情，微隔离平台需要提供自动化的安装方案。

7.5.7 云原生改造面临的问题

云原生通常是指容器的业务环境，鉴于 Kubernetes 在容器编排管理平台份额的绝对优势，也可以说就是 Kubernetes 下的容器业务环境。Kubernetes 的容器业务环境完全是一个大二层，业务环境内部容器资产之间的互访是标准的东西向流量，东西向流量的不可控存在巨大的风险，因此需要使用微隔离技术对业务环境提供安全防护。不同于虚拟机环境，云原生下的微隔离主要有两种技术路线：基于主机代理和基于平行容器，不同技术路线也有各自不同的问题。

1. 基于主机代理

技术上无论是基于主机代理还是基于平行容器都是主机安全技术范畴，与虚拟机环境不同，不再有用户不愿意在虚拟机内安装第三方代理软件的问题。基于主机代理的技术路线要考虑的是运维工作量的问题，当虚拟机规模较大时，逐台虚拟机安装代理软件也是件很痛苦的事情，微隔离平台需要提供自动化的安装方案。

2. 基于平行容器

基于平行容器的技术路线直接利用了 Kubernetes 的自动编排能力，能够通过模板自动化安装部署，大大减少了运维的工作量。基于平行容器的技术路线在实施过程中可能遇到的问题是，对于在 Kubernetes 上做过管理包装，并且不提供 Kubernetes 后台访问的环境，微隔离厂商需要进行适配。

7.6　本章小结

零信任作为一种安全理念，与企业现有的业务情况、安全能力、组织架构都有一定的关系。零信任不是单一的安全技术架构，而是一整套网络和安全基础设施设计和运行的指导原则，可以用来提升任何级别或敏感级别的安全保障能力。零信任实施和规划的过程，就是谋求逐步实现零信任原则、流程更改以及保护其数据资产和业务功能的技术解决方案的过程。零信任实施也不可能一蹴而就，需要遵循一定的方法论，结合企业现状，统一目标和愿景后进行妥善规划并分步建设。目前，许多组织的企业基础设施中已经有了零信任安全的元素，但是，过渡到零信任安全的历程不可回避地伴随着大规模的技术替代，大多数企业基础设施将以零信任/遗留模式混合运行，同时继续致力于零信任改造过程中，对零信任和业务系统同步规划、同步实施，可以帮助实现零信任核心能力相互配合，确保信息系统整体安全性。

在编制零信任战略行动计划的行动中，科学运用零信任能力成熟度模型等工具，合理编制阶段性行动计划，有利于降低零信任建设成本，提高零信任建设效率，取得更好效果。

7.5 节罗列了零信任实施中出现的问题和解决思路，希望对读者实施零信任有所帮助。

第 8 章 零信任落地部署模式——SASE

随着数字化转型加速，企业应用资源逐步上云，SaaS 应用越来越被大多数企业所接受，而网络攻击面也越来越大。安全产品的单点问题逐渐暴露出来，难以应对日益复杂的网络攻击。业界急需一种融合的思想来解决数字时代的网络安全问题。Gartner 提出了安全访问服务边缘（Secure Access Service Edge，SASE）架构，从架构上很好地实现了零信任的思想，由于其在解决企业上云的安全、多云安全、降低成本和改善安全服务性能等多个方面具有的突出优势，迅速被业界所接受。

8.1 SASE 简介

为了适应数字化业务发展的需要，以及保护企业无处不在的业务接入边界，Gartner 在 2019 年发布的报告《网络安全的未来在云端》中首次提出安全访问服务边缘（SASE）这一概念，称其为一种新兴的服务。它将广域网接入与网络安全结合起来，在整个会话过程中，综合基于实体的身份、实时上下文、企业安全/合规策略，以一种持续评估风险/信任的服务形式来交付，其中实体的身份可与人员、人员组（分支办公室）、设备、应用、服务、物联网系统或边缘计算场地相关联。

SASE 可以为企业提供全网流量的可见性，包括本地、云和移动端访问应用与互联网的流量，甚至也包括分支之间的流量。SASE 可提供一系列丰富的网络和安全功能，对流量进行安全检测与路由转发，实现企业全流量的威胁检测与控制，并根据应用优先级进行路由，以确保用户访问应用的体验与安全合规均可得到保障。

8.1.1 SASE 背景现状

由于企业网络云化发展趋势和新冠疫情等因素的影响，企业内大量数据和应用都搬迁到了云上，尤其是大型企业，分支流量急速增大和访问路径变化使得分支用户的体验变得难以忍受。因此，软件定义广域网（SD-WAN）技术应运而生，大大提升了分支访问总

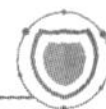

部、云端的体验，同时带来了一系列的运维问题和分支安全需求。采购 SD-WAN 技术的同时需要采购互联网线路，运维责任不明晰。分支直连公网应用，面临错综复杂的网络环境和应用关系，需要对应用进行针对性的识别、管理和调度，同时要采购额外的安全设备，配备对应的安全功能，如安全 Web 网关（Secure Web Gateway，SWG）、入侵防御系统（IPS）等。大量的分支安全需求反而促使安全功能云化趋势的兴起。

云计算和边缘化趋势让越来越多的企业计划更改企业的网络接入和网络安全架构，各种孤立的安全产品和解决方案难以解决企业的实际需求，同时，由于现实因素导致远程办公的兴起，让传统的 VPN 系统不堪重负，因此安全服务商和云服务商面临将提供给用户的网络接入和安全进行融合的挑战。

为了应对这一挑战，Gartner 在 2019 年提出了 SASE 架构，不再将安全仅部署在企业数据中心的边界，而是部署在企业需要它的任何地方。

8.1.2　SASE 的定义

作为 SASE 概念的提出方，Gartner 认为 SASE 是一种基于实体的身份、实时上下文、企业安全/合规策略，以及在整个会话中持续评估风险/信任的服务。实体的身份可与人员、人员组（分支办公室）、设备、应用、服务、物联网系统或边缘计算场地相关联。

在 Gartner 的定义中，SASE 是一种基于零信任模型，用 SD-WAN 整合了各种云原生安全功能（包含 SWG、IPS 等）的管理型服务，从而满足企业在数字化转型过程中的动态安全访问需求，其本质是网络和安全的综合云化。SASE 架构如图 8-1 所示。

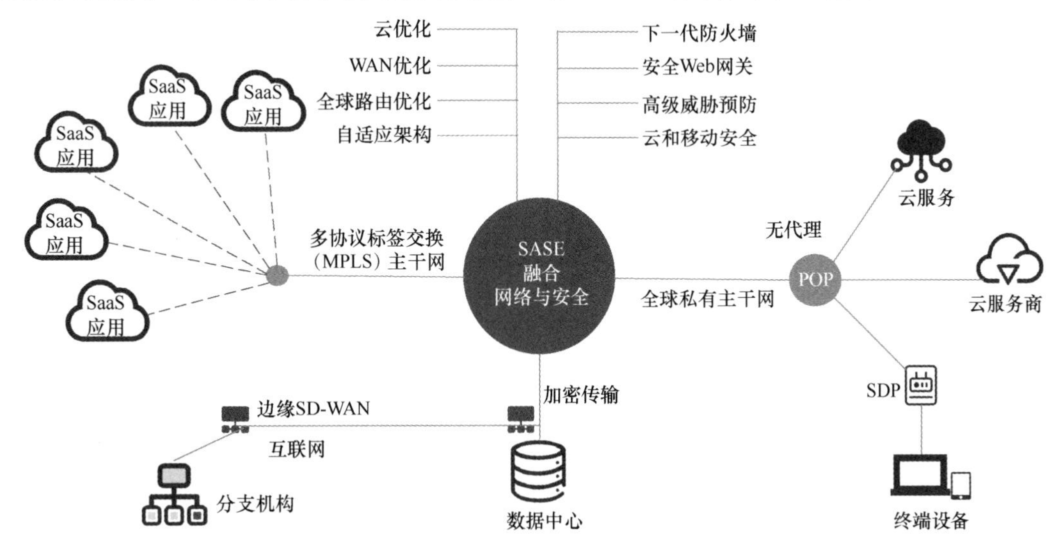

图 8-1　SASE 架构

由于 SASE 提供的服务内容多、服务标准高，企业接入网络只是服务的基础，同时涵盖了安全、性能，需要广阔的安全、接入技术栈进行支撑，因此单一企业无法支持，需要进行相关能力的管理运维。同时，SASE 的目标是高效地解决安全和性能问题，这决定了它应当一次性进行流量优化和安全审查，因此要通过统一平台进行流量的管控。

SASE 的定位是要解决一个“泛边缘化”的问题，是一个比传统安全更为综合的领域。

8.1.3 SASE 的价值

1. 降低成本

SASE 采用分布式架构云服务方式交付聚合的企业网络和安全服务，能克服分散集成和地理位置约束的解决方案的成本问题。SASE 采用没有特定硬件依赖关系的云原生架构，可以多租户模式部署，并能快速实例化，实现服务的快速扩展。SASE 还减少了企业跟供应商之间不必要的交流，减少了分支机构和其他远程位置所需的硬件数量和终端用户设备上的代理数量，降低了成本。企业更新功能时不需要受到硬件容量和更新硬件的限制，节省迭代成本。

2. 灵活部署

由于 SASE 使用 SD-WAN 技术，采用 SASE 的企业可以比传统的 MPLS 服务在更短的时间内以更低的成本交付响应更快、更可预测的应用程序，只需几分钟就可以部署站点，同时可以利用一切可用的数据服务，如 MPLS、专用互联网接入（Dedicated Internet Access，DIA）、宽频或无线网络。

利用云基础架构的 SASE 服务可以灵活部署多种安全服务，如威胁预防、Web 过滤、沙箱、DNS 安全、数据防泄露和下一代防火墙策略。无须接触企业网络就可以进行网络和安全部署，这使企业可以迅速采用新功能，提高网络和安全服务部署的敏捷性和简便性。

3. 集中管控

SASE 的独特优势是未来的网络向 SASE 云扩展，新的功能无缝扩展到任何人和任何地方。IT 管理人员可以通过基于云的管理平台集中设置策略，并在靠近终端用户的分布式网络服务提供点（Point of Presence，PoP）上实施策略，在需要时也可以在本地决策点进行部署。

IT 管理人员可以对网络和安全数据进行集中管理，并进行整体行为分析，发现在孤立系统中不明显的威胁和异常。这些分析可以作为基于云的服务提供，并且包含更新的威胁数据和其他外部情报。相应地，SASE 云服务对新的威胁或攻击载体的适应能够集中完成，并立即影响所有企业和所有边缘，而不需要部署或激活这些新增功能。

4. 提升性能

SASE 供应商通过部署网络服务提供点提供延迟优化的路由，这对于延迟敏感的业务非常关键。同时，借助云基础架构，用户能在服务部署的任何位置轻松地连接到资源所在的位置，访问应用程序、互联网和公司数据。

使用 SASE 的企业安全专业人员可以专注于理解业务、法规和应用的访问需求，并将这些需求映射到 SASE 功能，而不是陷入基础设施的常规配置任务中。SASE 服务商可以给应用程序提供不同质量的服务，使每个应用获得所需的带宽和网络响应能力。使用 SASE 可以减少企业 IT 员工部署、监视、维护等相关杂务，以便执行更高级别的任务。

5. 更加安全

SASE 最大的优点是将众多不同的网络服务融合并统一到一个针对边缘环境和独立用户的代理结构中，而传统方法往往需要多个供应商和服务来实现相同的控制，具有复杂性并缺乏互操作性。SASE 旨在通过基于云的安全服务的集中策略控制，来降低传统方法的复杂性和缺乏互操作性，从而提高安全性。当出现新的威胁时，供应商会提供如何防御这些威胁的解决方案，不需要企业采购新的硬件。

SASE 服务将使企业的合作伙伴和承包商可以安全地访问其应用、服务、API 和数据，而无须担心暴露传统架构中的 VPN 和防火墙带来的大量风险。

6. 零信任访问

零信任的基础理念是基于用户实体身份进行网络访问权限信任度评估，而非仅基于设备 IP 地址或用户物理位置。SASE 能够提供基于零信任理念的完整会话保护，无论用户是否处于公司网络内部，都对用户实体身份和访问行为进行信任判定。

8.2 SASE 的系统架构

SASE 架构的最终目标是为用户提供更便利、更安全、更快捷的边缘安全服务，针对这一目标，Gartner 给出了 SASE 系统架构。

SASE 系统架构由 SASE 接入侧设备和 SASE 云服务端两部分构成，其中 SASE 接入侧设备包含客户端、用户侧网关等，负责将流量从物理、云和设备边缘驱动到 SASE 云服务端来处理。SASE 云服务端作为网络和安全功能的聚合器，使用一个单通道的流量处理引擎来有效地应用优化和安全检查，并为所有流量提供前后关联，SASE 云服务端包含 SASE 接入点、SASE 云能力池和 SASE 控制中心。

1. SASE 接入侧设备

SASE 接入侧设备需要满足办公场景“多样化”的业务需求，能够支撑移动办公、远程办公、总部/分支机构协同办公的场景，适用于个人计算机客户端、浏览器插件、手机 App 和企业侧接入设备。

2. SASE 接入点

SASE 使用私有数据中心、公共云或托管设施作为 SASE 接入点，形成了 SASE 架构的服务边缘。而各个分公司和分支则通过客户终端设备作为 SASE 接入点，连接到网络。

SASE 支持各类接入形式：SD-WAN 组网接入、移动端接入、无端模式浏览器接入等。接入点覆盖全国各地，降低服务延迟，无论哪个接入点都有足够的资源来满足用户的请求。SASE 接入点上的安全能力可以采用物理服务器部署、虚拟服务器部署或容器云部署的方式施加到靠近接入终端的边缘节点，让流量以最小代价进行安全检测，将安全能力以一种相对集中而又分布式的方式交付给用户。

3. SASE 云能力池

SASE 云能力池可直接向连接到云的端点提供联网功能和安全功能，是一个集中部署的安全能力池。在容器云技术架构下，SASE 云能力池可以是一个存储、管理安全能力应用镜像的镜像仓库。通过集中云化部署的方式，实现安全能力的资源化、服务化和目录化，从而具备按需快速开通和调用能力。SASE 云能力池可以向不同的 SASE 接入点侧输出可调用的安全能力，安全能力可通过容器下放部署在接入点，资源共建共享，节约化建设运营。

4. SASE 控制中心

SASE 控制中心是对 SASE 网络的一个统一的综合管理平台，能够对 SASE 云、安全能力池、SASE 接入点、安全能力运行状态等进行统一管理和运维。SASE 控制中心将允许从控制台进行任意位置的安全、网络能力和策略分发，支持人工智能自动化创建策略、支持 API 自动化以及与现有流程、工具的集成。根据不同的部署方式，控制中心可以托管在公共云、私有云或本地中。

8.3 SASE 的核心特征

在数字业务转型以后，随着大数据、云计算、物联网、5G 等新技术的运用，组织的 IT 架构已经发生显著变化：

（1）企业核心应用“云化”——组织内部应用云化以及外部应用的互联网化。

（2）业务场景“边缘化”——越来越多的数据处理和计算由边缘节点完成。

（3）办公场景“多样化”——移动办公、远程办公、总部/分支机构协同办公。

这些变化给 IT 架构的安全带来了严重的挑战，原有的边界和传统的安全防护方案已无法实现有效的安全防护。SASE 基于上述变化和挑战，在速度、敏捷、复杂等方面实现安全风险控制并体现出诸多特征，这里主要介绍其具有代表性的核心特征：身份驱动、云原生架构、近源部署、分布互联。

8.3.1 身份驱动

在广泛采用云服务，并且移动办公、在线教育、在线医疗也越来越普遍以后，传统的网络安全体系无法有效应对内外部的威胁。在原有依靠边界管理的安全模式下，边界逐渐模糊后，如何才能让用户安全地访问网络、连接设备呢？这就需要独立于业务网络的身份认证，完成初始验证，并在验证后控制在最小授权的前提下连接资源。在 SASE 中，安全访问决策以连接源的用户实体身份为中心，决定网络互联的服务质量、访问权限级别、路由选择、应用的安全风险。这些都由与每个网络连接相关联的身份所驱动，身份是访问决策的中心。采用该方法的组织，只需要专注于身份管理和对应的安全风险策略，无须考虑设备或地理位置，从而降低运营开销。SASE 通过最低权限策略和严格执行的访问控制，使企业能够根据相关属性，如访问的应用、用户角色和用户所在组及被访问数据的敏感性等，来控制用户与资源的访问。

8.3.2　云原生架构

无论是用户还是业务均需要随时随地访问应用程序和服务，许多组织把应用程序和服务部署在云中。为了最大限度地体现 SASE 的优势，SASE 架构在使用云的固有特性：弹性、自适应性、自恢复能力和自维护以外，还需要利用没有特定依赖关系的云原生架构、基于微服务架构，以及按需扩展的能力，这样才能最大限度地节省成本并提供最大效率的平台，并且能够方便地适应新兴业务需求，同时实现服务的快速扩展。

8.3.3　近源部署

随着组织对分布式边缘计算功能需求的不断增长，为了让用户有良好的体验，需要提供低延迟并类似于访问本地存储和计算的系统和设备，这就需要近源部署，而 5G 技术的推广和使用，则是这一 SASE 特征的催化剂。SASE 为整个组织的资源–数据中心、分支机构、云资源以及移动和远程用户创建了一个网络。例如，软件定义广域网（SD-WAN）设备支持物理边缘，而移动客户端和无客户端浏览器访问则可连接移动中的用户。SASE 将软件定义广域网（SD-WAN）和安全性集成到云计算服务中，从而保证简化的 WAN 部署，提高效率和安全性，并为每个应用程序提供适当的带宽。也就是说，无论最终用户需要什么资源，以及自身和资源位于何处，都具有相同的访问体验和安全防护能力。

8.3.4　分布互联

SASE 为确保所有网络和安全功能随处可用，并向全部边缘提供尽可能好的用户体验，SASE 将安全能力下沉至云边缘节点，组织的分支机构/营业网点需要就近选择安全防护节点接入，这就要 SASE 实现分布互联。因此，SASE 必须扩展自身覆盖面，向组织边缘交付低延迟服务。

最终，SASE 架构的目标是能够更容易地实现安全的云环境。SASE 提供了一种摒弃传统方法的设计哲学，抛弃了将 SD-WAN 设备、防火墙、IPS 设备和各种其他网络及安全解决方案拼凑到一起的做法。SASE 以一个统一的覆盖全网的 SD-WAN 服务和安全服务代替了难以管理的技术“大杂烩”。

8.4　SASE 的核心技术

SASE 是一个基于云的平台，可直接向连接到该平台的端点提供联网功能和安全功能，该平台集成了路由、SD-WAN、防火墙和安全 Web 网关等服务。SASE 不再采用以数据为中心的网络设计，而是将数据中心视为另一个端点。

SASE 主要解决传统架构的复杂性和延迟性以及企业上云的数据安全问题。过去的企业数据一般存放在企业自建或托管的数据中心，远程用户需要通过 VPN 连接，且需要在每个设备上使用终端防护软件。该架构复杂且延迟长，利用 SASE 时，终端用户和设备一旦通过身份验证，便可直接获得对其授权的所有资源的访问权，且这些资源受附近的安全机制保护。此外，市场研究机构 Canalys 的数据显示，云基础设施投资在 2019 年和 2020 年得到迅猛发展[①]。随着“云”的普及与应用，企业数据安全面临更多的不确定性，而 SASE 通过敏捷、灵活、安全的方式管理数据风险，帮助企业做好上云准备。

SASE 的主要核心技术有身份认证、SD-WAN、云原生技术、边缘计算和安全即服务（SECaaS）。

8.4.1 身份认证

SASE 服务具有基于用户身份标记（如特定用户设备和位置，而不是站点）的访问权限。以身份为中心，通过用户和资源身份决定网络互联体验和访问权限级别。采用身份驱动的网络和安全策略，企业无须考虑设备或地理位置。

SASE 首先对身份的定义进行了扩展。SASE 实现访问管理的首要方面就是，它定义了哪些内容构成了身份。虽然传统的身份概念仍然适用，也就是用户、组、角色分配等仍然有其重要意义，但所有的边缘位置和分布式 WAN 分支及网络源头也都被认为是“身份”。用户、组、设备及在用服务的身份仍是 SASE 身份访问策略的主要元素。有意思的是，SASE 的身份策略在不断地演变，包括能够纳入策略决策和应用的另一些相关的身份属性，其中可能包括身份位置、时间及设备的安全性评估或信任验证的某种组合。在 SASE 的身份策略中，企业可能还要考虑网络实体需要访问的应用程序和数据的敏感性。这些因素可以帮助企业精细地制定更积极的最小特权访问策略，从而实施严格的强化访问控制。SASE 的身份策略旨在使企业能够控制以更多相关属性（其中包括应用程序的访问、实体的身份、被访问数据的敏感性等）为基础的资源交互。

安全和身份环境在持续改变，尤其是零信任网络访问、针对应用的微分段、身份相似性策略都是这种改变的证明。从以往来看，这种改变是一种重要的内部技术的革新，但如今却扩展成为一种更广泛的访问控制方法，该方法可以使整个办公场所、远程用户、物联网设备等更容易实施基于身份的控制。SASE 模型旨在改进传统的访问策略，传统的控制专注于可能难以建立和维护的网络信息。例如，复杂的网络信息可能包括 IP 地址和范围，或者使用严格连接方法的网络边缘设备。这种面向应用、数据、设备、用户相似性的策略改变可以简化访问策略的创建和管理。SASE 服务在得到认证和授权从而可以访问资源后，就可以充当一个类似于 VPN 的代理。SASE 保护整个会话，而不管此会话连接到哪里，也不管它源自哪里。在涉及零信任框架时，SASE 系统应当拥有一些灵活的选择，可以实施会话的端到端加密。

---

① 2021 年 3 月，市场研究机构 Canalys 发布 *China cloud services market Q4 2020* 报告。

 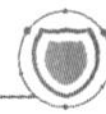

8.4.2　SD-WAN

SD-WAN 是 SASE 平台的关键组件，它将分支位置和数据中心连接到 SASE 云服务。SASE 扩展了 SD-WAN，以解决包括全球范围内的安全性、云计算和移动性在内的整个 WAN 的转换过程。SD-WAN 的应用解决了传统网络的大量问题。

在组网方面：通过结合 SDN 和 NFV 技术，实现自动化部署，极大程度地降低了组网的配置门槛以及配置成本；在接入方面：除了传统网络中的 MPLS 专线接入方式，还可以使用 Internet 链路实现 MPLS+Internet 混合链路，使得降低网络部署成本以及设计和部署上的复杂性；在管理方面：通过应用网络控制器以及编排器等设备，实现对网络的便捷监测和管理，及时自动地发现问题并处理；在安全方面：结合 SASE 的应用，大幅提高网络安全性。

SD-WAN 基于混合 WAN 链路，实现灵活的 IP Overlay 组网，进行网络编排和网络服务，通过设备即插即用实现业务快速上线，应用智能选路和广域网优化等算法，以精准保障应用服务质量，提供端边云网全场景防护能力，搭建/托管集中管控和可视化运维综合平台，按需高效地连接分支、数据中心、公有云等。SD-WAN 主要有以下 7 种核心技术特征。

1．自动化部署，零接触快速开通

SD-WAN 通过综合运用 SDN 和 NFV 技术，在企业完成组网规划后可自动化对边缘设备、网关设备等完成部署，使得企业可以零接触、远程地开通与广域网相关的网络服务和增值服务。在中小企业 SD-WAN 解决方案中，通过利用优质互联网以及厂家于当地 POP 点搭建的 SD-WAN 运营平台，使组网可以全面克服 MPLS 的弊端，为企业带来质量高、覆盖广、按需即时部署的广域网连接服务，同时大幅降低企业 IT 网络的支出。在大型企业 SD-WAN 解决方案中，在企业中心部署控制器，依托企业多数据中心的骨干网络，在数据中心建立广域网接入区，利用隧道接入与专网隔离，并且其客户终端设备（Customer Premise Equipment，CPE）实现在组网配置中自动开局、与控制器秘钥接入的功能，使企业网络在安全性上得到加强，在网络部署、维护及管理上得以简化。

2．SRv6 优化网络性能，增强灵活性

SD-WAN 解决方案结合 SRv6 技术。其中 SRv6 技术通过与 IPv6 的结合获得了更强的扩展性和可编程能力，支持代理模式（Overlay，即网络架构上叠加的虚拟化技术模式）中使用 IETF 定义的 VXLAN/GRE/IPSec 等隧道技术，并且融合 Overlay、逻辑网络（Underlay，即相对于 Overlay 而言，是 Overlay 网络的底层物理基础），具备网络可编程能力。SRv6 在网络简化和满足新业务需求方面具有独特的优势，使其成为下一代 IP 网络的核心技术。在 SD-WAN 架构中，SRv6 可有效强化 SD-WAN 对 Underlay 网络的感知和控制能力，两者结合也符合 SD-WAN 应用需求的技术发展方向。

基于 SRv6 的 SD-WAN 架构，垂直方向可划分为云网协同层、Underlay 控制层和转发层。利用 SRv6 技术，SD-WAN 架构将 SDN 技术可编程的 SRv6 Underlay 网络以及云虚拟化能力进行了全面整合，可以快速提供融合云、网的企业产品。

3. 安全无缝集成，高可靠持续在线

SD-WAN 连接需要端到端的安全性，而不仅仅是加密数据。在 SD-WAN 中融入安全，便是典型的在接入网处开始解决安全问题，其中 SASE 的应用是解决问题的关键。SASE 的定义是一个融合了广域网和网络安全功能，以支持企业数字化需求的新兴技术。SD-WAN 需要集成网络和安全功能，SASE 的出现让 SD-WAN 变得更加安全。SASE 以分布式云服务交付聚合的企业网络和安全服务。其中，SD-WAN 作为 SASE 平台的关键组件，将分支位置和数据中心连接到 SASE 云服务，从而克服了分散集成和地理位置约束原解决方案中存在的成本高、复杂和刚性的问题。SASE 通过扩展 SD-WAN，可实现包括全球范围内的安全性、云计算和移动性的整个 WAN 的转换过程。

SASE 代表云上网络和安全的未来，其网络和安全服务包括 SD-WAN、安全 Web 网关、CASB、SDP、DNS 保护和 FWaaS。SASE 抛弃了将 SD-WAN 设备、防火墙、IPS 设备和各种其他网络及安全解决方案拼凑到一起的做法，以一个安全的全球 SD-WAN 服务代替了难以管理的技术大杂烩，其最终目标是更容易地实现安全的网络环境。

4. 服务质量保障，不间断稳定服务

SD-WAN 允许企业根据所需的业务因素（如关键任务流量或应用程序）制定自己的内部服务水平协议（Service Level Agreement，SLA）。例如，若企业需要优先处理语音流量，则 SD-WAN 允许企业使用底层 MPLS 传输，从而在整个网络中保持更好的服务质量。如果企业通过互联网发送流量，则与 MPLS 相比，它可能会失去流量控制。因此，企业应研究可用的连接类型及其相关的实际性能，以便选择主要的 SD-WAN 连接类型。大多数提供商不会提供真实的联通测试和路由跟踪，但这些数值却是真实有用的。企业选择其主要连接后，可以配置 SD-WAN 服务，以执行流量和应用程序优先级划分。例如，若带宽受到限制，则企业中被标记为重要的应用程序可优先获得对路由的访问权限。企业需要了解其业务和网络要求，以及网络性能不佳的影响，以便能够更好地定义自己的内部 SLA，并向服务提供商询问更多有关定义的问题，以确保服务满足其需求。

5. 开放技术逐渐打通互联互通生态

SD-WAN 的开放技术主要包括各类组件的开放、各类协议的共同定制等。开放应用的成熟化使 SD-WAN 的应用打破“供应商绑定”，显著降低投入成本，而应用 SD-WAN 企业的增加又进一步刺激了 SD-WAN 领域各方面的研发。其中开放技术的开发与发展主要体现在以下几个方面。

组网结构上：在设计 SD-WAN 开放平台的企业中，开源的 flexiWAN 提供了一个完整的开放解决方案，达到在系统核心中包含集成点，允许以有效的方式集成第三方逻辑的开放式架构。

结构定义上：例如，在 SD-WAN 架构上，其中使得业务应用能够便利地调用底层的网络资源和能力，通过控制器向上层业务应用开放的北向接口方面还缺少业界公认的标准。

软件开放技术上：在 SD-WAN 开放代码领域，包括软件定义网络（SDN）、网络功能虚拟化（NFV）和网络虚拟化，消费者可以从蓬勃发展的开放源代码社区中受益，该社区的成员致力于推广和使用开放标准。

6．广域网智能编排和智能路由

为了实现链路流量编排和优化，保证其灵活、安全的连接，SD-WAN 组网方案遵循以下设计原则：多拓扑站点互联互访，Overlay（网络架构上叠加的虚拟化技术模式）和 Underlay（相对于 Overlay 而言，是 Overlay 网络的底层物理基础）解耦和安全隔离；支持网络业务编排和自动化发放，提升网络的敏捷性；保障组网安全性能，通过智能感知对不同应用实现不同管理。

7．多种接入统一管理，用户随时访问

相对于传统网络，SD-WAN 更好地实现了网络融合，在对多种网络链路的选择中更为灵活方便，其主要体现在：有更多 WAN 接入选择，混合 WAN 链路是 SD-WAN 的一个基本特征，也为 SD-WAN 站点间的互联互通提供了更多的选择。在传统 MPLS VPN 专线 WAN 网络的基础上，SD-WAN 引入 Internet 链路实现 MPLS+Internet 混合链路，以主备或双活智能选路的方式实现多条链路的合理利用；LAN-WAN 融合统一管理，向 LAN 侧延伸是 SD-WAN 的演进趋势之一，在 SD-WAN 方案的基础上，引入 LAN 侧交换机、无线访问接入设备、防火墙等，实现控制器的统一管理，进一步简化管理的复杂度，增加网络可视化维度，方便网络的部署和运维。

8.4.3　云原生技术

SASE 架构利用云的几个主要功能，包括弹性、自适应性、自恢复能力和自维护，分摊用户开销以提供最大效率，适应新兴业务需求，而且随处可用。SASE 架构以身份认证为中心代替企业数据中心边界的访问决策，采用不依赖硬件设备的云原生架构，兼容所有边缘，接入边缘基础设施按需分布式部署，尽可能为用户提供就近接入。

这不只是简单地把原先在物理服务器上的应用迁移到虚拟机里，不只是将基础设施和运行平台放在云上，应用架构、应用开发方式、应用部署方式、应用维护方式都要做出改变。SASE 将网络接入、内部组网、安全即服务、安全优化的云和移动访问聚合到一个云服务中。

SASE 架构具备弹性可扩容、能力易复制、迭代速度快等特点。基于公有云建设网络服务提供点，相较于传统的 IDC（Internet Data Center）部署，可有效降低 SASE 服务商的网络服务提供点建设成本。安全能力云原生化可最大效率地利用云上资源，为用户按需提供安全服务。SASE 服务商还可根据业务需要在公有云上快速弹性铺设网络服务提供点，

贴近用户边缘提供服务，提升用户使用体验。

云原生的四大核心要素便是微服务技术、DevOps、持续交付、容器化。微服务技术使得应用原子化，所有的应用都可以独立地部署、迭代；DevOps 使得应用可以快速编译、自动化测试、部署、发布、回滚，让开发和运维一体化；持续交付让应用可以频繁发布、快速交付、快速反馈、降低发布风险；容器化使得应用整体开发以容器为基础，形成代码组件复用、资源隔离。

1．微服务技术

服务的定义是独立部署的、原子的、自治的业务组件，业务组件彼此之间通过消息中间件进行交互，业务组件可以按需独立伸缩、容错、故障恢复。微服务架构的演变可从早期的单体式架构、中期的面向服务的架构（Service-Oriented Architecture，SOA）、后期的微服务架构来分析。用户提出一个需求时，早期的做法是直接往现有的代码包里加东西，用户的每个需求对应一串代码，随着需求的增加代码量也不断增加，最后形成一个“巨无霸”应用。面对这样的应用，很难保证全面测试无误，后续的修改也会牵一发而动全身。

针对上述问题，新的面向服务的架构（SOA）的解决方案是将业务服务化、抽象化，将整个业务拆分成不同的服务，服务与服务之间通过相互依赖提供一系列的功能。常用的实现方式是使用企业服务总线（Enterprise Service Bus，ESB）把各个服务节点集成不同系统、不同协议的服务，通过 ESB 将消息进行转化，实现不同的服务互相交互。这个方案在很大程度上解决了“巨无霸”应用的问题，但是对 ESB 的维护成本比较高。

云计算时代的到来推动应用向“高内聚，低耦合”发展，“高内聚，低耦合”的最佳实践便是微服务架构。微服务赋予构建云原生应用的敏捷性，通过服务拆分，小型团队可专注于自己的功能开发上线，运维团队也可根据服务的调用情况弹性扩缩容。微服务架构具有降低系统复杂度、独立发布部署、独立扩展、跨语言编程等特点，符合云计算时代的特色。

2．DevOps

DevOps 的定义是研发运维一体化，通过自动化流程使得软件过程更加快捷和可靠。它不是一个产品，而是一种新的团队工作方式、新的技术理念。一个软件从无到有的最终交付包含如下阶段：市场规划、产品规划、编码设计、编译构建、部署测试、发布上线、后期维护。开发团队仅有一人时一般实行瀑布式开发模型，确认需求后就进入开发阶段，直到完成上线。多人开发团队里一般有产品经理、开发人员、测试人员、运维人员的划分，成员各司其职，代表性的开发模型是敏捷开发模型。人数的增加可以使产品更加完善，但也带来整体的交付周期变长，团队之间沟通合作成本变高，这种情况下 DevOps 应运而生。

DevOps 将整个软件的开发、测试、运维过程变为一体化，每完成一个小的需求点便测试上线部署，快速验证需求，捕获用户，占领市场。DevOps 的出现是一种组织架构的变革，一种开发模式的变化。团队人员在需求规划、代码设计、编译构建、测试部署、上

线发布、后期维护的过程全程参与，每个人都对整体的方案了解清晰，可制定合适的系统架构、技术架构、运维部署方案。

云计算时代的到来带来了虚拟化、容器、微服务等新的技术理念，强调的是服务的拆分、精细化的分工，这些奠定了 DevOps 落地的基础条件。只有服务拆分得原子化了，整个团队密切合作的成本才会降低，才能实现云上应用的快速迭代。

3．持续交付

持续交付的含义就是快速交付一直在线。敏捷开发和 DevOps 要求随时都有一个合适的版本部署在生产环节上，并且满足频繁发布、快速部署、快速验证等一系列要求，持续交付可以满足这样的需求。

如果需求制定时间过长，在确定的过程中整个市场或用户或许已经发生了变化，开发出来的内容已不符合当下市场和用户的需求。在这样的情况下，为了快速验证需求，需要在生产环境上部署多个版本，主要有两种不同的部署方式：灰度发布、蓝绿发布。

灰度发布是指新的需求发布后，线上的版本只升级部分服务以呼应新需求。一部分用户继续使用老版本，一部分用户则使用新版本，如果用户对新版本没有意见，则将其迁移到新版本。整个过程是运维人员从负载均衡上去掉灰度服务器，待服务升级成功后再加入负载均衡服务器列表，仅有少量用户访问业务时浏览到新版本，收集使用新版本的用户满意度，如果反响较好，则逐渐扩大灰度范围，最后升级剩余服务器。

蓝绿发布是指将应用从逻辑上分为 A、B 两组，升级时将 A 组从负载均衡组中删除，进行新版本的部署，同时 B 组继续提供服务。当 A 组升级完成后，负载均衡组重新接入 A 组，再把 B 组从负载均衡组中删除，进行新版本的部署，同时 A 组重新提供服务。B 组升级完成后，负载均衡组重新接入 B 组。此时 A、B 组版本都升级完成，并且都对外提供服务。这样的发布模式保障整个过程对用户无影响，出现问题可以回退上一个版本，不影响用户的使用。

通过灰度发布和蓝绿发布的方式，可以快速地验证用户需求，频繁发布，根据用户情况规划产品演变方向，实现了云计算时代的快速迭代。

4．容器化

容器化是指一个单独的应用程序进程、运行资源的高度隔离。早期应用全部运行在物理机上，这导致资源分配不均匀，即使是一个小的应用也要耗费同样的计算存储资源。中期虚拟化技术将物理机划分为多个虚拟机，在一台物理服务器上可以运行多个虚拟服务器，大幅提升了资源利用率。云计算时代的到来，微服务、DevOps、持续集成、持续交付等内容也随之产生，应用具有原子化、快速开发迭代、快速上线部署等需求，虚拟机的划分方式不能保障应用在每个环境（Dev、Test、Pre、Prod）中都一致，这容易引起应用因环境的问题而产生一系列的问题，容器的出现极好地解决了这个问题。

在容器出现之后，研发人员在将代码开发完成后会将代码、相关运行环境构建镜像，测试人员在宿主机上下载服务的镜像，使用容器启动镜像后即可运行服务进行测试。测试无误后，运维人员申请机器并拉取服务器的镜像，在一台或多台宿主机上可以同时运行多个容器，对用户提供服务。在这个过程中，每个服务都在独立的容器里运行，每台机器上都运行着相互不关联的容器，所有容器共享宿主机的 CPU、磁盘、网络、内存等。这样的操作模式实现了进程隔离、文件系统隔离、资源隔离。使用容器可以使研发团队将微服务及其所需的所有配置、依赖关系和环境变量移动到全新的服务器节点上，而无须重新配置环境，实现了强大的可移植性，从而实现了云计算时代的资源最大化利用。

8.4.4 边缘计算

传统的网络安全技术无法处理网络外围面临的日益高级的威胁和漏洞。随着云和外部访问的加速，企业需要实施高级访问控制，以确保其具有处理相关网络安全需求和风险的能力。随着远程访问和软件即服务不断增加的云和外部流量，SASE 将重点从中央私有数据中心转移到网络外围和云中，而安全控制则集中在网络边缘。

边缘计算是在靠近物或数据源头的网络边缘侧，融合网络、计算、存储、应用核心能力的分布式开放平台，就近提供边缘智能服务，满足行业数字化在敏捷连接、实时业务、数据优化、应用智能、安全与隐私保护等方面的关键需求。SASE 的边缘特性正好满足了边缘计算需求，将网络服务提供点建设尽可能贴近用户侧，使用户可以尽快接入优质的 SASE 网络，得到访问加速的同时，享受云上的全栈安全能力。

边缘计算的参考架构如图 8-2 所示，它由智能服务层、业务层、连接计算层、边缘计算层构成。智能服务层基于模型驱动的统一服务框架，通过开发服务框架和部署运营服务框架实现开发与部署智能协同，能够实现软件开发接口一致和部署运营自动化；业务层通过智能业务编排定义端到端业务流，实现业务敏捷；连接计算层实现架构极简，处于业务层和边缘计算层之间，通过标准接口对业务层提供服务，实现信息通信基础设施部署运营自动化和可视化，支撑边缘计算资源服务与行业业务需求的智能协同；边缘计算层兼容多种异构连接，支持实时处理与响应，提供软硬一体化安全防护。边缘计算的参考架构在每层提供了模型化的开放接口，实现了架构的全层次开放；边缘计算的参考架构通过纵向管理服务、数据全生命周期服务、安全服务，实现业务的全流程、全生命周期的智能服务。

边缘计算的特点是连接性、数据第一入口、约束性、分布性和融合性。

1. 连接性

连接性是边缘计算的基础。所连接物理对象的多样性及应用场景的多样性，需要边缘计算具备丰富的连接功能，如各种网络接口、网络协议、网络拓扑、网络部署与配置、网络管理与维护。连接性需要充分借鉴吸收网络领域先进研究成果，如时间敏感网络（Time-Sensitive Network，TSN）、软件定义网络（Software Defined Network，SDN）、NFV、网络即服务（Network as a Service，NaaS）、无线局域网（Wireless Local Area Network，WLAN）、NB-IoT、5G 等，同时还要考虑与现有各种工业总线的互联互通。

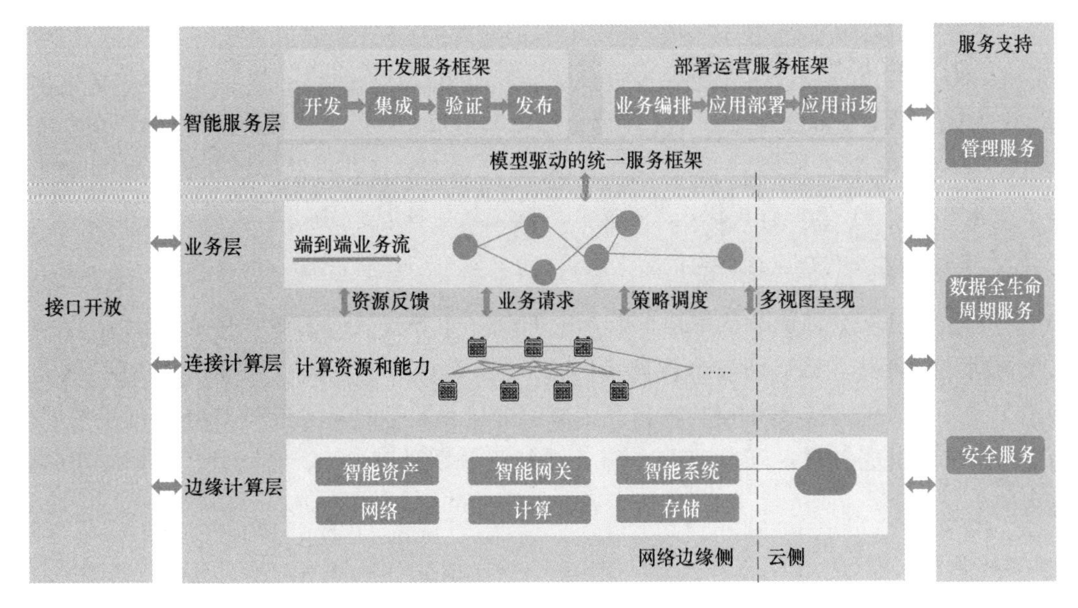

图 8-2　边缘计算的参考架构

2. 数据第一入口

边缘计算作为物理世界到数字世界的桥梁，是数据的第一入口，拥有大量、实时、完整的数据，可基于数据全生命周期进行管理与价值创造，将更好地支撑预测性维护、资产效率与管理等创新应用；同时，作为数据第一入口，边缘计算也面临数据实时性、确定性、多样性等挑战。

3. 约束性

边缘计算产品需适配工业现场相对恶劣的工作条件与运行环境，如防电磁、防尘、防爆、抗振动、抗电流/电压波动等。在工业互联场景下，对边缘计算设备的功耗、成本、空间也有较高的要求。

4. 分布性

边缘计算实际部署天然具备分布式特征。这要求边缘计算支持分布式计算与存储、实现分布式资源的动态调度与统一管理、支撑分布式智能、具备分布式安全等能力。

5. 融合性

边缘计算作为运营技术与信息通信技术融合及协同的关键承载，需要支持在连接、数据、管理、控制、应用、安全等方面的协同。

8.4.5　安全即服务（SECaaS）

安全即服务（Security as a Service，SECaaS）是一种通过云计算方式交付的安全服务，此种交付形式可避免采购硬件带来的大量资金支出。安全服务主要包括防火墙即服务、云访问安全代理、安全 Web 网关、零信任网络访问等。

1．防火墙即服务（FWaaS）

防火墙一般部署在网关上，用来隔离子网之间的访问，防火墙即服务（Fire Wall as a Service，FWaaS）也在网络节点上实现。FWaaS 在云中运行并可以通过互联网进行访问，第三方供应商将其作为服务提供，并负责相关的更新和维护事项。

2．云访问安全代理（CASB）

随着企业 IT 运营逐渐从本地上云，人们就开始寻找从内部数据中心引入云运营的安全访问控制方法。云访问安全代理（CASB）就是这样的工具。如今，CASB 已推出 10 多年，它是企业安全基础结构的常见组成部分。云服务的发展带动 CASB 逐步发展，为安全团队提供更多服务。CASB 的“4 个支柱”分别是可视化、合规性、数据安全和威胁防护。

1）可视化

CASB 可以提供检测使得企业负责人知道所有员工在网络中使用的云服务是否安全，主要包括利用 CASB 可以查找和监视往返云服务流量的方式，使安全团队知道哪些员工正在使用云服务以及他们如何获得云服务。这可以有效预防和溯源内部人员破坏安全计划。

2）合规性

随着 CASB 的发展，安全团队能够查看从一个云传输到另一个云以及在内部部署的基础结构和云之间传输的数据。除了让安全团队可以更好地了解组织的云基础架构，这还可以查看存储在云中以及处理中的数据。合规性的许多方面取决于要了解数据的存储位置和存储方式。除了外部法规，许多组织还对如何存储和处理特定类型的数据制定了内部规则。CASB 可以让安全团队清楚地了解云绑定数据的状态，从而可以检测和纠正员工存储或迁移数据的情况，以免触犯外部法规。

3）数据安全

CASB 可以通过了解云上数据的状态采取下一步措施来保护相关数据。通过 API 控件进行操作，使 CASB 可以查看从未进入企业网络的事务（如云服务之间的事务）。CASB 可以执行一系列规则，如数据加密或混淆、身份验证和访问控制的特定要求以及其他参数等，这样可以确保数据以安全的方式存储。

4）威胁防护

“访问”是 CASB 中的一环，这类产品可以提供威胁防护，加强云上数据应用的访问和身份验证控制。在许多情况下，CASB 通过和现有的单点登录或“身份即服务”进行交互，可以监视业务活动并执行规则。CASB 的优势之一在于具备与现有的安全基础结构集成的能力，这将 CASB 和其他工具加以区分。通常，下一代防火墙、Web 应用程序防火墙和其他安全工具被认为很复杂，无法发挥最大优势。而相对来说，即使经验不足的安全团队，CASB 一直以来也都是易于配置和部署的工具。

3．安全 Web 网关（SWG）

安全 Web 网关（SWG）是指用于保护访问网页的 PC 端免受感染并执行公司 IT 安全策略的解决方案，它可以在用户发起的网页访问流量中过滤恶意或非必要的软件，并强制执行公司策略合规性检验。SWG 是网络安全不可缺少的工具，现在已经成为 SASE 平台的组成部分。以下是 SWG 在现代解决方案中的 5 个关键因素。

（1）能够支持以云为中心的远程工作的架构。在考虑 SWG 时，最重要的因素是架构。当今用户期望无论身处何地都能获得低延迟的高可用性解决方案，这对可能使用住宅互联网的全球或远程用户来说，是很重要的。任何通过内部设备、流量回程到云代理或额外的网络跳数增加额外延迟的解决方案在现代商业环境中都是不可扩展的。有效的现代 SWG 应该安装在边缘，以支持用户的生产力、业务连续性和安全性。

（2）实时威胁保护。SWG 在内容过滤、抵御威胁、防止网络泄露等高级威胁方面发挥了重要作用。当用户不在防火墙的保护范围内时，不能简单地走到台前寻求帮助。每天都有新的网络攻击报告，有效的 SWG 需要能够实时阻止对恶意网站的访问并防止恶意内容下载，这意味着他们不仅依靠基于签名的检测，还需要使用基于行为的检测技术，以防错过 0day 威胁。

（3）强大的数据泄露防护（DLP）功能。随着用户产生的数据越来越多，数据丢失的风险也越来越大。数据泄露须在发生之前被阻止，而不是在事后通过被动警报来响应。现代的 SWG 需要支持高级 DLP 使用案例，如需要使用高级正则表达式或精确数据匹配的案例，以防止通过网络上传造成不必要的数据丢失。

（4）无人管理的应用控制。随着应用使用量的增加，以及应用使用的地点和设备数量的增加，无人管理的应用控制至关重要。应当使用阻止应用程序以及更加多样化的控制手段，以更加全面的覆盖控制范围来增强控制力度。理想的 SWG 在应用控制方面提供了精细度和灵活性，使用户能够在确保安全和遵守企业政策的同时进行生产。寻找动态辅导和机器学习功能，可以使影子 IT 只读，以控制未管理的应用程序并实现合规性。

（5）细分的可见性和报告。很多组织缺乏跨 IT 生态系统的统一可视性，广泛的远程工作只会加剧这个问题。SWG 需要清楚地报告谁在所有用户设备上访问什么，包括物理位置以及使用的网络情况。SWG 的报告功能还需要达到双重目的，即验证安全策略以及在审计中显示法规合规性。

4．零信任网络访问（ZTNA）

零信任网络访问（Zero Trust Network Access，ZTNA）是一种在一个或一组应用程序周围创建基于身份和上下文逻辑访问边界的产品或服务，它需要在用户允许访问应用程序之前代理验证其身份，并判断上下文是否遵循相关策略，避免用户进入网络后的横向移动。通过结合 SASE 和零信任原则，企业可以通过单一解决方案来实现 ZTNA，从而在整个网络中一致地应用和实施安全策略。

零信任网络访问认为，不能信任出入网络的任何内容。应创建一种以数据为中心的全新边界，通过强身份验证技术保护数据。在 ZTNA 环境下，企业应用程序在公网上不再可见，可以免受攻击者的攻击。通过信任代理建立企业应用程序和用户之间的连接，根据身份、属性和环境动态授予访问权限，从而防止未经授权的用户进入并进一步防止数据泄露。对于数字化转型的企业，基于云的 ZTNA 产品，又提供了可扩展性和易用性。

ZTNA 将组织从传统 VPN 入站网关堆栈和 FW 设备的控制下解放出来。ZTNA 不允许基于 IP 地址的访问，而是使用托管在云中的简单策略，这些策略在全球分布但本地执行。它们仅向授权查看其特定用户提供可见性和授予对私人应用的访问权限，并且从不授予内部网络。所有访问都是上下文的。ZTNA 有效地使互联网成为新的企业网络，创建端到端加密微隧道，在用户和应用程序之间创建一个安全段（又名微细分）。管理员甚至可以发现以前未知的应用程序并为它们设置颗粒访问控制。

ZTNA 提供了对资源可控的身份感知和上下文感知的访问，减少了攻击面。ZTNA 提供的隔离性提升了连接性，消除了直接向因特网公开应用程序的必要性。因特网仍然是不受信任的，信任代理调节应用程序和用户之间的连接。信任代理可以是由第三方提供商管理的云服务，也可以是自托管服务（以用户数据中心中的物理设备或公共 IaaS 云中的虚拟设备的形式）。一旦信任代理评估了用户的凭据及其设备的上下文，信任代理就与逻辑上靠近应用程序的网关功能通信。在大多数情况下，网关建立到用户的出站通信路径。在某些 ZTNA 产品中，代理仍保留在数据路径中；在其他产品中，只有网关保留在数据路径中。从某种意义上说，ZTNA 创建了个性化的“虚拟边界”，该边界仅包含用户、设备和应用程序。除此之外，ZTNA 还规范了用户体验，消除了企业网络中所存在的访问差异。

尽管 ZTNA 产品在技术方法上有所不同，但它们提供的基本价值主张大体相同。

（1）将应用程序和服务从公共互联网上的直接可见性中移除。

（2）针对命名用户对指定应用程序的访问，启用精确性（“刚好及时”和“刚好足够”）和最小权限，即只有在对用户的身份、设备的身份和健康状况（高度建议）、上下文进行评估之后启用。

（3）启用独立于用户物理位置或设备 IP 地址的访问（除非策略禁止，如针对世界特定地区）。访问策略主要基于用户、设备、应用程序的身份。

（4）只允许访问特定的应用程序，而非底层网络。这限制了对所有端口和协议或所有应用程序的过度访问，因为其中有些可能是用户无权访问的。最关键的是，它还将横向移动的能力降到最低，因为这是困扰许多企业的有害威胁。

（5）提供网络通信的端到端加密。

（6）针对敏感数据处理和恶意软件形式的过度风险，提供了可选地对通信流量的检查。

（7）启用可选的会话监视，以指示异常行为，如用户活动、会话持续时间、带宽消耗。

（8）为访问应用程序（无代理或通过 ZTNA 代理）提供一致的用户体验，无论网络位置如何。

8.5　SASE 的现状与应用

自 Gartner 提出安全访问服务边缘（SASE）的概念以来，SASE 已经在网络安全领域成为研究热点。部分安全厂商将自己的网络和安全产品融合推出 SASE 解决方案，更有甚者，将自己的优势产品包装为“SASE”推向市场。近期，SASE 得到了行业越来越多的认可，标准化工作也取得了一些成果。

SASE 以订阅的方式将产品服务提供给用户，借助 SASE，企业可以节省基础环境建设的投入，将更多的人员资金投入到开发新产品及响应市场商业环境中。SASE 主要应用在分支网络互联、远程办公、业务安全、网络安全运营、攻防演练等场景。

8.5.1　标准化进展

自 Gartner 于 2019 年定义了 SASE 以后，国内外安全和网络供应商以及相关机构就开始持续推进针对 SASE 的标准研究。

1．国际标准

城域以太网论坛（Metro Ethernet Forum，MEF）一直关注软件定义网络和安全基础服务的标准创建，从 2019 年开始 SD-WAN 相关技术的研究，已经开展了 SD-WAN 服务属性和服务框架（MEF W70.1）、通用 SD-WAN edge（MEF W119）等项目，定义了 SD-WAN 的基础服务以及分层的可选范围，如安全性和 WAN 优化。此外，MEF 已经开发了 6 个 SD-WAN 用例，并将定义跨越这些开放式 API 进行配置和策略的信息。

MEF 在 2020 年发布了《MEF SASE 服务框架》白皮书，概述了基于现有 SD-WAN 安全性和自动化以及其他标准化工作的 SASE 标准服务框架，通过在融合的网络和安全框架以及相关的 SASE 服务上达成共识，使供应商专注于提供通用的核心功能，并在此之外构建自己的创新能力。此外，MEF 还启动了 SASE 服务和属性（MEF W117）项目。

2．国内标准

中国通信标准化协会（China Communications Standards Association，CCSA）已经全面开展了 SD-WAN 的多维度共计 10 项技术标准研究工作，包括总体技术要求、关键技术指标体系、测试方法、接口协议以及增值服务等。

中国信息通信研究院正式启动了《SASE 技术要求》研究编写工作，主要聚焦于 SASE 的总体技术架构、关键特征、整体功能、网络部署参考框架等内容。

CSA GCR SASE 项目组已经于 2021 年 6 月成立，开展基于中国安全环境的 SASE 实践落地研究。

8.5.2 产业情况

网络接入与网络安全能力的融合、企业业务集体上云以及网络边缘由内网向家庭办公等场景扩散的趋势，导致全球安全市场出现了新变化，基于此背景，由 Gartner 提出的 SASE 获得了全球安全厂商的关注。

为了在 SASE 领域中抢占先机，多个安全厂商或 SD-WAN 厂商进行了业务合作与并购，以快速获取相关能力从而构建完整的 SASE 产品。Palo Alto Networks 已经收购了 CloudGenix 以整合其 SD-WAN 能力，Check Point 通过收购获取了 Odo Security 的 ZTNA 能力。Zscaler 则多面开花，不仅将 Edgewise Networks 的零信任网络策略拓展到工作负载中，还收购了 Cloudneeti 以强化其基于 API 的云访问安全代理（CASB）、云安全状态管理（CSPM）和 SaaS 安全状态管理（SSPM）能力。VMware 的 SASE 战略更加开放，不仅为同时使用 VeloCloud 的 SD-WAN 和 Zscaler 产品的用户提供服务，同时，还采购了 Menlo Security 的软件定义安全栈为希望采用单一供应商产品的用户构建 VMware 专属的 SASE 功能。

但就现有的 SASE 服务而言，能够提供完整 SASE 服务的厂商并不多，SASE 架构已经提出接近两年，仍然只有不到 10 种 SASE 产品可以提供 Gartner 报告中概述的所有核心功能。在未来的 5 年内，大型厂商之间的收购和合作将在一定程度上解决这些问题。

目前，SASE 服务部署仍处于过渡阶段。用户可能同时采购了包含 FWaaS、ZTNA 在内的网络安全能力和 SD-WAN 等网络接入服务，但尚未意识到这两者可以融合成一个产品。因此，在为 SASE 架构提供更多的安全能力之前，厂商需要考虑的是如何将能力进行融合。

8.5.3 应用场景

SASE 的应用场景有多分支接入、远程接入等。

1．多分支接入

具有多个分支机构的大中型企业，由于地理位置分散，分支机构需要通过专线或 VPN 连接到总部，运维难、成本高。分支流量绕行总部，由总部安全架构进行防护再访问互联网的策略易导致拥堵，影响工作效率。

因此，在多分支场景下，企业期望通过在分支机构快速部署较少的安全设备甚至不部署硬件设备，达到分支机构安全连接互联网以及企业云上应用的目标。安全能力能够便捷地扩容升级，各分支安全策略可以集中管理。

SASE 架构通过在分支机构出口以硬件或虚拟化形式部署 SD-WAN 设备，将上网流量

引流到 SASE 服务边缘 PoP 节点，按需开通安全模块，统一实现分支上网安全、组网和集中管理功能，无须购买传统安全设备，多分支接入网络拓扑如图 8-3 所示。

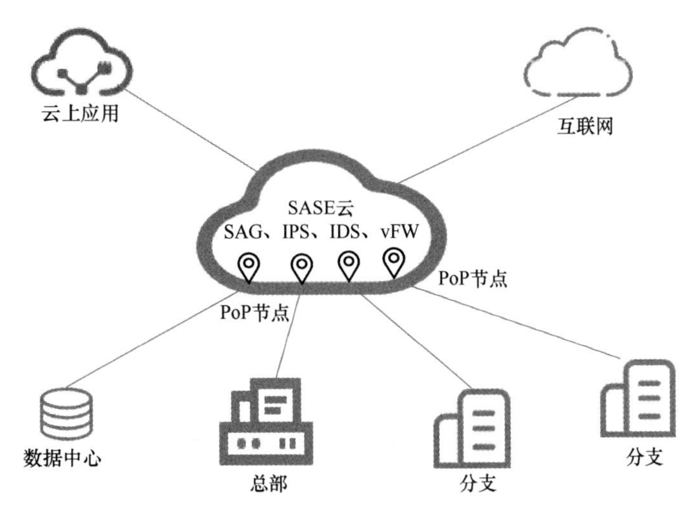

图 8-3 多分支接入网络拓扑

针对企业多分支接入场景需求，SASE 架构具有多项针对性能力。

通过统一的安全管理平台，实现多分支安全策略集中管理，流量可视化、分支安全事件分析与统一展示，进行实时告警推送。上网行为管理能力可精准审计企业终端上网行为，对上网流量进行监控与分析，保障企业信息安全。安全检测与响应能力，通过对终端进行安全威胁检测与响应，提供基于零信任的内网应用资源接入、身份认证、权限控制等模块，确保企业员工、合作伙伴任何时间在全球任何地方都能通过 PoP 节点更安全、更隐私地访问业务。

实现轻资产、简运维的目标，减轻运维压力，统一管理多分支安全。

2. 远程接入

随着应用程序迁移到云的趋势不断上升，以及远程办公模式的大力推进，传统通过 VPN 连接总部数据中心的解决方案不再满足当前企业的远程接入需求。

对于有员工居家办公、合作伙伴远程接入内网，甚至跨国业务需求的企业，需要摆脱 VPN，让多种远程终端都能快速、便利地连接企业内网，实施用户访问权限最小化等措施保证安全性。远程接入网络拓扑如图 8-4 所示。

SASE 架构提供基于零信任的网络访问接入。远程办公用户以及协作公司员工不需要对终端进行复杂的安全部署，只需要在终端重点部署轻量级引流插件，将办公流量引流到 SASE 云平台的边缘 PoP 节点，即可远程访问内部应用。

针对企业远程接入场景，SASE 可部署多项针对性能力。

SASE 控制中心支持身份认证，对所有接入用户下发认证策略，只有通过认证的员工才能访问内部应用。无论企业的内部应用部署在私有云、共有云还是本地的数据中心，都由 SASE 控制中心统一管理。SASE 平台内存有企业整体的内部应用访问权限表，以细粒度管控用户访问行为，保证内部应用按需访问，降低入侵、数据泄露的可能性。同时，它可实现内部应用访问活动可视化，如发现越权访问行为，自动调整访问权限并向管理员发送警示信息，保证内部应用的安全。

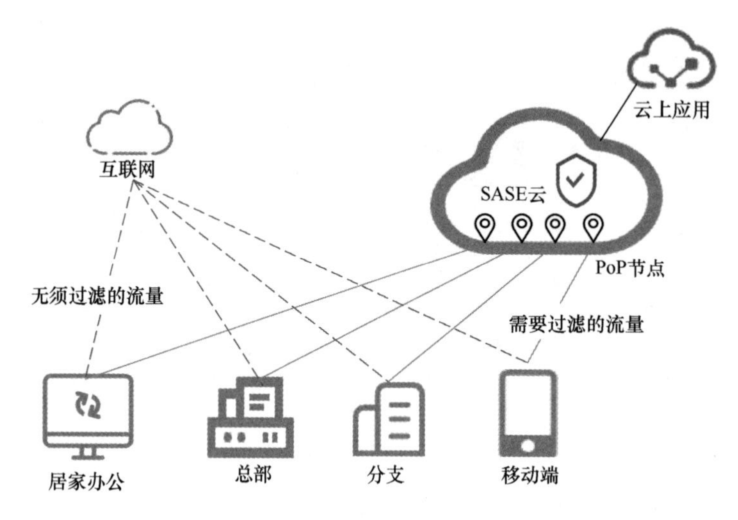

图 8-4　远程接入网络拓扑

SASE 基于实体身份进行权限管理，对多个应用进行集中管理，实现保护和统一管理企业应用的目标，减轻远程访问复杂度。

3. 零信任场景

零信任是一种“从不信任，始终验证”的理念，假设网络中始终充满内外部威胁，不能信任网络中的任何人、设备、系统。采用零信任理念构建的安全架构，可以减少企业的网络攻击面，接入设备仅在经过身份验证后才能有限度地访问被授权的资源，保证了资源的安全性。

SASE 的边缘安全目标与零信任的理念一致，可以通过 SASE 架构逐步实现零信任。

在企业终端侧，部署无感知的简易引流插件，提供基于 SDP 的云 VPN 接入。SASE 部署基于用户身份的权限控制、认证等模块，确保企业员工、合作伙伴在任何地方任何时间通过全球各地 PoP 节点访问业务时更安全、更隐私、更稳定。

为了进一步符合零信任理念，SASE 应部署多项能力。

基于身份进行权限控制，在用户登录时，采用多因素认证对用户身份进行识别，没有通过认证的员工不能访问内部应用。PoP 节点部署的权限控制模块，还会检验该员工是否有访问该内部应用的权限，保证内部应用仅被信任的员工访问，将内部应用的安全隐患降到最低。SASE 平台对用户行为进行持续监测，一旦发现用户异常行为，就降低用户访问权限或取消用户访问权限。权限控制模块确认用户权限不符合资源安全要求时，立即阻断访问，制止用户异常行为对企业安全造成的影响。

8.6　SASE 技术总结

企业数字化转型和业务上云是 SASE 的重要驱动力。企业的数据中心不再是用户与设备访问需求的中心，SaaS 等大量基于云计算服务的部署，以及新兴的边缘计算平台，颠覆了传统的网络和应用架构模式，使企业网络架构出现“内外翻转”的现象。与此同时，数字化转型需要随时随地访问应用和服务（很多应用与服务位于云端），内部协同如视频会议、协作文档需要东西向访问，传统的网络和网络安全体系架构无法满足数字业务的动态安全访问需求。

采用 SASE 架构，企业边界不再是一个位置，而是一组动态创建的、基于策略的安全访问服务边缘。SASE 的本质是基于身份认证的整合网络和安全的边缘融合服务，重建企业网络逻辑边界，是典型的“云、网、安”融合的新兴产品。

SASE 将极大地改变产业业态。第一，促使网络厂商和安全厂商的融合；第二，云网运营商向“云、网、安”运营商转型，安全将成为刚需，无处不在；第三，专业安全厂商研发重点从设备研发转向 VNF 的研发和专业服务，其销售渠道主要依赖于云网运营商；第四，企业安全从业者能力要求大大降低，工作重心从设备采购配置向安全服务订阅管理转移。

Gartner 预测，到 2024 年，SASE 市场规模将从 2019 年的 19 亿美元攀升至 110 亿美元。同时，到 2024 年，至少 40%的企业将有明确的战略采用 SASE，而在 2018 年年底这一比例不到 1%[①]。（Gartner，2019）SASE 市场已迎来传统 IT 厂商、云计算厂商、安全厂商、CDN 厂商、互联网企业等多方势力的角逐，包括思科、VMware、Palo Alto Networks、Cato Networks、Akamai、腾讯等。随着时间的推移，SASE 产业必将蓬勃发展。

当然，Gartner 的 SASE 架构不是唯一的零信任落地部署模型，与 Gartner 提出的 SASE 概念不同，Forrester 于 2021 年 1 月提出了零信任边缘（Zero Trust Edge，ZTE）模型，将边缘安全纳入零信任框架中。Forrester 在《将安全带到零信任边缘》报告中指出，ZTE 模型与 SASE 模型是相似的，ZTE 模型侧重于零信任，而 SASE 模型的侧重点是通过 SD-WAN 进行网络和安全的同步。ZTE 解决方案使用零信任访问原则，主要利用基于云的安全和网络服务安全连接和传输流量、进出远程站点。SASE 和 ZTE 强调的安全和网络服务一体化侧重点不同。SASE 强调网络和安全紧耦合，网络和安全同步走，所以要求单一提供商提供全套 SASE 产品；ZTE 强调网络和安全解耦，零信任先行，网络重构滞后，认为可以多个供应商集成，先解决战术性“远程访问”问题，再解决困难的“网络重构”问题。具体选择根据用户自身的情况确定。

---

① Gartner 提出的《网络安全的未来在云端》，2019 年。

第 9 章 零信任行业评估标准

零信任从 2010 年发展至今，正在迅速走向落地实践，有关零信任行业的评估、认证以及相关的标准也逐渐推出，其中包括由云安全联盟提出的零信任专家认证（Certified Zero Trust Professional，CZTP），以及由中国信息通信研究院提出的零信任成熟度认证（Certified Zero Trust Maturity，CZTM）。其中 CZTP 评估标准提出的目的是面向从业人员的安全认证，旨在为网络信息安全从业人员在数字化时代下提供零信任全面的安全知识，培养零信任安全思维，传播与践行零信任理念，守护核心数字资产。而 CZTM 评估标准在于确定企业的零信任成熟度当前处于什么阶段，并对其跟进。

9.1 零信任专家认证

零信任专家认证（CZTP）是零信任领域首个面向从业人员的安全认证，涵盖最新的国际零信任架构技术与实践知识，旨在为网络信息安全从业人员在数字化时代下提供全面的零信任安全知识，培养零信任安全思维，传播与践行零信任理念，为企业守护核心数字资产。

CZTP 是一门针对个人认证的培训课程，它提供零信任领域全面的安全理论及实践知识，从思维、理念、战略、架构、开发、运维等多方位详解各项技术，使学员们对零信任能有全面的了解并学以致用。

9.1.1 CZTP 概述

零信任的核心思想是捍卫企业的数字资产，随着零信任技术在各行业的深入落地，零信任不仅在网络安全行业快速应用实践，在云计算、5G、物联网等领域也逐步部署，各个行业对零信任安全人才的需求量急剧增加。零信任人才也是零信任架构建设和生态发展的核心要素，人才的素质和质量直接关系到零信任整体安全持续建设、保障能力的强弱。基于此背景，2020 年 6 月，在云安全联盟（Cloud Security Alliance，CSA）举办的零信任十周年峰会上发布了零信任专家认证（Certified Zero Trust Professional，CZTP），CZTP 由中国人民大学、中国科学院信息工程研究所、武汉大学、华为、奇安信、360 集团、启明星辰、腾讯、绿盟、阿里云、微软、云深互联、安几科技、竹云科技、易安联、山石网科、缔安科技、蔷薇灵动、联软科技、完美世界等机构近 40 多位专家参与开发及评审，专家包括 CSA 大中华区主席李雨航、奇安信副总裁左英男、IDF 实验创始人万涛、中国人民大学教授石文昌、云深互联 CEO 陈本峰等。

CZTP 评估标准包括零信任的基本概念、实践架构、身份管理与访问控制、软件定义边界、微隔离、应用场景及实践案例、战略规划与部署等相关零信任知识。通过对零信任知识等的考核，可评估出企业或个人对建立和实施零信任数据安全方案的专业能力是否充分，从而查漏补缺或开始着手零信任方案的开发或部署。CZTP 提供零信任领域全面的安全理论及实践知识，CZTP 大纲如图 9-1 所示，从思维、理念、战略、架构、开发、运维等多方位详解各项技术，使从业人员全面掌握零信任知识体系并获得业界认可的国际证书，提升安全从业人员的职场竞争力，培养基于零信任的安全建设与防御思维，提升战略思维。

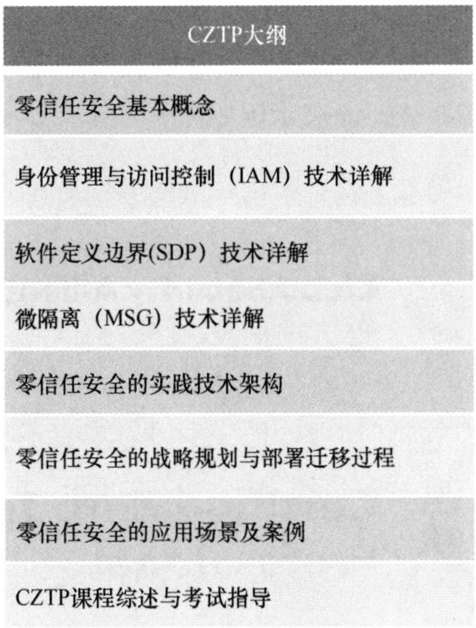

CZTP大纲
零信任安全基本概念
身份管理与访问控制（IAM）技术详解
软件定义边界(SDP）技术详解
微隔离（MSG）技术详解
零信任安全的实践技术架构
零信任安全的战略规划与部署迁移过程
零信任安全的应用场景及案例
CZTP课程综述与考试指导

图 9-1　CZTP 大纲

CZTP 的开设，拓宽了安全从业人员的专业视野，助力组织安全从业人员的前沿安全知识和技术储备，增强了组织应对网络安全新挑战的能力，是零信任企业人才的知识及能力保障。同时，CZTP 对零信任行业的发展起着重要的推动作用，使得零信任行业标准能够形成标准制定、标准培训到标准考核的闭环，从而加强零信任行业的规范性，以此促进零信任行业的发展。

9.1.2　CZTP 核心课程内容

CZTP 囊括了零信任三大关键技术、实践技术架构，并基于典型任务场景分析和提炼出零信任的战略规划和部署迁移过程，形成了完整的知识库、技能库和素养库，进一步落实了零信任的人才选拔与培训、人才评价考核和人才优化工作。

9.1.3 CZTP 考核方式

CZTP 主要分为零信任专业讲师培训课程和在线考试作答两个环节。在线考试内容围绕零信任核心的技术价值理念和规划、实践部署等要素，对申请认证的专家进行零信任的基本概念、实践架构、身份管理与访问控制、软件定义边界、微隔离、应用场景及实践案例、战略规划与部署等相关知识的考核。CZTP 试题由 60 道单选题和多选题组成，限时在 90 分钟内完成，在线机考。

9.1.4 具备 CZTP 资质的企业

自 2020 年 CZTP 开设以来至今，已有来自中国移动、中国联通、阳光保险、中通快递、汽车之家、工商银行、汇丰银行、恒丰银行、顺丰科技、欧莱雅、江西银行、蒙牛集团、伊利集团、五矿资本、联想、湖南安全、中兴、龙湖集团、海尔集团、金蝶、百度网盘等 100 多家企业的 CTO、CSO、技术总监、隐私安全负责人、信息安全总经理、信息部主任等获得 CZTP 认证。CZTP 认证证书示例如图 9-2 所示。

图 9-2　CZTP 认证证书示例

9.2 零信任能力成熟度模型

随着零信任在国内的逐步实践落地与应用，各大厂商的不断"布局"，对于零信任也需要构建一个安全评估体系，云安全联盟（CSA）大中华区零信任工作组与中国信息通信

研究院技术与标准研究所联手，共同探索研发中国的零信任安全相关标准，《零信任能力成熟度模型》从技术要求、管理要求、人员保障和运维保障等方面提出零信任能力成熟度模型。该模型将促进规范化零信任技术与产业发展，为不同行业的企业实施和部署零信任提供全方位的技术参考，推动零信任安全和企业数字化转型相互促进，协同发展。零信任的应用实践将更规范化、体系化，对零信任安全厂商也有了更标准的技术参考。

9.2.1　零信任能力成熟度模型概述

不同的组织需求、现有技术实现和安全阶段都会影响零信任安全模型实现的计划。零信任成熟度模型的提出是为了使得企业能够对当前自身的零信任成熟度做出阶段的区分，从而可以根据零信任的成熟度、可用资源和优先级来逐步建设零信任安全。

目前业界已经存在一些典型的零信任成熟度模型，包括微软的零信任成熟度模型、美国国防部的零信任参考架构成熟度模型等。

但国内还未有企业或组织架构提出契合指导国内企业安全体系构建的相关零信任成熟度模型。《零信任能力成熟度模型》是按照零信任原则设计的，作为企业网络安全最佳实践的评估模型，它为企业提供了一个完整的解决方案，使企业在网络安全方面变得成熟和技术领先。面向零信任成熟度模型的架构构成：身份、设备、企业应用、基础设施、数据、网络，分别整理出了相应的评估技术要求和管理要求，并根据零信任每个评估内容的成熟度和安全技术能力来划分为 4 个级别，具体如下。

A–传统阶段，具备传统的基本安全技术能力，以及概念级的零信任系统能力。

B–初级阶段，具备丰富的经典安全技术能力，以及部分零信任功能模块的安全技术能力。

C–优化阶段，具备系统级别的零信任安全技术能力，支持主动防御能力，有多个项目实施经验。

D–持续安全阶段，具备标准级别的可持续提升的零信任安全技术能力和丰富的项目经验。

9.2.2　零信任能力成熟度矩阵

零信任能力成熟度矩阵表如表 9-1 所示。

除了根据零信任成熟度模型的零信任阶段判断，在阶段判断后的调整方面，《零信任能力成熟度模型》还指出实施措施中最必要的关键点，包括强认证、基于策略的自适应访问控制、微隔离、自动化、威胁情报和 AI 以及数据保护。

（1）强认证：确保以强大的多因素认证和风险检测作为访问策略的基础，最大限度地减少身份泄露的风险。

（2）基于策略的自适应访问控制：为企业资源定义访问策略，使用统一的安全策略引擎实施这些策略，监控并发现异常。

表 9-1　零信任能力成熟度矩阵表

成熟度比较项	成熟度比较详细项	没有根据零信任实现的控制阶段	A–传统阶段	B–初级阶段	C–优化阶段	D–持续安全阶段
零信任身份安全技术要求	用户身份识别与建立信任	未设置身份认证机制	1．定期更新的识别和认证策略被用作设计基础 2．用户需要在信息技术系统上验证其声称的身份	1．用户需要定期更改密码 2．密码管理系统以交互方式确保高质量的密码	1．当访问控制策略需要时，访问由安全登录过程控制 2．要求用户在使用秘密认证信息时遵循惯例	1．管理信息系统授权码 2．身份验证数据和令牌得到仔细管理，并建立了程序
	受控设备识别与建立信任	受控设备无标识、授权机制	1．对设备进行区分 2．对不同设备设置权限	1．将设备进行编号，设置设备唯一标识号 2．根据标识号进行权限分配	1．生成设备标识清单，配套设备的权限设置 2．定期更新清单，及时对设备的权限进行检查更新	1．清单检查工具，清单管理权限明确 2．设备授权系统健全
	应用识别与建立信任	未建立内部应用程序和系统配置检查机制	1．任何不必要或未经授权的浏览器或电子邮件客户端插件或附加应用程序将被卸载或禁用 2．根据定期更新的新软件政策，加载和执行新软件受到限制	1．每个系统都部署了两个独立的浏览器配置 2．信息系统检查信息输入的准确性、完整性和有效性	1．自动补丁程序管理已部署，补丁程序已应用于所有系统 2．只有完全受支持的网络浏览器和电子邮件客户端才允许在企业中执行	1．文件完整性检查工具，以确保关键系统文件没有被更改 2．信息系统验证安全功能和报告的正确操作
零信任基础设施技术要求	可信网络连接能力	未设授权连接限制条件	1．基于网络的网址过滤器限制了系统连接到未经批准的网站的能力 2．与已知恶意 IP 地址的通信被拒绝，或者只允许访问受信任的站点（白名单）	1．已启用域名系统（DNS）查询日志记录，以检测已知恶意 C2 域的主机名查找 2．发送方策略框架是通过在 DNS 中部署 SPF 记录并在邮件服务器中启用接收方验证来实现的	1．对已知文件传输和电子邮件过滤网站的访问被阻止 2．从信息系统到其他信息系统的认证边界之外的所有连接和互联均由官员授权和批准	1．绕过非军事区的互联网反向通道连接被定期扫描 2．基于主机的防火墙或端口过滤工具在终端系统上使用默认拒绝规则实施
	可信地址过滤能力	无地址过滤能力	1．安全网关阻止或过滤两个网络之间的访问 2．通过配置内置防火墙会话跟踪机制来防止数据泄露，并向可疑的 TCP 会话发出警报	1．如果所有电子邮件附件包含恶意代码和特定文件类型，那么会被扫描和阻止 2．网络周界的设计和实现使得所有输出的网络流量都通过应用层过滤代理服务器	1．监控所有离开的流量，并检测任何未经授权的加密使用 2．应用防火墙被放置在关键服务器的前面，以验证和确认去往服务器的流量	1．Web 应用程序由部署的检查所有流量的 Web 应用防火墙（WAF）保护 2．基于网络的入侵检测系统传感器被部署来扫描和阻止异常的攻击机制，并检测妥协

（续表）

成熟度比较项	成熟度比较详细项	没有根据零信任实现的控制阶段	A–传统阶段	B–初级阶段	C–优化阶段	D–持续安全阶段
零信任基础设施技术要求	对网络进行分割管理能力	无网络分割标准	1．个人身份信息的隐私保护，满足相关的法律和条例 2．安全机制、服务水平和管理要求服务被确定并纳入服务协议	1．对网络进行管理和控制，以保护系统和应用中的信息 2．为 BYOD 系统或其他不受信任的设备建立单独的虚拟局域网	1．网络交换机实现了专用虚拟局域网的分段式管理 2．网络基础设施是通过网络连接进行管理的，这些网络连接与网络的业务使用是分开的	1．为用户和系统建立与管理网络操作和预期数据流基线 2．根据标签或分类级别对网络进行划分
	对网络进行隔离管理能力	无隔离机制	1．IT 系统的设计和运行限制了损害，并在响应中具有弹性 2．如果服务器不需要从不信任的网络中可见，那么将其移至内部 VLAN	1．只要系统在预期的威胁面前具有并继续具有弹性，就可以保证 2．信息服务组、用户和信息系统在网络上是隔离的	1．虚拟机用于隔离和运行业务运营所需的应用程序，但在网络系统上风险太大 2．通过在适当的地方引入网络隔离，网络完整性得到了保护	1．生产系统和非生产系统的环境是分开的 2．通信和控制网络受到保护
	制定无特权	对特权概念不明确，无认证，一视同仁	1．公共接入系统与关键任务资源隔离 2．通过 802.1x 部署网络级认证，以限制和控制设备	1．外部系统被认为是不安全的 2．网络漏洞扫描工具的配置是为了检测连接到有线网络的无线接入点	1．可以在不需要识别或认证的情况下进行的具体用户操作 2．无线入侵检测系统用于识别流氓无线设备并检测攻击企图	1．在制定网络安全措施时，考虑到对全球共享基础设施的潜在影响 2．无线网络使用可扩展认证协议——传输层安全等认证协议
零信任网络安全技术要求	网络访问准入	对网络接入无控制机制	限制用户的访问时间与网络 IP 范围	1．设置限制条件对内网安全域进行保护 2．当外来计算机由于业务需要接入内网或访问 Internet 时，针对对方 IP、MAC 等端口做授信暂时放行及安全认证机制	1．限制接入网络的用户必须安装、运行或禁止安装、运行其中某些软件 2．对不符合安全策略的用户可以记录日志、提醒或隔离	1．使用预认证协议进行测试 2．使用 802.1x 进行接入控制
	保护企业资源网络隐身	企业资源无遮盖	对访问企业资源进行权限设置	对企业资源的访问实行先认证再访问	实现请求方的 IP 地址等在内的连接请求信息的验证机制	1．使用 SDP 架构的应用被隐藏在 SDP 网关 2．实现只有被授权的用户才能可靠地访问，而未授权用户则看不到这些服务

（续表）

成熟度比较项	成熟度比较详细项	没有根据零信任实现的控制阶段	A–传统阶段	B–初级阶段	C–优化阶段	D–持续安全阶段
零信任网络安全技术要求	访问控制策略	无访问控制机制	1．指定并要求安全密码属性 2．根据定期更新的访问控制策略限制访问	1．身份验证数据在进入信息技术系统时受到保护 2．信息系统在尝试认证期间向用户提供反馈	1．访问控制列表的实现允许使用系统资源 2．信息系统通知用户以前的登录（尝试）	1．所有远程访问的方法都被记录、监控和控制 2．在授予系统访问权限之前，信息系统会显示已批准的系统使用通知消息
	数据传输链路支持国密算法加密	无加密算法设置	对传输数据实现加密	1．对传输数据实现加密 2．对传输链路进行一定的保护	1．传输数据根据不同类型进行适应性加密 2．传输链路加密	数据传输链路支持国密算法加密
	防御网络攻击	无防御网络攻击能力	1．信息系统实现了垃圾邮件和间谍软件的保护 2．启用 DEP、ASLR、EMET、虚拟化/容器化等反开发特性	1．信息系统防止拒绝预先建立的服务攻击的影响 2．检测、预防和恢复控制，以防止恶意软件的实施	1．穿透测试的明确目标是在多矢量攻击的头脑中计划的 2．定期进行外部和内部渗透测试，以确定漏洞和攻击载体	1．通过部署基于网络的 IPS 设备来补充 IDS，阻断已知的恶意签名和潜在攻击行为 2．针对所有可能的“攻击”类别采取保护措施
零信任数据安全技术要求	对数据进行审计、识别、分类分级保护和加密	无审计机制	1．审计与安全相关的事件的用户事件类型和机器状态 2．涉及验证运行系统的审核要求和活动得到了详细的计划并获得了一致同意 3．分配和配置了足够的审计记录存储容量	1．信息系统或安全域的时钟同步到一个参考时间源 2．审计跟踪功能可查询一组参数，简化审计跟踪评审更容易 3．为减少审计记录中包含的数据量而开发的审计分析工具是实时使用的	1．审计日志为安全事件、法规和保留要求的事后调查提供支持 2．在审计失败时，信息系统向相关的企业官员发出警报并采取行动 3．审计跟踪由于对用户操作的跟踪而提供了问责制	1．对非公共数据的访问强制执行详细的审计日志记录 2．两个同步时间源用于服务器和网络设备的时间同步 3．系统在内部维护所有活动用户的身份，并能够将操作连接到用户

（续表）

成熟度比较项	成熟度比较详细项	没有根据零信任实现的控制阶段	A–传统阶段	B–初级阶段	C–优化阶段	D–持续安全阶段
零信任数据安全技术要求	重要数据防泄露	对数据泄露无预防机制	1. 媒体保护政策被用作设计基础，并定期更新和实施控制 2. 所有包含存储介质的项目都经过验证，并确保数据处理	1. 在网络周边部署了一个自动化工具，用于监控敏感信息 2. 信息系统防止未经授权和无意的信息传输	1. 安全参数由信息系统关联 2. 识别、记录和实施信息与资产的可接受使用规则	1. 基于网络的 DLP 解决方案是否监控网络内的数据流 2. 外部标签贴在可移动信息存储介质上
	重要数据脱敏和溯源	无数据脱敏机制以及溯源能力	1. 对敏感数据进行简单加密 2. 对数据进行标号以便溯源	1. 对敏感数据可进行简单分辨并进行加密 2. 设计文件标识算法，进行溯源	1. 能完成对敏感数据的自动识别并根据预设算法加密 2. 溯源算法有一定的复杂度，不易被修改侦破	1. 敏感数据自动识别并根据不同情况进行自适应加密 2. 完整、安全的标识——溯源体系
	重要数据备份和恢复	无备份机制	1. 使用定期更新的备份策略作为设计基础并实现控制 2. 按照相关政策，定期对信息、软件和系统映像进行备份和测试	1. 定期通过数据恢复流程对备份介质上的测试数据进行正确测试 2. 信息和信息系统的完整性和可用性由备份和恢复能力维持	1. 备份在存储时通过物理安全和加密得到了适当的保护 2. 用户级和系统级信息的备份并存储在适当的安全位置	1. 关键系统至少有一个不能通过操作系统调用连续寻址的备份目标 2. 确定一个备份储存地点，并开始订立协议
零信任应用/负载安全技术要求	应用访问控制	无访问控制	1. 整个环境中的权限是人工管理的 2. VM 及服务器上的工作负载仅仅做了配置管理	1. 大多数应用部署在本地环境，只有通过物理网络或 VPN 的形式才能访问 2. 少部分云端部署的应用可以通过互联网访问	1. 本地部署的应用也具备从互联网被访问的能力 2. 云端的应用设置了单点登录 3. 云端的应用都会评估 Shadow IT 的风险 4. 部分关键应用由 IT 来监控	1. 所有应用都使用了最小权限访问控制 2. 应用动态访问控制的所有应用都基于会话情况做实时的监控和响应
	负载管理能力	权限分散，无配套负载管理	1. 整个环境中的权限是人工管理 2. VM 及服务器上的工作负载仅仅做了配置管理	1. 细化负载的管理条目 2. 对工作负载进行简单的监控	1. 工作负载可以被监控，异常行为能够报警 2. 每个工作负载都分配一个 App ID 3. 对资源的访问需要应用适时访问策略	1. 没有授权的部署动作会被拦截且报警 2. 所有的工作负载的状态都可见并应用了访问控制 3. 用户和资源的访问都会基于每个工作负载做细致划分

（续表）

成熟度比较项	成熟度比较详细项	没有根据零信任实现的控制阶段	A–传统阶段	B–初级阶段	C–优化阶段	D–持续安全阶段
零信任应用/负载安全技术要求	应用动态信任评估	无动态信任评估	1．创建信任评估表单 2．定期更新安全评估和信任许可	1．用户可信识别 2．受控设备可信识别 3．受控应用可信识别	1．对访问主体的整个访问过程进行监控分析 2．对用户、受控设备和应用的可信度进行持续的信任评估 3．根据评估结果通过无边界应用访问控制能力和无边界网络访问控制能力进行动态的权限控制	1．通过动态信任评估对应用可信度进行预测 2．收集信任评估信息并控制分析
	应用动态权限控制	无动态权限控制	零信任在静态权限配置基础上，基于环境、行为、身份等综合信息动态调整访问权限，以应对终端环境变化导致的异常访问	1．身份认证权限构建 2．内部应用程序和系统配置检查成熟度构建 3．最小特权和访问控制	1．可实时收回仅能在指定网络环境访问的高敏感应用访问权限，确保高敏感应用的安全 2．通过增强认证等方式提高信任等级，从而获得高敏感应用访问权限	1．根据网络反馈信息实时调整应用权限 2．自动协调各权限应用之间的访问
零信任网络可持续安全检测与评估技术要求	应急故障处理	无应急故障处理	1．实施应急计划，做好适当的准备工作，并形成程序文件 2．确定了危机或灾难期间的信息安全要求和信息安全管理的连续性 3．使用每种资源的时间框架要结合不可用性对业务的影响来确定 4．保持足够的容量以保证可用性 5．采用定期更新的物理和环境保护政策作为设计基础，并实施控制	1．确定了包括大大小小的意外事件在内的一系列可能的问题 2．特别指定保持应急计划当前运行的责任 3．识别资源是管理者的职责范围 4．创建常用资源列表，列出使用最多的资源 5．系统和操作人员在严格控制的操作环境中操作	1．已采取应急措施和有效的恢复程序，以减轻可能发生的紧急情况的影响 2．确定主要和备选电信服务，并对紧急情况下恢复提供必要的协议 3．监测、调整资源的使用情况，并对未来的能力需求做出预测 4．根据它们的分类、关键性和商业价值资源进行优先排序	1．有联合的企业和业务单位级应急计划，以应对和恢复应急 2．确定备用连接地点，并就恢复生产达成必要协议 3．作为资本计划和投资控制的一部分，用于保护信息系统的资源被确定、记录和分配 4．确保对严重和全面破坏性意外事件的认识 5．应急方案解决了上面列出的所有常用资源

（续表）

成熟度比较项	成熟度比较详细项	没有根据零信任实现的控制阶段	A–传统阶段	B–初级阶段	C–优化阶段	D–持续安全阶段
零信任网络可持续安全检测与评估技术要求	应急故障处理	无应急故障处理	6．关键业务流程受到保护，不受重大意外事件的影响 7．采用定期更新的应急计划政策作为设计基础并实施控制	6．确定恢复和恢复正常操作之间的关系	5．设备的位置和保护，以减少环境威胁和危害的风险 6．对所需资源的分析是由那些了解资源之间的功能和相互依赖性的人进行的 7．对于特定位置，任何可能发生故障的信息技术组件都提供了关闭电源的能力	6．所有的操作都被记录下来，以确保连续性和一致性
零信任风险检测技术要求	风险预测管理	无风险预测管理	1．在评估风险时，第一步是确定所考虑的系统（部分）、分析方法和详细程度及形式 2．对未经授权的访问可能导致危害的风险和程度进行评估 3．使用定期更新的备份策略作为设计基础并实现控制 4．按照相关政策，定期对信息、软件和系统映像进行备份和测试 5．选定的保障措施得到有效实施，并定期对风险、资产进行重新分析和改进 6．采用定期更新的风险评估政策作为设计基础，并实施控制	1．对风险的不同组成部分进行检查，包括对受威胁地区的数据进行综合和分析 2．在业务环境中考虑信息风险 3．定期通过数据恢复流程对备份介质上的测试数据进行正确测试 4．信息和信息系统的完整性和可用性由备份和恢复能力维持 5．控制网络安全风险的过程是治理和风险管理 6．所有企业利益相关者建立、管理和同意风险管理过程	1．确定并表达风险容忍度 2．确定风险威胁、漏洞、可能性和影响分析 3．备份在存储时通过物理安全和加密得到了适当的保护 4．用户级和系统级信息的备份将被备份并存储在适当的安全位置 5．通过关键基础设施和特定行业的风险分析，确定风险容忍度 6．向合作伙伴和供应商演示适当的风险管理 7．识别和记录内部及外部威胁	1．风险评估用于接受风险或选择具有成本效益的控制 2．识别并降低风险和增加成本之间的潜在权衡 3．关键系统至少有一个不能通过操作系统调用连续寻址的备份目标 4．确定一个备份储存地点，并开始订立协议 5．对内部和外部物理环境的风险予以考虑，并在必要时予以补偿 6．对企业的信息保证是通过对信息风险的下降理解提供的

（续表）

成熟度比较项	成熟度比较详细项	没有根据零信任实现的控制阶段	A–传统阶段	B–初级阶段	C–优化阶段	D–持续安全阶段
零信任风险检测技术要求	风险预测管理	无风险预测管理	7．跟上新出现的威胁和对策 8．识别潜在的业务影响和可能性	7．确定商业风险偏好 8．风险应对被识别和排序	8．风险指定分配给所有职位，并对填补这些职位的个人进行筛选标准建立和更新	7．识别适当的控制是计算机安全风险管理的主要功能 8．当系统、设备或信息发生变化时，风险分析和管理被修改
零信任安全可视化技术要求	网络可视化管理	网络可视化管理阶段	1．部署 NetFlow 采集，分析 DMZ 网络流，检测异常活动 2．从多个来源和传感器聚合及关联事件数据 3．定期监控所有账户的使用	1．监控与扫描活动和关联管理员账户相关联的日志 2．试图访问停用账户将通过审计日志监控 3．对人员活动进行监控，以发现潜在的网络安全事件	1．部署用于日志聚合、整合、关联和分析的日志分析工具，并报告重要的告警 2．外部服务提供商的活动被监控潜在的网络安全事件 3．审计跟踪被设计和实现以记录适当的信息，协助实时入侵检测	1．每个用户的典型账户使用情况是通过正常时间的一天的访问时间来识别偏差行为的 2．对账户的使用进行监控，以确定休眠账户，记录并监控异常情况 3．配置监控系统验证所有远程可测试的安全配置元素，并在发生未经授权的更改时发出警报

（3）微隔离：使用软件定义的微隔离，从集中式网络边界管理转型为全方位的网络隔离管理。

（4）自动化：开发自动警报和响应措施，减少平均响应时间。

（5）威胁情报和 AI：综合各个来源的信息，实时检测和响应异常访问行为。

（6）数据保护：发现、分类、保护和监视敏感数据，最大限度地减少恶意的或意外的渗透风险。

尽管零信任模型在跨整个数字领域集成时最为有效，但大多数组织需要采取一种分阶段的方法，根据其零信任成熟度、可用资源和优先级，针对特定领域进行更改。仔细考虑每一项安全部署并使其与当前的业务需求保持一致是至关重要的。

9.2.3　零信任能力成熟度模型评估方法

《零信任能力成熟度模型》由 7 个核心区域组成，这些区域组包含 24 个焦点区域，它们综合提供了 120 个功能。各种控制项将具有元素依赖性，其中某些技术将分布在不同的功能区。根据企业规模、企业基础设施和 IT 管理战略，可以确定具体的功能和控制项（直至整个重点领域）。

（1）确定重点领域：通过专家访谈和案例研究来确定重点领域。

（2）确定能力：每个焦点区域都有不同的能力，代表成熟度的增长。确定这些能力的基础是专家讨论和参照已有标准和技术资料。

（3）确定依赖性：由于功能表示成熟度水平的增长，所以功能根据首选的实现顺序具有各种依赖性。

（4）矩阵中的定位能力：基于实现的依赖性和实用性，该能力定位在成熟矩阵中。

为了计算公司的成熟度，《零信任能力成熟度模型》使用加权计算等方式来表示公司的成熟度，权重比例根据公司网络安全侧重点进行弹性调整。在一般情况下，网络身份安全、数据安全、技术安全等权重相对高一些。在通过计算得到公司成熟度值后，根据该值划分当前公司所处零信任安全阶段，从而针对网络安全薄弱处制定企业之后的网络安全发展路线。

第 10 章　零信任实践案例

随着零信任这一概念的逐步推广，国内外出现了不少零信任成功落地的案例。本章调研并整理了一些有代表性的实践案例，供读者参考。我们相信，随着零信任的日益普及，还将有更多的成功案例涌现出来。

10.1　Google BeyondCorp 实践案例

BeyondCorp 是谷歌（Google）在 6 年零信任网络构建经验基础上打造的企业安全模型，将访问权限控制措施从网络边界转移到设备和用户，让员工可以更安全地在任何地点工作。BeyondCorp 旨在让每个员工都能在不借助 VPN 的情况下通过不受信任的网络工作，如今已融入大部分谷歌员工的日常工作。从 2014 年 12 月起，谷歌已先后发表了 6 篇关于 BeyondCorp 的研究论文①，全面介绍了 BeyondCorp 的架构和实施情况。

10.1.1　项目背景

几乎所有企业都会采用防火墙增强边界安全。任何墙外的东西都被认为是危险的，任何墙内的东西都是安全可信的。然而，一旦边界被突破，攻击者可以畅通无阻地访问企业的内部特权网络。当所有员工都只在企业办公大楼中工作时，边界安全模型确实有效，但随着远程/移动办公的出现和云服务使用越来越广泛，新的攻击向量也随之增加。边界不再由企业的物理位置决定，“边界”之内也不再是个人设备和企业应用运行的安全地带。

谷歌认为内部网络并不是企业应用可以暴露的安全环境，应该假设企业内部网络与公共互联网一样充满危险，并基于这种假设构建企业应用。因此，谷歌希望逐步摆脱对特权内网的需求，将企业应用程序迁移到互联网上。在这种全新的无特权网络访问模式下，谷歌希望

---

① [1] WARD R, BEYER B. Beyondcorp: a new approach to enterprise security[R]. Login, 2014, 39(6):6-11.
[2] OSBORN B, MCWILLIAMS J, BEYER B, et al.BeyondCorp: design to deployment at google[R]. Login, 2016, 41(1): 28-34 .
[3] CITTADINI L, SPEAR B, BEYER B, et al. BeyondCorp Part III: The Access Proxy[R]. Login, 2016, 41(4): 28-33 .
[4] BESKE C M C, PECK J, SALTONSTALL M. Migrating to BeyondCorp: maintaining productivity while improving security[J]. Login, 2017, 42(3): 49-55.
[5] ESCOBEDO V M, ZYZNIEWSKI F, SALTONSTALL M. BeyondCorp: The User Experience (2017) [R]. Login, 2017, 42(3).
[6] KING H, JANOSKO M, BEYER B, et al. BeyondCorp: building a healthy fleet[R]. Login, 2018, 43(3): 2-64.

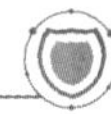

访问只依赖于设备和用户凭证，而与用户所处的网络位置无关。无论用户是在公司“内网”、家庭网络，还是酒店、咖啡店的公共网络，所有对企业资源的访问都要基于设备状态和用户凭证进行认证、授权和加密。这种新模式可以针对不同的企业资源进行细粒度访问控制，所有谷歌员工都可以从任何网络成功发起访问，无须通过传统的 VPN 接入特权网络。除了可能存在延迟差异，谷歌还希望对企业资源的本地和远程访问用户体验基本一致。

10.1.2　解决方案

BeyondCorp 由许多相互协作的组件组成，确保只有通过严格认证的设备和用户才被授权访问所需要的企业应用。图 10-1 是 BeyondCorp 的系统架构示意图。

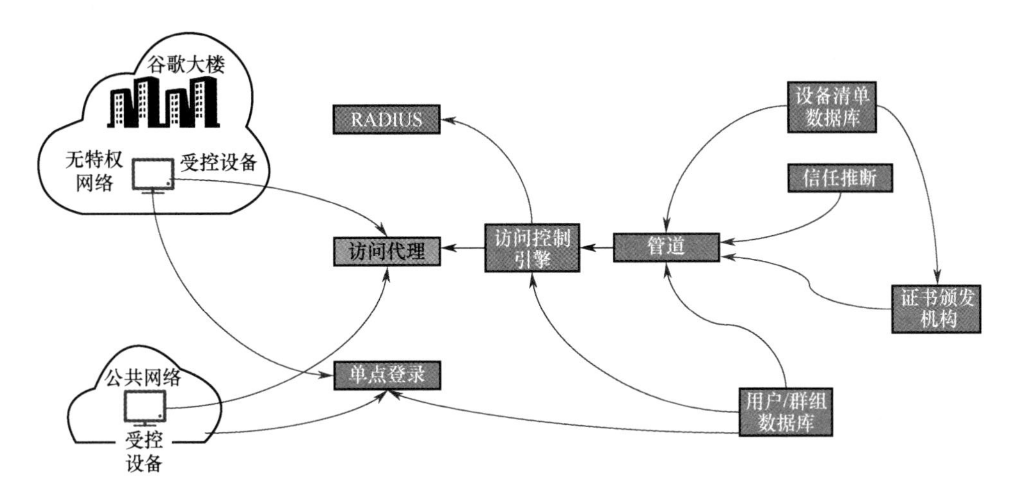

图 10-1　BeyondCorp 的系统架构示意图

BeyondCorp 包括设备清单数据库、设备标识等组件。

1．设备清单数据库

BeyondCorp 使用“受控设备”这一概念。受控设备是指由企业采购并妥善管理的设备，只有受控设备才能访问企业应用。使用设备清单数据库进行设备采购和跟踪是 BeyondCorp 模型的基础之一。谷歌在设备的全生命周期中追踪设备发生的变化，并将信息提供给 BeyondCorp 组件。此外，谷歌使用设备清单数据库对来自多个数据源的设备信息进行合并和规范化，并将信息提供给 BeyondCorp 组件。

2．设备标识

所有受控设备都需要唯一的标识，可用于设备清单数据库中检索对应的记录。只有在设备清单数据库中存在且状态和信息正确的设备才能获得证书。证书存储在硬件或软件形式的可信平台模块（TPM），或者可靠的系统证书库中。设备认证过程需要验证证书存储区的有效性，只有被认为足够安全的设备才可以归类为受控设备。当证书定期更新时，这些检查也会同步执行。

3．用户/群组数据库

BeyondCorp 追踪和管理用户/群组数据库中的所有用户。用户/群组数据库系统与谷歌的 HR 流程紧密集成，管理所有用户的岗位分类、用户名和群组成员关系。HR 系统将需要访问企业的用户的所有相关信息提供给 BeyondCorp。当员工入职、转岗或离职时，数据库就会更新。

4．单点登录

单点登录（SSO）系统是一个集中的认证门户，认证请求访问企业资源的用户。SSO 系统使用用户/群组数据库进行合法性验证后，会生成短时令牌，作为对特定资源授权过程的一部分。

5．无特权网络

BeyondCorp 不再区分内部和远程网络，而是定义并部署了一个与外部网络非常相似的无特权网络。无特权网络尽管处于一个私有地址空间中，但只能连接有限的资源，如互联网、有限的基础设施服务［如 DNS、动态主机配置协议（Dynamic Host Configuration Protocol，DHCP）和 NTP］和 Puppet（集中配置管理系统）之类的配置管理系统。谷歌办公大楼内部的所有客户端设备默认都分配到这个网络中，该网络（无特权网络）和谷歌网络的其他部分之间由严格管理的访问控制列表控制。

6．有线和无线网络接入的 802.1x 认证

谷歌使用基于 802.1x 认证的远程认证拨号用户服务（Remote Authentication Dial In User Service，RADIUS）协议将有线和无线访问设备分配到适当的网络，实现动态的 VLAN 分配。这种方法使用 RADIUS 服务器通知交换机，将认证后的设备分配到对应的 VLAN。受控设备使用设备证书完成 802.1x 握手，并分配到无特权网络；无法识别的设备和非受控设备将被分配到补救网络或访客网络中。

7．面向互联网的访问代理

谷歌的所有企业应用都通过一个面向互联网的访问代理开放给内外部用户，客户端和应用之间的流量通过访问代理强制加密。访问代理保护所有应用，并提供大量通用特性，如负载均衡、访问控制检查、应用健康检查和拒绝服务防护等。访问代理在访问控制检查完成后，会将请求转发给后端应用。

8．公共的 DNS 记录

谷歌的所有企业应用均对外提供服务，并且在公共 DNS 中注册，使用别名指向（Canonical Name，CNAME）将企业应用指向面向互联网的访问代理。

9．对设备和用户的信任推断

单个用户或设备的访问级别可能随时改变。通过查询多个数据源，能够动态推断出分配给设备或用户的信任等级，这一信任等级是后续访问控制引擎授权判定的关键参考信

息。例如，一个未安装最新操作系统补丁的设备的信任等级可能会被降低；某一类特定设备，如特定型号的手机或平板电脑，可能会分配特定的信任等级。

10．访问控制引擎

访问代理中的访问控制引擎，基于每个访问请求，为企业应用提供服务级的授权。授权决定是基于用户、用户所属的群组、设备证书以及设备清单数据库中的设备属性综合计算后得出的。如果有必要，访问控制引擎也可以执行基于位置的访问控制。另外，授权判定往往参考用户和设备的信任等级，如限制只有财务部门的全职和兼职员工使用受控的非工程设备才可以访问财务系统。访问控制引擎还可以对应用的不同功能指定不同的访问权限和策略。

11．访问控制引擎的消息管道

通过消息管道向访问控制引擎源源不断地推送信息。这个管道动态地提取对访问控制决策有用的信息，包括证书白名单、设备和用户的信任等级，以及设备和用户清单库的详细信息。

为了使设备清单服务保持最新状态，涉及几个处理阶段。首先，所有数据必须转换成一种通用数据格式。一些数据源（如来自内部开发系统或开源解决方案），可以通过改造在提交数据时主动发布给清单服务。而其他来源，特别是第三方数据源，可能无法扩展以支持主动的变更发布，需要通过定期轮询获得更新。输入数据统一格式后，就进入了数据关联阶段。所有来自不同数据源的数据都被聚合、关联到某一设备。当确定两条记录描述的是同一设备时，就将这两条记录合并为一条。一组输入记录被关联合并，就会触发引擎进行重新评估。为了分配信任等级，评估分析过程引用多种字段并聚合产生最终结果。信任评估还需要考虑设备清单服务中已存在的例外。通过例外，允许覆盖和重写通用访问策略。例外处理主要为了降低策略变更或新策略的生效延迟。

针对不同的应用，需要采用不同的解决方案，让第三方传统应用更安全地从任何网络连接到其服务器的同时满足 BeyondCorp 要求的身份认证、授权和加密。表 10-1 给出了 BeyondCorp 不同应用场景下不同的解决方案。

表 10-1　BeyondCorp 不同应用场景下不同的解决方案

用　例	解 决 方 案
B/S 架构的 HTTP/HTTPS 连接	访问代理
简单的 HTTP 命令行应用： 提供了一个客户端代理服务器，该服务器提供平台证书以建立与访问代理的认证与加密的连接，然后将简单应用定向到本地主机代理	本地认证代理
单个 TCP 连接： 对于需要 TCP 套接字连接到服务器的应用，一般通过与后端堡垒机建立 SSH 连接来解决，并为简单 TCP 应用端口建立隧道	SSH 隧道和端口转发
多端口或无法预测的端口号	加密服务隧道
对延迟敏感，实时，UDP 流	加密服务隧道

10.1.3 实施效果

BeyondCorp 上线的第一阶段包含一部分网关和初步的源清单服务。这些服务由少数几个数据源构成，主要是一些预设数据。最初实现的访问策略模拟了谷歌已有的基于 IP 的边界安全模型，并将这个策略集应用到不可信设备上，为来自特权网络的设备保留不变的访问权限。与此同时，BeyondCorp 团队也在设计、开发并持续迭代一个规模更大、延迟更低的设备清单解决方案。这个设备清单服务从超过 15 个数据源收集数据，根据正在主动生成数据的设备多少，每秒可能有 30～100 个数据变更。BeyondCorp 采用 x.509 证书作为固定的设备标识符。

BeyondCorp 团队建立了一个系统，确保 BeyondCorp 能够在全球范围内扩展，而不会对业务、支持或用户体验造成负面影响。谷歌并不是简单地通过人海战术，而是通过构建系统和流程有效地处理问题、进行升级和培训。尽管越来越多的人员采用 BeyondCorp 模式，但是 BeyondCorp 相关问题越来越少，在技术支持团队处理的全部问题中，BeyondCorp 相关问题从上线之初的 0.8%下降到 0.3%。随着文档、培训、消息传播和上线方法的不断完善，问题已经稳步减少。

10.1.4 挑战与经验

BeyondCorp 的实施目前已经取得了一定的成功，但这并不意味着项目的实施过程是一帆风顺的。从 BeyondCorp 团队的总结中，可以获得下面一些重要的经验。

1. 数据质量及相关性

资产管理的数据质量问题可能导致设备失去对企业资源的访问权限。拼写错误、标识错误和信息丢失都是常见问题。此类问题既可能是人为失误，也可能是由于制造商工作流程失误导致的。数据质量问题也经常发生在设备维修过程中，这是因为替换设备的零部件或在设备之间交换某个组件时会破坏设备记录。这些记录差错除非人工检查，否则很难修复。

2. 稀疏数据集

上游数据源也不一定有重叠的设备标识符。新设备可能有资产标签，但没有主机名；在设备生命周期的不同阶段，硬盘序列号可能与不同的主板序列号相关联；或者 MAC 可能会发生冲突。一小部分数据不匹配的设备，可能会使数百甚至数千名员工无法使用他们工作中必需的应用。

3. 管道延迟

由于设备清单服务从几个不同的数据源中获取数据，所以每个数据源都需要一个独特的实施方案。自研系统或基于开源系统的数据源很容易扩展，而其他数据源必须定期轮

询，需要在轮询频率和由此产生的服务器负载之间取得平衡。对于轮询的场景，一些变更可能需要几分钟才能获悉，串行处理本身也会增加延迟，所以需要采用流式处理。

4．沟通

对安全基础设施的根本性改变可能会对整个公司的生产力产生负面影响。做出的改变所带来的影响、出现的问题和可能的补救措施都需要与用户进行沟通来了解，但是很难找到过度沟通和沟通不足之间的平衡点。

着手迁移到一个类似 BeyondCorp 的模型之前，需要来自公司高层及其他干系人的支持。首先要理解和沟通迁移的动机：减少成功网络攻击所造成的威胁，同时保持生产力。然后需要将迁移背后的基本原理、威胁模型以及维持“业务照常运行”所需的成本形成文档。最后，准备好向每一个业务部门解释迁移过程的价值和必要性。高层管理者需要积极支持这种改变，并将这种改变的动机和认同理念在所有干系人中推广。关键领域负责人应该梳理和确定安全、身份、网络、访问控制、客户端和服务器平台软件、关键业务应用程序服务等各领域专家，获得其承诺，并确保他们投入时间和精力。

5．灾难恢复

BeyondCorp 基础设施的组成是非常复杂的，而灾难性的失败甚至会导致支持人员无法访问与恢复所需的工具和系统，因此 BeyondCorp 系统中构建了各种故障保护系统。除了监测信任等级分配的潜在或明显的变化，还利用现有的一些灾难恢复实践，确保在发生灾难性紧急情况时，BeyondCorp 仍能发挥作用。BeyondCorp 的灾难恢复协议基于最小依赖关系，并允许极少的一部分特权维护人员重放清单变更的日志记录，以便恢复到设备清单和信任评估工作以前的良好状态。谷歌也有能力在紧急情况下细粒度地变更访问策略以确保维护人员启动恢复流程。

6．在项目中尽早定义例外处理框架

每个设备机群中都包含那些无法完全符合理想安全状态的设备。确定例外管理的流程和技术实现是成功部署的关键。定义允许创建例外的各种场景及其理由，记录这些场景，确定允许该例外的最大时间窗口，梳理已有例外的审核过程。

7．与合作伙伴互动并且尽早影响其他团队

BeyondCorp 的成功实施需要整个 IT 部门的配合。尽早与合作伙伴和可能受影响的团队展开合作，这样会大大提升后续实施上线的顺畅性。

10.2　政企行业的零信任实践案例

本节将从政企行业的特点、基于零信任理念的解决方案以及解决方案的优点几个方面介绍政企行业的零信任实践案例。

10.2.1 行业特点

随着信息技术不断发展，智慧化、数字化理念不断深入各个领域。而且，云计算、大数据、物联网、移动互联、人工智能等新兴技术为用户的信息化发展及现代化建设带来了新的生产力，但同时给信息安全带来了新挑战。当政府和企业业务上云、攻防演练、业务数据远程访问时，存在如弱口令风险、老旧资产可能成为攻击跳板、网络缺乏细粒度隔离措施、服务器普遍零防御等安全问题，这些访问主体和接入场景的多样化、网络边界的模糊化、访问策略的精准化等都对传统基于边界防护的网络安全架构提出了新的挑战。在此背景下，政府和企业急需一套安全、可信、合规的立体化纵深防御体系，确保访问全程可知、可控、可管、可查，变静态为动态，变被动为主动，为信息化安全建设提供严密安全保障，以解决政企面临的如下问题。

1．传统安全边界瓦解

传统安全模型仅仅关注组织边界的网络安全防护，认为外部网络不可信，内部网络是可以信任的，终端类型多样化，不仅有 PC 端，而且移动端、物联网终端等设备也可以随时随地进行企业数据访问，在提高了企业办公效率的同时也带来更多新型安全风险。

2．外部风险暴露面不断增加

政企数据不再仅限于内部自有使用或存储，随着云计算、大数据的发展，数据信息云化存储、数据遍地走的场景愈加普遍，如何保证在数据信息被有效充分利用的同时，确保数据使用及流转的安全、授信是一大难题。

3．企业员工和设备多样性增加

企业员工、外包人员、合作伙伴等多种人员类型，在使用企业内部管理设备、家用PC、个人移动终端等，从任何时间、任何地点远程访问业务。各种访问人员的身份和权限管理混乱、弱密码屡禁不止、接入设备的安全性参差不齐、接入程序漏洞无法避免等现状，给企业的网络和数据带来极大风险。

4．数据泄露和滥用风险增加

在远程办公过程中，企业的业务数据在不同的人员、设备、系统之间频繁流动，原本只能存放于企业数据中心的数据也不得不面临在员工个人终端留存的问题。数据在未经身份验证的设备间流动，增加了数据泄露的危险，同时将对企业数据的机密性造成威胁。

5．内部员工对数据的恶意窃取

在非授权访问、员工无意犯错等情况下，“合法用户”非法访问特定的业务和数据资源后，造成数据中心内部数据泄露，甚至可能发生内部员工获取管理员权限，导致更大范围、更高级别的数据中心灾难性事故。

10.2.2　解决方案

零信任的本质是在访问主体和客体之间构建以身份为基石的动态可信访问控制体系，通过以身份为基石、业务安全访问、持续信任评估和动态访问控制的关键能力，基于对网络所有参与实体的数字身份，对默认不可信的所有访问请求进行加密、认证和强制授权，汇聚关联各种数据源进行持续信任评估，并根据信任的程度动态对权限进行调整，最终在访问主体和访问客体之间建立一种动态的信任关系，零信任安全模型如图 10-2 所示。

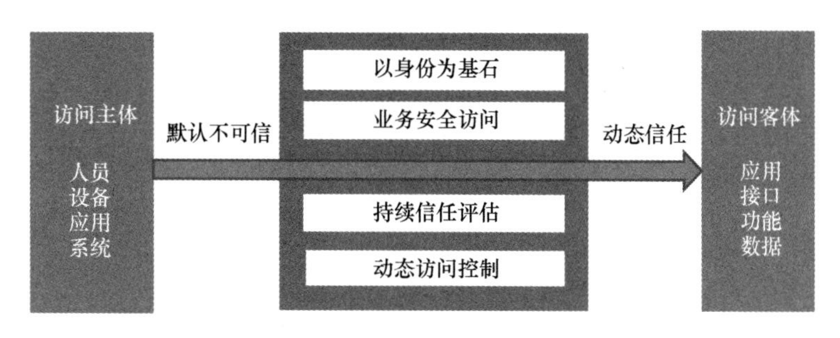

图 10-2　零信任安全模型

根据业务需求，构建如下几项安全能力。

1. 动态访问控制体系

动态访问控制体系主要负责参与访问的实体身份管理、风险威胁的采集，以及动态访问控制策略的定义与计算，动态访问控制的主要产品组件如下。

（1）IAM：作为动态访问控制的基础，为零信任提供身份管理及认证、细粒度权限管理及行为感知能力。

身份管理及认证：身份管理服务对网络、设备、应用、用户等所有对象赋予数字身份，为基于身份来构建访问控制体系提供数据基础。认证服务构建业务场景自适应的多因子组合认证服务，并实现应用访问的单点登录。

细粒度权限管理：细粒度权限管理服务基于应用资源实现分类分级的权限管理与发布，实现资源按需分配使用，为应用资源访问提供细粒度的权限控制。

（2）安全控制中心：作为策略管理中心，负责管理动态访问控制规则。作为策略执行引擎，负责基于多数据源持续评估用户信任等级，并根据用户信任等级与访问资源的敏感程度进行动态访问控制策略匹配，最后将匹配的结果下发到各个策略执行点。

（3）用户实体行为感知：通过日志或网络流量对用户的行为是否存在威胁进行分析，为评估用户信任等级提供行为层面的数据支撑。

（4）终端环境感知：对终端环境进行持续的风险评估和保护。当终端存在威胁时，及时上报给安全策略中心，为用户终端环境评估提供数据依据。

（5）网络流量感知：实现全网的整体安全防护体系，利用威胁情报追溯威胁行为轨迹，从源头解决网络威胁；威胁情报告警向安全控制中心输出，为安全控制中心基于多源数据进行持续信任评估提供支撑。

（6）可信访问网关：代理服务是可信架构的数据平面组件，是确保业务访问安全的关口，通过与客户端之间建立基于国密算法或国际密码算法的安全通路，阻断无客户端的非法登录，确保登录均通过安全通道访问服务。

2. 策略执行点

策略执行点主要负责执行由安全控制中心下发的动态访问控制策略，避免企业资源遭到更大的威胁，主要包括以下动态访问控制能力。

（1）二次认证：当用户信任等级降低时，需要使用更加安全的认证进行确认，以确保是本人操作。

（2）限制访问：当用户信任等级降低时，限制其能访问的企业资源，避免企业敏感资源对外暴露的风险。

（3）会话熔断：当用户访问过程中信任等级降低时，立即阻断当前会话，最大限度地缩短企业资源受到威胁的时间。

（4）身份失效：当用户信任等级过低时，为避免它进行更多的威胁活动，将其身份状态改为失效。

（5）终端隔离：当终端产生严重威胁时，对有威胁的终端进行网络层面上的隔离。

10.2.3 优点

1. 解决问题

政企行业为用户构建动态的虚拟身份边界，解决了以下应用场景的问题。

1）远程办公

通过零信任解决方案的落地，实现了国内外用户多网络位置、多种访问通道、多种脱敏方式的自适应无感安全访问流程。

政企远程办公场景的零信任解决方案如图 10-3 所示，基于零信任架构，在业务访问中实现动态认证控制、动态权限管控、动态阻断控制等机制，解决企业应用暴露、权限控制、弹性扩容等问题，以助力企业安全远程办公。

2）攻防演练

通过“网络隐身”技术，对外隐藏业务系统，防止攻击方对业务系统资产的收集和攻击，进而确保业务系统的安全。

3）云桌面访问

用户的云桌面作为一个特殊的 C/S 应用与零信任进行对接，对接后使云桌面访问路径

得到了更强的安全保护。改造后其具备了单点登录、动态认证、实时阻断能力，并使用国密算法进行通道保护。

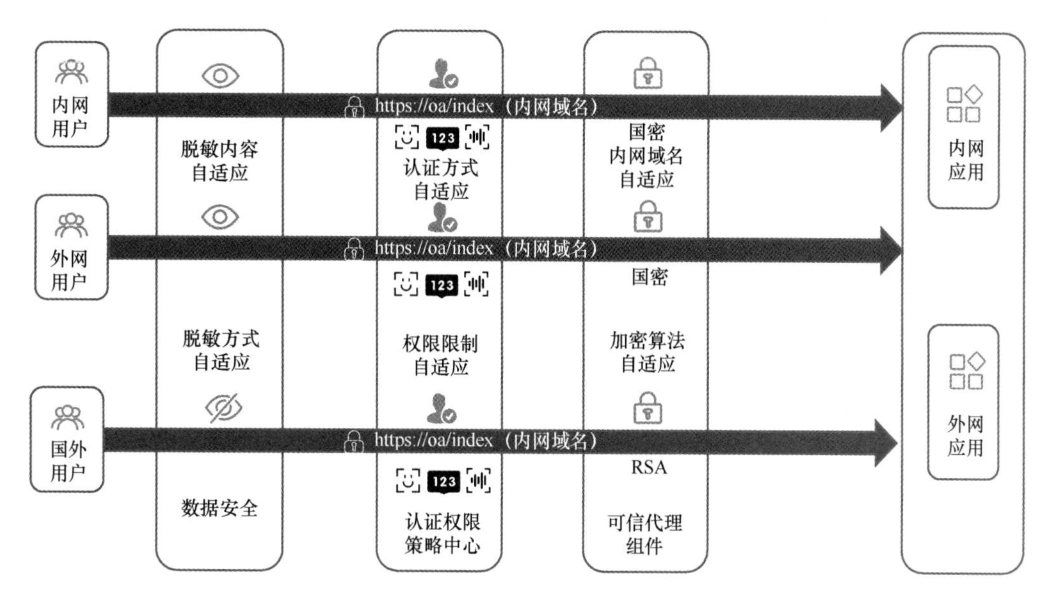

图 10-3　政企远程办公场景的零信任解决方案

4）特权账号访问

集中管理所有特权账号，提供密码托管服务、动态访问控制和特权账号发现等能力。管理范围包括操作系统特权账号、网络设备特权账号、应用系统特权账号等。

5）网络访问数据隔离

采集工作负载之间的网络流量，自动生成访问关系拓扑图，根据可视化的网络访问关系拓扑图，看清各类业务所使用的端口和协议，并以精细到业务级别的访问控制策略、进程白名单、文件访问权限等安全手段，科学、高效、安全地实现对开发环境、测试环境和生产环境严格微隔离。

2．解决方案优点

政企行业的零信任解决方案具有如下优点。

1）统一身份、安全认证

统一控制台通过 SSO 系统为企业外网所有的应用系统提供认证门户，接入应用的用户在通过统一认证的合法性校验后会生成包含用户、应用身份唯一信息的访问令牌，作为获得后续访问资源的授权凭证之一。

2）收缩资源暴露面

API 安全代理逻辑串行在公共数据平台的访问通道上，默认拒绝所有请求。统一控制台为注册应用生成访问工具，实现只有集成了访问工具的应用系统服务器才可以建立安全连接，同时在应用层叠加用户身份凭证的验证，实现只有授信用户、通过授信应用服务器才能够访问 API 资源，极大强化了公共数据平台对抗潜在的扫描攻击等威胁的能力。

3）对用户动态按需授权和动态调整权限

（1）任何用户都必须先进行认证后再接入，对于接入的授权用户，根据最小权限原则只允许用户访问其被允许访问的业务系统。

（2）除了应用的维度，还可以对用户的访问设备、访问位置、访问时间等维度进行安全限制。

（3）系统可以为不同用户配置不同的安全策略，并且基于来自终端环境、身份信息、审计日志等多源数据建立用户的信任模型，对用户的访问风险进行实时评估，根据结果动态调整其安全策略。

将零信任身份安全能力内嵌入业务应用体系，构建全场景身份安全、便捷的企业网络安全架构。其主要价值体现如下。

（1）信息安全加强。身份管理体系作为信息安全加强的重要举措，可有效保障公司机密及业务数据的安全使用，保护其信息资产不受勒索软件、黑客行为、网络钓鱼和其他恶意软件攻击的威胁，加强内部人员规范管理。

（2）业务流程风险控制。业务流程风险控制是管理核心，身份管理体系可以对内外部相关人员访问的硬件设备及业务系统进行集中管控，同时从管理制度、合规性、审计要求等方面进行内部风险控制；通过自动化的账号创建、变更、回收及重复密码工作，提升 IT 部门的运维效率。

（3）提高企业生产力。为有效满足信息系统对业务的快捷响应能力，减少保护用户凭证和访问权限的复杂性及开销，打造一套标准化、规范化、敏捷度高的身份管理体系成为经营发展的基础保障，可极大提高企业生产力。

（4）降低运营成本。实现身份管理和相关最佳实践，能够以多种形式带来重大竞争优势。大多数公司需要为外部用户赋予内部系统的访问权限。向用户、合作伙伴、供应商、承包商和雇员开放业务融合，可提升效率，降低运营成本。用户从打开网页到登录系统的访问时间，通过统一认证与 SSO 系统，提升用户访问效率。

10.3 金融行业的零信任实践案例

本节将从金融行业的特点、基于零信任理念的解决方案以及解决方案的优点几个方面介绍金融行业的零信任实践案例。

10.3.1 行业特点

数字经济时代，金融机构一直在产品创新、新技术应用、业务流程变革、开放银行建设以及监管体系等方面大力推进数字化发展。远程办公成为常态，远程访问拓扑如图 10-4

所示，在使用 VPN 进行远程办公或者通过内网访问日常工作所需的业务应用时，往往存在业务面暴露的风险；而且在攻防演练行动中，由于 VPN 存在业务暴露的风险，一般会直接关停 VPN，而野蛮关停 VPN 则会影响业务的正常运行。

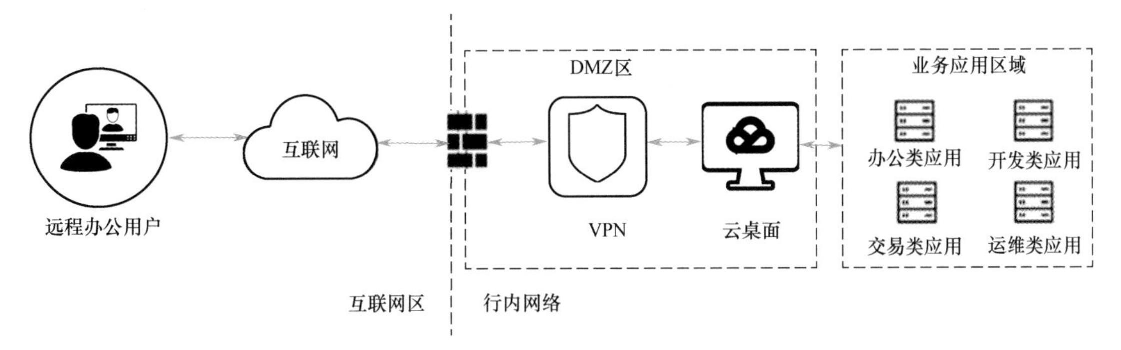

图 10-4　远程访问拓扑

金融企业的核心数据资产在服务器中，但是企业主机所采用的边界类、终端类的安全防护产品，无法实现数据中心、公有云等上千规模虚拟机访问关系可视化、不同介质环境的统一精细化管理、点对点白名单式的访问控制，只能采用人工方式实现访问控制策略，但是人工管理访问控制策略的管理方式耗时长且策略梳理困难，亟须实现基于业务的访问控制关系和端口的自动化梳理、基于业务的访问控制策略的设置、策略的自适应更新及不同介质环境的统一管理。

为了解决业务远程访问或者攻防演练活动中业务面暴露、企业主机访问控制策略统一管理等需求，需要采用零信任技术架构，结合 SDP 和微隔离技术保证远程访问办公应用、业务应用、运维资源的安全性及易用性，以及企业主机的数据安全性。

下面简要介绍当前金融行业的业务安全痛点。

1. 用户远程访问使用的设备存在安全隐患

员工使用的终端除了派发终端还包括私有终端，安全状态不同，存在远程控制软件、恶意应用、病毒木马、多人围观等风险，给内网业务带来了极大的安全隐患。

2. VPN 和云桌面自身存在安全漏洞

VPN 和云桌面产品漏洞层出不穷，尤其是传统 VPN 产品，攻击者利用 VPN 漏洞极易绕过 VPN 用户验证，直接进入 VPN 后台将 VPN 作为渗透内网的跳板，肆意横向移动。

3. 静态授权机制无法实时响应风险

当前的网络接入都是预授权机制的，当访问应用过程中发生诸如用户登录不常用设备、访问地理位置变更、访问频次异常、访问时段异常、用户异常操作、违规操作、越权访问、非授权访问等行为时，无法及时阻断访问。

4. 数据安全问题

业务系统一直有端口暴露，存在 IT 资产暴露，被扫描、探测的风险。

10.3.2 解决方案

面对远程访问、攻防演练活动中业务面暴露的问题，金融机构基于零信任安全设计理念，构建“以身份为基石、安全业务访问、持续信任评估、动态访问控制”的核心能力，践行零信任网络访问核心原则。零信任远程访问整体解决方案逻辑图如图 10-5 所示，图中安全访问区包括控制器（可信访问控制台）、安全网关（可信应用代理）、客户端（可信环境感知系统）三大组件，采用控制平面与数据平面分离架构，在用户访问受保护资源之前，通过 SPA 机制与多种身份认证手段，先进行身份校验，确保身份合法后才能与安全网关建立加密连接，并赋予最小访问权限。方案提供统一安全策略配置及下发，基于评分机制，从环境、行为、威胁三大维度对业务访问生命周期进行动态访问控制及持续信任评估。向管理员提供审计日志、系统监测信息、可视化管理视图，可对系统进行可视化统一运维。

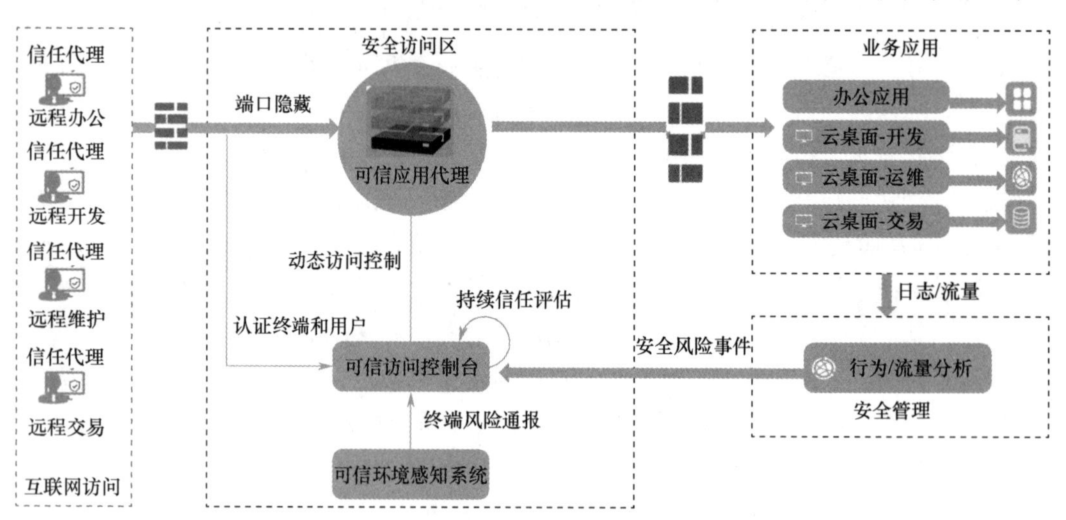

图 10-5　零信任远程访问整体解决方案逻辑图

SDP 配置私有 DNS，加速了 DNS 解析，防止 DNS 劫持，默认所有云端网关的端口都是 Deny，只有进行 SPA 端口敲门，网关验证身份后，才会针对合法用户的 IP 暂时放行 TCP 端口，保证了企业数据“隐身”于互联网，避免了端口暴露，防止被攻击。

（1）用户认证通过后会建议 HTTPS 加密隧道，保障数据传输安全，进行应用的访问。这里的应用需要在管理后台提前配置，只有在白名单中的应用才可以被访问。

（2）采用多因素认证方式，对接入用户的身份唯一性进行可信校验，确保仅有合法用户允许接入访问。

（3）通过终端安全检查基线，实现接入终端合规性检测。构建通过可信身份、可信终端、可信网络、可信服务 4 个方面的基于零信任的新一代远程解决方案。

面对业务主机不同介质环境统一管理问题，可通过部署微隔离系统实现。

（1）内部流量识别：识别、监控虚拟机之间，以及虚拟机与物理机、虚拟机与容器、

容器与容器之间的流量，查看内部流量的访问时间、次数、服务应用及端口。

（2）内部流量可视化：微隔离产品可通过对安装客户端的虚拟机或者容器上的流量信息进行收集、汇总，绘制出一张完整的流量模型图。

（3）流量策略管理：一方面，通过业务拓扑图，运维人员可在查看业务实际访问逻辑的基础上进行策略配置，通过基于角色的策略管理方式缩减其所需管理的安全策略总数的90%；另一方面，当工作负载的在线状态、角色标签、IP 地址、所属工作组、地址表信息、服务信息发生变化时，产品能够通过自适应技术自动改变工作负载的安全策略，避免繁重的管理工作、人工错误、延迟响应。

（4）支持自动化编排：微隔离产品可提供丰富的 API，帮助用户实现安全的高度管理自动化，提高安全管理水平。例如，批量建立业务组、批量接入业务主机并生效预定义策略等。同时，API 还可用于获取产品产生的数据，并进一步进行自定义的处理、分析，也可上报至第三方管理平台。

10.3.3　优点

基于零信任架构的落地方案的优点如下。

（1）多因素认证：多因素（用户口令+短信口令+设备硬件特征码）认证，提升安全强度。

（2）细粒度访问控制：基于用户、设备、应用等细粒度访问控制，实现最小权限管理。

（3）业务安全保护：所有终端通过加密隧道访问业务，对所有流量进行访问控制，未经认证用户不可见，减少业务攻击面。

（4）安全与业务融合：用户只需要访问一个门户，就可以自由访问所有可访问系统，最大限度地保证了用户接入体验效果。

（5）适应弹性网络：以用户为中心重构信任体系，用户可灵活地在任意位置接入，使用 BYOD 终端办公，提升办公效率。

（6）分级授权、分散管理：针对不同权限的用户提供细致到功能点的权限设置，进行安全、运维与业务部门的权限划分，结合微隔离技术更好地实现数据中心零信任。

（7）高可靠、可扩展集群：支持集群模式，支持更多的工作负载接入，降低系统的耦合性，便于扩展，解决资源抢占问题，提升可靠性，有更好的抗故障能力。

（8）大规模通信引擎：可高效并发通信，通过软件定义的方式，从各自为战彼此协商走向了统一决策的新高度。

（9）API 联动、高度可编排：面向云原生，API 全面可编排，便于融入用户自动化治理的体系结构里，将信息平面打通并精密地编排在一起，促进生态的建设。

（10）高性能可视化引擎：对全网流量进行可视化展示，提供发现攻击或不合规访问的新手段，为梳理业务提供新的视角；同时，平台可与运维管理产品对接，便于对业务进行管理。

（11）高性能自适应策略计算引擎：面向业务逻辑与物理实现无关，减少策略冗余，为弹性增长的计算资源提供安全能力。软件定义安全，支持 DevSecOps，安全与策略等同。

通过零信任架构的部署，整体安全风险降低、办公效率提升、数据可视化、认证系统等级提升、网络访问安全级别提升。

（1）实现互联网暴露面最小化，降低攻击风险。

（2）实现企业级安全办公平台统一化，提升办公效率。

（3）实现办公数据可视化，运维简单。

（4）实现多因素认证，提升身份认证安全。

（5）实现应用级访问准入，提升网络访问安全。

（6）实现内部流量可视化。

（7）实现流量统一策略管理。

10.4 运营商行业的零信任实践案例

本节将从运营商行业的特点、基于零信任理念的解决方案以及解决方案的优点几个方面介绍运营商行业的零信任实践案例。

10.4.1 行业特点

随着云计算、AI、5G 等技术的发展，企业信息化建设的步伐加快了，云应用、移动办公等越来越普及，关键业务越来越多地依托于互联网开展，企业 IT 架构向无边界化转变。任意人员在任意时间，可以通过任意设备，在任意位置对企业内部任意应用进行访问。

电信运营商作为大体量通信骨干企业，承担着国家基础设施建设的责任，具备为全球用户提供跨地域、全业务的综合信息服务能力和客户服务渠道体系。电信运营商安全体系建设相对于其他行业，具有专业深、覆盖广、安全能力丰富等特点，整体覆盖数据安全、应用安全、网络安全、基础安全等多方面。始终以搭建体系化、常态化、实战化的安全防护体系为抓手，尤其在账号、权限的统一管理上，已经搭建了一套 4A（认证、授权、账号、审计）平台，建设了一套适合电信运营商自身业务发展的统一安全管理平台。

但是随着互联网与电信网的融合，传统业务模式与新业务模式并存使得业务网络的复杂性增加，人员的复杂性增加，增加了诸多安全隐患，下面具体加以介绍。

1. 账号和权限管理

跨地域的员工众多，账号和权限管理相对是分散独立的。系统管理员在用户管理和权限管控等系列操作中很难通过分散的日志系统识别全局性的安全风险，并且员工安全意识薄弱，或者当出现多个应用系统的账户密码时，会出现用户非授权操作、越权操作、脱库、爬库等行为，导致数据中心的敏感数据被非法获取。

2. 攻击面暴露

暴露在公网上的业务服务器、VPN 服务器经常受到来自全球各地黑客的网络爬虫以及黑客的 7 天×24 小时的扫描和攻击。这些核心业务支撑系统一旦被黑客扫描和攻破，将会给运营商企业带来巨大的损失和造成不良的社会影响。

3. 终端接入风险

终端的安全防护能力参差不齐，由于未安装或及时更新安全防护软件、未启用适当的安全策略、被植入恶意软件等，可能将权限滥用、数据泄露、恶意病毒等风险引入内部网络。

4. 业务风险

攻击者通过社工、盗号等方式进入业务系统，会对业务系统内的数据进行收集，或者内部人员监守自盗时也容易引起数据丢失，对业务造成安全威胁。企业需要对用户的操作行为进行实时监控和分析，并快速识别安全风险。

10.4.2 解决方案

运营商在面临账户和权限管理、攻击面暴露、业务风险、终端接入风险等问题时，需要构建以身份为中心的企业身份管理平台和零信任安全平台等，实现身份/设备管控、持续认证、动态授权、威胁发现与动态处理的闭环操作，实现企业业务场景的动态安全，解决运营商 IT 环境下的业务风险问题。

零信任架构打破了传统的认证即信任、边界防护、静态访问控制、以网络为中心等防护思路，建立起一套以身份为中心，以风险识别、持续认证、动态访问控制、授权、审计以及监测为链条，以最小化实时授权为核心，以多维信任算法为基础的动态安全架构。

零信任架构通过改变原有的静态认证和静态的权限控制方法，用一种新的持续的可度量的风险参数作为评判的依据，加入访问主体的过程中，以达到网络访问的可信，实现整个零信任架构的建设。

运营商行业零信任架构与电信运营商行业的 4A 平台的建设理念如出一辙，如图 10-6 所示。首先，电信运营商限制所有账号的登录路径，这使得管控的访问入口更集中，用户必须通过先认证后连接的方式才能访问具体的资源。其次，4A 平台针对每个实体账号设置独立的细粒度化的访问权限，为了操作的安全性，在敏感操作或高危操作情况下需要进行二次授权金库控制。最后，4A 平台对所有的用户行为进行审计，及时发现未授权操作违规行为、越权操作行为、未经金库审批行为、非涉敏人员访问涉敏权限违规行为等。通过事前、事中、事后多维控制，构建面向关键信息基础设施的集中化安全管理。

零信任安全平台对网络环境中所有用户采取“零信任”的态度，针对前期收集的用户信息，在已有规则基础上，针对实际业务特点开发定制深入的违规检测规则。持续通过信任引擎对用户、设备、访问及权限进行风险评估，实现动态访问控制。此外，零信任安全网关可以对业务系统应用持续验证和过滤，实现业务系统的“隐身”，减少业务系统在互联网上的暴露面，让业务只对授权用户可见。

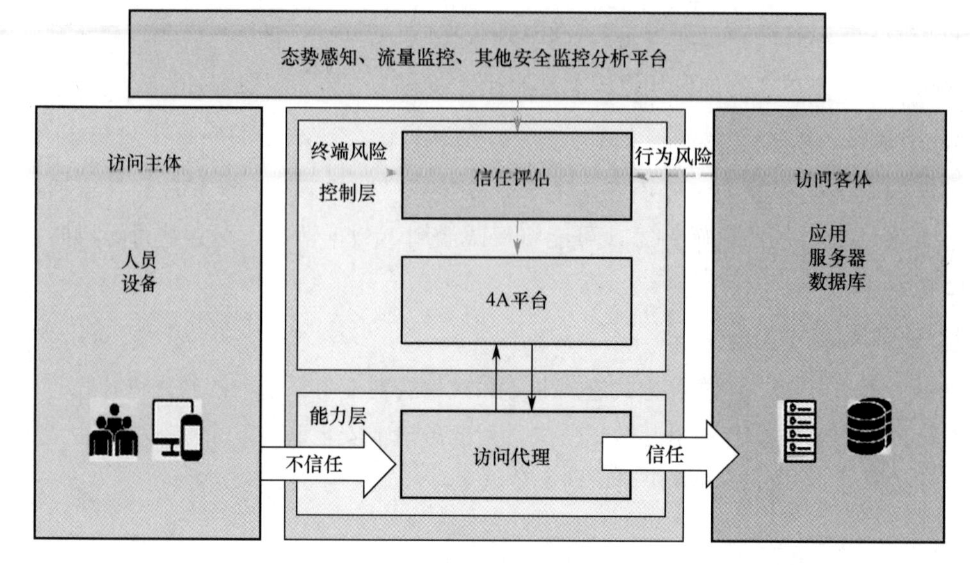

图 10-6　运营商行业零信任架构

10.4.3　优点

基于零信任架构的落地方案的优点如下。

1. 让数据更安全

针对业务访问、办公访问、运维访问等不同场景，零信任从数据的采集、存储、传输、处理、交换、销毁等维度，采用能够根据数据的敏感程度和重要程度进行细粒度的授权，并结合人员的行为分析和访问的环境状态动态授权，在不影响效率的前提下，确保数据访问权限最小化原则，避免因为权限不当导致的数据泄露，从而让数据更安全。

2. 让办公更便捷

随着全球化进程的推进，大型公司全球多地协同办公的现象很普遍，零信任通过分布式、弹性扩容、自动容灾、终端环境感知等技术，解决了多地办公性能问题、时差问题及安全与用户体验的矛盾，从而让办公更便捷。

3. 应对演习更从容

近年来，网络演习活动在各监管机构、主管部门的组织下，呈现出常态化趋势。社工、近源攻击等高级渗透手段也屡见不鲜，红方攻击人员一旦进入蓝方内网，或者拿到了蓝方人员的弱口令，将对蓝方的防守工作造成巨大威胁。演习期间，蓝方人员往往压力巨大，甚至不惜下线正常业务。

零信任架构立足于 SPA+默认丢包策略，网络连接按需动态开放，体系设计满足先认证后连接原则，在网络上对非授权接入主体无暴露面，极大地消减了网络攻击威胁。除此之外，需合法用户使用合法设备，且在合法设备的安全基线满足预设条件的情况下，接入主体的身份才被判定为可信。这样可有效防护多种网络攻击行为，从而让蓝方防守更有效。

10.5　制造业的零信任实践案例

本节将从制造业的特点、基于零信任理念的解决方案以及解决方案的优点几个方面介绍制造业的零信任实践案例。

10.5.1　行业特点

传统的制造业在业态上有很大的区别，有单件的离散制造，也有批量的连续制造，有飞机、轮船这样的几年生产一件，也有发电、钢铁这样的全年无休连续运营。这些行业在宏观上有一定的共性，涉及从供应商到用户的物料转换，涉及不同合作伙伴的协同，涉及用户需求发掘、产品研发、生产管理、质量控制、设备管理、采购、物流、销售的全过程。

随着数字化转型的不断深入，制造企业将越来越多的核心应用迁移到云计算平台和互联网，企业的服务范围已经远远超出了原有内部网络边界，企业业务系统走向了更开放的生态模式，由此面临的来自互联网的恶意威胁越来越大。这些威胁主要包括以下几种。

（1）员工自带设备办公，存在数据泄露风险。大部分员工使用自带的手机、笔记本电脑进行移动/远程办公，难免会流转敏感文件。如果员工把文件下载到个人设备中、随意转发到互联网上，则会造成敏感文件泄露。

（2）业务应用服务器暴露在互联网上，终端、应用与企业内网业务服务器之间通过互联网连接方式，将业务数据置于随时能被攻击或截获的环境中，存在很大的安全隐患。

（3）企业的业务和数据超出了企业的认知边界，数据流向安全管理人员无法控制的范围。

数字化的工作空间，需要满足内部员工、合作伙伴、用户等各类人员，使用各类设备，从任何时间、任何地点访问企业服务资源及硬件资源，企业日常数据传输量大，网络环境不一致，业务资源复杂且分散，集中管控难度变大，对于企业办公网络的稳定性、安全性、可控性提出了更高的要求，传统的边界网络解决方案越来越难以满足现在的需求。制造企业需要寻求更完善的信息安全解决方案，有效防护企业 IT 资产和数据安全，并帮助全球员工安全地接入业务系统，便捷地开展日常工作。

全新的零信任业务方案为每个应用系统和企业资源建立一道权限安全边界，通过策略授权、自动回收，动态鉴权，实现所有业务权限根据用户业务需要自动开通，自助申请与审批，在不需要时权限自动取消回收，这些过程都由业务驱动自动完成。

10.5.2　解决方案

以 SDP 系统为核心，基于零信任架构的解决方案通过终端环境感知（客户端）、可信控制器、可信代理网关三大组件，具备以身份为基础、最小权限访问、业务隐藏、终端监测评估、动态授权控制等几大核心能力。实现企业终端统一管理、用户统一管理、应用统一管理、策略统一管理、数据统一管理、安全统一管理。

制造业常见的零信任架构有两种，其中一种零信任总体架构如图 10-7 所示。

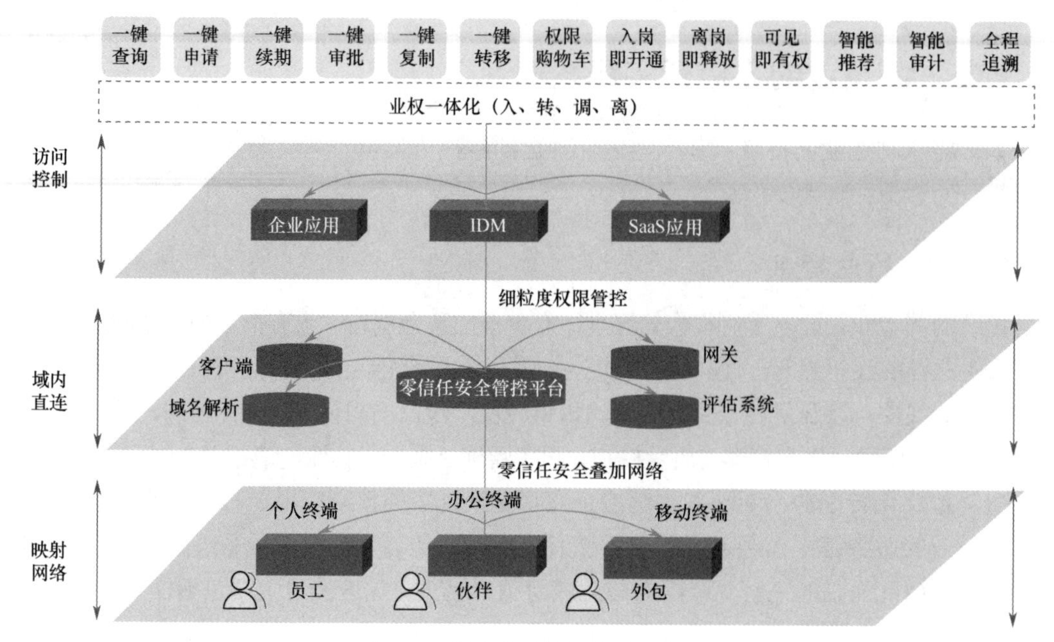

图 10-7　制造业零信任总体架构一

该架构在传统物理网络基础上，基于 SDP 技术构建零信任安全叠加网络，该叠加网络由“客户端、网关、控制台（零信任安全管控平台）”组成，是一种在物理网络架构上叠加虚拟化网络的技术，具有独立的控制平面和数据平面，使终端资源、云资源、数据中心资源摆脱了物理网络限制，更适合在多云混合、云网互联网络环境中进行统一集中的身份认证、授权与访问控制。只有通过叠加虚拟云网认证的用户和终端，才能访问其上的应用服务，在细粒度权限管理层，通过业权一体化支撑架构实现权限的弹性开放与回收，达到动态授权的目的。

制造业另一种常见的零信任总体架构（移动业务智能安全平台架构）如图 10-8 所示。

移动业务智能安全平台架构是一套“云-管-端”三位一体构建立体纵深的移动设备、业务的安全防护、管理运维的综合平台，主要由安全工作空间、软件定义边界（SDP）、运维管理平台三部分组成。

移动业务智能安全平台支持在 Android、鸿蒙和 iOS 移动设备上建立移动安全工作空间，实现个人数据和企业数据的完全隔离，实现应用级的 DLP 策略，如应用水印、禁止复制粘贴、禁止截屏等功能，所有企业内部办公应用可以发布在安全工作空间内的应用商店中。移动业务智能安全平台也支持在 Windows 和 MAC 系统上安装安全浏览器，在安全浏览器内可以实现包括水印、禁止复制、禁止另存为等功能。

SDP 安全网关解决方案由客户端、网关和控制器三大组件构成。SDP 客户端负责用户身份认证，周期性地检测上报设备、网络等环境信息，为用户提供安全接入的统一入口。SDP 控制器负责身份认证，访问策略和安全策略管理等，并持续对用户进行信任等级的动态评估，根据评估结果动态调整用户权限，并对用户的接入、访问等行为进行全面的统计分析。SDP 网关根据控制器的策略与客户端建立安全加密的数据传输隧道。外网员工通过部署在新、老 DMZ 的不同 SDP 网关接入内网业务系统，内网员工通过部署在内网的 SDP 网关连接到业务系统。所有员工访问内网业务系统都需要首先通过 SDP 认证。

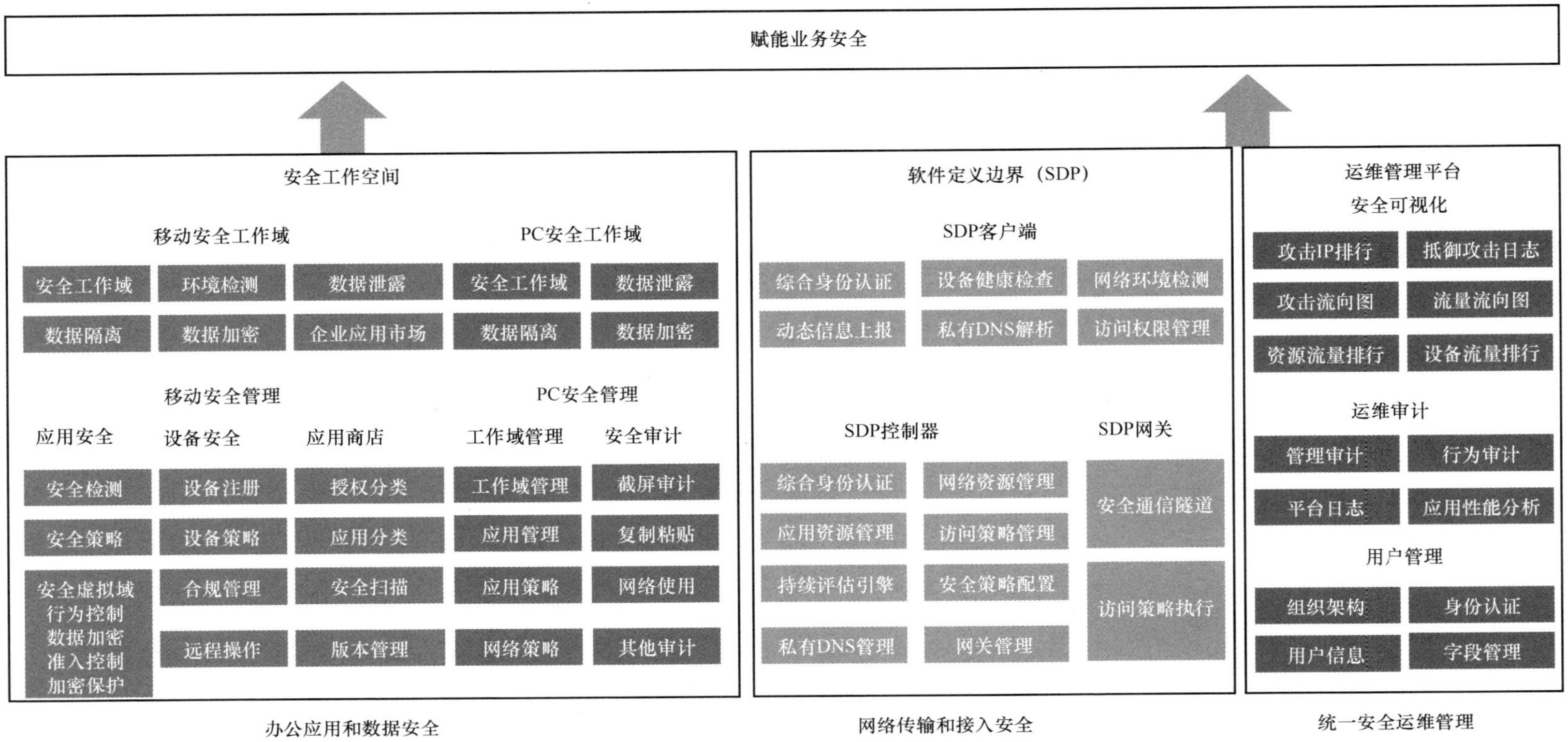

赋能业务安全
安全工作空间
移动安全工作域
安全工作域
环境检测
数据泄露
数据隔离
数据加密
企业应用市场
PC安全工作域
安全工作域
数据泄露
数据隔离
数据加密
移动安全管理
应用安全
安全检测
安全策略
安全虚拟域
行为控制
数据加密
准入控制
加密保护
设备安全
设备注册
设备策略
合规管理
远程操作
应用商店
授权分类
应用分类
安全扫描
版本管理
PC安全管理
工作域管理
工作域管理
应用管理
应用策略
网络策略
安全审计
截屏审计
复制粘贴
网络使用
其他审计
办公应用和数据安全
软件定义边界（SDP）
SDP客户端
综合身份认证
设备健康检查
网络环境检测
动态信息上报
私有DNS解析
访问权限管理
SDP控制器
综合身份认证
网络资源管理
应用资源管理
访问策略管理
持续评估引擎
安全策略配置
私有DNS管理
网关管理
SDP网关
安全通信隧道
访问策略执行
网络传输和接入安全
运维管理平台
安全可视化
攻击IP排行
抵御攻击日志
攻击流向图
流量流向图
资源流量排行
设备流量排行
运维审计
管理审计
行为审计
平台日志
应用性能分析
用户管理
组织架构
身份认证
用户信息
字段管理
统一安全运维管理

图 10-8　制造业零信任总体架构二——移动业务智能安全平台架构

通过运维平台，能够实现态势感知、运维审计等功能，支持对攻击行为、应用情况、用户情况、设备情况等进行记录和审计。

10.5.3 优点

零信任解决方案的实施体现出如下优点。

1. 网络隐身避免外部攻击

关键的应用服务端口不再对外暴露，而由零信任网关代理访问。基于 UDP 的 SPA 认证机制，默认“拒绝一切”请求，仅在接收到合法的认证数据包的情况下，对用户身份进行认证，对非法 SPA 数据包默认丢弃。认证通过后，接入终端和网关之间建立基于 UDP 的加密隧道，支持抗中间人攻击、重放攻击等。SPA 协议和加密隧道协议技术实现对外关闭所有的 TCP 端口，保证了潜在的网络攻击者嗅探不到 SDP 网关的端口，无法对网关进行扫描，预防了网络攻击行为，有效地减少了互联网暴露面。

2. 可信接入实现安全访问

根据零信任的安全理念，通过对包括用户、设备、网络、时间、位置等多因素的身份信息进行验证，确认身份的可信度和可靠性。在默认不可信的前提下，只有全部身份信息符合安全要求，才能够认证通过，客户端才能够与安全网关建立加密的隧道连接，由安全网关代理可访问的服务。针对异地登录、新设备登录等风险行为，系统将追加二次验证，防止账号信息泄露而导致的内网入侵。

3. 零信任环境检测

零信任环境检测包括进行身份信息检测、设备信息检测、访问位置信息检测、访问网络信息检测、访问时间信息检测等。

4. 最小化授权

当用户行为或环境发生变化时，SDP 会持续监视上下文，基于位置、时间、安全状态和一些自定义属性实施访问控制管理。系统通过用户身份、终端类型、设备属性、接入方式、接入位置、接入时间来感知用户的访问上下文行为，并动态调整用户信任级别。

对于同一用户可以设定其最小业务集及最大业务集，对于每次访问，基于用户属性、职务、业务组、操作系统安全级别等进行安全等级评估，按照其安全等级，进行对应的业务系统访问。

5. 零信任持续认证

SDP 安全网关通过强大的身份服务可以确保每个用户的访问，一旦身份验证通过，并能证明自己设备的完整性，则赋予对应权限访问资源。SDP 进行持续的自适应风险与信任评估，信任度和风险级别会随着时间和空间的变化而发生变化，根据安全等级的要求、网络环境等因素，达到信任和风险的平衡。

10.6　能源行业的零信任实践案例

本节将从能源行业的特点、基于零信任理念的解决方案以及解决方案的优点几个方面介绍能源行业的零信任实践案例。

10.6.1　行业特点

国家高度重视电力等关键信息基础设施的网络安全工作。《中华人民共和国网络安全法》将抵御境内外网络安全威胁、保护关键信息基础设施、数据安全防护等工作上升至法律的层面，严格相关责任和处罚措施。大型能源公司作为国家特大型公用事业企业，被公安部列为国家网络安全重点保卫单位。

近年来，能源行业全力推进“互联网+智慧能源”战略，引入“大、云、物、移、智、链、5G”等新技术，新技术的应用使网络内部的设备不断增多，尤其新兴业务发展接入了海量的物联网。这些新兴业务的出现所带来的新问题，让安全防护要求变得更为错综复杂。

能源企业面临的挑战有以下几方面。

（1）业务系统暴露在互联网，成为黑客攻击、入侵的入口之一。

（2）人员类型复杂，需要同时满足本地用户、下属企业及移动办公用户的远程安全接入。

（3）老旧的业务系统自身组件如中间件、数据库等存在漏洞，无法妥善处理。

（4）员工终端设备没有进行全面管理，终端设备随意接入公司网络，缺乏终端防护手段，导致增加网络暴露面。

（5）缺少对业务系统的保护措施。

（6）物联网的使用模糊了传统网络“边界”，传统安全防护模型不再适合。

10.6.2　解决方案

以端到端安全防护为核心的零信任理念，可以建立以身份为中心，基于持续信任评估和授权的动态访问控制体系，同时结合现有安全防护措施实现网络安全防护架构演变，形成持续自适应风险与信任评估网络安全防护体系，能源行业零信任架构如图 10-9 所示。

能源行业零信任解决方案包括以下子系统。

（1）动态授权服务系统：提供权限管理服务，同时对授权的动态策略进行配置，包括动态角色、权限风险策略等。

（2）访问控制平台：能够接收终端环境感知系统推送的风险通报，能够接收智能身份分析系统与动态授权服务系统提供的身份与权限信息，反馈执行相应的权限控制策略；能够为网关分配密钥，下发通信加密证书。

（3）智能身份分析系统：针对人员认证提供动态口令、人脸识别、指纹识别等身份鉴别技术；针对终端设备提供基于设备属性的“身份”认证。

（4）终端环境感知系统：具备智能终端环境实时监测能力，从各类环境属性分析安全风险，确定影响因素，提高终端信任度量准确度，为信任度评估提供支撑。

（5）终端 TEE（安全可信执行环境）：提供终端侧的行为监测、安全认证、内生安全防护等功能，为终端构建安全隔离执行环境。

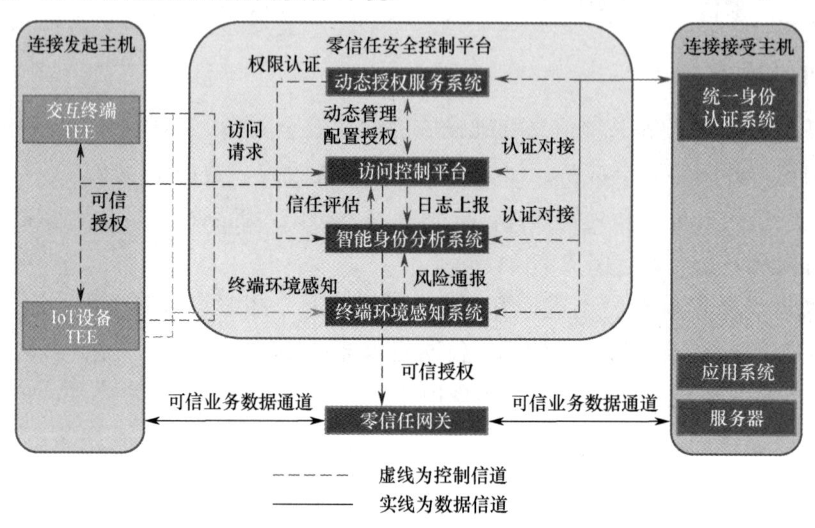

图 10-9　能源行业零信任架构

零信任防御体系验证和授权过程如图 10-10 所示。覆盖网络层、登录层、访问层的一体化零信任防御体系在用户访问内网应用时，经过以下验证和授权过程。

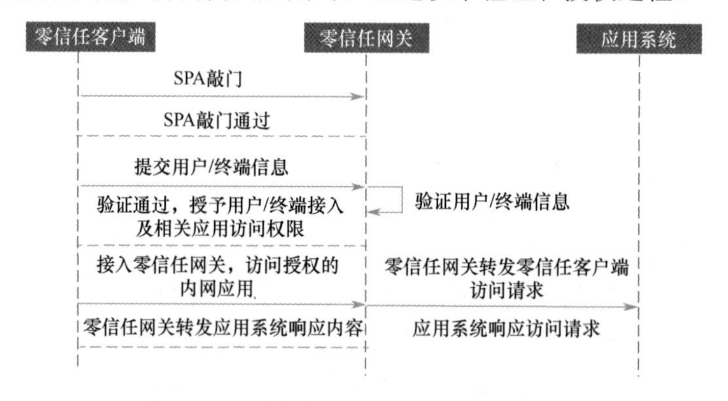

图 10-10　零信任防御体系验证和授权过程

（1）用户通过互联网使用零信任客户端进行 SPA 敲门。

（2）零信任网关验证敲门信息，验证通过则返回响应包至零信任客户端主机，同时允许零信任客户端所在的外网 IP 访问 TCP 服务端口。

（3）零信任客户端提交用户/终端信息至零信任网关进行验证。

（4）零信任网关验证用户/终端信息，验证通过后授予零信任客户端主机相关应用的访问权限。

（5）零信任客户端接入零信任网关，访问授权的内网应用。

（6）零信任网关将零信任客户端的访问请求转发至应用系统。

（7）应用系统响应零信任网关转发的请求。

（8）零信任网关转发应用系统的响应内容至零信任客户端主机。

零信任架构体系部署完成后，所有流量均由零信任代理进行访问，内部应用需要与零信任网关进行对接，同时零信任网关通过企业内部、云端身份体系对用户访问应用权限按需分配。

采用流量代理模式对内部应用和数据访问流量进行收口，隐藏内部业务系统，收缩资产暴露面，整个网络去除匿名流量。同时，仅对公网开放一个 UDP 端口，对于非法请求，端口保持静默，达到“隐身”的效果，让扫描器无从下手。

基于访问设备指纹信息的可信设备认证，结合对认证行为、访问行为、访问内容的审计，让访问可控、可感知。对于网络攻防演练场景，零信任提供重保模式，非可信设备无法敲开网络大门，有效缓解各种网络扫描探测、漏洞攻击等的风险；同时对凭证盗用、暴力破解、网络敲门暗语滥用等行为都有预警和相应的处置策略。

10.6.3　优点

通过部署零信任网关，解决了远程访问内网资源业务场景下所面临的风险隐患。对于运维人员，通过统一的安全访问策略集中管理所有内网资源，极大地降低了网络边界重新规划的复杂性和时间成本，简化了业务合并管理，在提高了远程访问安全性的同时降低了运维成本。同时，零信任安全防护平台可以帮助能源行业用户面对大规模复杂物联网环境时保障业务与数据安全。

下面简要介绍能源行业零信任解决方案的优势。

1. 暴露面收敛

零信任网关默认屏蔽任何非授权的访问请求，不响应任何 TCP、UDP 等形式的报文，只响应通过可信设备且使用零信任客户端登录的请求，所以不能利用端口扫描、漏洞扫描等工具进行渗透攻击。

2. 阻断直接访问形式的安全威胁

非可信账号、非可信设备无法得到业务系统的直接响应，导致攻击方无法尝试利用 Web 系统 SQL 注入、XSS 攻击等方式进行攻击。

3. 核心业务系统一键断网

零信任网关提供最为便利的远程管理工具，可实现对特定应用一键关闭，解决重要时期或紧急情况的业务系统断网问题。

4. 智能权限控制

通过零信任网关实现对用户的鉴定及授权，单次访问仅授予最小权限，并通过用户身份、终端类型、设备属性、接入网络、接入位置、接入时间等属性来感知用户的访问上下文行为，并动态调整用户信任级别。

5. 设备管理

确保用户每次接入网络的设备是可信的，系统会为每个用户生成唯一的硬件识别码，并关联用户账号，以保证用户每次登录都使用的是合规、可信的设备，对非可信的设备要进行强身份认证，通过后则允许新设备入网。

6. 可信环境感知

对发起访问者所使用设备（手机、计算机等）的软环境进行检测，如设备所使用操作系统的版本、是否安装杀毒软件、杀毒软件是否开启、杀毒软件的病毒库是否更新到最新版本等。

7. 异常行为审计

从用户请求网络连接开始，到访问服务返回结果结束，所有的操作、管理和运行更加可视、可控、可管理、可跟踪。实现重点数据的全过程审计，识别并记录异常数据操作行为，实时告警，保证数据使用时的透明可审计。

8. 洞察访问态势

实时同步全球安全威胁情报，及时感知已知威胁，全方位多维度安全数据挖掘，支持用户、设备、应用等维度数据采集，对用户行为、设备等信息进行全面统计并输出多维度报表。

10.7 医疗行业的零信任实践案例

本节将从医疗行业的特点、基于零信任理念的解决方案以及解决方案的优点几个方面介绍医疗行业的零信任实践案例。

10.7.1 行业特点

近年来随着远程问诊、互联网医疗等新型服务模式的不断丰富，医院业务相关人员、设备和数据的流动性增强。网络边界逐渐模糊化，导致攻击平面不断扩大。医院信息化系统已经呈现出越来越明显的“零信任”化趋势。零信任时代下的医院信息化系统需要为不同类型的人员、设备提供统一的可信身份服务，作为业务应用安全、设备接入安全、数据传输安全的信任基础。

2017 年 6 月施行的《中华人民共和国网络安全法》第二十一条明确要求：国家实行网络安全等级保护制度。而针对医疗卫生行业，国家卫生健康委员会（原卫生部）于 2011 年分别发布《卫生部办公厅关于全面开展卫生行业信息安全等级保护工作的通知》（卫办综函〔2011〕1126 号）和《卫生行业信息安全等级保护工作的指导意见》，明确要求全国所有三甲医院核心业务信息系统的安全保护等级原则上不低于三级；2020 年，国家卫生健康委员会《三级医院评审标准（2020 年版）》规定了医院的重要业务系统必须达到信息安全等级保护三级标准才能满足三级医院评审标准中对网络安全的要求。

医疗行业将越来越多的医院信息系统（Hospital Information System，HIS）、实验室信息系统（Laboratory Information System，LIS）、影像归档和通信系统（Picture Archiving and Communication System，PACS）等业务系统迁移至虚拟化平台中运行，但是安全建设依然沿用之前的传统安全解决方案应对当前主流的安全威胁。在云环境中，传统安全的解决方案会造成云内安全的空白，从而影响将关键业务应用转移至灵活低成本云环境的信心，同时业务系统面临的安全威胁也越发凸显。因为传统的安全模型仅仅关注组织边界的网络安全防护，认为外部网络不可信，内部网络是可以信任的，遵循“通过认证即被信任”原则。攻击者一旦绕过或攻破边界防护，将会造成不可估量的后果。零信任安全模型理念改变了仅仅在边界进行防护的思路，把“通过认证即被信任”变为“通过认证也不信任”，即任何人访问任何数据时都是不被信任的，都是受控的，都是最低授权的，同时还将记录所有的访问行为，做到全程可视。

微隔离技术是软件定义数据中心（Software Defined Data Center，SDDC）和软件定义安全（Software Defined Security，SDS）的最终产物。作为零信任三大核心技术之一，在云计算环境中，微隔离产品是零信任安全落地的最佳实践。

10.7.2　解决方案

当前，医院数据中心的网络拓扑如图 10-11 所示，微隔离方案可以分别部署在医院外网（前置服务区）和办公区域（内网区）。在医院外网虚拟化数据中心，微隔离方案部署在 VMware-vSphere（非 NSX）环境内，为医院官方网站、移动支付、院感系统等应用提供 L2～L7 层安全防护及业务隔离能力。办公区域虚拟化数据中心内部，微隔离方案部署在 VMware NSX 环境内，通过 NSX 服务编排方式引流，提供了灵活的策略编排、详细的云内流量展示以及入侵防御和防病毒功能，加固了整套虚拟化数据中心的安全能力。

MCAP 的划分可以有多种方式，如按照应用的部门进行划分，也可以按照一类虚拟机进行防护，把一类虚拟机作为高危资源，设定防护策略。在这些防护策略的制定上，除了使用微隔离方案进行相关防护，也可以结合外部的下一代防火墙一同进行协调配合。例如，在外部防火墙上可以对不同的外包服务商设定 VPN 账号，将该账号与可访问的内部虚拟机限定。同时对不同外包供应商负责的虚拟机，分别再划分 MCAP，设定最低授权策略。

而基于“可信身份接入、可信身份评估、以软件定义边界”的零信任安全体系，同样可以实现医院可信内部/外部人员、可信终端设备、可信接入环境、资源权限安全。全面打破原有的内外网边界，使得业务交互更加便利，医疗网络更加开放、安全、便捷，为医院内外网业务协作提供安全网络环境保障。某医院零信任总体架构设计如图 10-12 所示。

面向互联网医疗的应用场景，通过与可信终端安全引擎、零信任访问控制区结合，为医院设备、医护人员和应用提供动态访问控制、持续认证、全流程传输加密。零信任安全架构主要构成包括以下几部分。

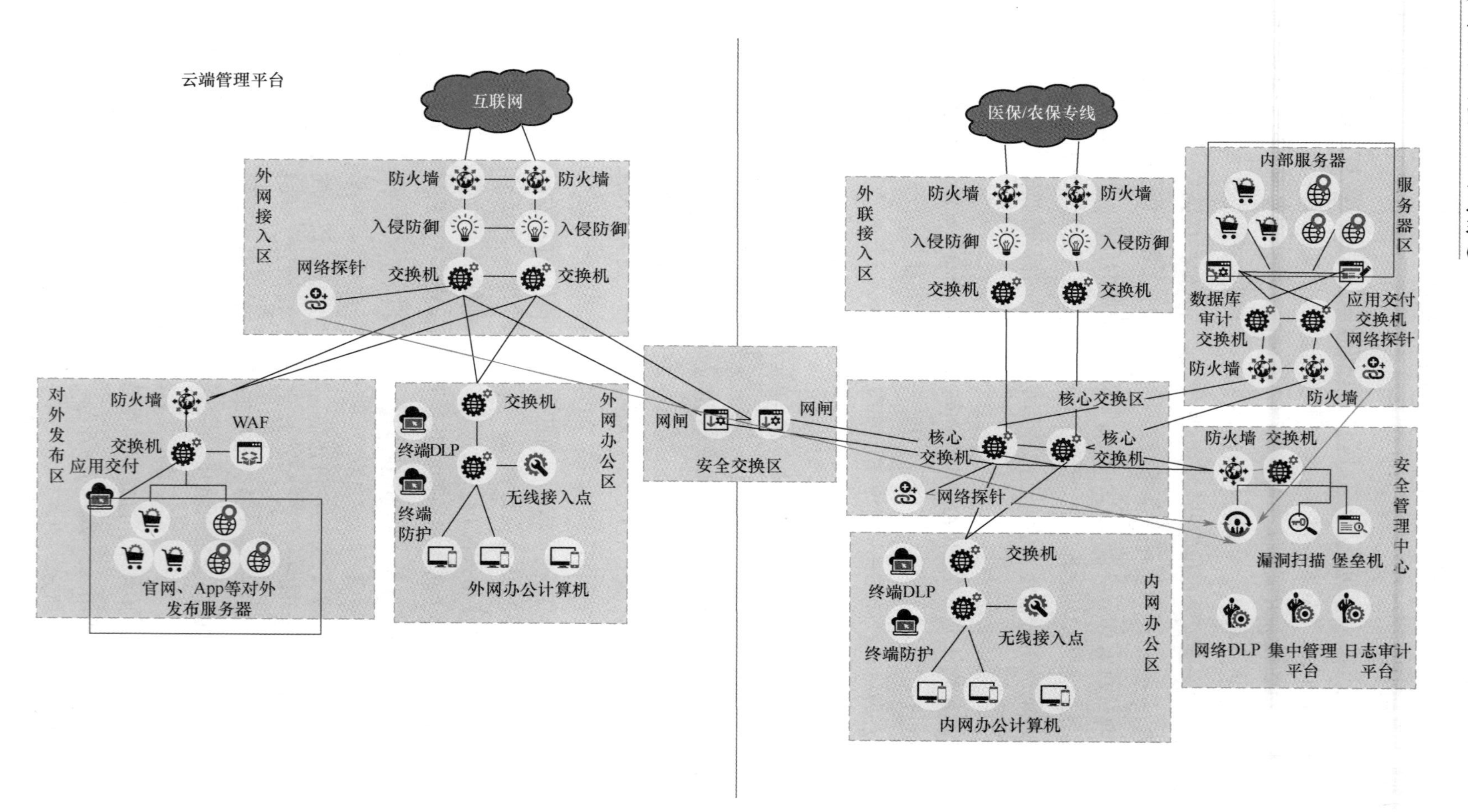

图 10-11　医院数据中心的网络拓扑

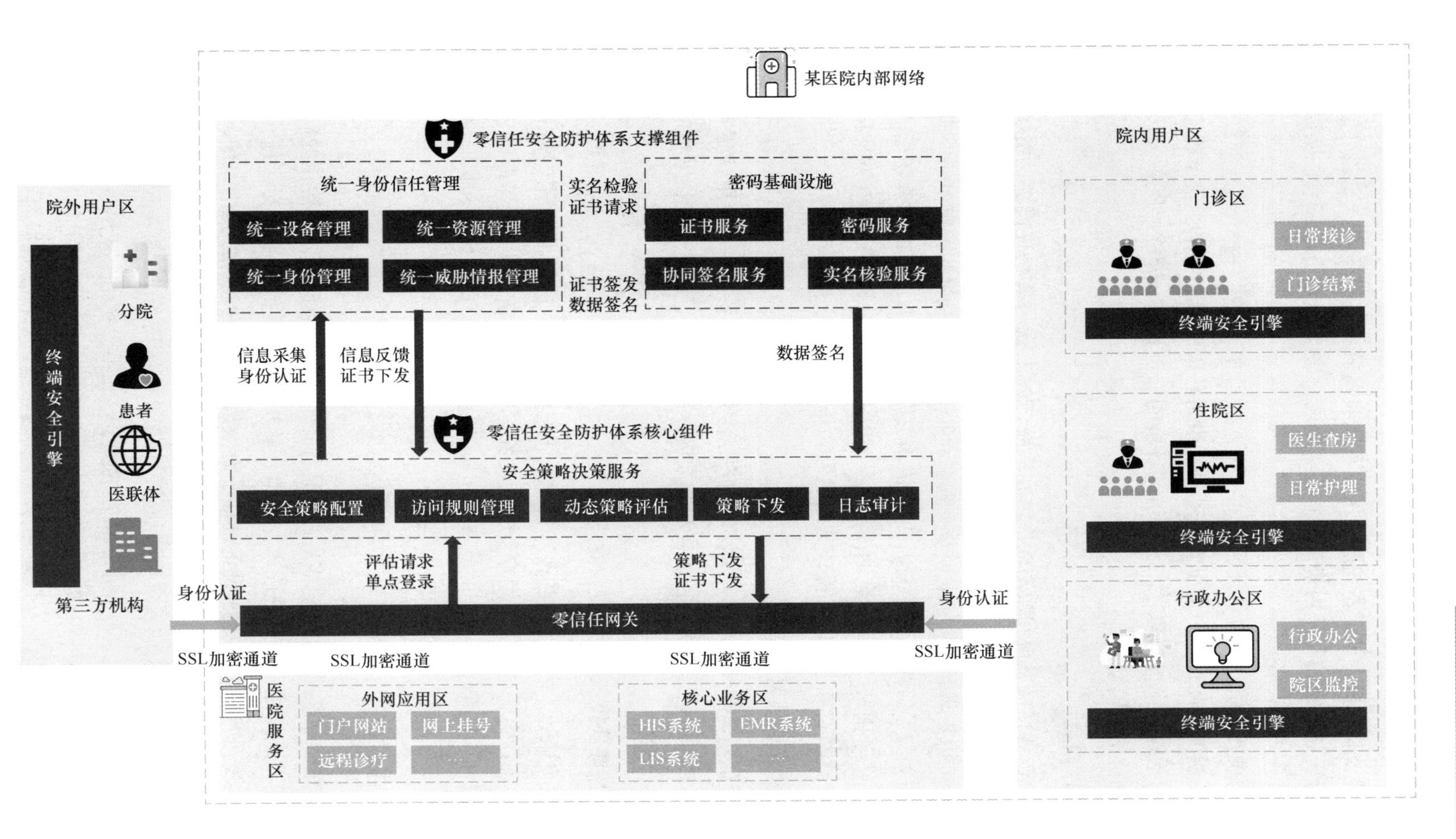

图 10-12　某医院零信任总体架构设计

1. 终端安全引擎

在院内外公共主机、笔记本电脑、医疗移动设备等终端设备中，安装可信终端安全引擎，由统一身份认证系统与院内资产管理系统对接，签发设备身份证书。医院用户访问院内资源时，首先进行设备认证，确定设备信息和运行环境的可信，通过认证后接入院内网络环境，自动跳转到用户身份认证服务。

在院内资源的访问过程中，引擎自动进行设备环境的信息收集、安全状态上报、阻止异常访问等，通过收集终端信息，上报访问环境的安全状态，建立“医护人员+医疗设备+设备环境”可信访问模型。

2. 零信任网关

为避免攻击者直接发现和攻击端口，在医院 DMZ 部署零信任网关，提供对外访问的唯一入口，采用先认证后访问的方式，把 HIS、LIS、PACS 等临床应用系统隐藏在零信任网关后面，减少应用暴露面，从而减少安全漏洞、入侵攻击、勒索病毒等传统安全威胁攻击。

零信任网关与可信终端建立 SSL 网络传输数据加密隧道，提供零信任全流程可信安全支撑（代码签名、国密 SSL 安全通信、密码应用服务等），确保通信双方数据的机密性、完整性，防止数据被监听获取，保证数据隐私安全。

3. 统一身份信任管理

统一身份信任管理模块对接入的医院用户、医疗终端设备、医疗应用资源等进行集中化统一管理，对接入医院系统服务的用户和终端进行身份认证。同时对终端采集的终端环境信息进行处理和分析。

4. 安全策略决策服务

对医院用户账号、终端、资源接入进行评估和管理，并对接入医院用户和医疗设备进行角色授权与验证，实现基于医院用户及医疗设备的基础属性信息以及登录时间、登录位置、网络等环境属性做细粒度授权，并且基于风险评估和分析，提供场景和风险感知的动态授权，持续进行身份和被访问资源的权限认证。

10.7.3 优点

零信任架构在医院的实施，解决了医院当前面对医疗访问群体多样化的问题，建立统一的身份管理系统，减轻了运维成本。零信任解决方案将医疗设备进行了统一管理，保障了设备接入的安全管控，对接入设备进行了有效的身份鉴别。医疗应用系统得以隐藏，无权限用户不可视也无法连接，对有权限的业务系统可连接但无法知悉真实应用地址，减少黑客攻击暴露面。同时，以访问者身份为基础进行最小化按需授权，避免权限滥用。“用户+设备+环境”的多重认证方式，既保证了认证的安全，还不影响用户使用体验。通过感知环境状态，进行持续认证，随时自动处理各种突发安全风险，时刻防护医院业务系统。零信任解决方案消除了医疗数据传输安全风险并保护了患者数据，解决了数据内部泄露问题。

10.8　互联网行业的零信任实践案例

本节将从互联网行业的特点、基于零信任理念的解决方案以及解决方案的优点几个方面介绍互联网行业的零信任实践案例。

10.8.1　行业特点

互联网企业内部应用存在多而分散、登录认证不统一、员工账号的恶意行为很难被分析、部分员工使用自己的设备在公司办公等多种问题，内部网络不再是应用毫无防护的安全环境，其应用场景的特殊性主要表现在以下几个方面。

（1）采用多云服务，云服务账号管理比较麻烦，无法接入内部用户体系。

（2）内部应用域名混乱，缺乏统一登录，业务不愿意适配接入统一认证。

（3）第三方应用如维基（Wiki）、JIRA、Jenkins 等无人维护，无法二次开发，更无法接入统一登录平台。

（4）外部采购 SaaS 账号无法接入内部用户体系。

零信任解决方案针对缺乏安全防御管理的应用，在访问的来源设备、用户登录凭证等方面进行细粒度的访问控制，基于多重因素的持续认证大幅度减少了应用被扫描、爆破、内部资料外传等风险。

10.8.2　解决方案

用户必须通过零信任网关才能访问后台的应用系统，同时集成风险引擎、信用评级、安全态势等安全能力，打造基于身份体系的安全管控平台。互联网行业零信任架构如图 10-13 所示。

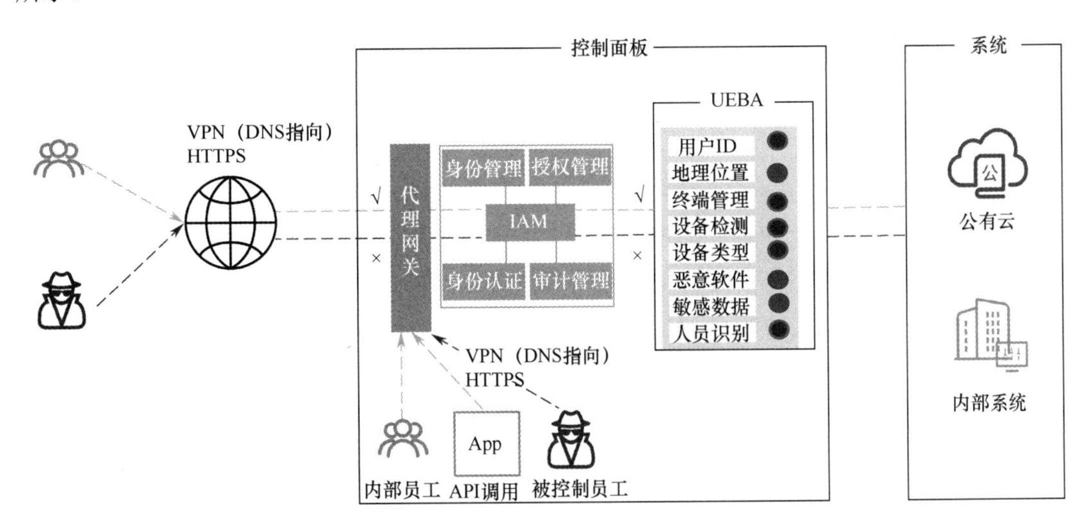

图 10-13　互联网行业零信任架构

零信任解决方案包含如下组件。

1. 零信任网关

零信任网关作为代理，即代理网关，用户必须通过零信任网关才能访问后台的应用系统，后台业务做到隐身保护。零信任网关同时提供精细粒度的、基于请求的策略防护，以及对非法访问敏感信息的审计日志，并打通了 RBAC 鉴权网关。

零信任网关可以接入公司内部绝大多数部分系统，如开源搭建、自研、第三方私有云部署、第三方 SaaS 部署等。

网关针对所有系统的文件下载行为，对其中的敏感文件进行统一管控，并在下载前添加下载人的身份追踪标识，追踪这份敏感文件的打开记录。

2. DNS 指向

打通内部 CMDB 和 DNS 服务，把业务域名切换到零信任网关。

3. IAM

IAM 作为统一卡点，实现所有应用登录环节中身份体系的统一身份收拢。IAM 对用户身份进行统一管理，实现身份的统一认证，对用户访问进行授权管理（用户授权采用 RBAC 的权限控制模型，RBAC 权限控制模型实现应用访问的应用级权限访问控制，基于用户部门岗位等进行权限的全生命周期管理），并且对用户行为进行审计管理。

4. UEBA

UEBA 统一审计实现了用户跨应用的统一行为审计，针对用户的历史访问行为进行画像，并与当前用户的行为匹配。用户和实体行为分析（User and Entity Behavior Analytics，UEBA）基于长短期记忆（Long Short-Term Memory，LSTM）网络，采用层次检测和集成检测两种思路。层次检测是指搭建多个简单模型对全量数据进行粗筛，之后再用性价比高、解释性好的模型进行精准检测。

10.8.3 优点

实施该零信任解决方案，无须太多技术人员，也无须对应用进行改造，只要将域名切换到网关，进行部分简单配置，即可完成接入。除登录界面变化外，用户体验较好。方便快捷的接入方式有助于全面实现公司的统一登录以及身份认证，堵住数据泄露的缺口，抓住公司内鬼。零信任解决方案能够为所有应用插件化赋能，如统一添加文件追踪能力，对于数据流的导出，可以进行全生命周期的追踪。零信任的扩展过程不会对系统使用、技术支持或用户使用造成负面影响。

零信任结合 UEBA 将保护资源的目标聚焦到人与数据安全，通过策略与控制排除不需要访问资源的用户、设备与应用，使得恶意行为受到限制，缩小被攻击面，大大减少了安全事件的数量，能够节约时间与人力资源来迅速恢复少数的安全事件。

第 11 章 零信任总结与展望

网络安全行业经历了漫长的岁月，在不同阶段涌现了不同的安全理念、方法、思路、技术、平台、工具。在当前的网络安全态势下，零信任安全同样有其承载的历史使命。当前攻防烈度不断地加剧、网络安全态势复杂多变，传统基于“鉴黑”逻辑的安全手段面对无穷无尽的恶意威胁已经面临瓶颈。在新的时代背景下，我们需要新的思路和手段，在解决历史遗留问题的同时，需要面向未来、面向不断演化的安全问题。随着 Google BeyondCorp 的零信任实践落地，零信任作为全新的安全范式开始被广泛认识，相比传统的“鉴黑防黑”的安全建设方式，零信任理念将安全建设思路转向“鉴白”，以持续信任评估增强对访问流量的识别能力（“鉴白”），通过身份化访问控制的实施，应对复杂多变的 IT 环境和安全态势，是业内比较好的适应当下网络安全环境的安全实践。2021 年 12 月出现的史诗级 0day 漏洞 Apache Log4j，再次警示安全从业者，随着软件规模越来越复杂，即使把自己的软件代码写好，也没有人能保证所有供应链上的软件代码都是毫无问题的，零信任在安全建设中不可或缺。

本章着重对零信任进行总结，同时结合当前热门的网络安全技术及趋势，展望零信任下一阶段的发展。

11.1 网络安全技术的演进历程

谈及网络安全，从业人员有着一致的认知：安全就是攻防的不断博弈。因此，攻防态势也不断地推动着安全行业发展，促使安全行业不断地演化出一些新的安全理念和安全技术，催生出新的安全产品。

造成这种认知的原因其实很简单，就是网络安全作为信息化的底层保障化措施，如果我们把商业社会的业务作为主体来看，那么信息化支撑业务，安全就是后台中的后台。业务和信息化的结构在不断变化，安全就要随之匹配做好相关的保障性工作。早期我们以网络互联通信为主，IT 主要的对象是路由、交换和支撑的应用系统，而随着 Web 2.0 交互式时代的到来，我们开始关注电子商务、网站等，并且开始关注传输的内容、用户的身份、威胁的种类。而在“棱镜门”事件发生后，我国开始真正进入到网络安全发展的高速路上，开始从单体安全转向结构化安全保障，完善安全理念，从安全运维走向安全运营，从被动防护走向持续监控，并且依托不断推陈出新的技术和模式，如态势感知、欺骗防御、威胁狩猎、云原生安全、攻防靶场等，来持续应对变化的威胁。

在此，我们把复杂的问题简单化，将网络安全技术演进划分为 3 个阶段，如图 11-1 所示。

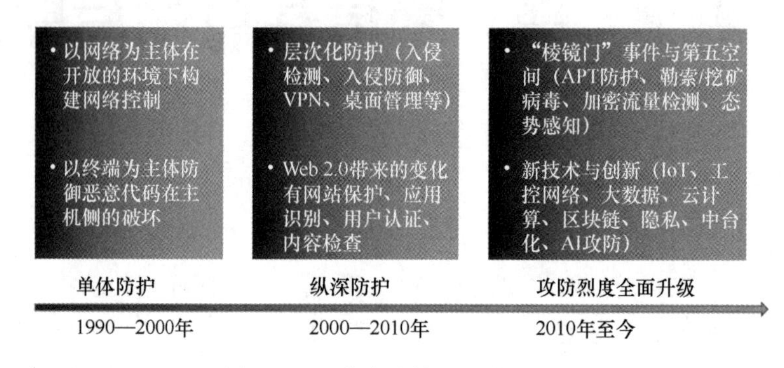

图 11-1　网络安全技术的演进历程

第一阶段：单体防护阶段

安全防护规则的改变总是由信息化的变化所致的，在 20 世纪 90 年代初期，我们主要关注边界防护和病毒防护，大部分的安全投资都花费在了防火墙、防病毒的单体产品上。这一点和当时的时代背景是相符的，当时的信息化发展水平有限，业务并不是像我们今天所看到的，全部承载在信息化之上，因此从需求角度看，黑客只是“脚本小子”炫耀自己的黑技能，大规模的网络破坏和病毒并不像今天这样普遍。企业普遍的信息化意识水平较低，具备一定意识的用户，也仅仅认为网络的开放性必然要带来网络的可控性，因此都纷纷部署边界防火墙。不少国内早期的安全厂商也是从安全意识宣贯开启信息安全创业之路的。

第二阶段：纵深防护阶段

步入 2000 年，安全的主流风向开始转变，由军事理论沿袭到网安领域的“纵深防护”逐渐成为主流思想，安全的威胁和风险开始被系统性分类，并由专项的安全产品所承接，其核心思想为延缓黑客的攻击时间，通过层次化防护去构建纵深的保护能力。飞塔公司看到安全碎片化的问题，推出一体化的多功能集成解决方案：统一威胁管理（UTM）。随着互联网的发展，2004 年，国际上风行 Web 2.0 的概念，也推开了用户和企业交互的大门，而在电子商务上承载的大量用户信息、交易信息也成为黑客攻击的目标，因此网站成为黑客攻击的重点，国内的安全公司推出 WAF（Web 应用防火墙）、DDoS 等产品，解决企业对外门户面临的安全问题。一些信息化走在前列的行业，如金融行业，对网络安全提出了更高的要求，国内安全公司也开始推出专项的安全服务，如渗透测试、脆弱性管理、规划咨询等业务；安全的业态开始初步形成，在国内形成初具规模的市场空间，各个行业开始建立“外防内控”的概念。

伴随着应用程序的井喷式爆发，以及互联网威胁越来越多，企业开始关注安全内控建设，在技术层面涌现了 PKI/CA、网页防篡改、应用识别、用户认证、数据防泄露、文档加密等产品，来保障内部员工的行为合规以及内部系统的最小化授权。

第三阶段：攻防烈度全面升级阶段

早期的安全事件与现在相比，在规模、手段、技术能力等各个维度都已经发生了本质的变化，我国在“棱镜门”事件后，安全作为第五空间上升为国家战略，数字化战略驱动产业变革、网络安全强合规要求、频发的规模性安全事件加速了网络安全的产业变革。

安全产品不再是局部作战，而是从理念、技术、方向全面升级，网络安全态势成为时代主流声音，安全建设需要在动态、变化的网络空间环境中构建持续监测的能力。

同时云计算、大数据、物联网、移动互联网等不断引领数字化变革，安全成为数字化的关键保障措施。随着等保 2.0 系列标准的发布，更加明确了大数据安全、物联网安全、移动安全、云安全各个分支的建设路线。

随着网络安全态势日趋严峻，我国网络安全监管单位也在近几年主导开展了一系列网络安全攻防演练活动，各行各业开始聚焦安全能力建设，构建安全靶场、安全运营中心、安全中台等体系，AI 技术在安全领域开始被广泛应用，大数据、威胁情报、欺骗防御等在应对未知威胁方面开始发挥关键作用。

11.2 零信任理念及技术

零信任代表了新一代的网络安全防护理念，并非指某种单一的安全技术或产品，其目标是降低资源访问过程中的安全风险，防止在未经授权情况下的资源访问，其关键是打破信任和网络位置的默认绑定关系。

零信任既不是技术也不是产品，而是一种安全理念。根据 NIST《零信任架构》中的定义：零信任提供了一系列概念和思想，在假定网络环境已经被攻陷的前提下，当执行信息系统和服务中的每次访问请求时，降低其决策准确度的不确定性。零信任架构则是一种企业网络安全的规划，它基于零信任理念，围绕其组件关系、工作流规划与访问策略构建而成。

零信任安全只是理念，企业实施零信任安全理念需要依靠技术方案才能将零信任真正落地。除了目前流行的软件定义边界（SDP）技术方案，在 NIST《零信任架构》中列举了 3 个技术方案，可以归纳为“SIM”组合：软件定义边界（SDP）；身份管理与访问控制（IAM）；微隔离（MSG）。

11.2.1 零信任理念及架构

从 2010 年 Forrester 首席分析师 John Kindervag 首次提出零信任概念，到 2020 年 8 月 NIST《零信任架构》的正式发布，零信任安全理念及其架构日趋成熟与完善，并且得到广泛认可，逐步在各行业落地应用。

零信任既不是具体的安全技术，也不特指具体的安全产品，而是一种安全理念、一种指导安全建设的方法论，是一个聚焦于资源保护的网络安全范式，其核心目标是降低资源访问过程中的不确定性带来的安全风险，以从不信任、持续评估作为前提，解决了传统安全架构下隐式信任带来的安全问题。

零信任架构将网络防御范围从静态的网络边界，转移到关注终端、用户和资产，关注资源访问保护，防止在未经授权情况下的资源访问，其核心要点如下。

（1）以身份为基石，所有访问主体都需要经过身份认证和授权。在认证与授权之前，受保护的资源对访问主体不可见。

（2）动态、最小化权限控制，访问主体对资源的访问权限应具备动态调整能力，确保访问权限的最小权限原则。

（3）持续信任评估，在访问过程中，对基于用户角色（身份）、环境、行为等持续的安全监测和信任评估，进行动态、细粒度的授权。零信任架构的核心要素如图 11-2 所示。

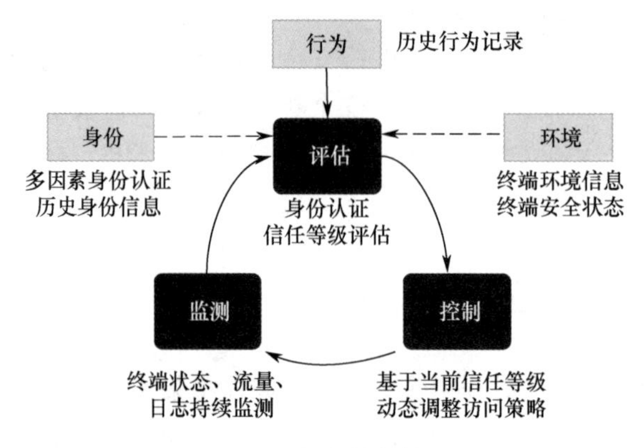

图 11-2　零信任架构的核心要素

在零信任理念发展的 10 年间，涌现出众多零信任安全实践，如 Google、微软等厂商都分别提出了零信任安全技术架构，以及 NIST 的标准《零信任架构》也定义了零信任体系架构的逻辑组件以及逻辑组件之间的关系，零信任架构的核心逻辑组件如图 11-3 所示。

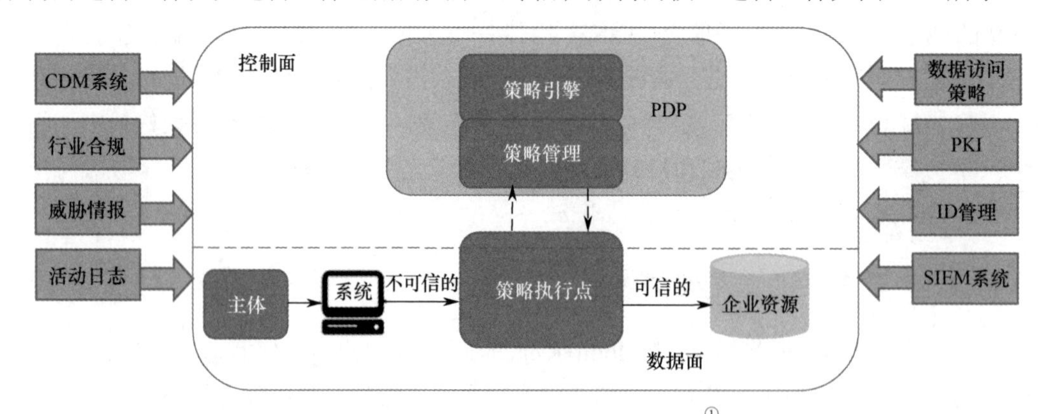

图 11-3　零信任架构的核心逻辑组件[1]

① ROSE S，BORCHERT O，MITCHELLS，et al. Zero Trust Architecture[S]. Special Publication (NIST SP)，National Institute of Standards and Technology，Gaithersburg，MD，2020: 800-207. DOI.org/10.6028/NIST.SP.800-207.

零信任架构理念的核心是将传统以网络为基础的信任机制，变为以身份为基础的信任机制。零信任不是完全不信任，而是指从零开始建立信任。通过身份管理，实现设备、用户、应用等实体的全面身份化，从零开始构筑基于身份的信任体系，建立企业全新的身份边界。

11.2.2　零信任与 IAM

身份管理与访问控制（IAM），这一技术手段已经在大中型企业中被普遍应用了，随着零信网络安全架构逐渐引起行业的重视，以身份为核心实施访问控制的理念也进一步被认可。其中，细粒度的身份认证和授权控制是零信任落地的关键，而现代化身份管理与访问控制（Modern IAM）正是助力企事业单位安全从粗粒度访问控制升级到多层次、细粒度动态访问控制的关键组件。

在实施零信任的过程中，IAM 提供统一的身份管理、身份认证（支持多因素认证）、动态访问控制、行为审计、风险识别等核心能力。以 IAM 的核心能力为基础，结合 SDP、微隔离等技术手段协同实施，将零信任架构落地到不同的实际场景中。

1. IAM 的架构与部署形态

零信任模型需要围绕强大的 IAM 方案构建。在允许用户进入企业网络之前建立用户身份是实现零信任模型的前提。企事业单位的安全团队应使用如多因素认证（Multi-Factor Authentication，MFA）、单点登录（Single Sign On，SSO）和其他核心 IAM 类功能来确保每个用户使用安全的设备、访问适当的文件类型、建立安全会话（Session）。

IAM 系统有 3 种产品形态，Software-delivered IAM、身份即服务（Identity as a Service，IDaaS）、客户身份管理与访问控制（Customer IAM，CIAM）。Software-delivered IAM 通过本地私有化部署的方式部署 IAM 服务。IDaaS 是由第三方服务商构建、运行在云端的身份验证，向订阅的企业、开发者提供基于云端的用户身份验证、访问管理服务。CIAM 是指专门针对 C 端用户的 IAM 产品体系。

2. IAM 的关键功能

现代 IAM 的关键功能包括身份的全生命周期管理、身份认证与单点登录服务、访问控制和审计与风险控制。

1）身份的全生命周期管理

通过身份标识数字实体，实施从用户账号的产生到消亡的整个过程管理，具备针对特权账号、孤儿账号、公共账号等特殊账号的管理机制，能够实现多个系统间用户账号及组织架构的全生命周期自动同步。

2）身份认证与单点登录服务

提供知识验证、持有物验证、生物特征验证等认证方式并支持多因素混合认证。

支持常用的单点登录协议，包括 CAS 协议、SAML 协议、OAuth 协议、OpenID 协议、LDAP、WS-Fed 协议等。

3）访问控制

IAM 支持多种授权策略的管理模式，所有多层次细粒度的访问控制策略可以在 IAM 平台统一管理，统一存储，或者以 IAM 的统一访问控制框架为基础在各个信息化资源自身平台分散管理，分散存储，但分散的策略管理和存储需要依赖统一访问控制框架。

4）审计与风险控制

IAM 的审计功能遵循全方位审计的理念，对普通用户和各类管理员用户访问 IAM 和纳管的信息化资源进行全面审计，审计日志需要记录用户的所有操作，需要记录主体、操作、客体、类型、时间、地点、结果等内容。根据不同的维度可以划分为不同的操作日志，如操作日志和登录/登出日志、用户日志和管理员日志、业务系统日志和 IAM 日志等。除此之外，还应对访问的终端环境是否异常、访问时间是否异常、访问行为上下文比较等进行全面审计，也可对接威胁情报数据，对用户实体行为风险分析，以便做出相应风险处置决策。

3. IAM 的发展趋势展望

IAM 建立以身份为中心的安全框架，实现对所有人、接入设备的数字身份真实性的验证以及对访问权限的动态授权和控制。从不同的应用领域业务和联网资源的不断增长可以推断 IAM 市场仍将快速发展，从技术趋势上，IAM 未来的发展方向如下。

（1）持续地与其他新兴技术融合，优化 IAM 解决方案。

（2）持续地改善兼容性，访问主体不仅限于企业内部员工、合作伙伴，还包括终端消费者和物联网终端。

（3）适配各种国产化的软硬件组件。

11.2.3 零信任与 SDP

软件定义边界（Software Defined Perimeter，SDP）的安全理念和零信任网络（Zero Trust Network，ZTN）的安全理念完全一致，因此 SDP 又被称为 ZTN[①]。

SDP 出现在零信任理念之后，两者的出现有着同样的需求背景：现有的边界防御+纵深防御的网络安全措施所采用的隔离、防护的手段已经难以应对当前的业务与安全需求，攻击者往往采用渗透到网络中并横向移动，以访问具有更高特权凭证的系统，安全建设需要考虑如何防止未授权用户的越权行为，将访问限制在授权范围内。SDP 可以说是在这一背景下零信任理念的一个落地方案。

除此之外，SDP 还创新性地提出了网络隐身的安全理念，在 TCP/IP 和 TLS 之前进行预认证，是 SDP 基于零信任理念对传统防御机制的创新性优化和完善，SDP 技术架构的问

① 可参考《零信任网络安全——软件定义边界（SDP）安全架构技术指南》。

世为业内实现零信任网络指明了技术方向。

11.2.4　零信任与微隔离

零信任作为一种可信的连接架构，当其将安全能力延伸到端点、负载对象时，不得不提的就是零信任和微隔离（MSG）的结合。它作为一种重要的技术实现方式，近年来NIST、Gartner、CSA 等机构均将微隔离作为零信任体系的关键技术，力图解决在工作负载领域的安全问题。

简单做一个微隔离的回顾：微隔离（又称软件定义隔离、微分段），专注于数据中心安全细粒度管控。在零信任与微隔离的结合中，我们看到了防御基线已经从网络区段向下迁移到终端、负载侧，在各个工作负载的层面，定义精细化的控制和安全服务，解决东西向威胁逃窜/扩散的问题。

1. 微隔离适用场景及覆盖对象

微隔离面向数据中心，覆盖传统环境、虚拟化环境、混合云环境、容器环境。

2. 微隔离核心驱动力

在数据中心云化的过程中，大部分的流量呈现形式都是以东西向为主的，而云数据中心的业务架构也和传统的数据中心存在极大的差异性，微服务化、云原生在共存的区域内，需要重新定义安全策略，以更加细粒度的视角在负载层面实现各个维度的保护，基于网络内部可见性的前提，解决微服务之间的信任管理挑战，有效解决威胁横向扩散以及未授权横向移动的问题。

3. 微隔离系统的组成

微隔离系统由策略控制中心和策略执行单元组成，具备分布式和自适应的特点。

策略控制中心：决策大脑，厘清业务应用之间、系统之间的访问关系，面向业务构建信任的边界，按照角色、业务功能等多维度的业务要素对需要隔离的工作负载进行快速分组、策略定义。

策略执行单元：作为策略执行体，持续执行流量监测，执行单元可以是虚拟化设备，也可以是主机 Agent。

4. 微隔离的价值收益

从传统的面向物理网络到面向业务建立信任边界：基于数据中心的业务进行策略设计，与网络设计解耦，实现业务随行，不会被物理网络所限制。

自动化适应业务变化：数据中心当前的海量节点、业务的频繁变化，人工方式配置策略会出现降低业务准确性、降低业务的敏捷性、人工配置错误等问题，微隔离可以基于自适应的策略计算引擎来实现自动化适应云环境业务。

由分散决策走向中心决策：安全产品碎片化的建设与防御都无法实现当前的安全需

求，而微隔离的体系可以基于统一构建的信任引擎，对负载的内部访问行为进行统一的管理，结合自动化编排技术，联动第三方系统，实现中心决策能力。

11.2.5 零信任的应用场景与部署实施

零信任具有广泛的应用场景并在多个行业已经取得了成功。

1. 场景小结

零信任在以下场景中具有显著的安全提升价值。

（1）内部员工远程访问：零信任可以通过更严格的认证和授权策略，替代传统 VPN，保护企业业务资源，实现安全的远程访问。

（2）外部人员远程访问：外部人员的设备和行为都更不可控，向外部人员开放的入口很可能变成企业安全的漏洞。零信任架构可以有效地限定外部人员的访问权限，保障企业安全。

（3）服务器间数据交换：在内网数据交换和多云数据交换等场景下实现应用到资源的精细化访问控制。

（4）物联网组网：物联网设备的计算、存储能力通常较弱，其中分配给安全的资源更少，对安全方案的挑战性更大。在物联网攻击面大、控制力度低的整体安全环境下，零信任方案可以因地制宜地强化设备信任、行为信任相关技术措施，反之未授权访问行为的发生。

（5）满足安全合规要求：等级保护是我国信息安全保护的基本制度，零信任架构可以在边界安全、主机安全、身份安全等网络安全的最重要的几个方面，帮助企业满足合规要求。

（6）保护敏感数据：零信任架构可以对敏感数据的访问进行管控，对访问者的身份和权限进行持续验证。在终端上可以结合终端沙箱、终端管控等安全技术，保证终端的数据安全。从系统到网络再到终端形成一个完整的数据安全闭环。

2. 部署实施

零信任的部署实施应遵循如下步骤，企业可以根据自身情况合理地进行部署实施。

（1）具备实施的必要前提。

（2）明确战略愿景。

（3）编制行动计划。

（4）评估建设成效。

（5）持续评估。

此外，可以参考本书提供的各行业实施案例，参考最佳实践构筑属于自己的零信任架构。

11.3 零信任架构的潜在威胁

安全领域有句名言：没有绝对的安全。即使像零信任架构这种以“从不信任、始终验

证”为核心理念的安全架构，也不可能百分百地防范网络安全风险。零信任架构如果与传统安全的“纵深防御”+“边界防御”相结合，可有效降低总风险，然而，在实施零信任架构的过程中，也会面临一些特有的威胁。

11.3.1　零信任架构决策过程被破坏

零信任架构的核心逻辑组件如前所述，基于 SDP 的架构，主体为策略决策点和策略执行点，策略决策点作为零信任架构的中枢大脑，担任着中央决策的工作，同时也是高度集权的。

1．组件分析

1）策略决策点–策略引擎分析

PE 组件最终决定是否授权指定的访问主体对访问客体的访问权限，在决策过程中会对接外部的信息源，作为信任算法的输入。在整个工作机制上，PE 组件需要满足以下几方面。

校验外部信息源的可信程度：要保障提供外部信息源的系统身份的可信性，防止系统私自接入零信任架构，造成破坏。

保障外部信息源的数据质量：保障外部信息源的数据质量，以防脏数据对算法在决策过程的污染。

防止决策被非法篡改：保障 PE 组件生成安全策略规则过程中不会被非法篡改。

2）策略决策点–策略管理器

PA 组件负责建立和切断主体与资源之间的通信路径，生成的客户端用于访问企业资源的任何身份验证令牌或凭证。

确保决策被正确执行，PE 传递给 PA 的安全策略，需要确保 PA 能够正确执行，并且在令牌生成和分发过程中，保障传输的安全性。

3）策略执行点

PEP 组件负责启用、监视并最终终止访问主体和企业资源之间的连接，在整个工作机制上，应该满足：确保决策被正确执行，PA 传递给 PEP 的安全策略，需要确保 PEP 能够正确执行，并且保障传输的安全性。

2．系统分析

1）配置管理

配置管理作为零信任体系的核心组件需要确保其配置过程是完全正确的，因为错误的配置会导致整个零信任体系执行错误。

2）持续监测

具备 PE 操作权限的人员，需要进行严格的物理控制、逻辑控制，以防止非授权人员在 PE 中进行违规操作。

3）全面审计

在 PE 和 PA 中的每一步执行与操作，都需要生成完整覆盖系统执行的原始日志，同时对于人员在 PE 和 PA 中操作的每一步，都要执行审计。

11.3.2 拒绝服务或网络中断

在应用零信任的过程中，由于零信任架构下策略高度集中，因此拒绝服务或网络中断会对业务运营造成不利影响。在零信任架构下，控制面和数据面是分离的，其作为业务访问的核心资源，黑客的攻击通常是无法到达资产端的，而未经 PA 许可，黑客的流量中也尚未携带 SPA 的特征，企业资源通常是无法连接的，该机制可在一定程度上阻止 DDoS 的攻击。业内也有一种推断，如果攻击者中断 PEP 或 PE/PA 的访问，那么企业如何应对？从零信任的 PEP 的角度，更多地推荐使用多地部署，或者集群的方式来缓解此威胁。

不过，值得注意的是，无论企业的零信任架构部署在云端还是在本地，DDoS 攻击的核心逻辑其实还是在于对协议的控制，这是对基础设施的算力和本地资源的一种挑战。零信任架构作为新的安全架构，并不意味着一定会 100%覆盖并解决之前所面临的安全问题。

可以选择在动态可靠的云环境中去增加网络弹性，基于多个位置重复执行策略来缓解此类威胁。解决该问题最核心的手段依然是采用本地化的或云端的抗 DDoS 方案，通过流量接收、清洗、回注的方式对恶意 DDoS 进行处理。

针对网络中断的风险，多链路的网络设计是一个比较好的选择。链路的冗余、主备机制设置，以及集群化模式下多链路的负载均衡都会保障网络健壮性。

11.3.3 凭证被盗或者内部威胁

1. 凭证被盗问题

零信任安全架构以身份为核心，构建灵活决策的访问控制策略，对用户的认证与鉴权是零信任架构下最基础的安全控制措施。一旦发生凭证被盗的情况，则掌握该凭证的攻击者极有可能具备访问受保护资源的能力，给系统安全带来严重的威胁。

为应对这一风险，建议在实施零信任架构的过程中采用如下技术和管理手段以缓解风险。

1）实施必要的安全意识培训

社会工程学攻击和设备失窃是极有可能导致凭证被盗的威胁向量，而通过必要的安全意识培训，政企用户可以帮助雇员了解上述情况可能导致的风险、损失和对个人的影响，同时讲解如何防范这些情况的发生，从意识层面帮助用户避免凭证被盗。

2）避免脆弱的认证机制，实施双因素认证

规避账号口令在认证中作为凭证的情况，在满足业务体验的同时，尽可能实施基于持有物和生物特征的双因素认证（至少在敏感操作或访问关键业务系统时实施双因素认

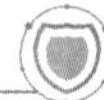

证）。高强度的认证手段可以避免单一凭证丢失（即系统失陷）的不良局面。

3）基于上下文/内容的动态访问控制

在建立用户信任的过程中，PDP 不仅凭借用户的身份认证形成信任，还根据用户所处的时空位置、操作习惯甚至请求的具体行为，建立不同的用户置信评价，形成不同的权限集合，以最小化的授权降低甚至阻止恶意行为的发生。

2. 内部威胁

伴随着数字经济蓬勃发展，个人数据泄露、黑客攻击侵袭数据系统等事件频发，数字安全问题日益凸显，内部威胁已成为当前网络安全的最大危害。

（1）通过了身份认证的“内部人”发起的内部攻击是任何组织都深感头疼又束手无策的事情。通过实施零信任架构，可以降低内部威胁可能造成的风险，增强对内部威胁的抵御能力。

（2）在零信任实践中落实最小授权：零信任架构在很大程度上规避了隐式信任，使用户的访问必须得到授权。在履行杜绝隐式信任的过程中，最小授权原则得以最大限度地执行，从而大幅度降低了内部威胁发生横向平移的可能性，降低了内部威胁可能带来的影响。

（3）动态访问控制的作用：一旦内部人员的行为触发安全基线，则 PDP 也会对其实施额外的认证、权限调整及上报安全日志，这样可以帮助安全管理者第一时间掌握潜在的风险行为并避免部分威胁行为的发生。

（4）在零信任理念中，可以认为威胁是不区分“内部”“外部”的，但受限于架构落地过程中的技术局限和制度缺失，内部威胁仍将是我们长期面临的安全挑战之一。

11.3.4　网络的可见性

网络的可见性通过对所有企业相关网络流量的收集和分析实现，从而掌握企业网络全貌，以实施有效的安全治理，并改善网络服务水平和应用程序性能。每个企业都应当尽可能实现用户、设备、应用程序和数据包级别的可见性。

企业应当对每一台设备都具有可见性，而随着云计算技术的普遍应用和物联网设备的快速增长，传统安全产品所能管理的设备占比越来越低，难以应对设备数量的激增给企业安全带来的更为严峻的挑战。

零信任架构是以身份为核心的安全体系，在实施零信任架构的过程中，可以采用一系列的技术手段在不可信的网络环境下建立对用户、设备、应用和流量的信任，而建立这种信任正是以充分的可见性为基础的。

（1）实现设备信任与可见性：应当生成设备证书并保护证书在设备生命周期内持续对设备进行认证，并建立设备管理平台对设备进行审慎的管理。

（2）实现用户信任与可见性：对企业信息系统实施强身份认证与统一授权管理，建立权威身份数据库并保持所有应用系统的数据一致性。对用户的所有访问请求根据上下文进行动态认证鉴权并留存日志。

（3）实现应用信任与可见性：应当建立覆盖全生命周期的软件开发安全防范机制，确保应用系统自身的健壮性与完整性，同时，应当建立受保护的代码仓库、安全的软件分发、版本管理机制并确保分发网络的安全。此外，还应使用各种主动和被动监控技术，实时掌握应用运行状态。

（4）实现流量信任与可见性：网络流量的信任是实现零信任的重中之重，实现应用、用户和设备的信任，在具体的业务场景中，都依赖于对流量的认证和授权。此外，对网络流量既需要实施加密保护和过滤，也需要对网络流量进行全面的监控以实现网络可见性，规避潜在的安全风险。

随着技术的发展，企业数字化水平不断提高，会有更多的新设备类型、新传输介质、新通信协议应用到网络中，将会进一步影响零信任架构实施中的网络可见性。但这并不意味着企业无法分析网络上检测到的加密流量。企业可以收集加密流量相关的元数据（如源地址和目标地址等），并使用这些元数据检测网络上可能存在的恶意软件通信或活跃的攻击者。

11.3.5 系统和网络信息的存储

在实现信任评估的过程中，数据分析是必不可少的环节，为了支撑信任评估的精细化和准确性，往往需要采集大量的网络流量、终端、用户等数据，来实现威胁分析、构建上下文策略、取证和后期溯源。然而，一旦存储了这些数据，此类数据的保护则成为新的安全目标。这些数据应与企业资源、配置文件及其他各种网络架构文档一样需要受到保护，避免成为攻击者的目标，一旦攻击者成功访问该信息，则可能会深入了解企业架构并识别资产进行进一步侦察和攻击。

对访问策略进行编码的管理工具是攻击者从实施了零信任架构的企业获取侦察信息的另一个来源。与存储的流量、终端及用户等数据一样，此组件包含对资源的访问策略，可向攻击者提供最有入侵价值的账户信息（如对所需的数据资源有访问权限的账户）。此类信息也应像企业数据资产一样得到足够的保护以防止未经授权的访问及恶意破坏。实施零信任架构的企业应对此类信息采用最严格的访问策略且仅允许来自指定或专用管理员账户的访问。

除此之外，《中华人民共和国数据安全法》已经在 2021 年 9 月 1 日正式实施，相关数据的存储保护成为法律约束的义务，企业还需对数据进行相关的安全风险评估、建立相关数据安全管理制度。

11.3.6 在零信任架构管理中使用非人类实体

随着人工智能（AI）及流程自动化的广泛应用，企业在实施零信任架构时，可能会采用自动化技术进行网络安全的管理，需要考虑自动化技术与 ZTA 的管理组件（如 PE、PA 等）如何进行交互。首先要解决的问题是，在实施 ZTA 策略的企业中，自动化技术如何对

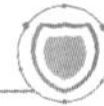

自身进行身份验证。通常我们会采用 API 来实现自动化管理，假设大多数自动化系统在使用资源组件的 API 时会采取某种方式进行身份验证，但这只是解决了第一步认证的问题。

在使用自动化技术进行配置和策略实施时，最大的风险是可能出现影响企业安全态势的风险误报（正常操作被误认为是攻击）和漏报（攻击被误认为是正常活动），这是由于自动化系统依赖算法模型，在具体的应用环境下往往需要通过多次的专家训练、定期的重新调整分析来减少误报和漏报，以纠正错误的决策并改进决策过程。

针对上述风险，攻击者往往采取能够诱导或强制自动化系统执行其无权执行的某些任务的手段进行攻击。与人类用户相比，自动化系统在执行管理或安全相关任务时往往采取较低的认证标准 （如 API 密钥和 MFA)。从理论上说，若攻击者可与自动化系统进行交互，则可能会诱骗其为攻击者获得更高的访问权限或代表攻击者执行某些任务。

11.4 网络安全技术发展展望

随着数字化、网络化、智能化的深入推进，网络安全对国家总体安全、经济社会运行、人民生产生活的影响愈加凸显。网络安全的未来还需要采用“新理念”“新技术”“新视角”进行应对。

1. 新理念应对新风险

提升关键信息基础设施等重点领域的防护能力；强化完善网络安全技术创新、人才培养和产业发展体系；加强网络安全保障体系与能力建设；加强数据安全保护。

2. 新技术守护新安全

人工智能、区块链、5G/6G、卫星互联网、智能网联汽车等新技术新应用百花齐放，在不断带来新的安全风险的同时，也在推动防护技术不断更新。

3. 新视角展望新趋势

要摒弃防御跟着攻击跑的思路，要让防御者具备攻击者的能力，用攻击者的视角审视现有的安全架构，缩小攻击和防御之间的差距，不再把攻和防割裂，要实现攻防能力的融合。

11.4.1 SASE

下面从 SASE 概念的提出、发展历史、与零信任架构的关系以及未来发展展望几方面展开介绍。

1. SASE 概念的提出

Gartner 副总裁分析师 Neil MacDonald 在《网络安全的未来在云端》报告中提出：“SASE 是一种基于实体的身份、实时上下文、企业安全/合规策略，以及在整个会话中持续评估风险/信任的服务。实体的身份可与人员、人员组（分支办公室）、设备、应用、服务、物联网系统或边缘计算场地相关联。”

SASE 基于身份的整体架构如图 11-4 所示。SASE 描述了融网络安全服务、下一代广域网、边缘计算为一体的云交付网络，其强调端到端的安全，包括解密、防火墙、URL 过滤、反恶意软件和 IP 在内的威胁预防功能都被集成到 SASE 中，并且对所有连接的边缘都可用。在该报告中，也明确指出了 SASE 的核心是身份，即身份是访问决策的中心，而不再是企业数据的中心，SASE 的安全边界不在企业的“硬件盒子”中，而在任何需要它的地方——基于身份和上下文动态的实施访问控制。

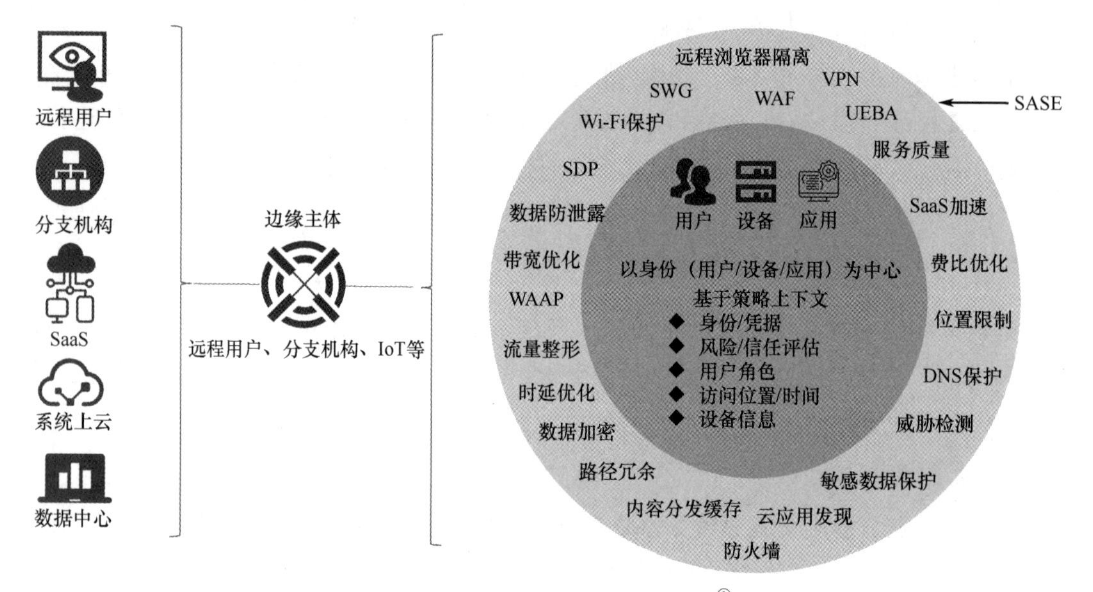

图 11-4　SASE 基于身份的整体架构[①]

2. SASE 的发展历史

目前，SASE 的发展仍处于早期阶段，Gartner 在 2020 年发布的报告中认为，SASE 已经站在“希望之巅”，但仍需要 5～10 年的技术发展方能进入成熟阶段。

同时，在 Gartner 发布的《安全访问服务边缘会无处不在地改善你的分布式安全》（*SASE Will Improve Your Distributed Security Everywhere*）报告中，基于 ZTNA、SWG、CASB、FWaaS（防火墙即服务）等维度的技术能力，提名了全球共 56 家厂商，说明在网络安全服务商侧，SASE 相关技术的研发也得到了普遍的重视。

此外，随着后疫情时代的到来，越来越多的企业开始更广泛地使用远程办公和云计算，SASE 受到了安全专业人士的广泛关注，相信 SASE 的发展速度一定会进一步显著提升。

3. SASE 与零信任架构的关系

在 SASE 理念的定义中明确指出，SASE 是基于实时身份的云交付网络，在安全防护理念中与零信任网络一样将身份视为安全访问控制的核心，同时，也将零信任架构视为实

① 数据来自 Gartner 2019 年 8 月发布的《网络安全的未来在云端》。

现 SASE 的关键技术之一。简而言之，在未来企业网络边缘防护（包括自建应用、SaaS 应用、IoT 设备及内部网络）的领域中，零信任将在 SASE 中扮演重要的角色。

另外，零信任架构不仅重视对企业网络边缘的防护，也重视对企业内应用及资源间互访的保护（建立应用及流量信任），在具体技术实践上，将综合运用微隔离、IPSeC VPN、数字证书机器鉴权等技术。从这一视角出发，零信任网络架构完全将企业网络视为无边界网络，在保护范围上相对更为广泛。

4．SASE 未来发展展望：技术融合与相辅相成

SASE 与 ZTNA 既是相辅相成，也是互相补充的。在 2021 年 1 月，Forrester 发布的《为安全和网络服务引入零信任边缘（ZTE）模型》报告中，正式提出了零信任边缘（Zero Trust Edge，ZTE）的概念，提出了未来的网络安全要同时实现数据中心零信任和边缘零信任。与 SASE 概念相比，ZTE 突出了零信任先行的理念，而 SASE 则是基于零信任更宏大的云交付网络。相对于 SASE，ZTE 的零信任先行相比于融合了 SD-WAN、边缘计算和安全防护的 ZTE 更具备可实施性。

而跳出对于概念本身的剖析，我们可以发现，未来的边缘安全和零信任已经融为一体，未来的边缘安全也必将基于零信任实现。与此同时，未来软件定义边界、身份与访问管理、微隔离等技术手段，将和红蓝对抗沙箱技术、大数据安全分析、SOAR、专家运营、AI 安全等多种技术及运营手段进一步协同融合，持续提升安全防控机制的实时性与精准性，真正实现自适应安全。

11.4.2　扩展检测和响应

1．扩展检测和响应概述

随着云计算、大数据、物联网、移动互联网、人工智能、智慧城市等技术的蓬勃发展，高级网络威胁让网络攻击变得更加隐蔽和复杂，但由于检测能力分散在不同产品上，导致安全检测变得异常复杂，检测不全、告警碎片、响应割裂等问题突出，企业需要全面的整体检测和响应策略来消除安全孤岛，快速识别隐藏的复杂威胁，实现跨网络、端点以及云基础架构等多层面的检测分析和响应能力。扩展检测与响应（Extended Detection and Response，XDR）正是在这种形势下提出的。

XDR 是在 EDR（端点检测与响应）技术基础上提出的一个高级网络威胁治理模型，其提出对高级网络威胁需要收集信息并匹配许多安全层（包括为端点、服务器、电子邮件、云和工作负载配置的安全层）上的深度活动数据的关系，从不同的维度来进行检测与响应，例如，针对网络检测与响应的 NDR、针对管理检测与响应的 MDR 等都属于 XDR 的治理模型。

XDR 引入 Gartner 的 SOAR 模型，把高级网络威胁治理分为 4 个步骤，包括威胁发现、定性分析、定量分析、处置响应，如图 11-5 所示。

（1）威胁发现：通过对终端的数据、网络的流量进行监测，利用静态+动态恶意威胁

分析技术识别网络攻击行为。

（2）定性分析：对可疑的行为进行深入发掘，确定其有效性。

（3）定量分析：当捕获到高级网络威胁后，将进行全网的影响范围判定。

（4）处置响应：通过精密联动能力，对全网高级威胁进行处置。

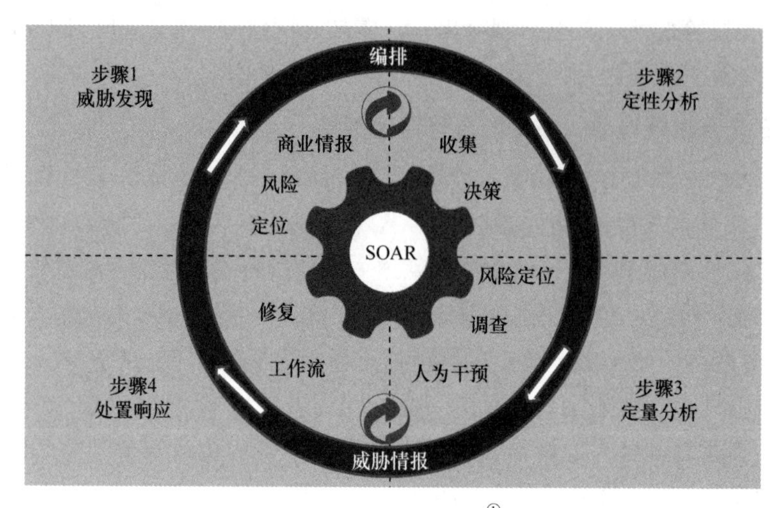

图 11-5　SOAR 模型[①]

2. XDR 的发展

2013 年 Gartner 的 Anton Chuvakin 首次创造了端点威胁检测和响应（Endpoint Threat Detection and Response，ETDR）这一术语，用来定义一种“检测和调查主机/端点上可疑活动（及其痕迹）”的工具，后来称为端点检测与响应（EDR）。EDR 在 2014 年就进入了 Gartner 的十大技术之列，并逐步成为网络安全的必备之物。到 2020 年，XDR 已经成为安全运营领域举足轻重的组成部分。Gartner 在《2020 安全和风险管理趋势报告》中提出“扩展检测和响应（XDR）解决方案如今不断涌现，它可以自动收集和关联来自多个安全产品的数据，以改进威胁检测，并提供事件响应功能。例如，触发电子邮件、端点和网络警报的攻击行为可以合并为单个事件。扩展检测和响应解决方案的主要目标是提高检测准确性，提高安全操作效率和生产力”。

3. XDR 与零信任网络架构

基于 NIST 的《零信任架构》白皮书，可以将零信任架构分为 PDP、PEP 和外部支持系统，XDR 可以作为重要的外部支持系统，丰富零信任架构的信任评估条件、提高信任评估过程决策的精准度。

首先，在终端上可以结合 EDR 的终端检测能力，基于终端环境进行风险检测与评估，并传输威胁数据到 XDR 平台。

其次，在网络侧可以结合 NDR 对网络流量实时检测与分析，监控各个数据的流向，

① Gartner 于 22017 年发布。

通过行为关联等分析技术判断数据流是否存在异常或安全攻击，并传输威胁数据到 XDR 平台。

最终，XDR 平台基于威胁的发现与分析能力，对采集信息进行研判，为零信任网络提供信任决策支撑。

4．未来展望

XDR 核心的“准备、发现、分析、遏制、消除、恢复、优化”等流程，其本质是对威胁行为的预判、分析、处置过程，与零信任的“最小化授权”原则不同，XDR 属于“黑流量”的处理机制，专注于对访问行为中恶意行为的精准识别，而零信任架构则是“白流量”处理机制，以信任评估最小化授权的访问权限，二者在具体应用场景中属于天然的互补。未来，考虑终端资源的利用、用户体验及信任评估能力的增强需求，XDR 可能会逐步融入零信任架构，成为其中至关重要的能力部分。

11.4.3 AI 驱动的安全

1．AI 概念的提出与发展

人工智能（Artificial Intelligence，AI）是研究、开发用于模拟、延伸和扩展人的智能理论、方法、技术及应用系统的一门新的技术科学，是计算机科学的一个分支；其主旨在于研究和开发智能实体，在这一点上它属于工程学。AI 工程学涉及的一些基础学科包括数学、逻辑学、归纳学、统计学、系统学、控制学、工程学、计算机科学，还包括对哲学、心理学、生物学、神经科学、认知科学、仿生学、经济学、语言学等其他学科的研究，可以说它是一个集数门学科精华的尖端学科，所以说 AI 工程是一门综合学科。

AI 技术目前包括四大分支技术，即模式识别、机器学习、数据挖掘及智能算法。

（1）模式识别：对表征事物或现象的各种形式（数值、文字的逻辑关系）信息进行处理分析，以及对事物或现象进行描述分析分类解释的过程，如汽车车牌号的辨识，涉及图像处理分析等技术。

（2）机器学习：研究计算机如何模拟或实现人类的学习行为，以获取新的知识或技能，重新组织已有的知识结构，不断地完善自身的性能，或者达到操作者的特定要求。

（3）数据挖掘：知识库的知识发现，通过算法搜索挖掘出有用的信息，应用于市场分析、科学探索、疾病预测等。

（4）智能算法：解决某类问题的一些特定模式算法，例如，我们熟悉的最短路径问题以及工程预算问题等。

目前，AI 主要的应用领域包括机器人领域、语言识别领域、图像识别领域、专家系统。

（1）机器人领域：AI 机器人，如 PET 聊天机器人，理解人类的语言，用人类语言进行对话，能够用特定传感器采集分析出现的情况并调整自己的动作来达到特定的目的。

（2）语言识别领域：该领域其实与机器人领域有交叉，设计的应用是把语言和声音转换成可进行处理的信息，如语音开锁（特定语音识别）、语音邮件以及未来的计算机输入等方面。

（3）图像识别领域：利用计算机进行图像处理、分析和理解，以识别各种不同模式的目标和对象的技术，如人脸识别、汽车牌号识别等。

（4）专家系统：具有专门知识和经验的计算机智能程序系统，后台采用的数据库相当于人脑，具有丰富的知识储备，采用数据库中的知识数据和知识推理技术来模拟专家解决复杂问题。

2. AI 在安全领域的应用

接下来的内容我们会着重介绍 AI 在安全领域的应用，同时阐述 AI 和零信任的结合点；从安全防护手段来看，每隔几年就会涌现出新的防御思路以及相关的技术，从特征识别到行为检测，再到现在的通过 AI 在安全领域的应用，逐渐提升威胁检测的精度。

AI 在安全领域的应用，目前比较清晰地聚焦在 4 个维度：基础设施保护、IAM、应用和数据安全以及安全运营。

1）基础设施保护维度

在基础设施保护维度，首先会聚焦威胁的检测，恶意代码可以通过机器学习，基于分类标准化的方式开展对恶意代码静态和动态分析，更精准地识别恶意代码；在恶意邮件方面，通过基于分类标准化的手段区分邮件内容和邮件头；在钓鱼网站方面，通过社交图模式可以发现服务器和发送者 IP 的链接图谱，构建访问关系。以上都是通过 AI 在海量数据中去提炼多维度的特征，在海量数据中建立的正常基线，在正常基线中找到偏离基线的行为，本质上，AI 在安全领域的应用是一种特征工程。

当然，AI 也是有双面性的，安全专家可以通过 AI 去更精准地发现威胁，黑客也会通过增强学习对基于机器学习的恶意代码检测的方式进行逃逸。目前该方向依然需要进行持续探索。

2）IAM 维度

在 IAM 维度，主要聚焦在身份分析和身份欺诈检测，身份分析会通过群集分析，分析用户和权限的对应关系，实现身份的治理；通过图像识别来强化身份验证功能，以防身份欺诈的行为。在欺诈检测方面，通过规则+无监督+有监督+深度学习来构建用户合法的行为基线。

3）应用和数据安全维度

在应用和数据安全维度，主要面向僵尸网络检测和数据安全，大量的僵尸网络，主要通过行为分析及应用威胁情报来进行信誉评估，并结合传统的规则和指纹进行综合防护。

在数据层面，AI 可以进行更多维度的数据发现和数据分级，强化 DLP 的功能。目前，针对海量的结构化数据，人工进行数据的分类分级基本上是不可能完成的任务。但

是，通过 AI 提取字段特征，并聚类成某种数据聚合的特征，可以进行海量数据的分类分级。

4）安全运营维度

安全运营维度包括资产、威胁、脆弱性、风险等维度，其基于海量数据提炼安全事件，并通过人员和流程使安全工作的开展更加便利，目前，针对资产发现、策略自动化编排，包括异常行为分析，都在和 AI 技术进行深度的结合。从资产发现角度看，资产的特征属性是非常多的，随着主体和客体的对象及范围不断扩展，我们不仅要解决传统终端和主机资产，对于 IoT、移动设备等都需要进行广泛的识别，而资产的特征可以通过 AI 更精准地识别；从策略自动化编排角度看，AI 运营的场景主要是关于剧本构建，结合异常行为分析，AI 可以发现传统特征和算法看不到隐藏在流量背后的异常，对于自动化处置的剧本构建，AI 是构建这些“看不见”的处置能力的前提条件。

AI 应用领域非常广泛，我们主要聚焦评估 AI 和机器学习在安全领域的影响，无论是 SIEM、UEBA、NDR、威胁检测、恶意代码，还是事件响应维度，机器学习如果要很好地解决问题，本质上就需要更多的数据。

AI 在安全领域的驱动力主要围绕 5 个方面：规模化（如组织内大数据）、新的洞察力（如异常模式发现）、可维护性（不再聚焦显性脆弱的检测规则）、环境感知（在环境上下文中构建动态的基线）、有效性（任务自动化、增强分析技能）。

当然 AI 面临的挑战也很显著，程序化输出难以理解，缺乏透明性难以审计（针对机器学习工具的执行），误报率，好的安全训练数据难以获取；在安全领域中应用 AI 的建议是对齐数据、方法和使用场景。

3．AI 与零信任架构

AI 和零信任架构的结合，主要聚焦在 3 个维度，首先是在零信任扩展主体和客体范围的过程中，AI 可以进行精确的资产识别，基于大量的数据提炼资产特征，形成资产清单；其次在零信任的要素层面，可以补充安全要素，如异常行为分析、异常流量的攻击等；最后在零信任面向连接的访问过程中，有更充分的依据去评估每个会话连接上的异常，对接入要素进行动态校验。依托 AI 自身的属性，对特定的分析工作进行建模，可以精准地提炼零信任各个维度的评估要素。

附录A 缩略语

缩 略 语	英 文 全 称	中　　文
AH	Accepting Host	连接接受主机
AI	Artificial Intelligence	人工智能
API	Application Programming Interface	应用程序接口
APT	Advanced Persistent Threat	高级可持续威胁
BYOD	Bring Your Own Device	员工个人自带设备
CAS	Central Authentication Service	中央认证服务
CASB	Cloud Access Security Broker	云访问安全代理
CCSA	China Communications Standards Association	中国通信标准化协会
CDN	Content Delivery Network	内容分发网络
CIAM	Customer Identity and Access Management	客户身份管理与访问控制
CMDB	Configuration Management Data Base	配置管理数据库
CNAME	Canonical Name	别名指向
CTAP	Client to-Authenticator Protocol	客户端到身份验证器协议
CZTM	Certified Zero Trust Maturity	零信任成熟度认证
CZTP	Certified Zero Trust Professional	零信任专家认证
DBA	Database Administrator	数据库管理员
DCS	Distributed Control System	分散控制系统
DDoS	Distributed Denial of Service	分布式拒绝服务
DLP	Data Leakage Prevention	数据泄露防护
DMZ	Demilitarized Zone	网络隔离区
DNS	Domain Name System	域名系统
DoS	Denial of Service	拒绝服务
DSCP	Differential Services Code Point	差分服务代码点
DTM	Dynamical Tunnel Mode	动态隧道模式
EDR	Endpoint Detection & Response	端点检测与响应
EIAM	Employee Identity and Access Management	员工身份管理与访问控制
EMM	Enterprise Mobile Management	企业移动管理
ESB	Enterprise Service Bus	企业服务总线
FIDO	Fast Identity Online	一套轻量级身份鉴别框架协议
GRC	Governance，Risk management and Compliance software	治理、风险管理与合规软件
HIS	Hospital Information System	医院信息系统

（续表）

缩 略 语	英 文 全 称	中 文
HMAC	Hash-based Message Authentication Code	哈希运算消息认证码
HOTP	HMAC-based One-Time Password	基于HMAC的一次性密码
IAM	Identity and Access Management	身份管理与访问控制
ICMP	Internet Control Message Protocol	网络控制报文协议
IDaaS	Identity as a Service	身份即服务
IDP	Identity Provider	身份提供者
IH	Initiating Host	连接发起主机
IoT	Internet of Things	物联网
IP	Internet Protocol	网络之间连接协议
IPS	Intrusion Prevention System	入侵防御系统
LDAP	Light weight Directory Access Protocol	轻型目录访问协议
LIS	Laboratory Information System	实验室信息系统
LPS	Least Privilege Strategy	最小特权策略
MAC	Media Access Control Address	物理地址
MCAP	Microperiodier	微周期
MDM	Mobile Device Management	移动设备管理
MEF	Metro Ethernet Forum	城域以太网论坛
MFA	Multi-Factor Authentication	多因素认证
MSG	Micro Segmentation	微隔离
NaaS	Network as a Service	网络即服务
NAC	Network Access Control	网络访问控制
NDR	Network Detection and Response	网络威胁检测与响应系统
NGFW	Next Generation Firewall	下一代防火墙
NIST	National Institute of Standards and Technology	美国国家标准与技术研究院
NTP	Network Time Protocol	网络时间协议
OASIS	Organization for the Advancement of Structured Information Standards	结构化信息标准促进组织
OSI	Open System Interconnection	开放式系统互联
OTP	One Time Password	一次性密码
PA	Policy Administrator	策略管理员
PaaS	Platform as a Service	平台即服务
PACS	Picture Archiving and Communication System	影像归档和通信系统
PDP	Policy Decision Point	策略决策点
PE	Policy Engine	策略引擎
PEP	Policy Enforcement Point	策略执行点
PKI	Public Key Infrastructure	公钥基础设施
PLC	Programmable Logic Controller	可编程逻辑控制器
PVLAN	Private Virtual Local Area Network	专用虚拟区域网络
RADIUS	Remote Authentication Dial In User Service	远程认证拨号用户服务
RDP	Remote Display Protocol	远程显示协议
REST	Representational State Transfer	代表性状态传输
RFID	Radio Frequency Identification	射频识别
RPC	Remote Procedure Call	远程过程调用

（续表）

缩 略 语	英 文 全 称	中 文
SaaS	Software as a Service	软件即服务
SAML	Security Assertion Markup Language	安全断言标记语言
SASE	Secure Access Service Edge	安全访问服务边缘
SCADA	Supervisory Control And Data Acquisition	数据采集与监视控制系统
SCM	Software Configuration Management	软件配置管理
SDDC	Software Defined Data Center	软件定义数据中心
SDP	Software Defined Perimeter	软件定义边界
SDN	Software Defined Network	软件定义网络
SDS	Software Defined Security	软件定义安全
SECaaS	Security as a Service	安全即服务
SFTP	SSH File Transfer Protocol	SSH 文件传输协议
SIEM	Security Information and Event Management	安全信息与事件管理
SMB	Server Message Block	服务器消息块
SOA	Service-Oriented Architecture	面向服务的架构
SOAP	Simple Object Access Protocol	简单对象访问协议
SOAR	Security Orchestration and Automation Response	安全编排和自动化响应
SP	Service Provider	服务提供者
SPA	Single Packet Authorization	单包授权
SSH	Secure Shell	安全外壳
SSO	Single Sign On	单点登录
SWG	Secure Web Gateway	安全 Web 网关
TCP	Transmission Control Protocol	传输控制协议
ToS	Type of Service	服务类型
TSN	Time-Sensitive Network	时间敏感网络
UDP	User Datagram Protocol	用户数据报协议
UEBA	User and Entity Behavior Analytics	用户和实体行为分析
UEM	Unified Endpoint Management	统一终端管理
URI	Uniform Resource Identifier	统一资源标识符
VDI	Virtual Desktop Infrastructure	虚拟桌面基础设施
VLAN	Virtual Local Area Network	虚拟局域网
VNC	Virtual Network Console	虚拟网络控制台
vNGFW	virtual Next-Generation Firewall	虚拟化下一代防火墙
VPC	Virtual Private Cloud	虚拟私有云
VPN	Virtual Private Network	虚拟专用网络
WAF	Web Application Firewall	Web 应用防火墙
WLAN	Wireless Local Area Network	无线局域网
XDR	Extended Detection and Response	扩展检测和响应
ZT	Zero Trust	零信任
ZTA	Zero Trust Architecture	零信任架构
ZTE	Zero Trust Edge	零信任边缘
ZTNA	Zero Trust Network Access	零信任网络访问
ZTX	Zero Trust eXchange	零信任扩展

反侵权盗版声明

举报电话：（010）88254396；（010）88258888

传　　真：（010）88254397

E-mail：　dbqq@phei.com.cn

通信地址：北京市万寿路 173 信箱

　　　　　电子工业出版社总编办公室

邮　　编：100036